新工科·普通高等教育系列教材

U0566836

自主导航技术与应用

成　怡　主编
李宝全　参编

机械工业出版社

本书以小型机器人平台为应用背景，重点介绍自主导航的数学基础、原理及自主感知和定位技术、路径规划、避障等内容，为开展小型机器人平台的自主导航提供理论基础和方法。本书包含绪论、导航理论基础、惯性导航方法与原理、自主导航系统的环境感知、自主导航系统的定位技术、路径规划与避障、自主导航系统应用案例共 7 章内容。

本书为高等学校自动化专业的本科生教材，也可作为控制科学与工程，导航、制导与控制，电气工程等专业的研究生教学用书，还可供从事自主智能控制工程的技术人员参考。

图书在版编目（CIP）数据

自主导航技术与应用 / 成怡主编. -- 北京 : 机械工业出版社，2025. 4. -- (新工科・普通高等教育系列教材). -- ISBN 978-7-111-78012-0

Ⅰ. TN96

中国国家版本馆 CIP 数据核字第 2025BR4083 号

机械工业出版社（北京市百万庄大街22号　邮政编码100037）

策划编辑：路乙达　　责任编辑：路乙达　周海越

责任校对：樊钟英　梁　静　　封面设计：马若濛

责任印制：单爱军

唐山三艺印务有限公司印刷

2025年6月第1版第1次印刷

184mm × 260mm・15.75印张・388千字

标准书号：ISBN 978-7-111-78012-0

定价：59.00 元

电话服务　　网络服务

客服电话：010-88361066　　机　工　官　网：www.cmpbook.com

010-88379833　　机　工　官　博：weibo.com/cmp1952

010-68326294　　金　书　网：www.golden-book.com

机工教育服务网：www.cmpedu.com

前　言

本书在习近平新时代中国特色社会主义思想的指导下，将专业知识传授与价值观引领相结合，在专业教育中充分贯穿思想政治教育，协同育人。

自主导航技术在国民经济和国防建设中占有重要地位，是航空航天飞行器、水上载体和先进武器装备发展的关键环节，也是导航制导与控制领域重要的研究方向。依据控制科学与工程一级学科研究生核心课程指南，导航与制导系统及自主智能系统都是核心课程，课程旨在使学生比较系统地掌握导航与制导技术的基础理论、建模与仿真方法，以及新型导航技术（如智能机器人、无人机平台）；培养学生在系统感知、环境定位、路径规划、自主控制等领域的策略设计能力与工程实现能力。通过融合机器人学、控制理论等交叉学科知识，课程着力构建学生的全局技术视野，夯实智能导航系统研发的理论基础，提升复杂工程问题的综合解决能力。

本书以小型机器人平台为应用背景，重点介绍导航的数学基础、原理及自主感知和定位技术、路径规划、避障等内容，辅以典型案例，为开展小型机器人平台的自主导航提供理论基础和方法。全书共分为7章。

第1章绪论，主要讲述自主导航技术的基本概念、典型的自主导航方法、自主导航的关键技术及应用领域。

第2章导航理论基础，主要讲述导航常用坐标系及坐标系间的转换、地球的物理特性、机器人的动态及姿态数据模型等导航的数学基础知识。

第3章惯性导航方法与原理，主要讲述惯性导航的概念和组成、传感器及平台式和捷联式惯性导航系统、组合导航系统及多源信息融合方法。

第4章自主导航系统的环境感知，主要介绍小型机器人环境感知传感器、数据预处理及环境建图的方法等。

第5章自主导航系统的定位技术，以SLAM技术为核心，重点讲述SLAM技术的原理、基于扩展卡尔曼滤波的SLAM方法及RGBD-SLAM方法。

第6章路径规划与避障，主要讲述路径规划的常用方法和避障策略等。

第7章自主导航系统应用案例，主要讲述机器人平台与无人机平台的应用案例。

由于编者的水平有限，书中难免存在错误和不当之处，敬请读者们批评指正。

编　者

目 录

第1章 绪论

1.1 引言

自主导航技术是指载体在不依赖外部支持的情况下，仅利用自身携带的测量设备实时确定自身相对某个坐标系的位置、姿态和速度，引导载体航行的技术。从严格意义来讲，完全自主导航仅依赖自身的惯性设备，既不发射也不吸收外界的任何声、光、电等信息，具有很好的隐蔽性和环境抵抗性。从更广义的角度来讲，所有不需要外部支持设备，可自己测得或主动获取外部信息的导航方式均为自主导航。

自主导航技术需要能根据目标自主识别决策、优选规划、实时补偿修正、执行控制，从而实现精确打击的导航控制，也就是能实时自主敏感识别载体位置和姿态，控制载体精准运动、准确命中目标。自主导航技术可采用不同的传感器感知载体运动和环境信息，例如，惯性导航利用陀螺仪和加速度计感知环境信息，视觉导航利用视觉传感器感知环境信息。常用的自主导航技术有惯性导航、天文导航、地球物理场(如电磁场、重力场)导航、视觉导航等，广泛应用于航天器、航空器、舰艇、车辆、机器人等领域。根据不同的导航需要，有些载体仅用单一的自主导航技术就能够满足任务要求，许多载体则必须使用多种自主导航技术相结合的方式以实现精准导航。惯性导航系统具有独立性、自主性，被普遍应用于载体的位姿检测与导航控制，因此组合导航通常是以惯性导航为基础，以其他导航技术为辅助，从而构成自主导航系统。

1.2 典型自主导航技术简介

目前占主导地位的自主导航技术有惯性导航、天文导航、地球物理场导航和视觉导航等。从应用要求和技术研究进展来看，自主导航技术在提升载体在某一环境下的生存能力和满足特殊任务导航需求等方面具有明显优势，已成为未来导航领域技术发展的重要方向。

1.2.1 惯性导航

惯性导航是载体实现自主导航的核心，通过陀螺仪和加速度计两大惯性测量器件，测量载体姿态和加速度等参数，并对测得参数进行积分运算，可以实时获取物体的位置和速度信息。由于惯性导航传感器通常内置在载体中，即通过自身传感器获得待测信息，不依赖于无线电、卫星等外部条件，对外界变化不敏感，也称为无源导航。

惯性导航系统(Inertial Navigation System，INS)简称惯导系统，通常由惯性测量装置、计算机、控制显示器等组成。惯性测量装置包括陀螺仪和加速度计，陀螺仪测量载体的转动，加速度计测量载体运动加速度。计算机根据测量数据计算载体的速度和位置。控制显示器显示各种导航参数。按照惯性测量器件在载体上安装方式的不同，惯性导航系统分为平台式惯性导航系统(惯性器件安装在惯性平台上)和捷联式惯性导航系统(Strapdown Inertial Navigation System，SINS)(惯性器件安装在载体上)。

惯性导航系统采用推位的导航方法，即在初始位置的基础上，通过实测的加速度积分获得速度，再进行积分运算获得位置，通过累加计算从而得到载体的位置。因此，惯性导航方法的导航精度很大程度上依赖于惯性器件的测量精度。随着技术的发展，陀螺仪和加速度计不断地提高精度和可靠性。例如，陀螺仪从最初的机械陀螺到后来的气浮、挠性、液浮、静压液浮、三浮、静电陀螺，再到激光、光纤、微机电及原子陀螺等。惯性导航系统也从单一惯性系统到多种惯性组合导航系统，实现多信息融合，导航系统性能越来越好，体积越来越小，应用范围越来越广。

惯性导航系统的优点有：不依赖于任何外部信息，不向外部辐射能量，隐蔽性好且不受外界电磁干扰影响；可全天候、全球、全时间地工作于空中、地表甚至水下；能提供位置、速度、航向和姿态角数据，产生的导航信息连续性好且噪声低；数据更新率高，短期精度和稳定性好。因此，它已成为天基、空基、海基和陆基武器装备导航定位、制导控制、瞄准定向及姿态稳定的通用核心装备，是一个国家国防实力的核心标志之一。同时，惯性导航是民用领域各类机器人的导航主体，是成功完成工作任务的关键技术。但是惯性导航系统因为导航信息经过积分产生，定位误差随时间的增长而积累，存在长期精度差的缺点，同时它需要较长时间的初始对准，也无法获得时间信息，因此惯性导航系统与其他导航系统一起组成惯性组合导航系统，互相取长补短，提高载体的整体导航能力。

1.2.2 天文导航

天文导航是利用光学敏感器观察太阳、月球、行星和恒星等自然天体的位置，以天体的位置确定测量点位置的一种定位导航技术。天文导航与惯性导航一样，属于自主导航技术。天文导航广泛应用在航天、航海、航空领域，是登月、载人航天和远洋航海的关键技术，也是卫星导航、远程导航和运载火箭等的重要辅助导航方法。

按照观测星体的数量，天文导航可分为单星、双星和多星导航。单星导航需要星跟踪器保持对星体的跟踪观测，也称为跟踪式导航；双星导航的定位需要根据双星的观测角度进行解算，角度差越接近90°，定位精度越高；多星导航观测三个以上星体，定位精度优于前两者。

天文导航目前的主要关键技术包括：①恒星星图星点特征提取技术，通过扩展观测频谱，进一步提升星图采集效能；②太阳图像边缘检测及质心提取技术，构建光学误差模型，降低气动效应误差；③挖掘多视场、大视场观测解算机理，提升自主基准可行性；④优化星图处理算法策略，提升天文观测解算的数据更新率；⑤优化自主导航滤波及异步时滞信息组合导航算法，提升星光角距、脉冲到达时间、星光多普勒速度量测观测量，优化不同传感器敏感源采样时钟周期，解决天文组合导航中的异步时滞难题等。

天文导航不依赖于地面设备的定位导航技术，定位精度较高，误差不积累，定位精度取决于光学敏感器的精度，抗干扰能力强，可靠性高，可同时提供位置和姿态信息。但是天文导航的观测性能受气候条件影响，另外输出的信息不连续，测量器件价格昂贵。

1.2.3 地球物理场导航

指南针是我国四大发明之一，我国古代就利用地磁场来指引方向，西方利用罗经开启了航海的时代，这是地磁导航最早的应用，即利用地球磁场来确定载体的方向。现在测量地球磁场采用更精密的仪器，部分国家及地区开展了地球磁场的测量，形成地磁场模型，例如由英国和美国地质调查局联合制作的世界地磁场模型(World Magnetic Model，WMM)。我国每十年绘制一次中国地磁图。

现代的地磁导航利用的地磁信息包括矢量强度、磁倾角、磁偏角和磁场梯度等信息，地磁导航利用测量仪器实测载体所在位置的磁场信息，在已知的地磁图上进行位置匹配，从而确定自身所在的位置。

重力导航也是利用地球的物理特性来导航。地球重力场体现地球本身的内在特性，具有无源、稳定的特点，重力场会随着地理环境的改变而变化。重力梯度是重力场辅助导航的常用几何参数，可以采用重力位在各坐标轴方向上的二阶导数求解，其数据中存在较多的高频成分，对浅层的异常体和突变的场源边界具有较高的分辨率，未来应用前景广阔。重力场匹配导航系统通过重力梯度仪测量地球重力场进行定位，不需要发射和接收无线电信号，不易受外界干扰，作为导航信号源的地球重力场具有规律性强和覆盖率高的优点，能够满足“高精度、长航时、自主性、无源性”的导航需求，是自主导航领域未来重要的研究方向。重力导航与地磁导航常作为惯性导航的辅助方式，广泛应用于海面及水下载体的导航领域。

1.2.4 视觉导航

视觉导航通过摄像机对周围环境进行图像采集，经过图像处理技术提取环境信息特征，并且对特征进行匹配跟踪，完成自身定位。近年来，视觉导航与惯性导航相结合，广泛应用于室内导航、机器人导航、智能车导航等领域。

视觉导航技术根据使用的视觉传感器不同，可分为单目、双目、多目、RGBD视觉导航技术。不同的视觉导航技术建立环境地图与解算载体位置的方法略有不同。以机器人视觉导航为例，机器人导航系统实时建立环境地图，从中搜索最优路径，引导机器人避障，并到达目标位置。视觉导航技术基本可以实时地获取和处理环境信息，使得导航系统能够在快速变化的环境下做出即时响应。并且，它通过对图像的详细分析和处理，可以获得相对较高的定位和导航精度；同时相比其他导航技术，如全球定位系统(Global Positioning System，GPS)，视觉导航技术不依赖于外部设备或基础设施，使得其在室内、密闭环境或无GPS信号的场景下也能正常工作。视觉导航技术可以适应多种场景和环境，并且可以根据需要进行灵活配置和调整。但是，视觉导航技术通常需要清晰的图像和良好的光照条件，在复杂、暗淡或模糊的环境中，其性能可能受到限制。实现高精度的视觉导航系统通常需要高性能的计算设备和复杂的算法实现，这可能导致系统的成本较高。视觉导航技术对于环境中的突发变化、遮挡物和光照变化等问题的鲁棒性相对较低，可能导致导航的失败或错误。

总的来说，视觉导航技术具有高精度、实时性和独立性等优点，但也面临着环境要求高、成本高和鲁棒性相对差的挑战。随着技术的不断进步和发展，这些问题将逐渐得到解决，使得视觉导航技术在各种应用领域中得到更广泛的应用。

1.3 自主导航的关键技术简介

自主导航技术使载体具有独立地在未知环境中进行导航和移动的能力。实现自主导航需要借助多种关键技术，包括自我环境感知、定位与建图、动态路径规划、智能决策与控制、多源信息融合技术等。

1）自我环境感知：自主导航系统需要能够感知周围环境，并获取准确的环境信息，以便做出决策。机器人常用的感知传感器有摄像头、激光雷达、超声波传感器、红外传感器等，它们可以感知障碍物、地形、道路状况等。

2）定位与建图：自主导航系统基于对环境的感知，建立描述环境的地图。环境地图有多种形式，如拓扑地图、栅格地图、特征地图、点云地图等。在建立的环境地图上，载体能够确定自身的准确位置。

3）动态路径规划：基于感知和定位信息，自主导航系统需要能够进行路径规划，即根据当前环境状态和目标位置，选择合适的路径和动作来避开障碍物、到达目标等，这会涉及路径规划、避障、运动控制等核心技术。

4）智能决策与控制：自主导航系统需要能够做出实时决策，并将决策转化为具体的控制指令，以实现车辆或机器人的移动，这会涉及机器学习、强化学习、优化算法等关键技术。

5）多源信息融合技术：同时充分利用多种导航传感器信息对惯导系统相关参数进行误差校正和反馈，将导航子系统和导航模式进行深度耦合。高效多源融合技术可根据不同场景进行传感器自动选择以及失效切换等；自主在线重构最优配置技术可根据载体环境以及运动状态快速收敛出最优多源组合导航方式。

以上技术是实现自主导航的关键，它们相互协作可以使载体在未知环境中具有安全、高效的自主导航能力。

1.4 自主导航技术的应用领域

自主导航技术在许多领域有广泛应用的潜力，包括但不限于以下几个领域：

1）自动驾驶汽车及智能导航设备：通过感知、定位、路径规划和控制等技术，自主导航系统可以实现汽车的自主驾驶，提高交通安全性、道路容量利用率和驾乘舒适度。自主导航技术可以应用于智能导航设备，提供行人、车辆和公共交通的导航服务，帮助用户快速准确地找到目的地。

2）航空航天领域：自主导航技术在无人机和自动飞行器领域也有广泛应用。无人机可以利用自主导航技术进行航迹规划、飞行路径调整和障碍物避障等。自主导航技术是航天器实现轨道姿态自主控制，执行月球软着陆、在轨服务等空间任务的前提。实现自主导航不仅能够降低航天器对地面测控的依赖程度，提高自主生存能力，还能缓解国土面积有限对地面测控站布局的制约，提升航天器在测控区外的任务能力。

3）智能机器人：自主导航技术可应用于物流与仓储机器人，使其具备自主寻找货物、搬运物品、避开障碍物等能力，提高物流效率。应用于家庭服务机器人，使其能够在家庭环境中自主移动，执行家务任务，如清洁、照料老人和儿童等；应用于矿山和工业领域中的智能机器人，实现地下或危险环境下的自主勘探、运输、维护等任务；它还可以用于农业机械的自主操作，如精准播种、喷洒农药、收获等，提高农业生产效率和降低人力成本。

4）深海探测领域：深海感知、导航技术的发展具有较大发展空间。未来结合光学陀螺仪、无线电罗盘、声呐等多学科导航技术的深海导航将成为重点关注领域。在暗流、湍流海况下执行搜索、维修等任务，其关键技术挑战包括高分辨率传感技术、未知参数物体的感知和操纵策略，以及长时间自主控制方法。

5）武器装备：随着技术发展，对高机动导弹的实时机动性能提出了更高需求。近年来，随着自标定、自瞄准、自检测的光学捷联式惯性导航系统的发展，精确制导的能力也在不断提升，提高了武器系统的实战化水平。

这些领域只是自主导航技术应用的一部分示例，随着技术的不断发展，自主导航技术将在更多领域得到应用，为人们的生活和工作带来便利和改变。

1.5 自主导航技术的趋势

经过多年发展，自主导航技术虽然取得了很大进展，但新的应用需求对其性能提出了更高要求，在未知环境下的自主导航问题并未完全解决，在复杂条件下的导航普适性和可靠性还有待加强。自主导航技术未来发展主要集中在以下几个方向：

（1）导航技术的高可靠性、高集成化　现有成熟的导航、制导与控制系统架构多是通过简单的设备冗余备份关系提高系统的可靠性，但这给系统的重量、功耗、体积、实时性等指标带来了不利的影响。因此，未来还需要从系统高可靠性、高集成化等方面设计适应于小型载体需求的导航系统。即要有高度的硬件集成，同时在软件上要有基于硬件平台的综合管理系统、多源信息融合、导航、制导与控制算法、协同组网软件模块等。

（2）导航技术的高自主化、高智能化　随着人工智能的高速发展，强化学习、深度学习等智能化的方法将是实现自主导航的重要手段。为了更好地理解和适应复杂环境，自主导航系统需要具备语义理解和场景理解的能力，对图像、语音等数据的语义分析和识别，以及对环境中的物体、行为、语境等进行更深入的理解。通过训练智能体从环境中不断学习和改进，提高自主导航系统的性能和适应能力。

（3）多机器人协同导航　随着多机器人应用的增多，多机器人协同导航成为一个重要的发展方向。未来的自主导航技术将更加注重多机器人之间的通信与协作，实现多机器人的智能、高效协同导航。

以上是自主导航技术未来的发展方向，不断地创新和研究将推动自主导航技术的进一步发展，使其在各个领域中得到更广泛的应用和推广。

【课程思政】

加快科技自立自强步伐，解决外国“卡脖子”问题。当今世界，科学技术是第一生产力、第一竞争力。我们要完善党中央对科技工作统一领导的体制，健全新型举国体制，强化国家战略科技力量，优化配置创新资源，使我国在重要科技领域成为全球领跑者，在前沿交叉领域成为开拓者，力争尽早成为世界主要科学中心和创新高地。要实现科教兴国战略、人才强国战略、创新驱动发展战略有效联动，坚持教育发展、科技创新、人才培养一体推进，形成良性循环；坚持原始创新、集成创新、开放创新一体设计，实现有效贯通；坚持创新链、产业链、人才链一体部署，推动深度融合。

习近平总书记2023年1月31日在二十届中共中央政治局第二次集体学习时的讲话

第 2 章 导航理论基础

导航，顾名思义就是引导航行的意思，也就是正确地引导载体沿着预定的航线，以要求的精度，在指定的时间内到达目的地。为了成功完成预定的航行任务，除了需要知道起始点和目标位置外，还必须实时了解载体的位置、速度、姿态和航向等导航参数。本章以小型载体为示例，重点介绍导航的基础知识，为后续自主导航技术的学习提供相关理论支持。

2.1 常用坐标系

宇宙间的物体都是不断运动的，运动只能在相对的意义下讨论。一个物体在空间中的位置，必须相对于另一个物体进行确定，或者说，一个坐标系的位置只能相对于另一个坐标系来确定。坐标系是导航计算的基础。根据载体运动情况和导航需求，导航中常用的坐标系主要有惯性参考坐标系、地球坐标系、地理坐标系、载体坐标系以及传感器坐标系。

2.1.1 常用坐标系的定义

1. 惯性参考坐标系——地心惯性坐标系

地心惯性坐标系 $OX_iY_iZ_i$ 的原点通常取在地心，Z_i 轴沿地球自转轴，X_i 轴、Y_i 轴在地球赤道平面之内和 Z_i 轴构成右手笛卡儿坐标系，如图 2-1 所示。它是适用于地球表面附近载体的导航定位坐标系。

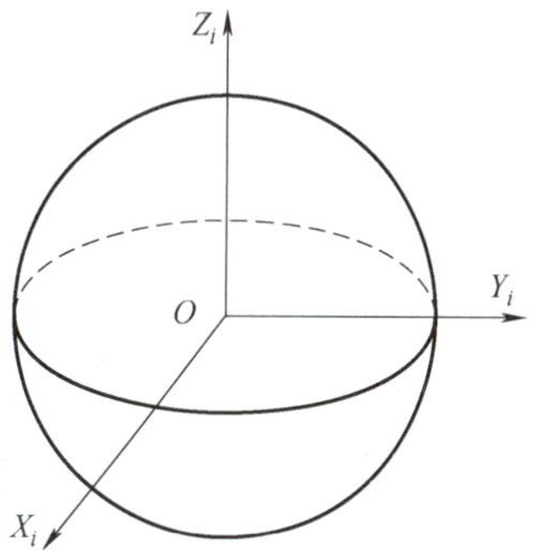

图 2-1 地心惯性坐标系

2. 地球坐标系

地球坐标系 $OX_eY_eZ_e$ 的原点在地心，Z_e 轴沿地球自转轴且指向北极，X_e 轴与 Y_e 轴在地球赤道平面内，X_e 轴在参考子午面内指向零子午线（格林尼治子午线），Y_e 轴指向东经 90°方向，如图 2-2 所示。地球坐标系也称为地心地球固联坐标系。

载体在此坐标系下的坐标用(λ,φ,H)表示。λ 是载体所在的 P 点与地心的连线和极轴构成的平面与格林尼治子午面的夹角，即经度。φ 是 P 点地垂线与地球赤道平面的夹角，即纬度。H 为高度。坐标(λ,φ,H)是导航定位中经常用也是最重要的坐标。坐标(λ,φ,H) 可变换到空间笛卡儿坐标系(x_e,y_e,z_e)，变换关系为

$$\begin{bmatrix} x_e \\ y_e \\ z_e \end{bmatrix} = \begin{bmatrix} (R_n+H)\cos\varphi\cos\lambda \\ (R_n+H)\cos\varphi\sin\lambda \\ [R_n(1-e^2)+H]\sin\lambda \end{bmatrix} \tag{2-1}$$

式中，e 为地球扁率；R_n 为卯酉面内曲率半径。

3. 地理坐标系

地理坐标系 $OX_tY_tZ_t$ 的原点位于载体所在的地球表面点，X_t 轴沿当地纬线指向东，Y_t 轴沿当地子午线指向北，Z_t 轴沿当地地理垂线指天，并与 X_t、Y_t 轴组成右手坐标系，如图 2-3 所示。其中 X_t 轴与 Y_t 轴构成的平面即为当地水平面，Y_t 轴与 Z_t 轴构成的平面即为当地子午面。地理坐标系的各轴可以有不同的选取方法。通常按"东、北、天"或"北、东、地"为顺序构成右手笛卡儿坐标系。

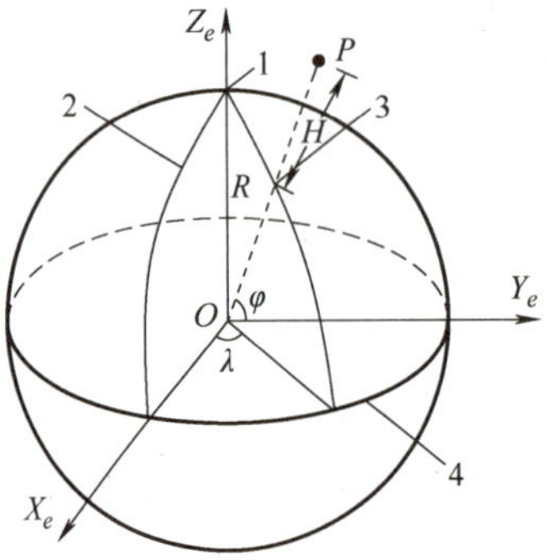

图 2-2 地球坐标系

1—北极 2—参考子午线 3—目标投影点 4—赤道

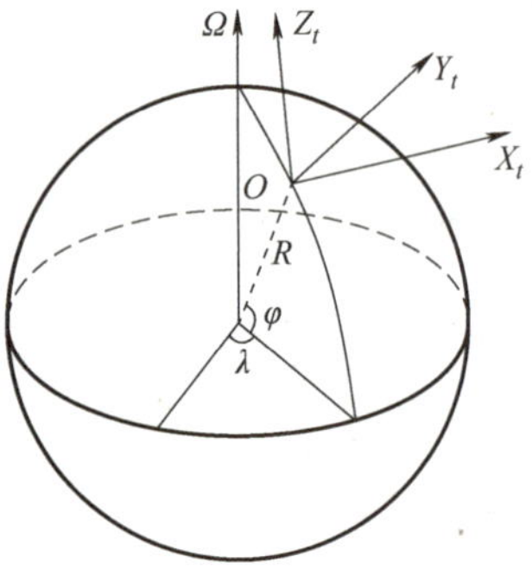

图 2-3 地理坐标系

当载体在地球上航行时，载体相对于地球的位置不断发生改变；而地球上不同地点的地理坐标系，其相对地球坐标系的位置是不相同的。也就是说，载体相对地球运动将引起地理坐标系相对地球坐标系转动。这时地理坐标系相对惯性参考坐标系的转动角速度应包括两个部分：一个是地理坐标系相对地球坐标系的转动角速度，另一个是地球坐标系相对惯性参考系的转动角速度。

4. 载体坐标系

载体坐标系 $OX_bY_bZ_b$ 固定在载体上，时刻随着载体的运动而运动。其原点与载体的质心重合。载体坐标系定义不唯一，三个轴组成右手笛卡儿坐标系。飞机等巡航式载体、运载火箭等弹道式载体的坐标系的选取习惯如图 2-4 所示。该坐标系对于飞机和舰船等巡航式运载体来说，X_b 轴沿运载体横轴指右，Y_b 轴沿运载体纵轴指前，Z_b 轴沿运载体竖轴并与 X_b、Y_b 轴构成右手笛卡儿坐标系。当然，这不是唯一的取法。例如，也有 X_b 轴沿运载体纵轴指前，Y_b 轴沿运载体横轴指右，Z_b 轴沿运载体竖轴并与 X_b、Y_b 轴构成右手笛卡儿坐标系的情况。

5. 传感器坐标系

无论是哪种传感器，陀螺、相机或激光雷达，都可以设定自己的坐标系，也就是说，所有的传感器产生的数据都是基于传感器自身的坐标系。

（1）陀螺坐标系　陀螺坐标系 $OXYZ$ 用来表示陀螺本身输出的坐标系，如图 2-5 所示。其原点取在陀螺的支点上，Z 轴沿转子轴但不随转子转动，Y 轴沿陀螺内环轴并固联于内

a)

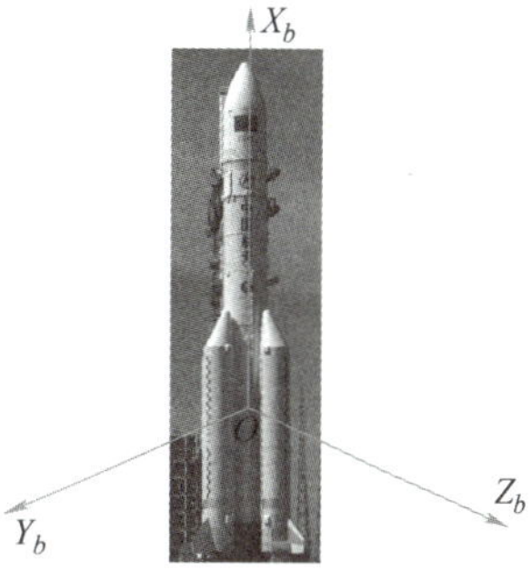

b)

图 2-4　载体坐标系

环，随内环转动，X 轴垂直于 Y 轴和 Z 轴，符合右手定则。在实际使用中，陀螺坐标系一般与载体坐标系重合。

（2）相机坐标系　相机坐标系是连接图像物理坐标系与世界坐标系的桥梁，以相机的光心作为原点，X 轴与 Y 轴与图像的 x 轴和 y 轴平行，Z 轴为相机光轴，与图形平面垂直，如图 2-6 所示。

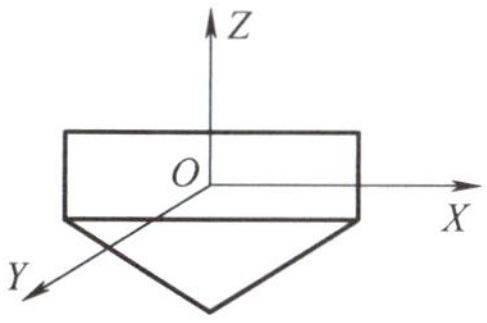

图 2-5　陀螺坐标系

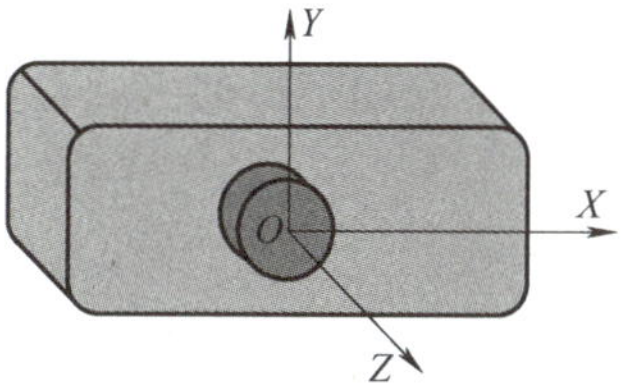

图 2-6　相机坐标系

（3）激光雷达坐标系　激光雷达可以安装在移动的平台上，将测量点由相对坐标系变换为绝对坐标系上的位置点，从而应用于不同的系统中。如图 2-7 所示，激光雷达被安装为 X 轴向后、Y 轴向左、Z 轴向上的右手坐标系，从雷达坐标系转移到车辆坐标系，车辆坐标系为 Z 轴向前、X 轴向左、Y 轴向下的右手坐标系。

图 2-7　激光雷达坐标系

2.1.2 坐标变换

1. 平面坐标系旋转

如图 2-8 所示，M 点在坐标系 OXY 中的坐标为(X_0,Y_0)，在坐标系 Oxy 中的坐标为(x,y)。如果两坐标系重合，M 点保持不动，当 Oxy 绕固定点 O 转动到空间某一位置时，M 点在坐标系 Oxy 中的坐标(x,y)发生变化。设 $\boldsymbol{i}_1$、$\boldsymbol{i}_2$ 为坐标系 OXY 中的单位矢量。坐标系 Oxy 绕 O 点转动也为 Oxy 的单位矢量 $\boldsymbol{e}_1$、$\boldsymbol{e}_2$ 的转动。

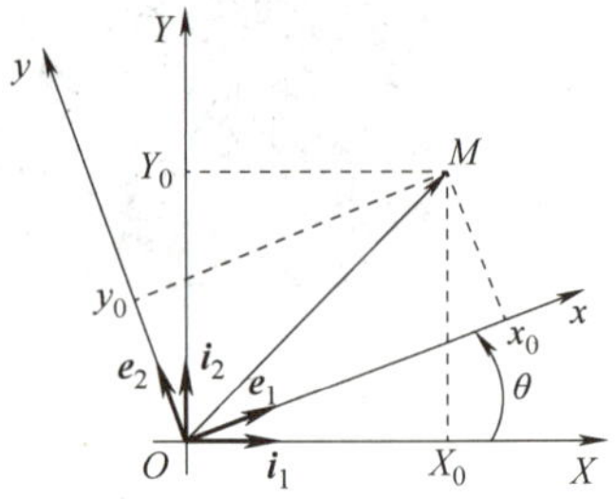

图 2-8 平面坐标系旋转

当 $\boldsymbol{e}_1$、$\boldsymbol{e}_2$ 相对于 $\boldsymbol{i}_1$、$\boldsymbol{i}_2$ 逆时针转过的角度为 θ 时，得

$$\begin{cases}\boldsymbol{e}_1=\boldsymbol{i}_1\cos\theta+\boldsymbol{i}_2\sin\theta\\ \boldsymbol{e}_2=-\boldsymbol{i}_1\sin\theta+\boldsymbol{i}_2\cos\theta\end{cases} \tag{2-2}$$

可见，一组单位矢量可由另一组单位矢量线性表示，则有

$$[\boldsymbol{e}_1\quad \boldsymbol{e}_2]=[\boldsymbol{i}_1\quad \boldsymbol{i}_2]\begin{bmatrix}\cos\theta & -\sin\theta\\ \sin\theta & \cos\theta\end{bmatrix}=[\boldsymbol{i}_1\quad \boldsymbol{i}_2]\boldsymbol{A}^{\mathrm{T}} \tag{2-3}$$

其中

$$\boldsymbol{A}=\begin{bmatrix}\cos\theta & \sin\theta\\ -\sin\theta & \cos\theta\end{bmatrix} \tag{2-4}$$

当 θ 很小时，可取如下近似等式，即

$$\boldsymbol{A}=\begin{bmatrix}1 & \theta\\ -\theta & 1\end{bmatrix} \tag{2-5}$$

称为从单位矢量$(\boldsymbol{i}_1,\boldsymbol{i}_2)$到$(\boldsymbol{e}_1,\boldsymbol{e}_2)$的过渡阵。对应的坐标变换为

$$\begin{bmatrix}x\\ y\end{bmatrix}=\boldsymbol{A}\begin{bmatrix}X\\ Y\end{bmatrix} \tag{2-6}$$

当 $\boldsymbol{A}$ 满秩且坐标系是正交坐标系时，得到

$$\begin{bmatrix}X\\ Y\end{bmatrix}=\boldsymbol{A}^{\mathrm{T}}\begin{bmatrix}x\\ y\end{bmatrix} \tag{2-7}$$

以上属于坐标系之间的相对旋转，此时 M 点(位置矢量$\overrightarrow{OM}$)是不动的；单位矢量和坐标的变换也可以是坐标系不动，由位置矢量反向旋转获得，如图 2-9所示。

由图 2-9 有

$$[\boldsymbol{e}_1\quad \boldsymbol{e}_2]=[\boldsymbol{i}_1\quad \boldsymbol{i}_2]\boldsymbol{A} \tag{2-8}$$

相应的坐标变换有

$$\begin{bmatrix}x\\ y\end{bmatrix}=\boldsymbol{A}^{\mathrm{T}}\begin{bmatrix}X\\ Y\end{bmatrix} \tag{2-9}$$

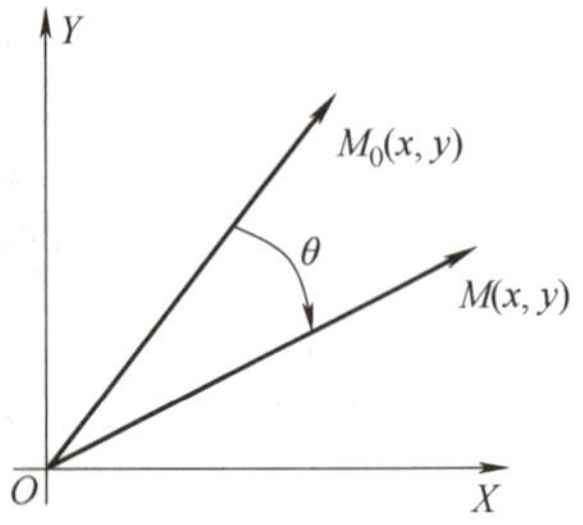

图 2-9 位置矢量反向旋转

可以看出，坐标系旋转与位置矢量旋转的过渡阵互为转置。

2. 方向余弦法

在惯性导航技术中，常需要进行坐标系间的变换，如地理坐标系到惯性坐标系的变换、载体坐标系与惯性坐标系、地理坐标系的变换等。

如图 2-10 所示，设直角坐标系 $Oxyz$，沿各坐标轴的单位矢量分别为 $\boldsymbol{i}$、$\boldsymbol{j}$、$\boldsymbol{k}$；原点 O 处有一矢量 $\boldsymbol{R}$，它在各坐标轴上的投影分别为 R_x、R_y、R_z。矢量 $\boldsymbol{R}$ 可以用它的投影来表示：

$$\boldsymbol{R}=R_x\boldsymbol{i}+R_y\boldsymbol{j}+R_z\boldsymbol{k} \tag{2-10}$$

投影 R_x、R_y、R_z 又可以分别表示为

$$\begin{cases} R_x=\boldsymbol{R}\cos(<\boldsymbol{R},\boldsymbol{i}>) \\ R_y=\boldsymbol{R}\cos(<\boldsymbol{R},\boldsymbol{j}>) \\ R_z=\boldsymbol{R}\cos(<\boldsymbol{R},\boldsymbol{k}>) \end{cases} \tag{2-11}$$

式中，$\cos(<\boldsymbol{R},\boldsymbol{i}>)$、$\cos(<\boldsymbol{R},\boldsymbol{j}>)$ 和 $\cos(<\boldsymbol{R},\boldsymbol{k}>)$ 是矢量 $\boldsymbol{R}$ 与坐标轴 x、y、z 正向之间夹角的余弦。已知它们的数值，便可以确定出矢量 $\boldsymbol{R}$ 在坐标系 $Oxyz$ 中的方向，所以把它们称为矢量 $\boldsymbol{R}$ 的方向余弦。

方向余弦可以用来描述刚体的角位置。如图 2-11 所示，设刚体绕定点 O 相对参考坐标系做定点转动；直角坐标系 $Oxyz$ 与刚体固连，沿各坐标轴的单位矢量分别为 $\boldsymbol{i}$、$\boldsymbol{j}$、$\boldsymbol{k}$；直角坐标系 $Ox_0y_0z_0$ 代表参考坐标系，沿坐标轴的单位矢量分别为 $\boldsymbol{i}_0$、$\boldsymbol{j}_0$、$\boldsymbol{k}_0$。很显然，如果要确定刚体的角位置，只要确定出刚体坐标系 $Oxyz$ 在参考坐标系 $Ox_0y_0z_0$ 中的角位置即可。而要做到这一点，实际上只需知道刚体坐标系三根轴 x、y 和 z 的九个方向余弦即可。这三根轴的九个方向余弦见表 2-1。

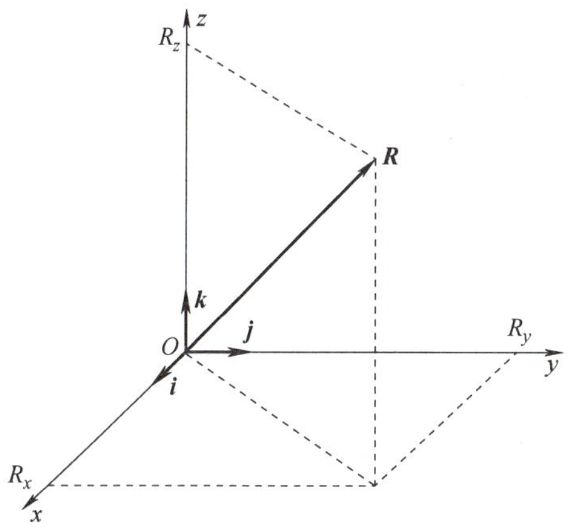

图 2-10　矢量 $\boldsymbol{R}$ 在 $Oxyz$ 坐标下的投影示意图

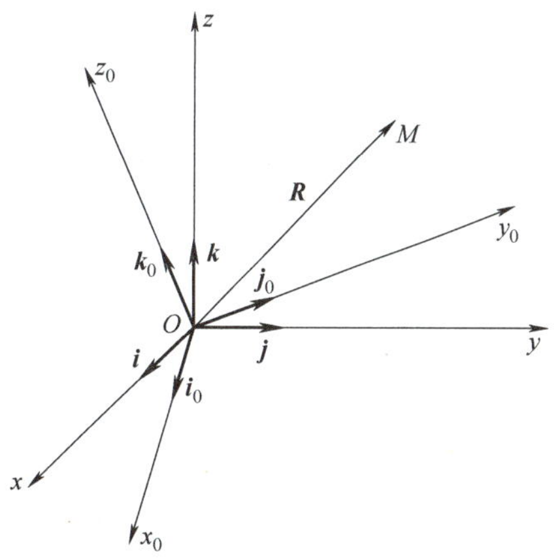

图 2-11　刚体坐标系相对参考坐标系的角位置

表 2-1　两坐标系各轴方向余弦

	$\boldsymbol{i}_0$	$\boldsymbol{j}_0$	$\boldsymbol{k}_0$
$\boldsymbol{i}$	$C_{11}=\cos(<\boldsymbol{i},\boldsymbol{i}_0>)$	$C_{12}=\cos(<\boldsymbol{i},\boldsymbol{j}_0>)$	$C_{13}=\cos(<\boldsymbol{i},\boldsymbol{k}_0>)$
$\boldsymbol{j}$	$C_{21}=\cos(<\boldsymbol{j},\boldsymbol{i}_0>)$	$C_{22}=\cos(<\boldsymbol{j},\boldsymbol{j}_0>)$	$C_{23}=\cos(<\boldsymbol{j},\boldsymbol{k}_0>)$
$\boldsymbol{k}$	$C_{31}=\cos(<\boldsymbol{k},\boldsymbol{i}_0>)$	$C_{32}=\cos(<\boldsymbol{k},\boldsymbol{j}_0>)$	$C_{33}=\cos(<\boldsymbol{k},\boldsymbol{k}_0>)$

因此，可以得到 $\boldsymbol{i}$、$\boldsymbol{j}$、$\boldsymbol{k}$ 与 $\boldsymbol{i}_0$、$\boldsymbol{j}_0$、$\boldsymbol{k}_0$ 之间的变换关系为

$$\begin{cases} \boldsymbol{i}=C_{11}\boldsymbol{i}_0+C_{12}\boldsymbol{j}_0+C_{13}\boldsymbol{k}_0 \\ \boldsymbol{j}=C_{21}\boldsymbol{i}_0+C_{22}\boldsymbol{j}_0+C_{23}\boldsymbol{k}_0 \\ \boldsymbol{k}=C_{31}\boldsymbol{i}_0+C_{32}\boldsymbol{j}_0+C_{33}\boldsymbol{k}_0 \end{cases} \tag{2-12}$$

对于刚体坐标系的一个角位置，有唯一的一组方向余弦的数值，反之亦然，因此这一组方向余弦可以用来确定刚体的角位置。利用方向余弦，还可以很方便地进行坐标变换，即把某一点或某一矢量在一个坐标系中的坐标，变换成用另一坐标系中的坐标来表示。

设过坐标原点 O 有一矢量 $\boldsymbol{R}$，矢量端点为 M，先直接用 x_r、y_r 和 z_r 代表 $\boldsymbol{R}$ 在刚体坐标系 $Ox_ry_rz_r$ 上的投影，并直接用 x_0、y_0、z_0 代表 $\boldsymbol{R}$ 在参考系 $Ox_0y_0z_0$ 上的投影。矢量 $\boldsymbol{R}$ 在刚体坐标系 $Ox_ry_rz_r$ 与参考坐标系 $Ox_0y_0z_0$ 中可分别表示为

$$\begin{cases}\boldsymbol{R}=x_r\boldsymbol{i}_r+y_r\boldsymbol{j}_r+z_r\boldsymbol{k}_r\\ \boldsymbol{R}=x_0\boldsymbol{i}_0+y_0\boldsymbol{j}_0+z_0\boldsymbol{k}_0\end{cases}\tag{2-13}$$

将式(2-12)代入式(2-13)，可得

$$\boldsymbol{R}=x_r(C_{11}\boldsymbol{i}_0+C_{12}\boldsymbol{j}_0+C_{13}\boldsymbol{k}_0)+y_r(C_{21}\boldsymbol{i}_0+C_{22}\boldsymbol{j}_0+C_{23}\boldsymbol{k}_0)+z_r(C_{31}\boldsymbol{i}_0+C_{32}\boldsymbol{j}_0+C_{33}\boldsymbol{k}_0)\tag{2-14}$$

因此，使用方向余弦表示矢量 $\boldsymbol{R}$ 在刚体坐标系 $Ox_0y_0z_0$ 上的投影，则有

$$\begin{cases}x_0=x_r\cos(<\boldsymbol{i}_r,\boldsymbol{i}_0>)+y_r\cos(<\boldsymbol{j}_r,\boldsymbol{i}_0>)+z_r\cos(<\boldsymbol{k}_r,\boldsymbol{i}_0>)\\ y_0=x_r\cos(<\boldsymbol{i}_r,\boldsymbol{j}_0>)+y_r\cos(<\boldsymbol{j}_r,\boldsymbol{j}_0>)+z_r\cos(<\boldsymbol{k}_r,\boldsymbol{j}_0>)\\ z_0=x_r\cos(<\boldsymbol{i}_r,\boldsymbol{k}_0>)+y_r\cos(<\boldsymbol{j}_r,\boldsymbol{k}_0>)+z_r\cos(<\boldsymbol{k}_r,\boldsymbol{k}_0>)\end{cases}\tag{2-15}$$

将式(2-15)写成矩阵形式，并采用表 2-1 中的简记符号，可得

$$\begin{bmatrix}x_0\\y_0\\z_0\end{bmatrix}=\begin{bmatrix}C_{11}&C_{21}&C_{31}\\C_{12}&C_{22}&C_{32}\\C_{13}&C_{23}&C_{33}\end{bmatrix}\begin{bmatrix}x_r\\y_r\\z_r\end{bmatrix}\tag{2-16}$$

按照类似的方法，矢量 $\boldsymbol{R}$ 在参考坐标系 $Ox_ry_rz_r$ 上的投影可表示为

$$\begin{bmatrix}x_r\\y_r\\z_r\end{bmatrix}=\begin{bmatrix}C_{11}&C_{12}&C_{13}\\C_{21}&C_{22}&C_{23}\\C_{31}&C_{32}&C_{33}\end{bmatrix}\begin{bmatrix}x_0\\y_0\\z_0\end{bmatrix}\tag{2-17}$$

可以看出，对于任一确定点 M 或者确定矢量 $\boldsymbol{R}$ 来说，利用式(2-16)和式(2-17)，就可以在两个坐标系之间进行坐标变换。

上述公式中的矩阵称为方向余弦矩阵。为简单起见，用 o 代表参考坐标系 $Ox_0y_0z_0$，用 r 代表刚体坐标系 $Ox_ry_rz_r$，并用 $\boldsymbol{C}_o^r$、$\boldsymbol{C}_r^o$ 代表相应的方向余弦矩阵。

$$\begin{cases}\boldsymbol{C}_o^r=\begin{bmatrix}C_{11}&C_{12}&C_{13}\\C_{21}&C_{22}&C_{23}\\C_{31}&C_{32}&C_{33}\end{bmatrix}\\ \boldsymbol{C}_r^o=\begin{bmatrix}C_{11}&C_{21}&C_{31}\\C_{12}&C_{22}&C_{32}\\C_{13}&C_{23}&C_{33}\end{bmatrix}\end{cases}\tag{2-18}$$

式中，$\boldsymbol{C}_o^r$ 为 o 系对 r 系的方向余弦矩阵；$\boldsymbol{C}_r^o$ 为 r 系对 o 系的方向余弦矩阵。

上述讨论了两个坐标系之间的变换关系，这种变换关系也可以推广到两个以上坐标系之间的变换。

如果矢量 $\boldsymbol{r}$ 在 $OX_1Y_1Z_1$ 和 $OX_2Y_2Z_2$ 之间的变换关系表示为

$$\boldsymbol{r}^2=\boldsymbol{C}_1^2\boldsymbol{r}^1\tag{2-19}$$

那么 $\boldsymbol{r}$ 在 $OX_2Y_2Z_2$ 和 $OX_3Y_3Z_3$ 中的转换关系表示为

$$\boldsymbol{r}^3=\boldsymbol{C}_2^3\boldsymbol{r}^2=\boldsymbol{C}_2^3\boldsymbol{C}_1^2\boldsymbol{r}^1 \tag{2-20}$$

令

$$\boldsymbol{C}_1^3=\boldsymbol{C}_2^3\boldsymbol{C}_1^2 \tag{2-21}$$

可得

$$\boldsymbol{r}^3=\boldsymbol{C}_1^3\boldsymbol{r}^1 \tag{2-22}$$

这是矢量 $\boldsymbol{r}$ 在 $OX_3Y_3Z_3$ 和 $OX_1Y_1Z_1$ 之间的变换关系，其变换矩阵 $\boldsymbol{C}_1^3$ 可以直接从 $OX_3Y_3Z_3$ 和 $OX_1Y_1Z_1$ 之间的九个方向余弦得到，结果是相同的。需要注意的是，$\boldsymbol{C}_1^3=\boldsymbol{C}_2^3\boldsymbol{C}_1^2$ 的乘法次序不能交换，因为在一般情况下，矩阵乘法没有交换律。

因此，对于任意两个坐标系之间的变换关系，可以表示为

$$\boldsymbol{C}_b^n=\boldsymbol{C}_G^n\boldsymbol{C}_p^G\boldsymbol{C}_i^p\boldsymbol{C}_b^i \tag{2-23}$$

式(2-23)表明了坐标变换矩阵的传递性质。

根据方向余弦的正交性质，方向余弦矩阵之间有下列关系：

1）两个方向余弦矩阵互为转置矩阵，即

$$\begin{cases}(\boldsymbol{C}_o^r)^{\mathrm{T}}=\boldsymbol{C}_r^o\\(\boldsymbol{C}_r^o)^{\mathrm{T}}=\boldsymbol{C}_o^r\end{cases} \tag{2-24}$$

2）两个方向余弦矩阵互为逆矩阵，即

$$\begin{cases}(\boldsymbol{C}_o^r)^{-1}=\boldsymbol{C}_r^o\\(\boldsymbol{C}_r^o)^{-1}=\boldsymbol{C}_o^r\end{cases} \tag{2-25}$$

3）各个方向余弦矩阵的转置矩阵与逆矩阵相等，即

$$\begin{cases}(\boldsymbol{C}_o^r)^{\mathrm{T}}=(\boldsymbol{C}_o^r)^{-1}\\(\boldsymbol{C}_r^o)^{\mathrm{T}}=(\boldsymbol{C}_o^r)^{-1}\end{cases} \tag{2-26}$$

根据以上关系，可以写出如下矩阵等式：

$$\boldsymbol{C}_o^r(\boldsymbol{C}_o^r)^{\mathrm{T}}=\boldsymbol{C}_r^o(\boldsymbol{C}_r^o)^{-1}=\boldsymbol{I} \tag{2-27}$$

式中，$\boldsymbol{I}$ 为单位矩阵。现把式(2-27)具体写成

$$\begin{bmatrix}C_{11}&C_{12}&C_{13}\\C_{21}&C_{22}&C_{23}\\C_{31}&C_{32}&C_{33}\end{bmatrix}\begin{bmatrix}C_{11}&C_{21}&C_{31}\\C_{12}&C_{22}&C_{32}\\C_{13}&C_{23}&C_{33}\end{bmatrix}=\begin{bmatrix}1&0&0\\0&1&0\\0&0&1\end{bmatrix} \tag{2-28}$$

由此得到

$$\begin{cases}C_{11}^2+C_{12}^2+C_{13}^2=1\\C_{21}^2+C_{22}^2+C_{23}^2=1\\C_{31}^2+C_{32}^2+C_{33}^2=1\\C_{11}C_{21}+C_{12}C_{22}+C_{13}C_{23}=0\\C_{21}C_{31}+C_{22}C_{32}+C_{23}C_{33}=0\\C_{31}C_{11}+C_{32}C_{12}+C_{33}C_{13}=0\end{cases} \tag{2-29}$$

式(2-29)中的六个方程是九个方向余弦之间的六个关系式。也就是说，九个方向余弦之

间存在六个约束条件，实际上只有三个方向余弦是独立的。因此，仅仅给定三个独立的方向余弦，并不能唯一地确定两个坐标系之间的相对角位置。为了解决这个问题，通常采用三个独立的转角(即欧拉角)来求出九个方向余弦的数值，从而唯一地确定两个坐标系之间的相对角位置。

3. 欧拉角的定义与坐标变换

刚体坐标系相对参考坐标系的角位置，可以用三次独立转动的三个转角来确定，这三个转角就是欧拉角。

图 2-12 所示为共原点 O 的两个坐标系 $OX_nY_nZ_n$ 和 $OX_bY_bZ_b$。一个坐标系可以经过三次转动变换到另一个坐标系。

第一次绕 Z_n 轴转 φ，使 $OX_nY_nZ_n$ 转到 $OX_1Y_1Z_1$ 的位置，如图 2-13 所示，$OX_nY_nZ_n$ 与 $OX_1Y_1Z_1$ 之间的方向余弦矩阵可表示为

$$\boldsymbol{C}_n^1=\begin{bmatrix}\cos\varphi & \sin\varphi & 0\\ -\sin\varphi & \cos\varphi & 0\\ 0 & 0 & 1\end{bmatrix} \tag{2-30}$$

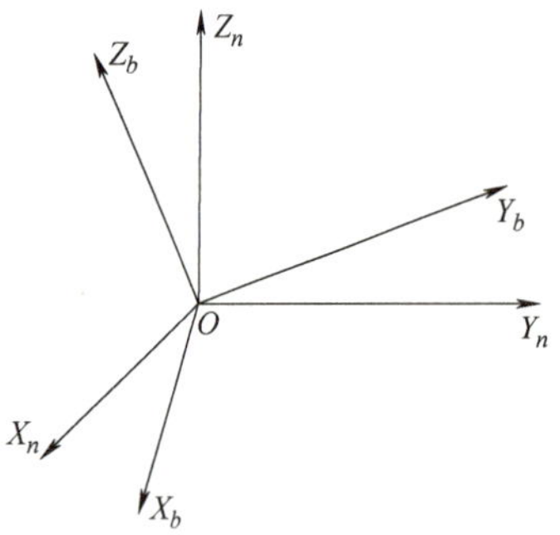

图 2-12　坐标轴相对位置

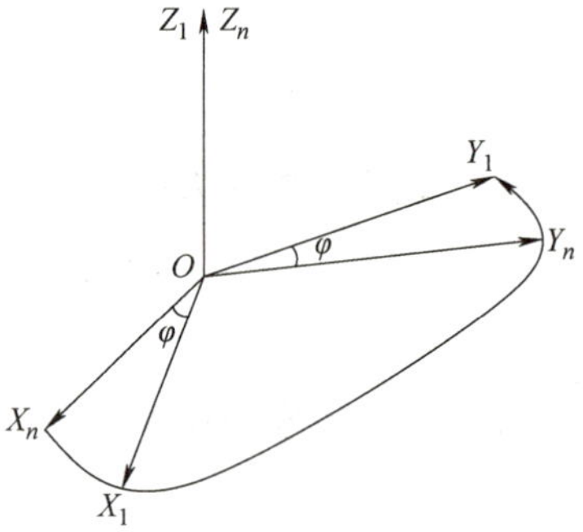

图 2-13　第一次转动后的位置

第二次绕 X_1 轴转 θ，使 $OX_1Y_1Z_1$ 达到新的 $OX_2Y_2Z_2$ 位置，如图 2-14 所示，$OX_1Y_1Z_1$ 与 $OX_2Y_2Z_2$ 之间的方向余弦矩阵可表示为

$$\boldsymbol{C}_1^2=\begin{bmatrix}1 & 0 & 0\\ 0 & \cos\theta & \sin\theta\\ 0 & -\sin\theta & \cos\theta\end{bmatrix} \tag{2-31}$$

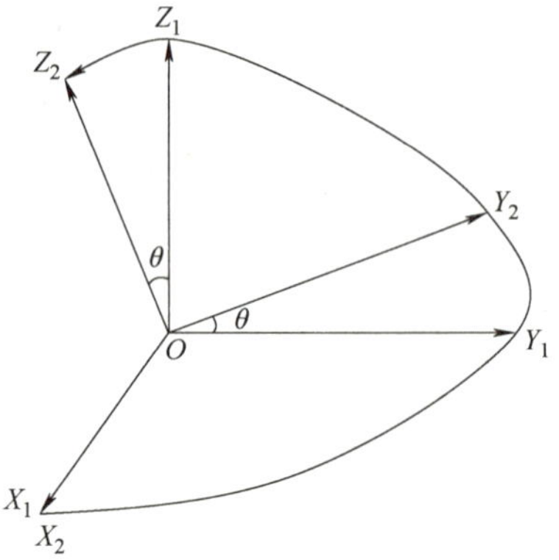

图 2-14　第二次转动后的位置

第三次绕 Z_2 轴转 ϕ，使 $OX_2Y_2Z_2$ 达到 $OX_bY_bZ_b$ 最终位置，如图 2-15 所示，$OX_2Y_2Z_2$ 与 $OX_bY_bZ_b$ 之间的方向余弦矩阵可表示为

$$\boldsymbol{C}_2^b=\begin{bmatrix}\cos\phi & \sin\phi & 0\\ -\sin\phi & \cos\phi & 0\\ 0 & 0 & 1\end{bmatrix} \tag{2-32}$$

三次转动角度 φ、θ、ϕ 即为欧拉角。将三个简单转动的图 2-13 ~ 图 2-15 叠加画在一起，就得到用三个欧拉角表示两个坐标系相对位置的综合图，如图 2-16 所示。

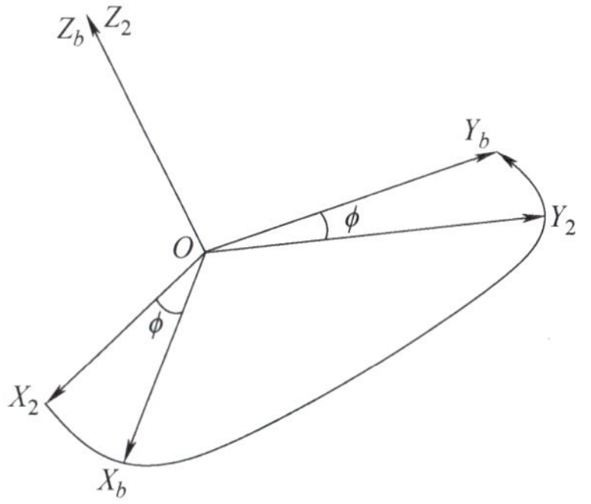

图 2-15　第三次转动后的位置

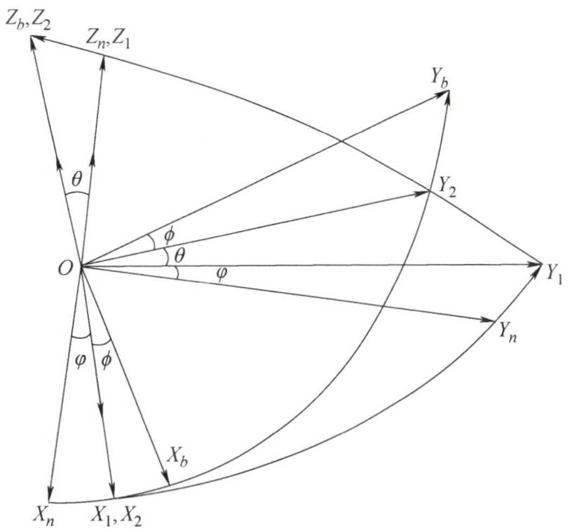

图 2-16　坐标系相对位置综合图

其中

$$\begin{bmatrix} X_b \\ Y_b \\ Z_b \end{bmatrix} = \boldsymbol{C}_n^b \begin{bmatrix} X_n \\ Y_n \\ Z_n \end{bmatrix} \tag{2-33}$$

利用坐标变换的基本公式

$$\boldsymbol{C}_n^b = \boldsymbol{C}_2^b \boldsymbol{C}_1^2 \boldsymbol{C}_n^1 \tag{2-34}$$

综合上式得

$$\begin{aligned} \boldsymbol{C}_n^b &= \begin{bmatrix} \cos\varphi & \sin\varphi & 0 \\ -\sin\varphi & \cos\varphi & 0 \\ 0 & 0 & 1 \end{bmatrix} \begin{bmatrix} 1 & 0 & 0 \\ 0 & \cos\theta & 0 \\ 0 & -\sin\theta & \cos\theta \end{bmatrix} \begin{bmatrix} \cos\phi & \sin\phi & 0 \\ -\sin\phi & \cos\phi & 0 \\ 0 & 0 & 1 \end{bmatrix} \\ &= \begin{bmatrix} \cos\varphi & \sin\varphi & 0 \\ -\sin\varphi & \cos\varphi & 0 \\ 0 & 0 & 1 \end{bmatrix} \begin{bmatrix} \cos\phi & \sin\phi & 0 \\ -\cos\theta\sin\phi & \cos\theta\cos\phi & \sin\theta \\ \sin\theta\sin\phi & -\sin\theta\cos\phi & \cos\theta \end{bmatrix} \\ &= \begin{bmatrix} \cos\varphi\cos\phi-\sin\varphi\cos\theta\sin\phi & \cos\varphi\sin\phi+\sin\varphi\cos\theta\cos\phi & \sin\varphi\sin\theta \\ -\sin\varphi\cos\phi-\cos\varphi\cos\theta\sin\phi & -\sin\varphi\sin\phi+\cos\varphi\cos\theta\cos\phi & \cos\varphi\sin\theta \\ \sin\theta\sin\phi & -\sin\theta\cos\phi & \cos\theta \end{bmatrix} \end{aligned} \tag{2-35}$$

利用三个欧拉角可表示任意两个坐标系之间的方向余弦矩阵。

4. 常用坐标系的转换

地心惯性坐标系、地球坐标系、地理坐标系、载体坐标系是导航领域较为常用的坐标系，它们之间的变换如下：

（1）地心惯性坐标系与地球坐标系变换　地球坐标系（e 系）和地心惯性坐标系（i 系）之间的转动是由地球自转引起的，从导航开始时刻，地球坐标系绕 Z 轴转过 $\boldsymbol{\Omega}t$，如图 2-17 所示，e 系到 i 系的变换矩阵为

$$\boldsymbol{C}_i^e = \begin{bmatrix} \cos\boldsymbol{\Omega}t & \sin\boldsymbol{\Omega}t & 0 \\ -\sin\boldsymbol{\Omega}t & \cos\boldsymbol{\Omega}t & 0 \\ 0 & 0 & 1 \end{bmatrix} \tag{2-36}$$

式中，$\boldsymbol{\Omega}$ 为地球自转角速度；t 为时间。

（2）地理坐标系与地球坐标系变换　根据经纬度的定义，地球坐标系（e 系）到地理坐标系（t 系）的变换矩阵为

$$\boldsymbol{C}_e^t=\begin{bmatrix}\sin\lambda & \cos\boldsymbol{\Omega}t & 0\\ -\sin\varphi\cos\lambda & -\sin\varphi\sin\lambda & \cos\varphi\\ \cos\varphi\cos\lambda & \cos\varphi\sin\lambda & \sin\varphi\end{bmatrix} \tag{2-37}$$

式中，λ 和 φ 分别为载体的经度和纬度。地球坐标系（e 系）到地理坐标系（t 系）的变换可通过绕 Z_e 转动 $90°+\lambda$，再绕所得坐标系的 x 轴转 $90°-\varphi$ 得到。

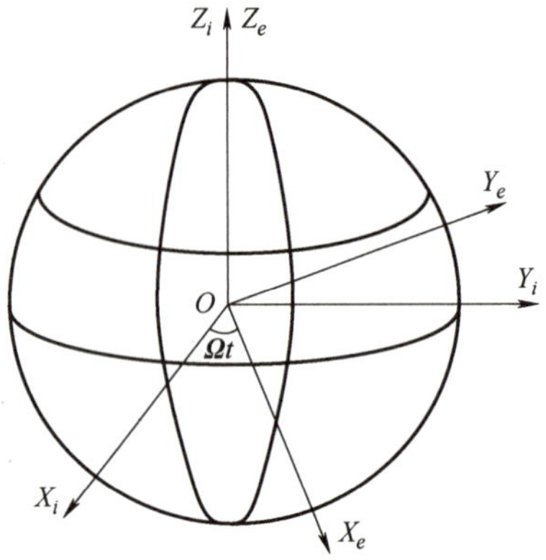

图 2-17　地心惯性坐标系和地球坐标系之间的角度关系

（3）载体坐标系与地理坐标系变换　载体坐标系（b 系）相对于地理坐标系（t 系）的坐标变换矩阵可按式(2-38)求得。

$$\begin{aligned}\boldsymbol{C}^b&=\boldsymbol{C}_y(\gamma)\boldsymbol{C}_x(\theta)\boldsymbol{C}_{-z}(\varphi)\\&=\begin{bmatrix}\cos\gamma & 0 & -\sin\gamma\\ 0 & 1 & 0\\ \sin\gamma & 0 & \cos\gamma\end{bmatrix}\begin{bmatrix}1 & 0 & 0\\ 0 & \cos\theta & \sin\theta\\ 0 & -\sin\theta & \cos\theta\end{bmatrix}\begin{bmatrix}\cos\varphi & -\sin\varphi & 0\\ \sin\varphi & \cos\varphi & 0\\ 0 & 0 & 1\end{bmatrix}\\&=\begin{bmatrix}\cos\gamma\cos\varphi+\sin\gamma\sin\theta\sin\varphi & -\cos\gamma\sin\varphi+\sin\gamma\sin\theta\cos\varphi & -\sin\gamma\cos\theta\\ \cos\theta\sin\varphi & \cos\theta\cos\varphi & \sin\theta\\ \sin\gamma\cos\varphi-\cos\gamma\sin\theta\sin\varphi & -\sin\gamma\sin\varphi-\cos\gamma\sin\theta\cos\varphi & \cos\gamma\cos\theta\end{bmatrix}\end{aligned} \tag{2-38}$$

式中，φ、θ 和 γ 分别为载体的航向角、俯仰角和横滚角。

2.2 地球物理特性

在近地惯性导航中，运载体相对于地球定位，地球的形状参数、重力特性对具体的导航参数的解算有直接的影响。因此，必须对地球的形状及其重力场特性有一定的了解。

2.2.1　地球参考椭球与曲率半径

1. 地球参考椭球

人类赖以生存的地球，实际上是一个质量非均匀分布、形状不规则的几何体。从整体来看，地球近似一个对称于极轴的扁平旋转椭球体，如图 2-18 所示。其截面的轮廓是一个扁平椭圆，沿赤道方向为长轴，沿极轴方向为短轴。这种形状的形成与地球的自转有密切关系。地球表面的每一质点，一方面受到地心引力的作用，另一方面又受到离心力的作用。在离心力的作用下，地球在靠近赤道的部分向外膨胀，直到各处质量所受到的引力与离心力的合力——重力的方向达到与当地水平面垂直为止，从而地球的形状就成为一个扁平的旋转椭

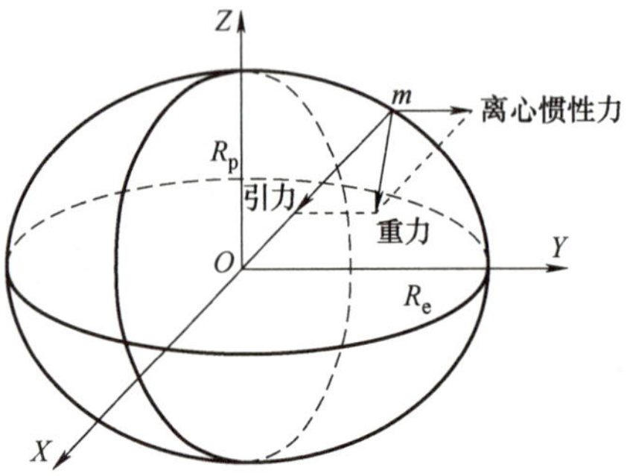

图 2-18　地球形状

球体。

地球表面存在陆地和海洋、高山和深谷，还有很多人造的设施，因而地球表面的形状是一个相当不规则的曲面。在工程应用上，对实际的地球形状采取某种近似，以便于用数学模型来进行描述。

对于一般的工程应用，通常采用一种最简单的近似，即把地球视为一个圆球体。数学上可用球面方程来描述，即

$$x^2+y^2+z^2=R^2 \tag{2-39}$$

式中，R 为地球平均半径，$R=(6371.02\pm0.05)$ km。这是 1964 年国际天文学会确定的数据。在研究惯性导航问题时，通常把地球近似视为一个旋转椭球体。数学上可用旋转椭球面方程来描述，即

$$\frac{x^2-y^2}{R_e^2}+\frac{z^2}{R_p^2}=1 \tag{2-40}$$

式中，R_e 为长半轴即地球赤道半径；R_p 为短半轴即地球极轴半径。旋转椭球体的椭圆度或称扁率 e 为

$$e=\frac{R_e-R_p}{R_e} \tag{2-41}$$

地球的赤道半径 R_e 和极轴半径 R_p 可由大地测量确定。通常，取 $R_e=378.393$km，$e=1/297$。

如果假想把平均的海平面延伸穿过所有陆地地块，则所形成的几何体称为大地水准体。旋转椭球体与大地水准体基本相符，例如，在垂直方向的误差不超过 150m，旋转球面的法线方向与大地水准面的法线方向之间的偏差一般不超过 3"。在惯性导航中，可以忽略两者的差别，而用旋转椭球体代替大地水准体来描述地球的形状，并用旋转椭球面的法线方向来代替重力方向。

选取参考椭球的基本准则是使测定出的大地水准面的局部或全部与参考椭球之间贴合得最好，即差异最小。由于所在地区不同，因而各国选用的参考椭球也不尽相同。表 2-2 列出了目前世界上常用的参考椭球。

表 2-2 目前世界上常用的参考椭球

名称	赤道半径 R_e/m	扁率 e	使用的国家和地区
克拉索夫斯基(1940)	6378245	1/298.3	俄罗斯、中国
贝塞尔(1841)	6377397	1/299.16	日本
克拉克(1866)	6378206	1/294.98	北美
克拉克(1880)	6378245	1/293.46	北美
海富特(1910)	6378388	1/297.00	欧洲、北美及中东
1975 年国际会议推荐的参考椭球	6378140	1/298.257	中国
WGS-84(1984)	6378137	1/298.257	全球

注：1. 我国在 1954 年前采用过海富特椭球，新中国成立后很长一段时间采用的 1954 年北京坐标系，是基于克拉索夫斯基参考椭球的。1980 年开始使用 1975 年国际大地测量与地球物理联合会第 16 届大会推荐的参考椭球。

2. WGS-84(1984)是美国国防部地图局于 1984 年制定的全球大地坐标系，考虑了大地测量、多普勒雷达、卫星等测量数据。

2. 曲率半径

当把地球视为旋转椭球来研究导航定位问题时，经常需要根据载体相对地球的位移或速度求取经度、纬度或相对地球的角速度，需要应用椭球的曲率半径等参数。由于地球是一个旋转椭球体，所以在地球表面不同地点其曲率半径也不相同。

参看图2-19，即使在同一点 P，它的子午圈曲率半径 R_m 与卯酉圈曲率半径 R_n 也不相同。P 点子午圈曲率半径，是指过极轴和 P 点的平面与球表面的交线上 P 点的曲率半径。P 点卯酉圈，是指过 P 点和子午面垂直的法线平面与球表面的交线，而 P 点卯酉圈曲率半径，是指该交线上 P 点的曲率半径。

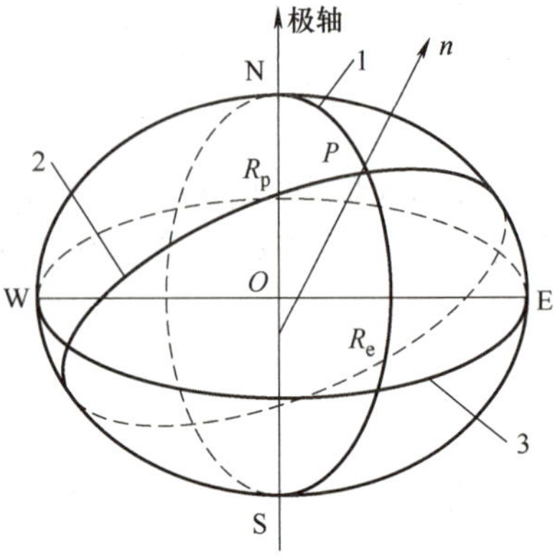

图 2-19　地球椭球体的曲率半径图
1—子午圈　2—卯酉圈　3—赤道

由式(2-41)可知地球椭球的扁率 e，则子午圈曲率半径为

$$R_m=\frac{R_e(1-e^2)}{(1-e^2\sin^2\varphi)^{3/2}} \tag{2-42}$$

在赤道上，纬度 $\varphi=0$，子午圈曲率半径 R_m 最小，它比地心到赤道的距离约小42km。在地球南北极，纬度为 $\varphi=\pm90°$时，子午圈曲率半径最大，它比地心到南北极的距离约大42km。

若已知载体的北向速度为 $\boldsymbol{v}_n$，则根据子午圈曲率半径可求出载体纬度的变化率为

$$\frac{d\varphi}{dt}=\frac{\boldsymbol{v}_n}{R_m} \tag{2-43}$$

同时，可确定载体绕东向轴的转动角速度为

$$\boldsymbol{\omega}_e=-\frac{\boldsymbol{v}_n}{R_m} \tag{2-44}$$

卯酉圈曲率半径为

$$R_n=\frac{R_e}{(1-e^2\sin^2\varphi)^{1/2}} \tag{2-45}$$

在地球赤道上，卯酉圈就是赤道圆，此时卯酉圈的曲率半径最小。在南北极，卯酉圈就是子午圈，此时卯酉圈曲率半径最大。

若已知载体的东向速度为 $\boldsymbol{v}_e$，可求出载体经度的变化率为

$$\frac{d\lambda}{dt}=\frac{\boldsymbol{v}_e}{R_n\cos\varphi} \tag{2-46}$$

同时，可以确定载体绕北向轴的转动角速度为

$$\boldsymbol{\omega}_n=\frac{\boldsymbol{v}_e}{R_n} \tag{2-47}$$

比较式(2-42)和式(2-45)可以看出，$R_n>R_m$。

此外，由于地球是一个旋转椭球体，所以地球表面不同的点至地心的直线距离也不同。地球表面任意一点至地心的直线距离计算式为

$$R=R_e\left(1-R_e\sin^2\varphi-\frac{3}{8}R_e^2\sin^2\varphi-\cdots\right)\approx R_e(1-R_e\sin^2\varphi) \tag{2-48}$$

2.2.2 垂线、纬度与高程

经度、纬度和高度(λ,φ,H)是近地航行运载体的位置参数。在导航计算中，纬度是十分重要的参数。地球表面某点的纬度，是指该点的垂线方向和赤道平面之间的夹角。因为地球本身是一个椭球体，形状、质量分布又极不规则，所以纬度的定义比较复杂。地球表面某点常用的垂线和纬度分别有以下几种，如图 2-20 所示。

1. 垂线的定义

1）地心垂线(几何垂线)：从地心通过所在点的径向矢量。

2）地理垂线(椭球法线)：沿大地水准面法线方向的直线。

3）天文垂线(重力垂线、铅垂线)：沿重力 G 方向的直线。

4）引力垂线(质量引力垂线)：任意等势面的法线方向。

通常，人们比较关心的是地理垂线和天文垂线，它们之间的偏差一般不超过半个角分(30")，在导航时可以忽略，并把地理垂线和天文垂线看作重合。

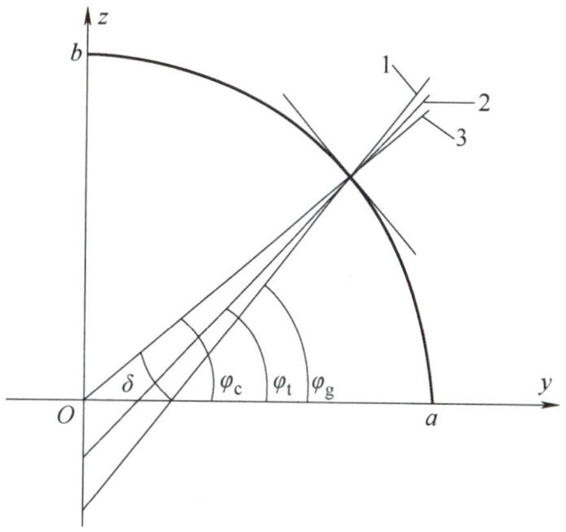

图 2-20 垂线和纬度
1—地理垂线 2—引力垂线 3—地心垂线

2. 纬度的定义

地球纬度的定义有如下四种(分别对应以上的四种垂线)：

1）地心纬度：地心垂线与赤道平面之间的夹角 φ_c 称为地心纬度。

2）地理纬度：地理垂线与赤道平面之间的夹角 φ_g 称为地理纬度。

3）天文纬度：天文垂线(重力方向)和赤道平面之间的夹角称为天文纬度。

4）引力纬度：引力垂线和赤道平面之间的夹角 φ_t 称为引力纬度。

因为地理垂线和天文垂线之间的偏差很小，所以地理纬度和天文纬度通常可以看成是近似的。通常把这两种纬度统称为地理纬度 φ，通常说的纬度是指地理纬度。

地心纬度 φ_c 和地理纬度 φ_g 之间存在一个角度差，称为地球表面的垂线偏差，如图 2-21 所示，即

$$\delta = e\sin 2\varphi_g \tag{2-49}$$

通常，导航中使用地理纬度，而在理论计算中，又常常以地心纬度来计算，在使用中需要对二者进行必要的换算。

3. 高程的定义

假设空中载体在 P 点，如图 2-22 所示，该点对应于参考球体的法线与参考球体交于 M 点。设 PM 与大地水准面交于 P' 点，交地球自然表面于 P''点，那么称 PM 为飞行高度 H(简称高程)，PP'称为海拔 h(或绝对高度)，PP''为相对高度，$P'P''$为当地的海拔，MP'为大地起伏。

严格讲，无论哪种高度，指的都是当地大地水准面法线方向的长度。而为了描述方便，通常用参考椭球面上的法线来代替大地水准面法线进行测量计算。

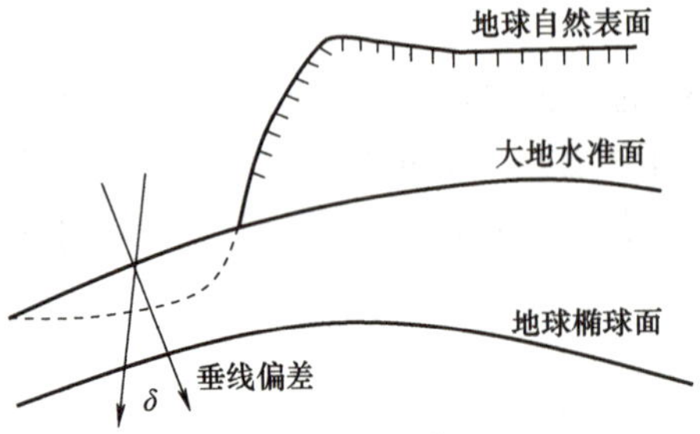

图 2-21　垂线偏差

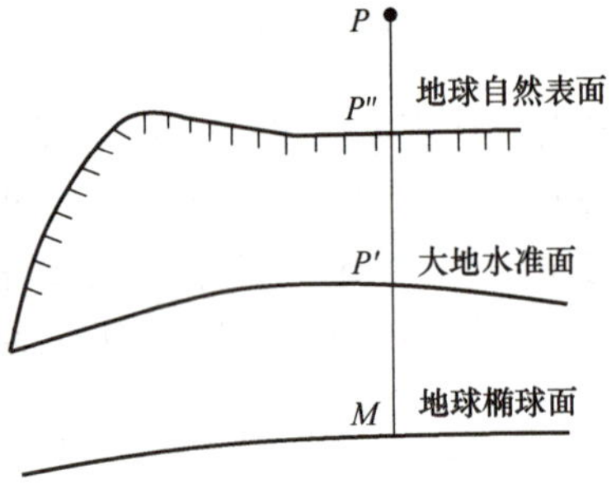

图 2-22　高程的定义

2.2.3　地球重力场

地球重力场是由地球引力场与地球自转离心惯性力形成的。如图 2-23 所示，假设地球是一个密度均匀的旋转椭球体，则地球引力 $m\boldsymbol{G}_e$ 指向地心；地球自转向心加速度 $\boldsymbol{\omega}_{ie}\times(\boldsymbol{\omega}_{ie}\times\boldsymbol{r})$ 垂直指向极轴，而离心惯性力的方向与此相反，故为 $-m\boldsymbol{\omega}_{ie}\times(\boldsymbol{\omega}_{ie}\times\boldsymbol{r})$。根据图中矢量关系，可得重力矢量表达式为

$$m\boldsymbol{g}=m\boldsymbol{G}_e-m\boldsymbol{\omega}_{ie}\times(\boldsymbol{\omega}_{ie}\times\boldsymbol{r})$$

$$\boldsymbol{g}=m\boldsymbol{G}_e-\boldsymbol{\omega}_{ie}\times(\boldsymbol{\omega}_{ie}\times\boldsymbol{r}) \tag{2-50}$$

即重力加速度 $\boldsymbol{g}$ 是引力加速度 $\boldsymbol{G}_e$ 与向心加速度 $\boldsymbol{\omega}_{ie}\times(\boldsymbol{\omega}_{ie}\times\boldsymbol{r})$ 的矢量差。

由图 2-23 可以看出，重力加速度 $\boldsymbol{g}$ 的方向一般并不指向地心，在地球两极和赤道除外。还可以看出向心加速度的大小随着所在点的地理纬度而变化，同时还随着所在点至地心的距离而变化。因此，重力加速度 $\boldsymbol{g}$ 的大小是所在点地理纬度 L 和高度 h 的函数。当考虑地球为椭球时，通常采用重力加速度值的计算公式为

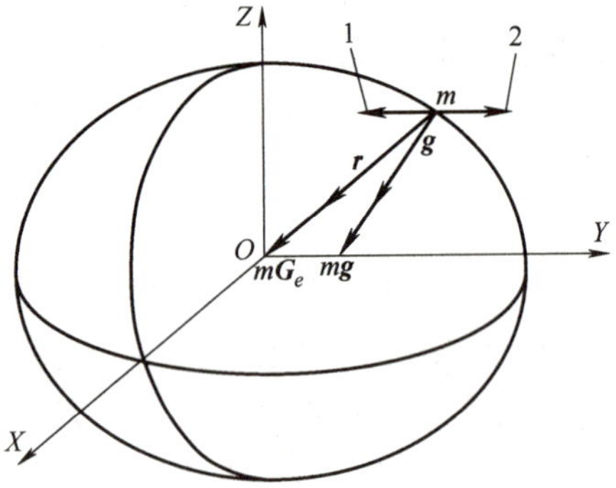

图 2-23　重力矢量图

1—$\boldsymbol{\omega}_{ie}\times(\boldsymbol{\omega}_{ie}\times\boldsymbol{r})$　2—$-m\boldsymbol{\omega}_{ie}\times(\boldsymbol{\omega}_{ie}\times\boldsymbol{r})$

$$\boldsymbol{g}=\boldsymbol{g}_0(1+0.0052884\sin^2L-0.0000059\sin^2 2L)-0.0003086h \tag{2-51}$$

式中，$\boldsymbol{g}_0$ 为赤道海平面上的重力加速度，$g_0=978.049\text{cm/s}^2$。

根据地球重力场理论，还可以按式(2-52)计算重力加速度及其随高度的变化。

$$\begin{cases}\boldsymbol{g}(0)=978.0318\times(1+5.3024\times10^{-3}\sin L-5.9\times10^{-6}\sin 2L)(\text{cm/s}^2)\\ \dfrac{\text{d}g}{\text{d}h}=-0.30877(1-1.39\times10^{-3}\sin^2L)\times10^{-3}[(\text{cm/s}^2)/\text{m}]\end{cases} \tag{2-52}$$

式中，$\boldsymbol{g}(0)$ 为地球某一点的海平面上的重力加速度值。

由于地球自转的影响，引力加速度 $\boldsymbol{G}_e$ 与重力加速度 $\boldsymbol{g}$ 在数值上和方向上存在差异。$\boldsymbol{G}_e$ 与 $\boldsymbol{g}$ 在数值上的差异为

$$|\boldsymbol{G}_e-\boldsymbol{g}|=\frac{R\omega_{ie}^2}{2}(1+\cos 2L)\leqslant 3.4\times10^{-3}\boldsymbol{g} \tag{2-53}$$

$\boldsymbol{G}_e$ 与 $\boldsymbol{g}$ 在方向上的差异（即两者的夹角）为

$$\gamma=\frac{R\omega_{ie}^2}{2g}\sin 2L\leqslant \pm 6' \tag{2-54}$$

我国各主要城市的重力加速度值(参考值)见表 2-3。

表 2-3 我国各主要城市的重力加速度值(参考值)

城市名称	重力加速度/(m/s^2)	城市名称	重力加速度/(m/s^2)
北京	9.80147	哈尔滨	9.80655
上海	9.79460	重庆	9.79136
天津	9.80106	兰州	9.79255
广州	9.78834	拉萨	9.77990
南京	9.79495	乌鲁木齐	9.80146
西安	9.79441	齐齐哈尔	9.80803
沈阳	9.80349	福州	9.78910

实际上，地球并非是理想的旋转椭球体，其几何形状与参考椭球不完全一致，又因地球各处地质结构不同，特别是地球内部局部地区密度不均匀，实际重力加速度与理论重力加速度(按公式计算出的理论值)一般存在着差异。实际重力加速度相对理论重力加速度在数值上的偏差称为重力异常，一般为几至几十毫伽($1cm/s^2=1Gal=1000Gal$)；而在方向上的偏差称为垂线偏差，一般为几至几十角秒。

地球表面各点的重力异常和垂线偏差并没有什么规律，只能将地球表面划分为许多区域，通过事先测量，然后在惯性系统中加以补偿(对于一般精度的惯性系统，这种影响可以忽略)。由于重力异常和垂线偏差对高精度的惯性导航系统和地球资源勘探具有重要意义，因而各种重力测量技术的发展一直被高度重视。如果所建立的地球重力场模型精度为 1mGal，那么用于重力加速度测量的加速度计的精度应不低于 10^{-6}。

2.3 运动方程及表示

2.3.1 轮式机器人运动方程及表示

1. 坐标系定义与运动映射

轮式机器人的每个独立的轮子既起到运动的作用，也对运动施加了约束。轮式移动运动学建模有两种方法：基于作用合成的建模方法和基于运动约束的建模方法。

在轮式机器人建模的过程中，首先将机器人看作建立在轮子上的刚体，在水平面上运动。机器人底盘在平面上有三个维度，其中两个是平面位置，一个是绕垂直轴的旋转方向，垂直轴和平面正交。轮子轴、轮子转向关节和轮子车辘关节存在额外的自由度，但将机器人看作刚体，可以忽略机器人内部和轮子的关节和自由度。

如图 2-24 所示，通常定义两种坐标系，一种是平面全局坐标系，一种是机器人局部坐标系。全局坐标系以平面上的一个固定点为原点，坐标轴分别为 X_I 和 Y_I，下标 I 表示对应量定义在全局坐标系中。选择机器人底盘上的一点 P 为机器人的位置参考点，定义该点在全局坐标系中位置为(x_I, y_I)，即为机器人在全局坐标系中的位置，记机器人的正方向与坐标轴X_I的夹角为θ，则机器人在全局坐标系中的姿态可描述为$\boldsymbol{x}_I=[x_I, y_I, \theta_I]^{\mathrm{T}}$。以$P$为原点，以$\theta$方向为$x$坐标轴方向所建立的坐标系称为机器人局部坐标系，其坐标轴分别用X_R和Y_R表示。

机器人在全局坐标系下的运动速度$\dot{\boldsymbol{x}}_I=[\dot{x}_I, \dot{y}_I, \dot{\theta}_I]^{\mathrm{T}}$和局部坐标系下的运动速度$\dot{\boldsymbol{x}}_R=[\dot{x}_R, \dot{y}_R, \dot{\theta}_R]^{\mathrm{T}}$存在以下映射关系：

$$\begin{cases} \dot{\boldsymbol{x}}_R=\boldsymbol{R}(\theta)\dot{\boldsymbol{x}}_I \\ \begin{bmatrix} \dot{x}_R \\ \dot{y}_R \\ \dot{\theta}_R \end{bmatrix}=\boldsymbol{R}(\theta)\begin{bmatrix} \dot{x}_I \\ \dot{y}_I \\ \dot{\theta}_I \end{bmatrix} \\ \boldsymbol{R}(\theta)=\begin{bmatrix} \cos\theta & \sin\theta & 0 \\ -\sin\theta & \cos\theta & 0 \\ 0 & 0 & 1 \end{bmatrix} \end{cases} \tag{2-55}$$

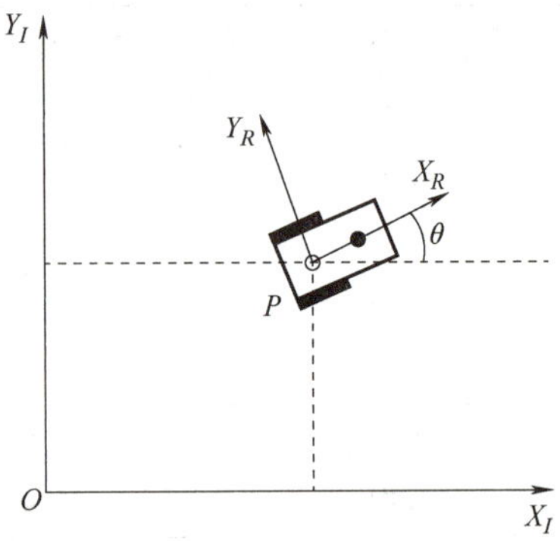

图 2-24　坐标系定义

式中，$\boldsymbol{R}(\theta)$为正交旋转矩阵。因此，当已知机器人在全局坐标系中的速度时，可以通过式(2-55)计算得到机器人在局部坐标系中的速度。同样，当已知机器人在局部坐标系中的速度时，也可以计算得到机器人在全局坐标系中的速度。

2. 前向运动模型

本节构建如图 2-25 所示的一般差分驱动移动机器人的前向运动模型。差分驱动移动机器人可由两个独立驱动的主动轮，1~2 个采用脚轮或者球轮的无驱动随动轮组成。记主动轮直径为r，轮子到两轮之间中点P的距离为l，且l、r已知。

记左右两个主动轮的旋转速度分别为$\dot{\varphi}_1(t)$、$\dot{\varphi}_2(t)$，全局坐标系下机器人运动速度$\dot{\boldsymbol{x}}_1=[\dot{x}_1, \dot{y}_1, \dot{\theta}_1]^{\mathrm{T}}$和这两个主动轮旋转速度$\dot{\varphi}_1(t)$、$\dot{\varphi}_2(t)$之间的关系表示为

$$\dot{\boldsymbol{x}}_1=[\dot{x}_1, \dot{y}_1, \dot{\theta}_1]^{\mathrm{T}}=f(\dot{\varphi}_1(t), \dot{\varphi}_2(t)) \tag{2-56}$$

根据式(2-56)，可以得到局部坐标系下的机器人运动速度和主动轮旋转速度$\dot{\varphi}_1(t)$、$\dot{\varphi}_2(t)$之间的关系，即

$$\begin{cases} \dot{\boldsymbol{x}}_R=g(\dot{\varphi}_1(t), \dot{\varphi}_2(t)) \\ \dot{\boldsymbol{x}}_1=\boldsymbol{R}^{-1}(\theta)\dot{\boldsymbol{x}}_R=\boldsymbol{R}^{-1}(\theta)g(\dot{\varphi}_1(t), \dot{\varphi}_2(t)) \end{cases} \tag{2-57}$$

前向运动学建模就是在局部坐标系下计算每个轮子对机器人运动$\dot{\boldsymbol{x}}_R$的作用并合成。

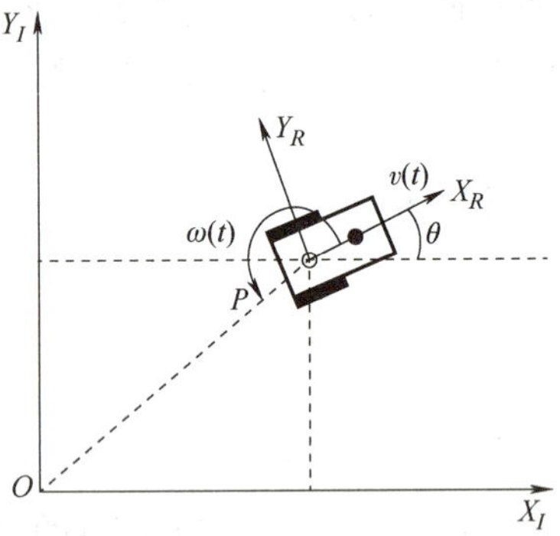

图 2-25　差分驱动移动机器人

根据图 2-25 中机器人的运动方向建立机器人局部坐标系，则机器人沿着$+X_R$方向向前移动。首先考虑每个轮子的旋转速度对P点在X_R方向平移速度$\dot{\boldsymbol{x}}_R$的作用合成。如果一个轮子旋转，另一个轮子静止，由于P点处在两个轮子的中点，则旋转轮使机器人以速度的一半移动，即

$$\dot{\boldsymbol{x}}_R=\frac{1}{2}r\dot{\varphi}_1(t) \text{ 或 } \dot{\boldsymbol{x}}_R=\frac{1}{2}r\dot{\varphi}_2(t) \tag{2-58}$$

当两个轮子同时旋转时，就是两个轮子作用的叠加，即

$$\dot{x}_R = \frac{1}{2}r\dot{\varphi}_1 + \frac{1}{2}r\dot{\varphi}_2 \tag{2-59}$$

可以看到，如果两个轮子以相同速度旋转但方向相反，则得到的是一个原地旋转的机器人，此时 $\dot{x}_R=0$。$\dot{y}_R$ 的计算更为简单，由于两个轮子都不会引起机器人在局部坐标系中的侧移运动，因此 $\dot{y}_R$ 总是0。最后，同样通过单独计算每个轮子的作用并叠加来计算 $\dot{x}_R$ 中的能转分量 $\dot{\theta}_R$。假设机器人右轮单独向前旋转，则 P 点将以左轮为中心逆时针旋转，旋转速度为

$$\dot{\theta}_R = \frac{r\dot{\varphi}_2(t)}{2l} \tag{2-60}$$

当机器人左轮单独向前旋转时，则 P 点以右轮为中心顺时针转，旋转速度为

$$\dot{\theta}_R = -\frac{r\dot{\varphi}_1(t)}{2l} \tag{2-61}$$

当两个轮子同时旋转时，机器人的旋转速度为

$$\dot{\theta}_R = \frac{r\dot{\varphi}_2(t)}{2l} - \frac{r\dot{\varphi}_1(t)}{2l} \tag{2-62}$$

根据上述计算，就得到了差分驱动机器人的运动学模型：

$$\dot{x}_1 = R^{-1}(\theta)\dot{x}_R = R^{-1}(\theta)\begin{bmatrix} \frac{1}{2}r\dot{\varphi}_1 - \frac{1}{2}r\dot{\varphi}_2 \\ \frac{r\dot{\varphi}_2(t)}{2} - \frac{r\dot{\varphi}_1(t)}{2l} \end{bmatrix} \tag{2-63}$$

可以看到，前向运动学建模是分析计算每个轮子对机器人参考点运动产生的作用并通过合成得到轮子速度与机器人参考点速度之间的关系，其分析计算及合成与轮子的排布方式密切相关。

3. 轮子的运动学约束

另一种轮式机器人的运动学建模方法是基于每个轮子对机器人运动产生的约束合成。下面介绍轮子的运动学约束。

为了简化约束的表达，做以下两点假设：首先，假设轮子的平面始终保持竖直，以及在所有情况下，轮子和地面都只有一个接触点；其次，假设轮子与地面在接触点上没有打滑即轮子仅仅在纯转动下运动，并通过接触点绕竖直轴旋转。

基于这些假设，标准轮存在两个约束。第一个是滚动约束，即轮子在相应方向发生运动时必须转动，也就是沿着轮平面的所有运动必须通过适当的旋转转量实现，数学上可以描述为

$$v_{\parallel} = r\dot{\varphi} \tag{2-64}$$

式中，$v_{\parallel}$ 为轮子在轮平面上的运动速度；r 为轮子半径；$\dot{\varphi}$ 为轮子转速。

第二个是无侧滑约束，即轮子不能在垂直于轮子平面的方向发生滑动，数学上可以描述为

$$v_{\perp} = 0 \tag{2-65}$$

表示轮子在垂直于轮平面上的运动分量必须为零。

2.3.2 小型无人机运动方程

以小型四旋翼无人机为例，分析飞机运动时，将力的作用在速度坐标系下分解，将力矩作用在机体坐标系下分解。以地面坐标系为惯性坐标系，载体坐标系为动坐标系，用动坐标系表示绝对坐标系符合等式：

$$\frac{\mathrm{d}\boldsymbol{V}}{\mathrm{d}t}=\boldsymbol{I}_V\frac{\tilde{\mathrm{d}}\boldsymbol{V}}{\mathrm{d}t}+\boldsymbol{\Omega}\times\boldsymbol{V} \tag{2-66}$$

$$\frac{\mathrm{d}\boldsymbol{H}}{\mathrm{d}t}=\boldsymbol{I}_H\frac{\tilde{\mathrm{d}}\boldsymbol{H}}{\mathrm{d}t}+\boldsymbol{\Omega}\times\boldsymbol{H} \tag{2-67}$$

式中，$\boldsymbol{I}_V$ 为单位长度速度向量；$\boldsymbol{\Omega}$ 为动坐标系相对地面坐标系的角速度向量；$\boldsymbol{I}_H$ 为动量矩的单位向量；$\boldsymbol{H}$ 为动量矩矢量；$\frac{\tilde{\mathrm{d}}\boldsymbol{V}}{\mathrm{d}t}$和$\frac{\tilde{\mathrm{d}}\boldsymbol{H}}{\mathrm{d}t}$为速度向量和动量矩与动坐标系的相对导数，波浪线表示相对导数。

飞机速度矢量 $\boldsymbol{V}$ 在机体坐标系可以表示为 $\boldsymbol{V}=iu+jv+kw$，其中 u、v、w 分别是机体坐标系下的速度分量，因此有

$$\boldsymbol{I}_V\frac{\tilde{\mathrm{d}}\boldsymbol{V}}{\mathrm{d}t}=i\frac{\tilde{\mathrm{d}}u}{\mathrm{d}t}+j\frac{\tilde{\mathrm{d}}v}{\mathrm{d}t}+k\frac{\tilde{\mathrm{d}}w}{\mathrm{d}t} \tag{2-68}$$

令 $\dot{u}=\frac{\tilde{\mathrm{d}}u}{\mathrm{d}t}$，$\dot{v}=\frac{\tilde{\mathrm{d}}v}{\mathrm{d}t}$，$\dot{w}=\frac{\tilde{\mathrm{d}}w}{\mathrm{d}t}$，则根据矢量微分公式，速度的相对矢导数为

$$\boldsymbol{I}_V\frac{\tilde{\mathrm{d}}\boldsymbol{V}}{\mathrm{d}t}=i\dot{u}+j\dot{v}+k\dot{w} \tag{2-69}$$

$$\boldsymbol{\Omega}\times\boldsymbol{V}=\begin{bmatrix} i & j & k \\ p & q & r \\ u & v & w \end{bmatrix}=i(wq-vr)+j(ur-wp)+k(vp-uq) \tag{2-70}$$

式中，p、q、r 分别为纵轴角速度、横轴角速度、立轴角速度，所以有

$$\frac{\mathrm{d}\boldsymbol{V}}{\mathrm{d}t}=\boldsymbol{I}_V\frac{\tilde{\mathrm{d}}\boldsymbol{V}}{\mathrm{d}t}+\boldsymbol{\Omega}\times\boldsymbol{V}=i(\dot{u}+wq-vr)+j(\dot{v}+ur-wq)+k(\dot{w}+vp-uq) \tag{2-71}$$

$\sum F$ 是作用在飞机上的合外力，将其在机体坐标系下分解为

$$\sum F=iF_x+jF_y+kF_z \tag{2-72}$$

式中，F_x 为无人机合外力在横轴上的投影；F_y 为无人机合外力在纵轴上的投影；F_z 为无人机合外力在竖轴上的投影。根据牛顿第二定律可得

$$\begin{cases} F_x=m(\dot{u}+wq-vr) \\ F_y=m(\dot{v}+ur-wp) \\ F_z=m(\dot{w}+vp-uq) \end{cases} \tag{2-73}$$

式(2-73)左侧表达式为

$$\begin{bmatrix} F_x \\ F_y \\ F_z \end{bmatrix} = \boldsymbol{T}_{bg}\begin{bmatrix} 0 \\ 0 \\ mg \end{bmatrix}_g + \begin{bmatrix} T \\ 0 \\ 0 \end{bmatrix}_b + \boldsymbol{T}_{bw}\begin{bmatrix} -D \\ Y \\ -L \end{bmatrix}_w \tag{2-74}$$

式中，$\boldsymbol{T}_{bg}$ 为地面坐标系到机体坐标系的转换矩阵；$\boldsymbol{T}_{bw}$ 为气流坐标系到机体坐标系的转换矩阵；Y 为无人机受到的侧向力；T 为无人机动力系统产生的推力；L 为无人机受到的升力；D 为无人机受到的阻力。

小型无人机的运动方程为式(2-75)，无人机的受力示意图如图 2-26 所示。

$$\begin{cases} F_x = m(\dot{u}+wq-vr) = T-mg\sin\theta-D\cos\alpha\cos\beta+L\sin\alpha-Y\cos\alpha\sin\beta \\ F_y = m(\dot{v}+ur-wp) = Y\cos\beta+mg\sin\phi\cos\theta-D\sin\beta \\ F_z = m(\dot{w}+vp-uq) = mg\cos\phi\cos\theta-D\sin\alpha\cos\beta-L\cos\alpha-Y\sin\alpha\sin\beta \end{cases} \tag{2-75}$$

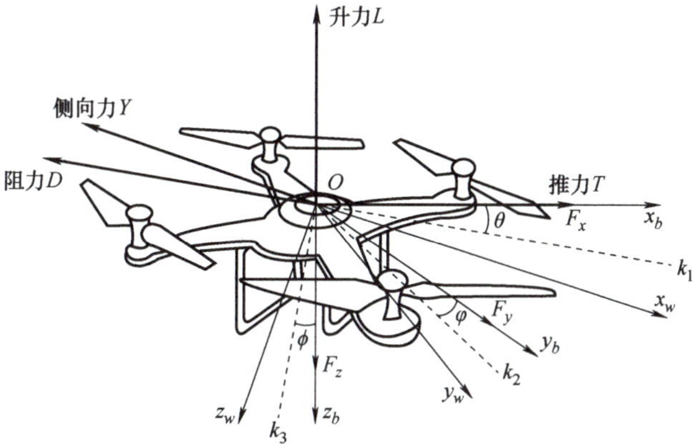

图 2-26　无人机受力示意图

2.4 载体姿态及表示

2.4.1　轮式机器人的姿态表示

机器人姿态的表示方式可以分为三种：一是旋转矩阵，二是坐标轴旋转，三是四元数。

1. 旋转矩阵(方向余弦)

旋转矩阵采用的是旋转后的坐标系三个轴分别与原坐标系三个轴的夹角余弦值共九个数字组成 3×3 的矩阵。旋转矩阵一般记作 $\boldsymbol{R}$，其一般形式为

$$\boldsymbol{R} = \begin{bmatrix} n_x & o_x & a_x \\ n_y & o_y & a_y \\ n_z & o_z & a_z \end{bmatrix} \tag{2-76}$$

定义$[a_x, a_y, a_z]$为接近向量，$[o_x, o_y, o_z]$是与接近向量正交的向量，定义$[n_x, n_y, n_z]$为姿态向量，其中 $n_x = o_x a_x$，$n_y = o_y a_y$，$n_z = o_z a_z$。

2. 坐标轴旋转

正如 2.1 节所述，可以通过三次坐标轴旋转，实现两个坐标系间的变换。以绕固定轴以 XYZ 顺序旋转为例，如图 2-27 所示，绕参考坐标系 X 轴旋转 γ，再绕参考坐标系的 Y 轴旋

转 β，最后绕参考坐标系 Z 轴旋转 α，最终的结果为

$$
\begin{aligned}
{}_B^A\boldsymbol{R}_{XYZ}(\gamma,\beta,\alpha) &= \boldsymbol{R}_Z(\alpha)\boldsymbol{R}_Y(\beta)\boldsymbol{R}_X(\gamma) \\
&= \begin{bmatrix} \cos\alpha & -\sin\alpha & 0 \\ \sin\alpha & \cos\alpha & 0 \\ 0 & 0 & 1 \end{bmatrix} \begin{bmatrix} \cos\beta & 0 & \sin\beta \\ 0 & 1 & 0 \\ -\sin\beta & 0 & \cos\beta \end{bmatrix} \begin{bmatrix} 1 & 0 & 0 \\ 0 & \cos\gamma & -\sin\gamma \\ 0 & \sin\gamma & \cos\gamma \end{bmatrix} \\
&= \begin{bmatrix} \cos\alpha\cos\beta & \cos\alpha\sin\beta\sin\gamma-\sin\alpha\cos\gamma & \cos\alpha\sin\beta\cos\gamma+\sin\alpha\sin\gamma \\ \sin\alpha\cos\beta & \sin\alpha\sin\beta\sin\gamma+\cos\alpha\cos\gamma & \sin\alpha\sin\beta\cos\gamma-\cos\alpha\sin\gamma \\ -\sin\beta & \cos\beta\sin\gamma & \cos\beta\cos\gamma \end{bmatrix}
\end{aligned}
\tag{2-77}
$$

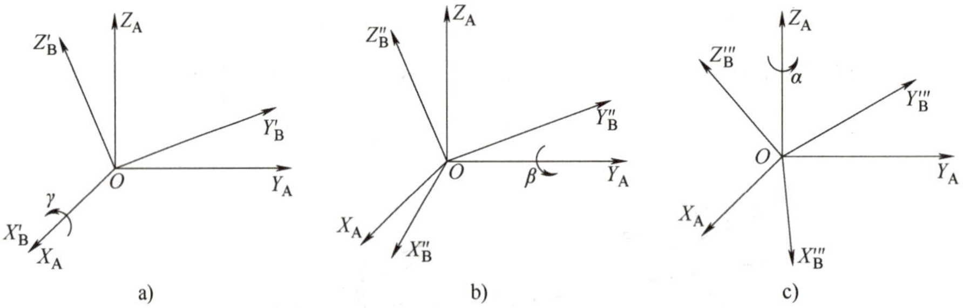

图 2-27　XYZ 固定角坐标系，按照 $\boldsymbol{R}_X(\gamma)$、$\boldsymbol{R}_Y(\beta)$、$\boldsymbol{R}_Z(\alpha)$ 的顺序旋转

3. 四元数

四元数的四个数字由一个实部和三个虚部组成，是一个超复数形式：$q=w+xi+yj+zk$，其中，w、x、y、z 分别为四元数的实部和虚部。可由四元数来表示姿态矩阵。

四元数旋转矩阵为

$$
\boldsymbol{R} = \begin{bmatrix} 1-2y^2-2z^2 & 2(xy-zw) & 2(xz+yw) \\ 2(xy+zw) & 1-2x^2-2z^2 & 2(yz-xw) \\ 2(xz-yw) & 2(yz+xw) & 1-2x^2-2y^2 \end{bmatrix} \tag{2-78}
$$

由上述矩阵可见，旋转矩阵是一个正交矩阵，意味着它的转置等于其逆。这意味着旋转矩阵 $\boldsymbol{R}$ 可以用于实现方向的旋转和变换。

需要注意的是，当四元数为单位四元数(即 $w=1$，$x=y=z=0$)时，对应的旋转矩阵就是单位矩阵，表示无旋转的情况。

利用旋转矩阵可以进行机器人的姿态变换和姿态控制等操作，如将机器人在一个坐标系中的姿态转换到另一个坐标系中。

其中，旋转矩阵四元数为

$$
\begin{cases} x = \dfrac{r_{32}-r_{23}}{4w} \\ y = \dfrac{r_{13}-r_{31}}{4w} \\ z = \dfrac{r_{21}-r_{12}}{4w} \\ w = \dfrac{1}{2}\sqrt{1+r_{11}+r_{22}+r_{33}} \end{cases} \tag{2-79}
$$

式中，r 为旋转矩阵 $\boldsymbol{R}$ 中的元素。

2.4.2　小型无人机的姿态表示

常用的姿态表示方法有欧拉角、方向余弦矩阵、四元数三种。

1. 欧拉角

欧拉角表示方法采用(ϕ,θ,φ)来表示飞行器的姿态，如图 2-28 所示。其中 ϕ 为滚转角，θ 为俯仰角，φ 为航向角，表示飞行器首先航向偏转角度 φ，此时航迹方位变为 k_2，再俯仰角度 θ，此时俯仰方位变为 k_1，然后机体滚转角度 ϕ，翻滚后的方位为 k_3，根据(ϕ,θ,φ)得到姿态。

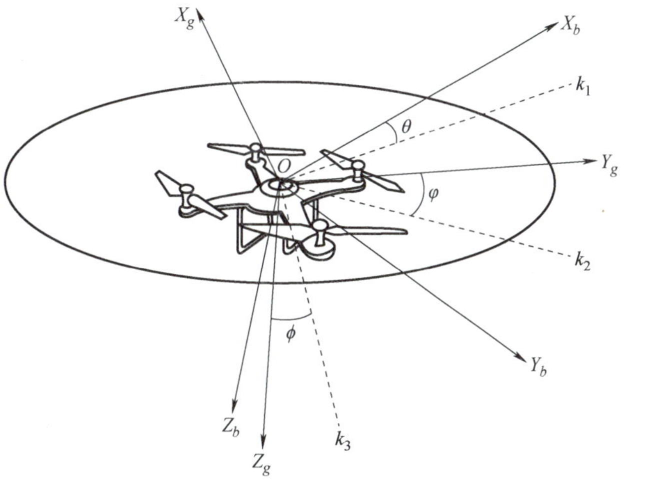

图 2-28　小型无人机姿态图

欧拉角的姿态表示矩阵为

$$\boldsymbol{C}_b^g=\begin{bmatrix}\cos\theta\cos\varphi & \cos\varphi\sin\theta\sin\phi-\sin\varphi\cos\phi & \cos\varphi\sin\theta\cos\phi+\sin\varphi\sin\phi\\ \sin\varphi\cos\theta & \sin\varphi\sin\theta\sin\phi+\cos\varphi\cos\phi & \sin\varphi\sin\theta\cos\phi-\cos\varphi\sin\phi\\ -\sin\theta & \cos\theta\sin\phi & \cos\theta\cos\phi\end{bmatrix}\tag{2-80}$$

式中，$\boldsymbol{C}_b^g$ 为从机体坐标转换到地面坐标的变换矩阵。$\boldsymbol{C}_g^b$ 为地面坐标到机体坐标的变换矩阵，为 $\boldsymbol{C}_b^g$ 的转置，即 $\boldsymbol{C}_g^b=(\boldsymbol{C}_b^g)^{\mathrm{T}}$。

2. 方向余弦矩阵

方向余弦矩阵通过机体坐标和地面坐标的变换矩阵来表示机体的姿态，通过前面的欧拉角到方向余弦矩阵的变换公式，可以逆变换得到从方向余弦矩阵到欧拉角的变换，记 $\boldsymbol{C}=\boldsymbol{C}_b^g$，则有

$$\begin{cases}\phi=\arctan(C_{32}/C_{33})\\ \theta=-\arcsin C_{31}\\ \varphi=\arctan(C_{21}/C_{11})\end{cases}\tag{2-81}$$

式中，C_{ij}为方向余弦矩阵的第 i 行、第 j 列元素。

3. 四元数

四元数通过四个元数 q_0、q_1、q_2、q_3 来表示飞行器全方位的姿态，它的特点是表征方式

简洁，并且没有奇异点，其中 q_0、q_1、q_2、q_3 分别为

$$\begin{cases} q_0=\pm\left(\cos\dfrac{\phi}{2}\cos\dfrac{\theta}{2}\cos\dfrac{\varphi}{2}+\sin\dfrac{\phi}{2}\sin\dfrac{\theta}{2}\sin\dfrac{\varphi}{2}\right) \\ q_1=\pm\left(\sin\dfrac{\phi}{2}\cos\dfrac{\theta}{2}\cos\dfrac{\varphi}{2}-\cos\dfrac{\phi}{2}\sin\dfrac{\theta}{2}\sin\dfrac{\varphi}{2}\right) \\ q_2=\pm\left(\cos\dfrac{\phi}{2}\sin\dfrac{\theta}{2}\cos\dfrac{\varphi}{2}-\sin\dfrac{\phi}{2}\cos\dfrac{\theta}{2}\sin\dfrac{\varphi}{2}\right) \\ q_3=\pm\left(\cos\dfrac{\phi}{2}\cos\dfrac{\theta}{2}\sin\dfrac{\varphi}{2}-\sin\dfrac{\phi}{2}\sin\dfrac{\theta}{2}\cos\dfrac{\varphi}{2}\right) \end{cases} \tag{2-82}$$

四元数的矩阵可以表示为

$$\boldsymbol{C}_b^g=\begin{bmatrix} q_0^2+q_1^2+q_2^2+q_3^2 & 2(q_1q_2-q_0q_3) & 2(q_1q_3-q_0q_2) \\ 2(q_1q_2+q_0q_3) & q_0^2-q_1^2+q_2^2-q_3^2 & 2(q_2q_3-q_0q_1) \\ 2(q_1q_3-q_0q_2) & 2(q_2q_3+q_0q_1) & q_0^2-q_1^2-q_2^2+q_3^2 \end{bmatrix} \tag{2-83}$$

姿态表示方法中，欧拉角是比较直观的方法，用三个角度来衡量机体坐标和地面坐标之间的姿态倾转角，在旋转小角度时，基本上姿态角就等于倾角，但是它的缺点是非线性特点，在俯仰角接近 90°的时候，欧拉角变量会呈现较大的非线性，在 90°具有奇异点，不利于计算，它的特点是意义直观，所以欧拉角通常用于向用户表示姿态，而在内部计算和程序实现中，则通常采用四元数或方向余弦矩阵方法。

四元数和方向余弦矩阵的表示方法，都没有奇异点的问题，能够性能一致地表示 360°全方位的姿态，在计算过程中，直接对四元数或者方向余弦矩阵数值进行迭代，相比之下四元数的表示更加简洁，计算量更小，而方向余弦矩阵则多一些冗余度和计算值，但是在无人机涉及的坐标转换计算方面更加便利直接，两者都有应用。

2.5 本章小结

本章介绍导航的基础理论，包括常用的导航坐标系及坐标系间的转换方法、地球的物理特性、以轮式机器人和四轴无人机为代表的小型机器人的运动方程和姿态表示。这些都是自主导航技术中需要理解和掌握的内容。本章的内容为后续章节的学习提供了理论基础。

【课程思政】

加强基础研究，是实现高水平科技自立自强的迫切要求，是建设世界科技强国的必由之路。党和国家历来重视基础研究工作。新中国成立后，党中央发出“向科学进军”号召，广大科技工作者自力更生、艰苦奋斗，取得“两弹一星”关键科学问题、人工合成牛胰岛素、多复变函数论突破、哥德巴赫猜想证明等重大基础研究成果。改革开放后，我国迎来“科学的春天”，先后实施“863 计划”“攀登计划”“973 计划”，基础研究整体研究实力和学术水平显著增强。党的十八大以来，党中央把提升原始创新能力摆在更加突出的位置，成功组织一批重大基础研究任务、建成一批重大科技基础设施，基础前沿方向重大原创成果持续涌现。

习近平总书记 2023 年 2 月 21 日在二十届中共中央政治局第三次集体学习时的讲话

第3章 惯性导航方法与原理

惯性导航技术是惯性仪表、惯性稳定、惯性系统、惯性制导与惯性测量等及其相关技术的总称，广泛应用于航空、航天、航海、陆地导航、大地测量、钻井开隧道、地质勘探、机器人、车辆、医疗设备以及照相机、手机、玩具等领域。本章重点介绍惯性传感器、惯性导航系统的组成及工作原理。

3.1 惯性传感器

物体保持静止状态或匀速直线运动状态的性质，称为惯性(Inertia)。惯性是物体的一种固有属性，表现为物体对其运动状态变化的一种阻抗程度。物体的惯性，在任何时候(受外力作用或不受外力作用)、任何情况下(静止或运动)都不会改变，更不会消失。惯性是物质自身的一种属性。

惯性传感器是指利用惯性原理敏感运动物体的位置和姿态变化的装置。陀螺仪和加速度计是惯性导航(或制导)系统中的两个关键部件。陀螺仪用以敏感运动物体姿态的变化，加速度计用以敏感运动物体加速度的变化。陀螺仪测量旋转角，可为惯性系统、火力控制系统、飞行控制系统等提供载体的角位移或角速度，为加速度计的测量提供一个参考坐标系，以便把重力加速度和载体加速度区分开。随着科学技术的发展，多种现象可被用来测量载体相对于惯性空间的旋转，出现多种形式的陀螺仪。从工作机理来看，陀螺仪可被分为两大类，一类是以经典力学为基础的陀螺仪(通常称为机械陀螺)，另一类是以非经典力学为基础的陀螺仪(振动陀螺、光学陀螺、硅微陀螺等)。

加速度计又称比力敏感器，它是以牛顿惯性定律作为理论基础的，在载体上安装加速度计的目的是用它来敏感和测量载体沿一定方向的比力(运动体的惯性力和重力之差)，然后经过积分计算(一次积分和二次积分)求得运动体的速度和距离。测量加速度的方法很多，有机械的、电磁的、光学的、放射线的等。

惯性导航和制导系统对陀螺仪和加速度计的精度要求很高，如加速度计分辨率通常为 $0.0001g \sim 0.00001g$，陀螺仪随机漂移率为 0.01°/h 甚至更低，并且要求有很大的测量范围，如军用飞机所要求的测速范围应达到 0.01°/h～400°/s。因此陀螺仪和加速度计属于精密仪表范畴。

3.1.1 陀螺仪

广义上说，陀螺仪是泛指测量运动物体相对惯性空间转动角度或角速度的装置。本节将介绍一些常用的陀螺仪。

1. 机械转子陀螺仪

陀螺是一个高速旋转的转子，转子绕对称轴的旋转称为陀螺转子的自转。把高速旋转的陀螺安装在一个悬挂装置上，使陀螺主轴在空间具有一个或两个转动自由度，就构成了机械转子陀螺仪。确定一个物体在某坐标系中的位置所需要的独立坐标的数目，称为该物体的自由度。陀螺仪的自由度数目，通常是指自转轴可绕其自由旋转的正交轴的数目。由此，机械转子陀螺仪可分为两自由度陀螺仪和单自由度陀螺仪。

两自由度陀螺仪的框架结构如图 3-1 所示。

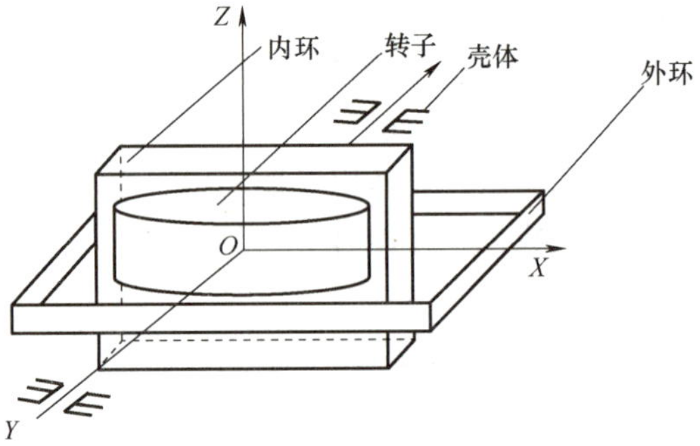

图 3-1　两自由度陀螺仪框架结构

它由转子、内环、外环和仪表壳体组成。转子用轴承支承在内环上，绕其对称轴 OZ 相对内环高速旋转，转动角速度为一常数。内环是一个密封的圆柱体或特殊形体，它用轴承支承在外环上，转子、内环可一起绕内环轴 OX 相对外环转动。外环是一个方形或圆形的环架，它用轴承支承在仪表壳体上，转子、内环、外环一起可绕外环轴 OY 转动。转子轴、内环轴、外环轴相交于一点 O，O 点既是陀螺仪的重心又是支架中心，它是陀螺仪的不动点，陀螺仪的运动就是围绕 O 点进行的，可见，陀螺仪的运动就是一个刚体绕定点的运动。基座就是仪表的壳体，陀螺仪转子轴相对基座有两个运动自由度，因此这种陀螺仪叫作两自由度陀螺仪。

从两自由度陀螺仪的结构组成看，转子轴和内环轴、内环轴和外环轴始终保持垂直，但转子轴和外环轴不一定垂直，这些都是由陀螺仪本身的结构所决定的。

1）两自由度陀螺仪的进动性。当陀螺仪转子高速旋转，同时又受到不与转子轴方向相重合的外力矩作用时，转子轴将在外力矩平面向垂直的平面内运动，这种运动叫进动，陀螺仪的这种特性叫进动性。

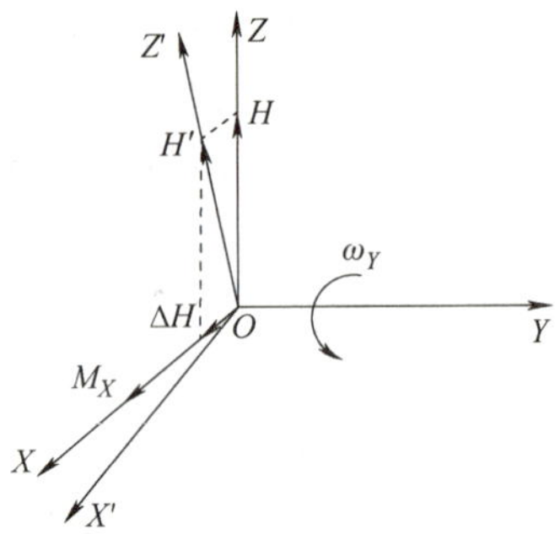

图 3-2　在外力矩作用下动量矩的变化

设陀螺仪在外力矩作用以前转子已高速旋转，动量矩 H 保持不变，且与 OZ 轴重合。由动量矩定理可知，当外力矩 M_X 沿内环轴 OX 作用时，动量矩 H 将出现变化率，它沿外力矩作用轴将获得动量增量 ΔH（见图 3-2），此增量为

$$\Delta H = M_X \Delta t \tag{3-1}$$

因此在时间为 Δt 的瞬间陀螺仪动量矩变为 H'（H 与 ΔH 的矢量和），可看出这种变化是动量矩矢量绕 OY 轴由 H 转到 H' 的，其转角的大小为

$$\Delta\theta = \frac{\Delta H}{H} \tag{3-2}$$

因为 H 是与 OZ 轴重合的，既然动量矩 H 绕 OY 轴转了一个角度 $\Delta\theta$，那么自转轴 OZ 也要转过同样的角度。这说明陀螺仪在外力矩作用下产生了绕 OY 轴的进动。

现在来进一步研究进动角速度的大小及其规律。将式(3-1)代入式(3-2)得

$$\Delta\theta=\frac{M_X}{H}\Delta t \tag{3-3}$$

因此绕 OY 轴的进动角速度 ω_Y 为

$$\omega_Y=\lim_{\Delta t\to 0}\frac{\Delta\theta}{\Delta t}=\frac{\mathrm{d}\theta}{\mathrm{d}t}=\frac{M_X}{H} \tag{3-4}$$

采用同样的方法可求出当外力矩绕外环轴 OY 正向作用时，陀螺仪绕内环轴 OX 正向进动的角速度表达式为

$$\omega_X=-\frac{M_Y}{H\cos\beta} \tag{3-5}$$

比较式(3-4)和式(3-5)可知，当转子轴与外环轴垂直时($\beta=0$)，两表达式完全相同，当 β 值很小，如 $\beta=20°$时，$H\cos\beta=0.94H$，仍接近原来的数值 H；当 β 值较大，如 $\beta=60°$ 时，$H\cos\beta=0.5H$，仅为原来 H 值的 1/2；当 $\beta=90°$时，$H\cos\beta=0$，转子轴与外环轴重合，陀螺仪失去一个转动自由度。这时，作用在外环轴上的外力矩将使外环连同内环绕外环轴转动起来，陀螺仪变得与一般刚体没有区别了，这种现象叫作环架自锁。

由此可见，两自由度陀螺仪的进动性，只有在自转轴与外环轴不重合的情况下才表现出来，一旦出现了环架自锁，也就没有进动性了。因此，在两自由度陀螺仪的应用中，总是把绕内环轴的进动限制在一定范围内。

在外力矩作用下陀螺仪动力矩矢量的变化率是相对惯性空间而言的，因而陀螺仪的进动是相对惯性空间的进动。进动的内因是转子高速自转，即有动量矩存在，外因是外力矩的作用。用动量矩定理还可对陀螺仪进动的“无惯性”加以解释。这就是说，当外力作用在陀螺仪上时，动量矩矢量相对惯性空间立即改变方向，陀螺仪也立刻出现进动。当外力矩为零时，动量矩的变化率立即为零，陀螺仪也立即停止进动。实际上陀螺仪进动的惯性还是存在的，只是和一般刚体比较起来很小，不容易被人们所观察到。

从上面的分析，可得出进动性特点：

① 进动方向定律：陀螺仪进动的方向，就是动量矩 H 沿着最短途径趋向外力矩 M 的右手螺旋方向。

② 进动角速度的大小：当 H 为常值时，进动角速度与外力矩成正比；当外力矩一定时，进动角速度与动量矩成反比；当转子轴与外环轴的夹角为 90°时，其进动角速度最小。显然，进动角速度的大小与 θ 有关。

③ 进动规律：绕陀螺仪外环轴加力矩，陀螺仪绕内环轴进动。反之，绕内环轴加力矩陀螺仪绕外环轴进动。

2）两自由度陀螺仪的稳定性。当两自由度陀螺仪转子高速度旋转时，具有很高的抵抗外干扰力矩的能力，使转子轴相对惯性空间保持稳定，这种抵抗外干扰力矩的能力，叫作陀螺仪的稳定性或定轴性。

在实际陀螺仪结构中，内外环轴承不可避免地存在着摩擦力矩、不平衡力矩等干扰。在干扰力矩作用下陀螺仪同样要产生进动，使自转轴偏离原来的方向。陀螺仪在干扰力矩作用下的缓慢进动叫作漂移。其漂移角速度为

$$\omega_{\mathrm{d}}=\frac{M_{\mathrm{d}}}{H} \tag{3-6}$$

一方面，由于干扰力矩很小，陀螺动量矩很大，在仪表有限的使用时间内转子轴空间位置的改变很小；另一方面，在外力矩作用下陀螺仪是做角速度进动，而一般刚体则是做加速度转动，在同样外力矩作用下陀螺仪的运动比一般刚体慢得多，所以陀螺仪具有很好的稳定性。

陀螺仪漂移的快慢是用单位时间内的角度，即漂移角速度来表示的。陀螺仪漂移角速度叫作陀螺仪的漂移率，其单位一般采用°/h 或°/min。漂移率越小，自转轴相对惯性空间的方位稳定精度就越高；当施加控制力矩使自转轴跟踪空间某一变动方位时，其方位跟踪精度也越高。因此，漂移率是衡量陀螺仪精度的主要指标。

2. 单自由度陀螺仪

两自由度陀螺仪具有内、外两个环架，因此内外环绕其轴转动时，都将改变转子轴相对基座（仪表壳体）的方位，这使陀螺仪转子轴具有两个角自由度。如果把外环和仪表基座固定在一起，两自由度陀螺仪将失去一个外环和一个角自由度，这时陀螺仪转子相对仪表基座的运动只限于绕内环轴的转动运动，这种转子轴相对仪表基座只有一个角自由度的陀螺仪，叫作单自由度陀螺仪。

对于单自由度陀螺仪而言，内环架在结构功用上仍起支承陀螺仪转子的作用，它的运动特性如图 3-3 所示。

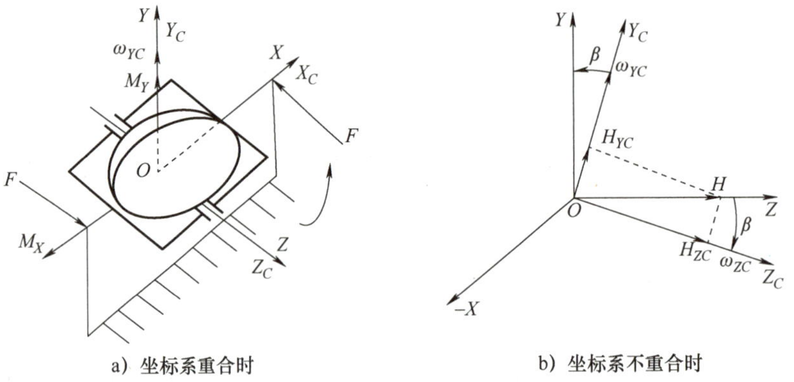

图 3-3　单自由度陀螺仪的运动示意图

从图 3-3a 可以看出，当载体坐标系 $OX_CY_CZ_C$ 与单自由度陀螺仪的内环坐标系 $OXYZ$ 重合时，载体绕内环轴 OX 及绕转子轴 OZ 的转动不能带动陀螺仪转子轴同时转动，因而不能产生进动运动。可是，载体绕轴 OY_C 以角速度 ω_{YC}转动时，将强迫陀螺仪转子轴也绕轴 OY_C 运转，陀螺仪转子轴的方位被迫发生变化，由于陀螺仪转子轴力图保持其原空间方位的稳定，而载体带动仪表基座转动时，也将通过内环轴承给陀螺仪内环轴两端以推力 F 作用在与 OY_C 轴垂直的平面内，显然，在推力下形成的力矩 M_Y 沿着轴 OY_C 正向作用在陀螺仪上，因而使陀螺仪转子轴产生绕其内环轴的进动运动。

当坐标系 $OX_CY_CZ_C$ 与 $OXYZ$ 不重合时，如图 3-3b 所示，假设绕 OX 轴存在转角 β 时，陀螺仪转子的动量矩 H 将有两个分量：一个是沿着 OZ_C 轴的 $H_{ZC}=H\cos\beta$ 分量；另一个是沿着 OY_C 轴的 $H_{YC}=H\sin\beta$ 分量。这样，载体绕 OY_C 的转动角速度 ω_{YC}将改变 H_{ZC}的方位，而载体绕 OZ_C 轴的转动角速度 ω_{ZC}也将改变 H_{YC}的方位。因此，当转角 $\beta\neq0$ 时，不但载体绕 OY_C 轴的转动运动将强迫陀螺仪产生绕 OY_C 轴的转动运动，而且载体绕 OZ_C 轴的转动将强迫陀

螺仪产生绕 OZ_C 轴的转动运动。与此同时，也必然要引起陀螺仪转子轴绕内环轴的进动。因而在一般情况下，载体绕平面 Y_COZ_C 内任一根轴（除 OZ 轴外）转动，都将强迫陀螺仪一起转动，其结果必将引起陀螺仪转子绕内环轴的进动运动。因此，单自由度陀螺仪的输入量可以用载体角速度分量 ω_{YC} 及 ω_{ZC} 来表示，输出量用绕内环轴的转角 β 来表示。

另外，图 3-3 表示出绕内环轴的外力矩作用下单自由度陀螺仪的运动情况。当绕内环轴负向的外力矩 M_X 作用在陀螺仪上时，由于内环轴承的约束，使陀螺仪转子无法实现绕 OY 轴向的进动运动；但是转子绕 OY 轴进动趋势仍然存在，并将通过内环轴的两端给内环轴以推力，因此内环轴承产生的约束反作用力作用于内环轴两端，形成约束反作用力矩 M_Y，M_Y 沿 OY 轴正向作用在陀螺仪上，力矩 M_Y 作用的结果将使陀螺仪绕内环轴 OX 负向产生进动运动，显然该进动方向与外力矩 M_X 作用方向一致。因此，绕内环轴的外力矩 M_X 也是单自由度陀螺仪的输入量，这时的输出量仍然是陀螺仪绕内环轴的转角 β。

综上所述，单自由度陀螺仪具有如下特点：

1）在载体相对单自由度陀螺仪有转动运动（除绕 OX 轴及 OZ 轴外）时，将强迫陀螺仪与载体一起转动，同时陀螺仪将产生绕其内环轴的进动运动。因此，单自由度陀螺仪丧失了两自由度陀螺仪的稳定性。

2）在绕内轴上有外力矩作用在单自由度陀螺仪上时，由于绕 OY 轴向运动的丧失，所以陀螺仪将如同一般刚体一样，产生绕内环轴的转动运动。

3. 挠性陀螺仪

机械转子陀螺仪采用环架装置并由滚珠轴承来支承使转子获得所需的转动自由度。但是滚珠轴承不可避免地存在摩擦力矩而造成陀螺仪漂移。尽管在工艺上可以把滚珠轴承做得很精密，或者可以采用旋转轴承的办法来减小摩擦力矩，然而要使陀螺仪漂移达到 0.01～0.001°/h 甚至更小，即达到惯性导航级陀螺仪的精度要求，则是难以办到的。

因此，要满足惯性导航系统对陀螺仪精度的要求，关键问题之一是必须在支承上进行改革，从而出现了液体支承的液浮陀螺仪，气浮支承的气浮陀螺仪，挠性支承的挠性陀螺仪，以及静电支承的静电陀螺仪等。

挠性陀螺仪的转子是由挠性接头来支承的。挠性接头是一种无摩擦的弹性支承，最简单的结构是做成细轴颈。一方面，转子借助于挠性接头与驱动轴相连，如图 3-4a 所示，驱动电机带动驱动轴经过挠性接头使转子高速旋转，从而产生陀螺动量矩。另一方面，挠性接头又允许转子绕着垂直于自转轴的两个正交轴方向，很易曲即很“柔软”，从而使转子获得绕这两个正变轴的转动自由度。也就是说，挠性陀螺仪的转子具有三个转动自由度，若按自转轴所具有的转动自由度来计算，它属于两自由度陀螺仪。所以，挠性陀螺仪同样具有前述两自由度陀螺仪的基本特性，即陀螺仪的进动性和稳定性。当基座绕着垂直于自转轴的方向出现偏转角时，将带动驱动轴一起偏转过同一角度，但陀螺仪自转轴仍然保持原来的空间方位稳定，如图 3-4b 所示。

可见，挠性陀螺仪就是利用挠性接头来支承转子。挠性接头的特点是易于弯曲，“挠”即弯曲的意思，所以“挠性”二字形象地表示了这种陀螺仪支承形式的特点。其实，挠性接头支承转子的原理与我国杂技艺术中的“转碟”有许多相似之处。这里的转子就相当于“转碟”中的瓷碟，带挠性接头的驱动轴就相当于“转碟”中富有弹性的细长杆，而驱动电机（一般采用磁滞电动机）就相当于演员的手腕。

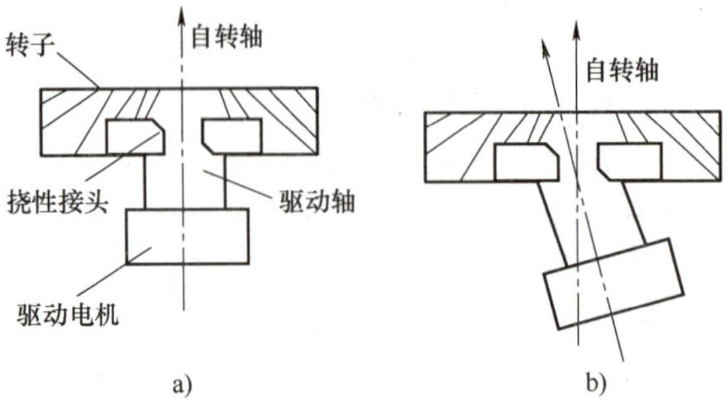

图 3-4　挠性接头支承转子的原理

挠性支承从根本上去除了环架支承所固有的摩擦，还消除了环架支承所不可避免地通至陀螺电动机的输电引线的干扰力矩，因而挠性陀螺仪易于实现低漂移。并且驱动电机装在仪表壳体上，旋转部分没有任何电气绕组组件，保证了陀螺仪质心的稳定。其精度与液浮陀螺仪相当，但它在结构、工艺和成本等方面又均优于液浮陀螺仪。因此，挠性陀螺仪获得了显著发展，引起各航空工业发达国家的普遍重视，并已日益广泛地应用在飞机等惯性导航系统中。

4. 静电陀螺仪

静电陀螺仪转子的支承则由静电吸力来实现，在静电陀螺仪中，转子做成球形，并放置在超高真空的强电场内，由强电场所产生的静电吸力将其支承或称悬浮起来，如图 3-5 所示。

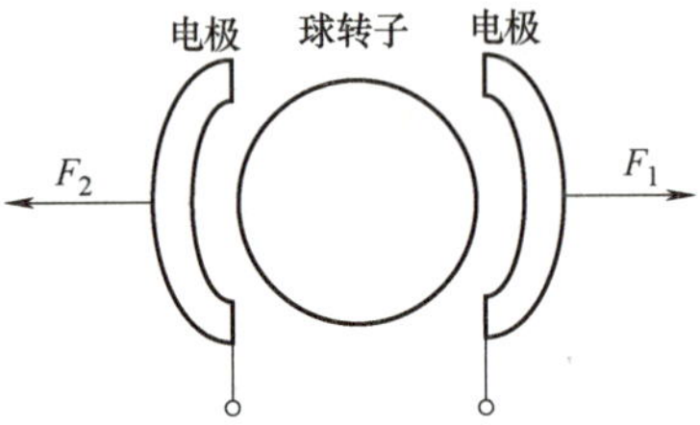

图 3-5　球面电极对球转子的静电吸力

转子与电极之间的间隙很小，电极上接通高电压，而转子为零电位。这样，就在电极与转子之间形成场强很高而且均匀的静电场。当球面电极为正电时，则静电感应使球转子对应表面带负电，由于正电与负电的相互吸引作用，就产生了静电吸力；当球面电极为负电时，则静电感应使球转子对应表面带正电，也会产生静电吸力。当球面电极为正电与负电交替变化时，则球转子对应表面负电与正电交替变化，其结果仍然是产生静电吸力。右边电极对球转子的静电吸力是 F_1，它的效果是使球转子趋向右边移动；左边电极对球转子的静电吸力是 F_2，它的效果是使球转子趋向左边移动。当静电吸力 F_1 和 F_2 的大小相等时，球转子就被支承在两个球面电极的中间位置。

如果沿三个正交轴方向在球转子外面配置有三对内球面电极，即相当于球转子的左右、前后和上下方向都各配置有一对内球面电极并且每对电极上所加的电压都是可自动调节的，那么球转子就被支承在三对球面电极的中心位置上，在实际的静电陀螺仪中，球转子是用铝或铍等金属做成空心或实心球体，放置在陶瓷球腔内，球腔壁上用陶瓷金属化的办法制成三对内球面电极。由支承线路来敏感球转子相对球面电极的位移，并自动调节加到各对应电极上的电压大小。

静电支承的转子绕三个正交方向都可以自由地转动，也就是转子具有三个转动自由度，而且转角的范围不受任何限制。很显然，其自转轴具有两个转动自由度；若按自转轴具有的转动自由度来计算，也是属于两自由度陀螺仪。所以，静电陀螺仪同样具有前述两自由度陀螺仪的基本特性，即陀螺仪的进动性和稳定性。当仪表壳体转动时，陀螺仪自转轴仍然保持原来的空间方位稳定，在转子球表面上刻线并采用光电传感器即可测得表壳相对自转轴的转角。

同其他类型的陀螺仪相比，静电陀螺仪有其独特的优点。因为静电陀螺仪利用静电支承代替机械支承，并且转子是在超高真空的球腔里旋转，所以它消除了机械连接所引起的干扰力矩，同时也避免了液体或气体扰动等所引起的干扰力矩。静电陀螺仪的随机漂移率可达 0.01°/h 甚至 0.001°/h。

静电陀螺仪是一种精度很高、结构较简单的惯性导航系统陀螺仪，尤其适合于作为高精度惯性导航系统的敏感元件。无论是对于舰船、潜艇的惯性导航系统，或是对于飞机惯性导航系统以及导弹惯性制导系统，都是适用的。它不仅适用于平台式惯性导航系统，而且特别适用于捷联式惯性导航系统。

在看到静电陀螺仪优点的同时，它也存在一些缺点。其中较为突出的是静电陀螺仪的工艺要求很高，因为球转子和陶瓷电极组件极微小的几何形状误差，都会形成干扰力矩而造成陀螺仪漂移，所以对这些零件的加工精度要求很高，而且这些零件本身的工艺也比较复杂，静电陀螺仪还需要有比较复杂的电子装置作为支承系统和读取系统。由于这些原因，其制造成本较高。此外，它的角度输出的精度较低，而且对漂移误差的补偿也比较复杂。

5. 激光陀螺仪

激光陀螺仪是 20 世纪 70 年代发展起来的一种全固态陀螺仪。无论是框架式陀螺仪还是挠性陀螺仪，都是基于刚体高速旋转时的陀螺效应、利用力学原理工作的，激光陀螺仪则不同，它是基于光学的塞格纳克效应、利用光电原理来工作的。

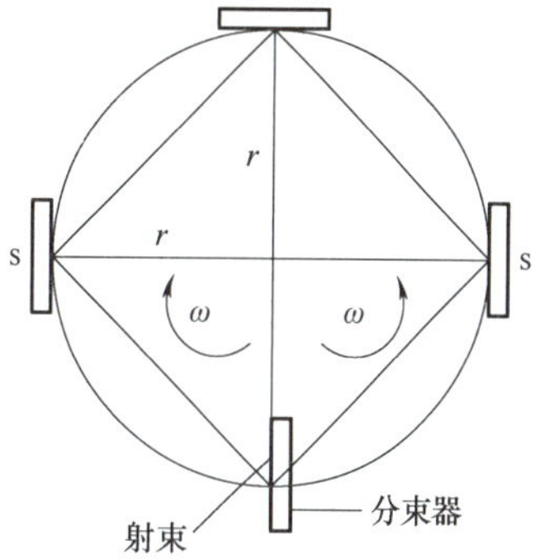

图 3-6　单自由度激光陀螺仪光学原理示意图

图 3-6 描述的是四边形光路构成的单自由度激光陀螺仪光学原理图，同一个激光射束经分束器产生两个光束，沿着由三面反射镜(s)形成的四边形光路分别朝顺时针和逆时针两个相反的方向传播，四边形光路外接圆半径为 r。两个光束经过分束器汇合后，会在光检测器中产生干涉条纹。

上述光学现象可用几何光学定量地进行分析，如图 3-7 所示是光路中的一段。当整个装置按逆时针以角速度 ω 进行旋转时，顺时针方向传播的激光束经过的有效路径长度会缩短。令装置持续旋转时间为 τ，当 τ 较小时，在此时间段内装置转过的角度为小角度，根据图 3-7 所示，有

$$\Delta l=\frac{\sqrt{2}}{2}r\omega\tau \tag{3-7}$$

顺时针方向光束传播的时间为

$$\tau_{-}=\frac{l-\Delta l}{c} \tag{3-8}$$

式中，c 为光速；$l-\Delta l$ 为有效路径。

同理，逆时针方向光束传播时间为

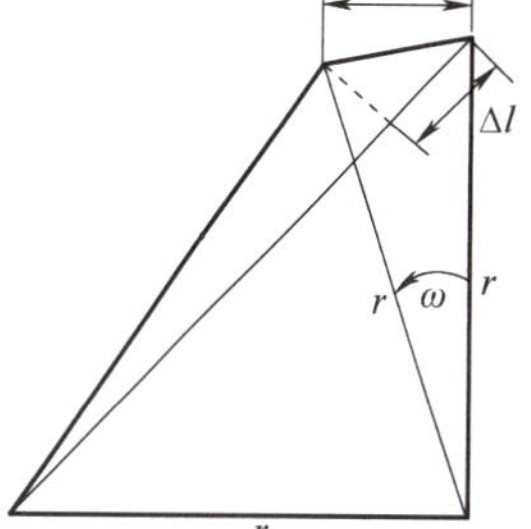

图 3-7　塞格纳克原理分析图

$$\tau_{+}=\frac{l+\Delta l}{c} \tag{3-9}$$

两个方向光束传播时间之差为

$$\Delta\tau=\tau_{+}-\tau_{-}=\sqrt{2}\frac{r\omega\tau}{c} \tag{3-10}$$

当持续旋转时间 τ 为装置不旋转时光束在闭合路径传播一周的时间，即

$$\tau=4\sqrt{2}\frac{r}{c} \tag{3-11}$$

则

$$\Delta\tau=\frac{8r^{2}\omega}{c^{2}} \tag{3-12}$$

由光学知识可知，光传播过程时间差 $\Delta\tau$ 与波长差 $\Delta\lambda$ 之间的关系为

$$\frac{\Delta\lambda}{\lambda}=\frac{\Delta\tau}{\tau} \tag{3-13}$$

则时间差 $\Delta\tau$ 对应的波长差为

$$\Delta\lambda=\sqrt{2}\frac{r\omega\lambda}{c} \tag{3-14}$$

定义四边形光路周长为 P，所围成的面积为 A，则

$$A=2r^{2},P=4\sqrt{2}r \tag{3-15}$$

于是有

$$\Delta\lambda=\frac{4\omega A}{Pc/\lambda} \tag{3-16}$$

已知

$$\nu\lambda=c \tag{3-17}$$

式中，ν 为光束的频率。

对式(3-17)求变分可得

$$\Delta\nu=-\frac{4\omega A}{Pc}\nu \tag{3-18}$$

或

$$|\Delta\nu|=\frac{4A}{P\lambda}\omega \tag{3-19}$$

式(3-19)表明：两个光束的频率差与装置旋转角速度 ω 成正比，光路面与周长的比值越大，其比例系数越大，装置对 ω 越敏感。上述结论是针对四边形光路得出的，但实际上该方程对其他光路结构的激光陀螺仪，如三角形或圆形光路的激光陀螺仪也适用。两个激光光束入射到光检测器上会形成明暗相间的干涉条纹并产生相应电脉冲信号，当光束的频率差 $\Delta\nu=0$ 时，干涉条纹不动，当 $\Delta\nu\neq0$ 时，干涉条纹将以 $2\pi\Delta\nu$ 的角频率移动。激光陀螺仪通过检测电脉冲信号来获得 $\Delta\nu$ 进而得到旋转角速度 ω，通常激光陀螺仪是速率陀螺仪，在这个意义上，激光陀螺仪也比较适合应用于捷联式惯性导航系统。

激光陀螺仪基于光学原理工作，没有刚体转子、环架等活动部件，无须考虑摩擦力矩补

偿问题；它对加速度不敏感，不会引起加速度误差，适用于在大加速度环境下工作；它具有更宽的动态测量范围，这一点对捷联式惯性导航系统很重要；它能够直接提供数字量输出，便于实现与数字计算机的信号交联；整体结构相对简单，成本低廉，并且起动快、寿命长、可靠性高。由于激光陀螺仪具有以上独特的优点，它极大地促进了捷联式惯性导航系统的发展。当然，激光陀螺仪也存在自身的一些问题，例如，激光陀螺仪的谐振腔必须严格密封且其中气体组成浓度恒定；反射镜镀膜工艺要求高；闭锁问题需要解决等。

6. 光纤陀螺仪

光纤陀螺仪所依据的物理原理和激光陀螺仪相同，也是塞格纳克效应，只是其闭合光路是由缠绕在卷轴上光纤线圈构成的，如图 3-8 所示。

光纤陀螺仪除可以与激光陀螺仪一样检测光束频率差获得旋转角速度之外，还可以利用光电检测器检测两个光束的相位差来获得旋转角速度。

相位差 $\Delta\varphi$ 与单圈频率差 $\Delta\nu$ 的关系为

$$\Delta\varphi=\frac{2\pi}{c}\Delta\nu L \tag{3-20}$$

式中，L 为光纤长度。

将式(3-20)代入(3-19)得

$$\Delta\varphi=\frac{2\pi}{c}\frac{4A}{P\lambda}\omega L \tag{3-21}$$

令光纤卷轴直径为 D，则

$$\Delta\varphi=\frac{2\pi LD}{c\lambda}\omega \tag{3-22}$$

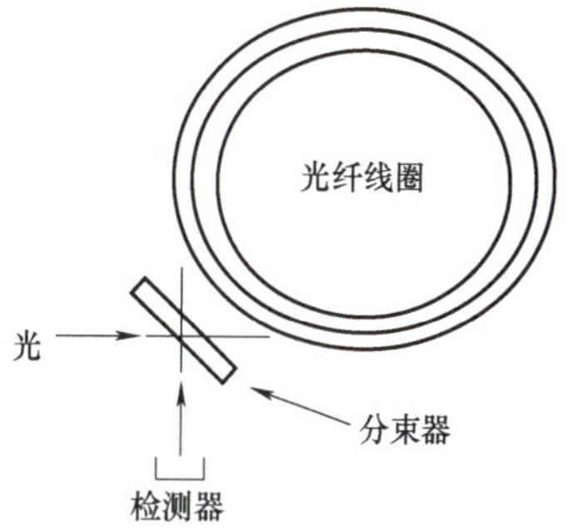

图 3-8　光纤陀螺仪示意图

这个结果表明：光纤陀螺仪检测的相位差 $\Delta\varphi$ 与陀螺仪旋转角速度 ω 成正比，且比例系数与卷轴直径 D、光纤长度 L 有关，D 和 L 越大，陀螺仪对 ω 越敏感。

光纤陀螺仪除了具有激光陀螺仪所有的优点外，还不需要精确加工、严格密封的光学谐振腔和高质量的反射镜，减少了复杂性，降低了成本；可以通过改变光纤的长度或光在线圈中的循环传播次数，实现不同的精度，具有非常实用的设计灵活性；绕制的光纤增长了激光束的检测光路，使检测灵敏度和分辨率比激光陀螺仪提高了几个数量级，有效地克服了激光陀螺仪的闭锁问题。光纤陀螺仪在技术上也存在一系列问题，主要包括温度瞬态影响、振动影响、偏振影响等，这些问题影响了光纤陀螺仪的精度和稳定性，限制了其应用的广泛性。

7. 微机电陀螺仪

微机电陀螺仪是利用微机电技术制作的陀螺仪。与现有机械转子式陀螺仪或光学陀螺仪相比，微机电陀螺仪主要特征有：体积和能耗小；成本低廉，适合大批量生产；动态范围大，可靠性高，可用于恶劣力学环境；准备时间短，适合快速响应；中低精度，适合短时应用或与其他系统组合应用。

微机电陀螺仪是基于科里奥利效应工作的，质量块在激励力的作用下在某一轴向产生振动(参考振动)，当质量块绕其中心轴(也称为输入轴)旋转时，在与振动轴、角速度输入轴正交的另一方向(也称为输出轴)就会产生科里奥利力(科氏力)，科里奥利力的大小与振动速度、输入角速度乘积成正比，检测出科里奥利力的大小和方向就可以检测出输入角速度的大小和方向。

微机电陀螺仪种类众多，目前大部分都利用振动元件来敏感旋转运动。振动式微机电陀螺仪按振动结构、材料、驱动方式、检测方式、工作模式和加工方式等方式进行划分，可以分为以下几种类型。

1）按振动结构：可分为线振动结构和角振动结构，常用的包括振梁结构、双框架结构、平面对称结构、横向音叉结构、梳状音叉结构和梁岛结构等。音叉结构是典型的利用线振动来产生陀螺效应的；双框架结构是典型的利用角振动来产生陀螺效应的。

2）按材料：可分为硅材料和非硅材料。其中，硅材料陀螺仪又可以分成单晶硅陀螺仪和多晶硅陀螺仪；非硅材料陀螺仪包括石英材料陀螺仪和其他材料陀螺仪。

3）按驱动方式：可分为静电驱动式、电磁驱动式和压电驱动式等。

4）按检测方式：可分为电容性检测、压阻性检测、压电性检测、光学检测和隧道效应检测。

5）按工作方式：可分为速率陀螺仪和速率积分陀螺仪。

6）按加工方式：可分为体微机械加工、表面机械加工和 LIGA 加工方式等。

目前，微机电陀螺仪与液浮、气浮机械陀螺仪和激光、光纤等光学陀螺仪相比，在性能方面还有差距，还处于中、低精度的范畴，但其性能发展迅速。据预测，微机电陀螺仪的性能极限为 0.01°/h。可以预见，随着微机电陀螺仪性能的不断提高，它们将会投入到更多的军事和商业应用中。

目前大部分微机电陀螺仪都采用振动式结构。图 3-9 所示为振动式微机电陀螺仪的工作原理。

质量块 P 固连在旋转坐标系的 xOy 平面，假定其沿 x 轴方向以相对旋转坐标系的速度 $\boldsymbol{v}$ 运动，旋转坐标系绕 z 轴以角速度 $\boldsymbol{\omega}$ 旋转。因科里奥利效应产生的作用在质量块 P 上的科里奥利力 F_{cor} 为

$$F_{cor}=2m(\boldsymbol{v}\times\boldsymbol{\omega}) \tag{3-23}$$

式中，m 为质量块 P 的质量。可以看出科里奥利力 F_{cor} 与直接作用在质量块 P 上的输入角速度成正比，并会引起质量块在 y 轴方向的位移，获得该位移的信息即获得输入角速度的信息。

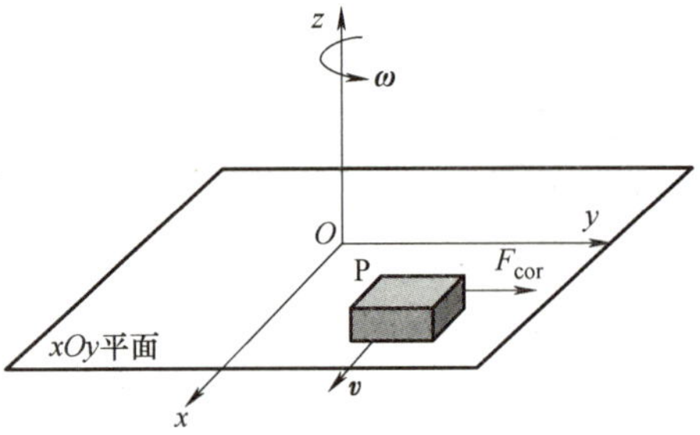

图 3-9　振动式微机电陀螺仪的工作原理

总之，振动式微机电陀螺仪的振动部件受到驱动而工作在第一振动模态，又称驱动模态，即质量块 P 沿 x 轴运动，当与第一振动模态垂直的方向有旋转角速度输入（如图 3-9 所示沿 z 轴的旋转角速度）时，振动部件因科里奥利效应产生了一个垂直第一振动模态的第二振动模态，又称敏感模态，质量块沿 y 轴产生位移，该模态直接与旋转角速度成正比。各类不同结构形式的振动式陀螺仪实际上都是运用了这种工作原理。

图 3-10 所示为采用双端音叉式结构的振动式陀螺仪的工作原理框图。

驱动音叉被激励以其自然频率左右振动，当振动元件绕其垂直轴旋转时，又受到科里奥利力的作用产生一个垂直于音叉平面的振动，这个科里奥利力运动传递到读出音叉，使读出音叉垂直于音叉平面振动。读出音叉振动的幅度正比于驱动音叉运动的速度和外加角速度，通过音叉来检测，被检测的信号经过滤波放大、同步解调得到一个正比于输入角速度的直流电压输出。

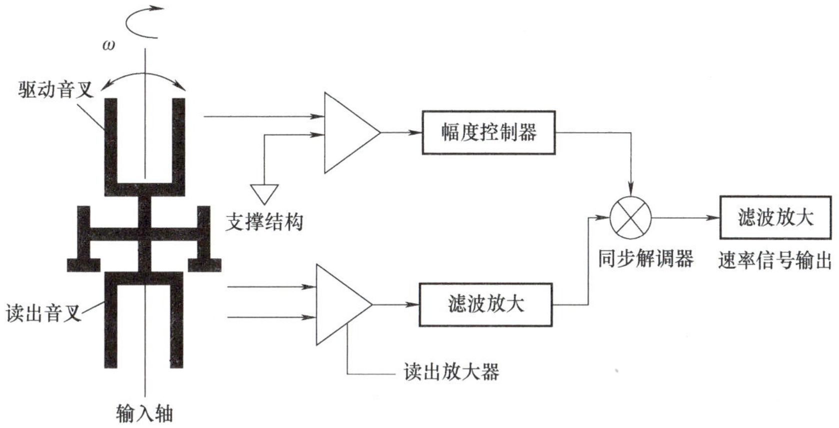

图 3-10 采用双端音叉式结构的振动式陀螺仪的工作原理框图

由于微机电陀螺仪在检测方向的振动很微弱，而且检测手段受到微机电陀螺仪空间大小的限制，因而振动检测方式非常重要。目前，微机电陀螺仪的检测方式主要有电容式、压电式、压阻式以及隧道式等。

（1）电容检测方式 电容检测式微机电陀螺仪直接检测振动方向上的振动位移。在陀螺仪中固定极板，同时在振动弹性体垂直检测振动方向的表面上制作随弹性体振动的极板，通过检测两极板间的电容变化得出弹性体的振动位移。两极板间的电容为

$$C=\frac{\varepsilon S}{4k\pi d} \tag{3-24}$$

式中，ε 为介质介电常量；d 为极板间距；S 为极板的有效面积；k 为静电力常量。测量出电容的变化，根据式(3-24)就可以得出极板间距的变化，从而得出弹性体的振动位移。

电容检测式微机电陀螺仪一般不需要额外的加工步骤就能制造出电容器，具有温度漂移小、灵敏度高和稳定性高等优点。但是由于检测质量微小，产生的科里奥利惯性力很微弱，这使得极板间距变化非常微小，导致电容的变化量也非常微小，因此输出电压很小；并且当检测扭转振动时，极板间距和极板的有效面积都会发生变化，从而影响测试精度。

（2）压电检测方式 压电检测方式是利用扩散在弹性体上的压电晶体的压电效应检测出弹性体在检测方向上振动所对应的应力，从而检测出在检测方向上的振动来测量角速度的。当仅考虑一个方向存在应力时的压电方程，并结合电容和电量的关系可得

$$U=\frac{d\sigma}{C} \tag{3-25}$$

式中，σ 为沿晶轴 z 方向施加的应力；d 为压电系数；U 为压电晶体端的电压；C 为压电晶体的等效电容。

从式(3-25)可知，如果测量出压电晶体两端的电压，就可以得到晶体内部应力的大小，从而计算出弹性体检测方向的振幅，进而得出被测物体的角速度。压电检测式微机电陀螺仪具有体积小、动态范围宽等优点。但是由于压电系数受温度影响大，导致该类型陀螺仪的温度漂移大，需要进行温度补偿，增加了制作工艺的难度。

（3）压阻检测方式 当微机电陀螺仪工作时，分布在检测方向的压阻条随着弹性体的振

动其内部应力改变。由于压阻效应，压阻条的阻值将会发生改变。通过适当的外部电路将电阻变化转化成电压就能够测量出角速度的大小。压阻式微机电陀螺仪具有固有频率高、动态响应快和体积小等特点。根据压阻效应，电阻的变化率为

$$\frac{\Delta R}{R}=\pi\sigma \tag{3-26}$$

式中，π 为压阻系数；σ 为应力。从式(3-26)可以看出，材料的压阻系数直接影响该检测方式微机电陀螺仪的测量精度，但是由于材料的压阻系数比较小，且受环境温度影响较大，因而基于压阻效应的微机电陀螺仪灵敏度比较低，温度漂移比较明显。

(4) 隧道检测方式　隧道检测式微机电陀螺仪是近年发展起来的一种新型微陀螺仪，它利用隧道电流对位移变化的敏感性来检测角速度。在隧道间距很小时，隧道电流与隧道间距的关系为

$$\Delta I=\frac{\alpha\sqrt{\varphi}V}{R}d \tag{3-27}$$

式中，ΔI 为隧道电流；α 为常数；φ 为隧道有效势垒高度；d 为隧道电极的间距；V 为偏置电压；R 为隧道结等效电阻。可以近似认为，电流变化量与隧道间距变化量呈线性关系，只要检测出电流变化量的大小，就能够测量出隧道间距变化量的大小，从而测量出角速度的大小。

3.1.2　加速度计

加速度计是惯性导航系统中测量加速度的敏感元件，它是用来测量载体(如舰船飞机、导弹和其他宇宙飞行器等)相对于惯性空间的线加速度在某一选定参考坐标系轴向的分量。随着惯性导航技术的发展，出现了各种结构和类型的加速度计。按测量系统的组成形式，可分为开环式加速度计和闭环式加速度计；按检测质量的支承方式，分为滚珠轴承加速度计、液浮加速度计、气浮加速度计、磁悬浮加速度计、挠性加速度计和静电加速度计等；按工作原理，可分为摆式加速度计和非摆式加速度计。下面介绍几种典型的加速度计。

1. 液浮摆式加速度计

液浮摆式加速度计原理示意图如图 3-11 所示。为了减小摆组件支承轴上的摩擦力矩，并得到所需的阻尼，将摆组件悬浮在液体中。摆组件的重心 C_M 和浮心 C_B 位于摆组件支承轴 oA 的两侧。C_M、C_B 的连线与摆组件的支承轴垂直，称为摆性轴 PA。同摆性轴 PA 及输出轴 oA 垂直的轴，称为输入轴 IA。IA 及 PA 三轴共交于点 O，构成一个右手坐标系，称为摆组件坐标系。

当有单位重力加速度 g 沿输入轴 IA 作用在摆组件上时，绕输出轴 oA 所产生的摆力矩 M_p 由重力矩及力矩组成，如图 3-12 所示。

$$M_p=GL_1+FL_2 \tag{3-28}$$

式中，G 为作用在重心 C_M 上的摆组件重力；F 为作用在浮心 C_B 上的摆组件浮力；L_1、L_2 分别为摆组件的重心、浮心至输出轴 oA 的距离。

在液浮摆式加速度计中，摆组件的摆性 P 由式(3-29)表示。

$$P=mL=\frac{GL_1+FL_2}{g} \tag{3-29}$$

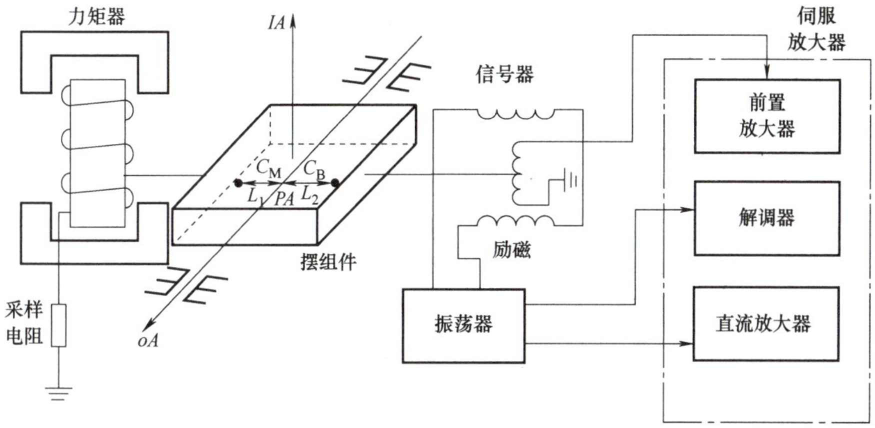

图 3-11　液浮摆式加速度计原理示意图

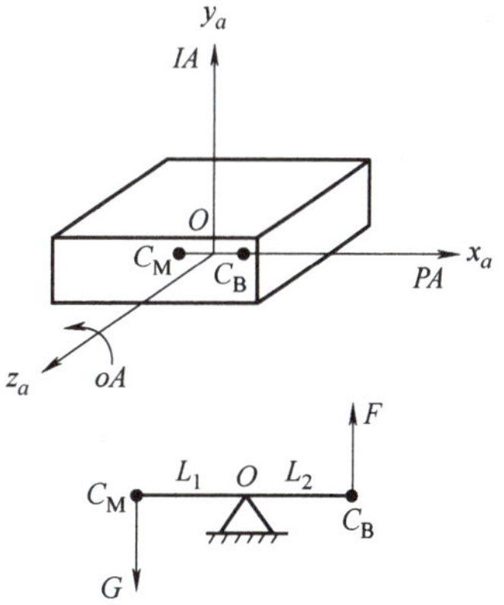

图 3-12　摆组件的摆性

式中，L 为摆组件的等效摆臂。当摆组件的浮力 F 与重力 G 相等时，等效摆臂 L 等于重心与浮心之间的距离 L_1+L_2，摆性的单位为 kg · m。

当沿仪表的输入轴有加速度输入时，加速度通过摆性将产生摆力矩作用在摆组件上，使它绕输出轴转动。摆组件绕输出轴相对壳体的偏转角为 θ，信号器输出与偏转角成比例的电压信号 $u=k_u\theta$（k_u 为信号器的放大系数）。该电压输入到伺服放大器，其输出为与电压成比例的电流信号 $i=k_a\theta$（k_a 为放大器的放大系数）。该电流输给力矩器，产生与电流成比例的力矩 $M=k_m i$（k_m 为力矩器的力矩系数）。这一力矩绕输出轴作用在摆组件上，在稳态时它与摆力矩相平衡。此时力矩器的力矩电流便与输入加速度成比例，通过采样电阻则可获得与输入加速度成比例的电压信号。

由信号器、伺服放大器和力矩器所组成的回路，通常称为力矩再平衡回路；所产生的力矩通常称为再平衡力矩，其表达式为

$$M=k_m i=k_u k_a k_m \theta \tag{3-30}$$

三个系数的乘积 $k_u k_a k_m$ 即为再平衡回路的增益。设壳体坐标系为 $ox_b y_b z_b$，摆组件坐标系为 $ox_a y_a z_a$，其中 ox_a 轴与摆轴 PA 重合，oy_a 轴与输入轴 IA 重合，设摆组件绕输出轴相对壳体有偏转角 θ，即摆组件坐标系相对壳体坐标系有一偏转角 θ（见图 3-13）。

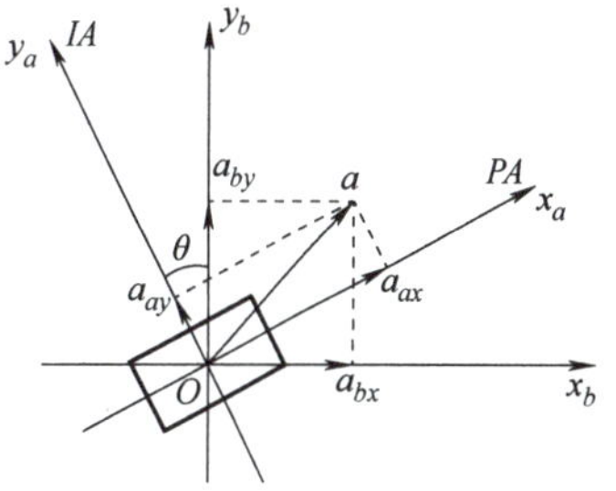

图 3-13　摆组件坐标系与壳体坐标系的关系

设加速度在壳体坐标系各轴上的分量为 a_{bx}、a_{by}、a_{bz}，这时加速度在摆组件坐标系中的分量为 a_{ax}、a_{ay}、a_{az}，可通过方向余矩阵变换得到

$$\begin{bmatrix} a_{ax} \\ a_{ay} \\ a_{az} \end{bmatrix} = \begin{bmatrix} \cos\theta & \sin\theta & 0 \\ -\sin\theta & \cos\theta & 0 \\ 0 & 0 & 1 \end{bmatrix} \begin{bmatrix} a_{bx} \\ a_{by} \\ a_{bz} \end{bmatrix} = \begin{bmatrix} a_{bx}\cos\theta + a_{by}\cos\theta \\ -a_{bx}\cos\theta + a_{by}\cos\theta \\ 0 \end{bmatrix} \tag{3-31}$$

显然，沿输入轴作用的加速度为

$$a_{ay}=a_{by}\cos\theta-a_{by}\sin\theta \tag{3-32}$$

由此可知，若摆组件的偏转角 θ 较大，不仅会降低所要测量加速度 a_{by} 的灵敏度，而且会敏感正交加速度分量 a_{bx}，通常称此为加速度计的交叉耦合效应。

在液浮摆式加速度计中，由力矩再平衡回路所产生的力矩来平衡加速度所引起的摆性力矩。在这种闭路工作状态下，摆组件的运动方程式为

$$I\ddot{\theta}+D\dot{\theta}+k_u k_a k_m \theta=P(a_{by}-a_{bx}\theta)+M_{\mathrm{d}} \tag{3-33}$$

式中，I 为摆组件绕输出轴的转动惯量；D 为摆组件的阻尼系数；M_{d} 为绕输出轴作用在摆组件上的干扰力矩。

2. 挠性加速度计

挠性加速度计也是一种摆式加速度计，它与液浮加速度计的主要区别在于，它的摆组件不是悬浮在液体中，而是弹性地连接在某种类型的挠性支承上。挠性支承消除了轴承的摩擦力矩，当摆组件的偏转角很小时，由此引入的微小的弹性力矩往往可以忽略。

石英挠性摆式加速度计是目前应用最广泛的加速度计，具有体积小、精度高、抗冲击的优点，能满足多种载体和惯性导航系统的使用要求。图 3-14 所示为石英挠性加速度计的结构示意图。表头部分由检测质量摆组件（其上带有力矩器线圈）、电磁力矩器、位置检测器（差动电容传感器）等组成。

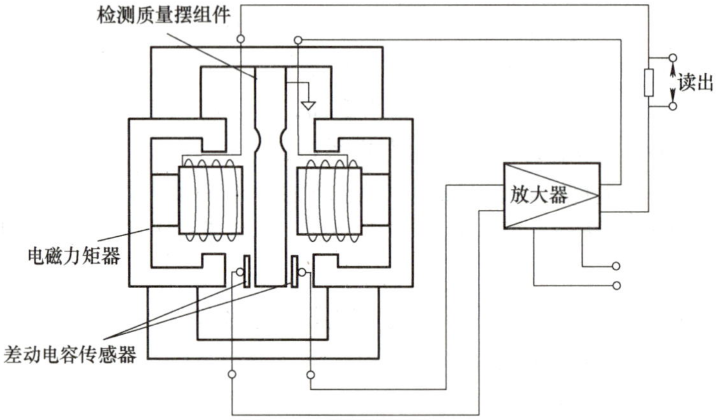

图 3-14　石英挠性加速度计的结构示意图

在挠性加速度计中，由于挠性支承位于摆组件的端部，所以摆组件的重心 C_M 远离挠性轴。挠性轴就是输出轴 oA，C_M 至 oA 的垂线方向为摆性轴 PA，而与 PA、oA 轴正交的轴为输入轴 IA，它们构成右手坐标系，如图 3-15 所示。

当有单位重力加速度沿输入轴 IA 作用时绕输出轴 oA 产生的摆力矩等于重力矩。当仪表内充有阻尼液体时，摆力矩等于重力矩与浮力矩之差。假设浮心 C_B 位于摆性轴上，则摆组件的摆性为

$$P=mL=\frac{GL_1-FL_2}{g} \tag{3-34}$$

式中，G 为摆组件的重力；F 为摆组件的浮力；L_1 和 L_2 为摆组件的重心和浮心至输出端 oA

的距离。

挠性加速度计也是由力矩再平衡回路所产生的力矩来平衡加速度所引起的摆力矩，而且为了抑制交叉耦合误差，力矩再平衡回路同样必须是高增益的。作用在摆组件上的力矩，除了液浮摆式加速度计中所提到的各项力矩外，这里多了一项力矩，即当摆组件出现偏转角时，挠性支承所产生的弹性力矩。因此，挠性加速度计在闭路工作条件下，摆组件的运动方程式为

$$I\ddot{\theta}+D\dot{\theta}+(k+k_u k_a k_m)\theta=P(a_{by}-a_{bx}\theta)+M_d \tag{3-35}$$

式中，k 为挠性支承的角刚度，其余符号代表的内容与前文相同。

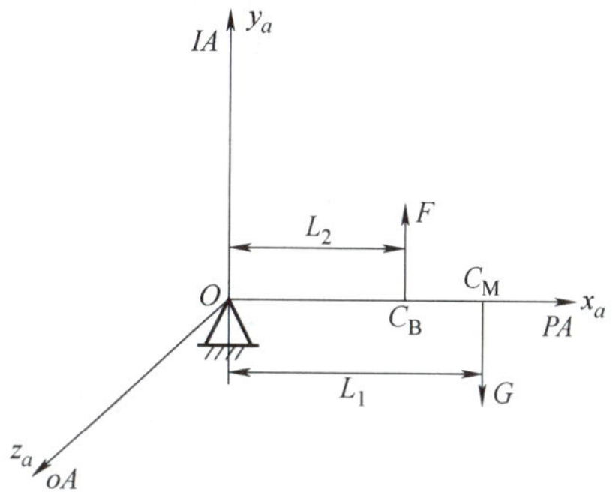

图 3-15 挠性加速度计的摆组件坐标系

3. 硅微机电加速度计

硅微机电加速度计(Micromachined Silicon Accelerometer)是微机电系统(Micro electro mechanical System，MEMS)技术最成功的应用领域之一。硅微机电加速度计按敏感信号方式分类，可分为硅微电容式加速度计和硅微谐振式加速度计等；按结构形式分类，可分为硅微挠性梳齿式电容加速度计、硅微挠性“跷跷板”摆式加速度计、硅微挠性“三明治”式加速度计和硅微静电悬浮式加速度计。

硅微电容式加速度计是一种比较常用的加速度传感器。根据电容效应原理，它利用质量块移动时与固定电极间距离的改变来检测加速度的变化，具有分辨率高、动态范围大和温度特性好等优点。梳齿式硅微电容加速度计，顾名思义，其活动电极呈梳齿状，又称叉指式电容加速度传感器。梳齿式结构是目前 MEMS 工艺最成熟的一种结构，实现相对简单。

梳齿式硅微电容加速度计的活动敏感质量元件是一个 H 形的双侧梳齿结构，相对于固定敏感质量元件的基片悬空并与基片平行，与两端挠性梁结构相连，并通过立柱固定于基片上。每个梳齿由中央质量杆(齿梳)向两侧伸出，称为动齿(动指)，构成可变电容的一个活动电极，而直接固定在基片上的为定齿(定指)，构成可变电容的一个固定电极。定齿、动齿交错配置形成差动电容。这种梳齿结构设计，主要是为了增大重叠部分的面积，获得更大的电容。

梳齿式硅微电容加速度计按照定齿的配置可以分为定齿均匀配置梳齿电容加速度计和定齿偏置结构的梳齿电容加速度计；按照加工方式的不同可分为表面加工梳齿式电容加速度计和体硅加工梳齿式电容加速度计。表面加工梳齿式电容加速度计是一种最典型的硅材料线加速度计，有开环控制和闭环控制两种类型，现在多采用闭环控制。这种加速度计的结构加工工艺与集成电路加工工艺兼容性好，可以将敏感元件和信号调理电路用兼容的工艺在同一硅片上完成，实现整体集成。表面加工定齿均匀配置梳齿电容加速度计的一般结构如图 3-16 所示。

定齿均匀配置梳齿电容加速度计包括一个由齿枢、多组活动梳齿和折叠梁构成的敏感质量元件，多组固定梳齿和基片；活动梳齿由齿枢向两侧伸出，形成双侧梳齿式结构，该齿枢两端的折叠梁固定在基片上，使齿枢、活动梳齿相对基片悬空平行设置；固定梳齿为直接固定在基片上的多组单侧梳齿式结构，每组定齿由一个Π形齿和两个 L 形齿组合而成，每个动齿与一个Π形定齿和一个 L 形定齿交错等距离配置，形成差动结构。

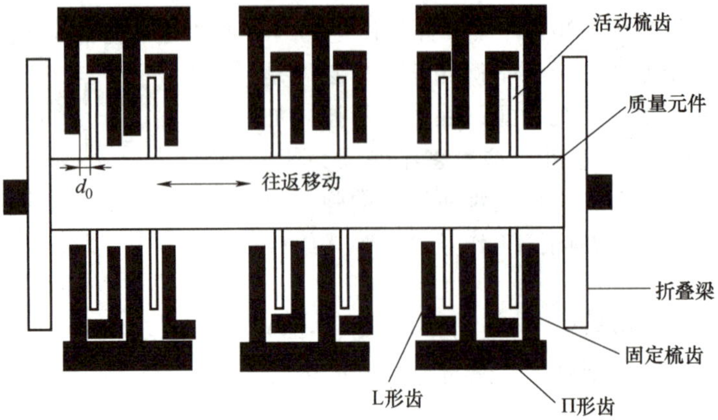

图 3-16　定齿均匀配置梳齿电容加速度计结构示意图

为了提高微机电传感器的分辨率和精度，用体硅加工代替表面加工是一条有效的途径。图 3-17 所示为一种采用定齿偏置梳齿式微机电加速度计结构示意图。

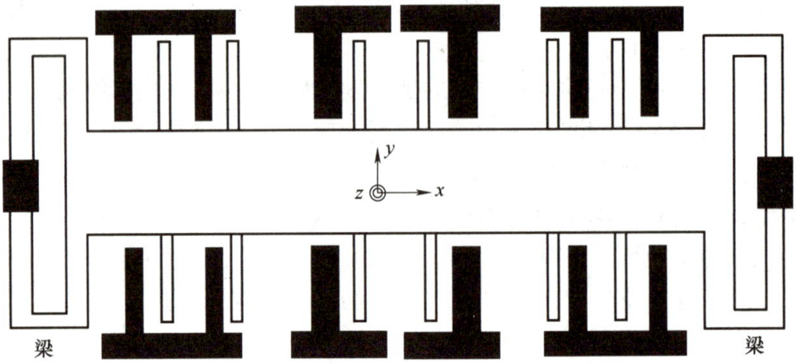

图 3-17　定齿偏置梳齿式微机电加速度计结构示意图

其结构与定齿均匀配置梳齿电容加速度计的最主要区别在于，敏感质量元件的每个活动梳齿与其相邻的两定齿之间距离不等，例如，距离比例为 1∶10，且形成以齿枢中点对称分布，敏感距离小的一侧形成主要的电容量，距离大的一侧的电容量可近似忽略。若干对活动梳齿和固定梳齿形成差动检测电容和差动加力电容。

定齿偏置结构最重要的优点就是键合块少、单块键合面积大，大大降低了键合难度，且键合接触电阻小而均匀。对于定齿均置结构，每一个动齿两边的定齿为不同极性，由于引线的关系，都要单独键合，键合强度小，对于体硅加工由于质量较大很容易脱落，而定齿偏置结构中心线左侧为一种电极，中心线右侧为另一种电极，故可采用数个定齿合在一起键合，大大提高了成品率。此外，定齿偏置结构明显减少了均置方案所必需的许多内部电极和引线。因此，一方面避免了电极、引线间的分布电容及电信号的干扰；另一方面，减少了引线输出数目，降低了引线键合的工作量。定齿偏置结构敏感轴方向的尺寸大于定齿均置结构，而均置结构的定齿通常较长，以满足均置结构的电容及键合面积。

微机械敏感结构的理想电学模型如图 3-18 所示。

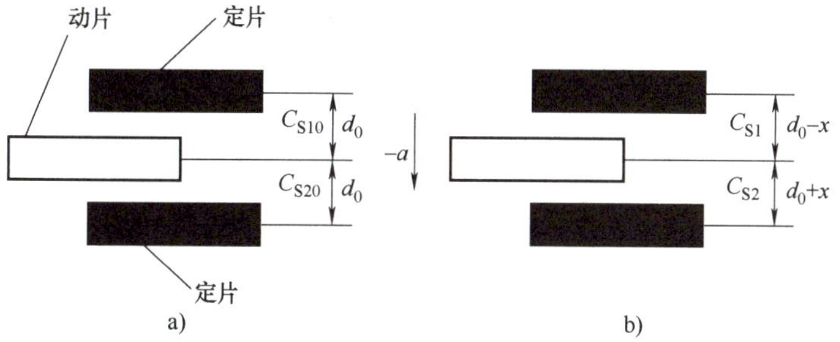

图 3-18　微机械敏感结构的理想电学模型

当无加速度输入时，质量片(动片)位于平衡位置，动片与定片形成电容 C_{S10}和 C_{S20}，如图 3-18a 所示。理想状态下，动片位于正中间，$C_{S10}=C_{S20}$。当有加速度$-a$ 输入时，动片有微小位移 x，如图 3-18b 所示，则有

$$C_{S1}=\frac{\varepsilon_0\varepsilon A}{d_0-x} \tag{3-36}$$

$$C_{S2}=\frac{\varepsilon_0\varepsilon A}{d_0+x} \tag{3-37}$$

式中，ε_0 为真空中的介电常数；ε 为空气中的介电常数；A 为检测电容等效重合面积。

对式(3-36)和式(3-37)进行泰勒展开，并定义初始名义敏感电容 C_{S0}，有

$$C_{S1}=C_{S0}\left[1+\frac{x}{d_0}+\left(\frac{x}{d_0}\right)^2+\left(\frac{x}{d_0}\right)^3+\cdots\right] \tag{3-38}$$

$$C_{S2}=C_{S0}\left[1-\frac{x}{d_0}+\left(\frac{x}{d_0}\right)^2-\left(\frac{x}{d_0}\right)^3+\cdots\right] \tag{3-39}$$

这时，C_{S1}与 C_{S2}间形成差动电容 ΔC，有

$$\Delta C=C_{S1}-C_{S2}=2C_{S0}\left[\frac{x}{d_0}+\left(\frac{x}{d_0}\right)^3+\cdots\right] \tag{3-40}$$

如果 $x\ll d_0$，则 x/d_0 的高次项可以忽略，有

$$\Delta C=\frac{2C_{S0}}{d_0}x \tag{3-41}$$

式(3-41)表明由于输入加速度造成的动片微小位移 x 可转化为差动电容变化，且当 $x\ll d_0$ 时，差动电容的变化量与 x 呈近似线性关系。另外，设悬臂梁的机械刚度为 K_m，动片质量为 m，则当有加速度 a 输入时，将形成如下平衡：

$$K_m x=ma \tag{3-42}$$

将式(3-42)代入式(3-41)，得

$$\Delta C=\frac{2mC_{S0}}{K_m d_0}a \tag{3-43}$$

式(3-43)表明差动电容的变化量 ΔC 与输入加速度信号 a 成正比。因此，只要能够测量出这个微小的电容量变化，就可以得知输入加速度的大小。

3.2 惯性导航系统

3.2.1 平台式惯性导航系统

导航系统在工作过程中，需要计算出一系列的导航参数，如载体的位置(经度和纬度)、载体的地速和高度、载体的航向角和姿态角等。平台式惯性导航系统通过加速度计测量的载体加速度信息和平台框架上取得的载体的姿态角信息，就可以计算出全部的导航参数。

由于惯性导航的基本原理是通过对载体加速度的测量，将加速度积分计算出载体的速度，再由速度积分算得载体相对于地球的位置，而载体在空中是任意运动的，因此既要测得载体加速度的大小，还必须确定加速度的方向。通过惯性导航平台模拟一个选定的导航坐标系 $Ox_ny_nz_n$(n 系)，如果沿平台坐标系三个轴上各安装一个加速度计，就可以测得载体加速度的三个分量。可见，惯性导航平台使得载体的加速度 $\boldsymbol{a}$ 分解在一个已知的导航坐标系中，再根据导航坐标系与地球坐标系 $Ox_ey_ez_e$ 的关系就可以计算出导航参数。

设定平台坐标系为 $Ox_py_pz_p$(p 系)。下面先用一种简单的假设情况来说明惯性导航系统的组成和工作原理。载体沿地球表面飞行。设地球为理想球体且相对于惯性空间不旋转，平台的两个轴稳定在当地水平面里，并使 Ox_p 轴指向东，Oy_p 轴指向北，如图 3-19 所示。

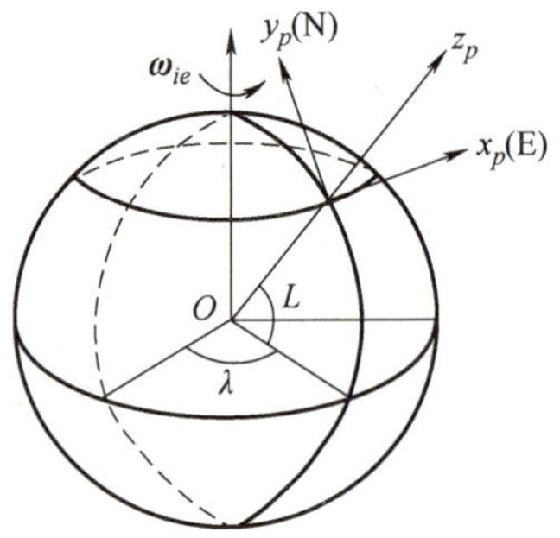

图 3-19 平台坐标系和地理坐标系

沿 Ox_p 轴安装东向加速度计 A_E，沿 Oy_p 轴安装北向加速度计 A_N。由于假定地球是理想球体而且不旋转，因而在 A_E 和 A_N 的测量值中，既不包含重力加速度分量，也不包含科里奥利加速度分量。它们测得的是纯粹的载体相对于当地地理坐标系的水平加速度分量 $\boldsymbol{a}_E$、$\boldsymbol{a}_N$。由此可算出载体的地速分量(即相对于地表运动速度的水平分量)为

$$\begin{cases}\boldsymbol{v}_N=\int \boldsymbol{a}_N \mathrm{d}t+\boldsymbol{v}_{N0}\\ \boldsymbol{v}_E=\int \boldsymbol{a}_E \mathrm{d}t+\boldsymbol{v}_{E0}\end{cases} \tag{3-44}$$

式中，$\boldsymbol{v}_{N0}$、$\boldsymbol{v}_{E0}$分别为载体北向、东向的初始速度。根据地理坐标系的定义，可求得载体的经度 λ 和纬度 L，即求得载体位于地表的位置，有

$$\begin{cases}L=\int \dfrac{\boldsymbol{v}_N}{R}\mathrm{d}t+L_0\\ \lambda=\int \dfrac{\boldsymbol{v}_E}{R}\sec L\mathrm{d}t+\lambda_0\end{cases} \tag{3-45}$$

式中，R 为地球半径；L_0 和 λ_0 为载体的初始纬度和初始经度。图 3-20 所示为惯性导航系统简单的原理框图。

实际上地球相对于惯性空间是转动的，因而在地表任何一点的水平坐标系也是一起转动的。如果选定某种坐标系作为导航坐标系，就必须给平台上的陀螺仪施加相应的指令信号，以使平台按规定的角速度转动，从而精确地跟踪所选定的导航坐标系。指令角速度可分为三

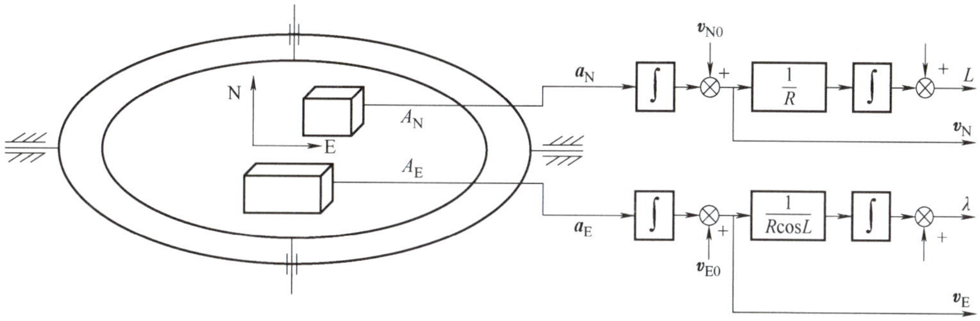

图 3-20　惯性导航系统简单的原理框图

个轴上的指令角速率，分别以控制信号的形式施加给相应陀螺上的控制轴。当然，指令角速率的信号须由载体的运动信息经计算机解算后提供。这样就组成了平台的控制回路。

图 3-21 所示为平台式惯性导航系统各组成部分相互关系的示意图，由加速度计、惯性导航平台、导航计算机、显示器等组成。一组加速度计安装在惯性导航平台上，为导航计算机的计算提供加速度信息。导航计算机根据加速度信息和由控制台给定的初始条件进行导航计算，得出载体的运动参数及导航参数，一方面送去显示器显示，另一方面形成指令角速度信息，施加给平台上的陀螺仪，通过平台的稳定回路控制平台精确跟踪导航坐标系。此外，从平台框架轴上的同步器(角传感器)可以提取载体的姿态信息送给显示器显示。

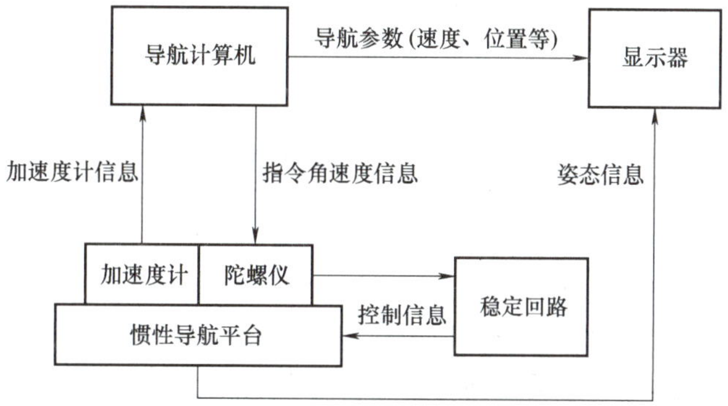

图 3-21　惯性导航系统各组成部分示意图

由图 3-21 可见，由加速度计向导航计算机提供加速度信息，再由计算机向陀螺输送指令角速度信息，这样所构成的闭环大回路，其作用正是保证平台精确稳定地跟踪导航坐标系，而条件则是回路参数必须满足舒勒调谐的要求以及精确的初始对准。

平台式惯性导航系统按所选用的导航坐标系可分为以下两种：

1. 当地水平面惯性导航系统

当地水平面惯性导航系统的导航坐标系是当地水平坐标系，即平台坐标系的两个轴 Ox_p、Oy_p 保持在水平面内，Oz_p 轴为地垂线方向。由于 Ox_p、Oy_p 轴在水平面内可指向不同的方位，因此这种导航系统又分为两种：指北方位惯性导航系统，这是 Ox_p、Oy_p 轴在系统工作过程中，始终指向地理东向和北向，也就是平台坐标系始终跟踪地理坐标系；自由方位惯性导航系统，在系统工作过程中，平台的 Oy_p 轴与地理北存在某个夹角 $\alpha(t)$，由于 $\alpha(t)$ 有多种变化规律，因此又有自由方位、游动方位等区分。

对于飞机、舰船等在地表附近运动的载体，最常用的导航坐标系是当地水平坐标系，特别是当地地理坐标系 $Ox_ty_tz_t$，因为在这个坐标系上进行经纬度的计算最为直接和简单。

2. 空间稳定惯性导航系统

空间稳定惯性导航系统的导航坐标系是惯性坐标系。理想情况下，平台坐标系 $Ox_py_pz_p$ 相对于惯性坐标系无转动。它有一个三轴陀螺稳定平台，此平台相对惯性空间稳定，它是利用陀螺仪在惯性空间保持方向不变的定轴性，通过三套随动系统而实现的。在稳定平台上装有三个相互垂直的加速度计。由于惯性平台相对于惯性空间没有转动角速度，因此加速度计的输出信号不必消除有害加速度。但是，由于平台稳定在惯性空间，在不同位置下重力场矢量发生变化，这样加速度计的输出信号内将包含重力加速度的分量，因而必须时刻对重力加速度分量进行补偿，然后进行积分才能得到速度和位置坐标。由于加速度计测得的是惯性坐标系内的加速度信息，所得速度和位置是相对惯性坐标系的，而通常导航定位是相对地球表面的，因而必须进行坐标转换，才能得到相对地球表面的速度和经纬度位置信息。

这种由陀螺稳定平台、加速度计和计算机组成的系统，根据加速度计输出信号，经过计算机分析计算才能求得运载体的速度及位置参数，故一般称为解析式惯性导航系统。这种惯性导航系统需要解决重力加速度修正、坐标转换等问题。

对于洲际导弹、运载火箭和宇宙探测器等远离地表飞行的载体，用惯性坐标系来确定它们的位置更为方便合理。因此，导航坐标系一般选用地心惯性坐标系 $Ox_iy_iz_i$。

由于载体在空间做任意运动，要测出载体的位置和有关参数，惯性导航系统必须具有三个通道与三维空间相对应。如图 3-22 所示的惯性导航平台是由三台电动机 M 和三个单自由度的陀螺仪 G_x、G_y、G_z 组成的三轴平台。平台坐标系 $Ox_py_pz_p$ 所跟踪的导航坐标系具体选为当地地理坐标系 $Ox_ty_tz_t$。在平台上沿三个平台轴线分别安装加速度计 A_x、A_y 和 A_z，可以测量沿平台轴的比力分量 f_x^t、f_y^t、f_z^t，此信号输给导航计算机，经过计算和补偿，最后可求得载体的即时地速、即时位置等导航参数。

当地理坐标系相对惯性空间有转动角速度 $\boldsymbol{\omega}_{it}$ 时，它的三个分量为 $\boldsymbol{\omega}_{itx}^t$、$\boldsymbol{\omega}_{ity}^t$、$\boldsymbol{\omega}_{itz}^t$。平台坐标系欲跟踪当地地理坐标系，自身相对惯性空间也得有一转动角速度 $\boldsymbol{\omega}_{ip}$，它的三个分量为 $\boldsymbol{\omega}_{ipx}^p$、$\boldsymbol{\omega}_{ipy}^p$、$\boldsymbol{\omega}_{ipz}^p$。当两个坐标系达到重合时，显然有 $\boldsymbol{\omega}_{ipx}^p=\boldsymbol{\omega}_{itx}^t$，$\boldsymbol{\omega}_{ipy}^p=\boldsymbol{\omega}_{ity}^t$，$\boldsymbol{\omega}_{ipz}^p=\boldsymbol{\omega}_{itz}^t$。实际上角速度的上标 p 和 t 也是完全等同的。计算机的作用是由 $\boldsymbol{\omega}_{it}$ 算出三个分量，变成电信号后施加给平台上相应的三个陀螺控制轴上的力矩器，使平台的角速度 $\boldsymbol{\omega}_{ip}$ 和 $\boldsymbol{\omega}_{it}$ 完全相等。称 $\boldsymbol{\omega}_{ip}$ 为系统对平台的指令角速度，三个分量为系统对平台的三个指令角速率。计算机还要完成导航参数的计算，结果送往控制台上的显示器加以显示。另外，可以通过控制台向计算机提供运动参数的初始值及某些已知数据。

在平台的三个框架轴上装有同步器，输出相应的转角信号，提供测定的载体姿态角和航向角。也可以用两自由度陀螺组成惯性导航系统，一个陀螺可以控制两个平台轴，因此两个陀螺就有一根测试轴多余，此多余测试轴可用于电路自锁或安排其他用途。不同方案的惯性导航系统，其结构组成是相似的。因为不同的方案只是所选用的导航坐标系不同，这使平台的指令角速度和导航参数的计算方程不相同，即力学编排方程不同，对元部件的要求也可能有所不同。

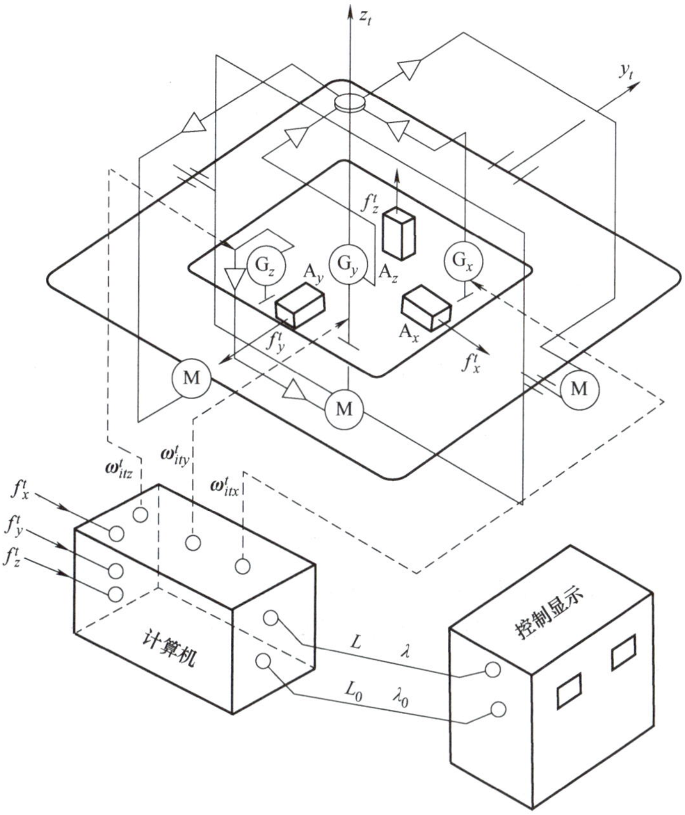

图 3-22　平台式惯性导航系统的组成结构图

在各种部件齐备以后，作为惯性导航系统所要解决的基本问题有以下四个方面：

1）大部分惯性导航系统的导航坐标系采用的是当地水平面坐标系，即平台需要不断跟踪当地水平面。如果平台相对水平面偏斜一个小角度，则地球重力场将产生一个重力加速度分量作用在加速度计上，加速度计敏感并输出此值，造成系统误差。因此，需要解决应用舒勒原理如何使平台精确跟踪地平面的问题。

2）加速度计输出的测量值除了载体相对地球的加速度外还包含了重力加速度及科里奥利加速度等。而导航解算需要的是载体相对地球的加速度，因此将其他加速度称为有害加速度，在运算过程中应该消除有害加速度。

3）惯性导航系统中高度通道是不稳定的，因此需要解决如何利用外部信息对高度通道的阻尼进行调整的问题。

4）惯性导航系统在进入导航状态之前，首先需要给定初始条件，因此要解决初始条件的精确给定和平台初始方位的精确对准问题。

3.2.2　平台式惯性导航系统力学编排方程

1. 指北方位平台式惯性导航系统的力学编排方程

对平台式惯性导航系统来说，平台坐标系的两个轴 Ox_p、Oy_p 保持在水平面内，Oz_p 轴沿地垂线方向，由于 Ox_p、Oy_p 虽然在水平面内，却可指向不同方位，因此这种导航系统又可分为指北方位（工作过程中 Oy_p 始终指北）、游动方位（工作过程中 Oy_p 与地理北向夹角随载体运动而变化）、自由方位（Oy_p 与地理北向夹角随地球自转和载体运动而变化）等惯性导航系统。

所谓力学编排，也叫机械编排，是指惯性导航系统的机械实体布局、采用的坐标系及解析计算方法的总和。它体现了从加速度计的输出到计算出即时速度和位置的整个过程。具体地讲，就是指以怎样的结构方案实现惯性导航的力学关系，从而确定出所需的各种导航参数及信息。这样就把描述惯性导航系统从加速度计所感测的加速度信息，转换成载体速度和位置变化，以及对平台控制规律的解析表达式即力学编排方程。力学编排方程是力学编排在数学关系上的体现。

所谓指北方位惯性导航系统，就是选择当地地理坐标系 $Ox_ty_tz_t$ 作为导航坐标系，而平台坐标系 $Ox_py_pz_p$ 在载体航行过程中始终跟踪地理坐标系 $Ox_ty_tz_t$。三个加速度计的敏感轴分别沿平台的三个轴 Ox_p、Oy_p、Oz_p 安装，如图 3-23 所示表示的是地理坐标系和地理位置 L、λ 的关系。

地理坐标系和地理位置 L、λ 的关系十分直接，给导航计算带来了很大方便。其他如自由方位坐标系、游动方位坐标系都是相对地理坐标系变化得到的，正因为如此，地理坐标系是最基本的导航坐标系。

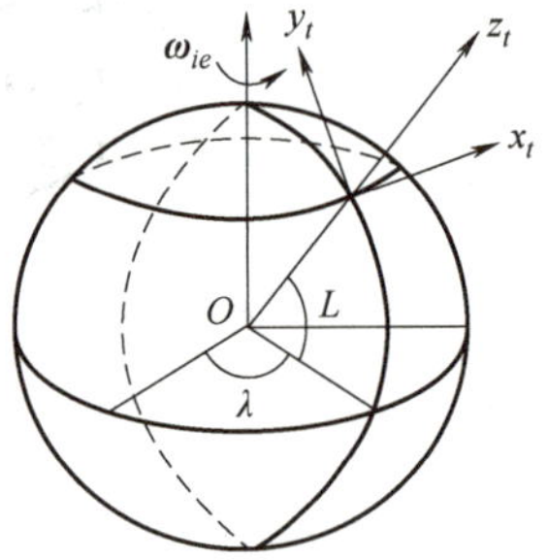

图 3-23　地理坐标系和地球坐标系

（1）平台指令角速度　地理坐标系的方位随地球自转和载体航行而不断变化，因此为使平台坐标系跟踪地理坐标系，就要给平台上的陀螺施加指令信号，使平台做相应转动以保持与地理坐标系一致。加给平台的指令角速度可以做以下推导：

地理坐标系相对于惯性坐标系的转动角速度在 t 系上的分量 $\boldsymbol{\omega}_{it}^t$ 可表示为

$$\boldsymbol{\omega}_{it}^t=\boldsymbol{\omega}_{ie}^t+\boldsymbol{\omega}_{et}^t \tag{3-46}$$

式中，$\boldsymbol{\omega}_{ie}^t$ 为地球自转角速度在 t 系上的分矢量；$\boldsymbol{\omega}_{et}^t$ 为地理坐标系相对地球坐标系的角速度在 t 系上的分量，它们分别为

$$\boldsymbol{\omega}_{ie}^t=\begin{bmatrix}\boldsymbol{\omega}_{iex}^t\\ \boldsymbol{\omega}_{iey}^t\\ \boldsymbol{\omega}_{iez}^t\end{bmatrix}=\begin{bmatrix}0\\ \boldsymbol{\omega}_{ie}\cos L\\ \boldsymbol{\omega}_{ie}\sin L\end{bmatrix} \tag{3-47}$$

$$\boldsymbol{\omega}_{et}^t=\begin{bmatrix}\boldsymbol{\omega}_{etx}^t\\ \boldsymbol{\omega}_{ety}^t\\ \boldsymbol{\omega}_{etz}^t\end{bmatrix}=\begin{bmatrix}-\dfrac{\boldsymbol{v}_{ety}^t}{R_{yt}}\\ \dfrac{\boldsymbol{v}_{etx}^t}{R_{xt}}\\ \dfrac{\boldsymbol{v}_{etx}^t}{R_{xt}}\tan L\end{bmatrix} \tag{3-48}$$

式中，$\boldsymbol{v}_{etx}^t$ 和 $\boldsymbol{v}_{ety}^t$ 分别为载体速度在 Ox_t 和 Oy_t 方向单分量；R_{yt} 为当地子午圈的主曲率半径；

R_{xt}为与子午圈垂直的当地卯酉圈的曲率半径。

$$\begin{cases} R_{xt}=R_e(1+e\sin^2 L) \\ R_{yt}=R_e(1-2e+3e\sin^2 L) \end{cases} \tag{3-49}$$

式中，R_e 为地球赤道半径；e 为地球参考椭球的扁率；L 为当地地理纬度。

显然，施加给平台的指令角速度应当就是地理坐标系的绝对角速度。而且，由于 p 系和 t 系是重合的，故角速度在两个坐标系上的投影相同，即

$$\boldsymbol{\omega}_{ip}^{p}=\begin{bmatrix}\boldsymbol{\omega}_{ipx}^{p}\\ \boldsymbol{\omega}_{ipy}^{p}\\ \boldsymbol{\omega}_{ipz}^{p}\end{bmatrix}=\begin{bmatrix}\boldsymbol{\omega}_{itx}^{t}\\ \boldsymbol{\omega}_{ity}^{t}\\ \boldsymbol{\omega}_{itz}^{t}\end{bmatrix}=\begin{bmatrix}-\dfrac{\boldsymbol{v}_{ety}^{t}}{R_{yt}}\\ \boldsymbol{\omega}_{ie}\cos L+\dfrac{\boldsymbol{v}_{etx}^{t}}{R_{xt}}\\ \boldsymbol{\omega}_{ie}\sin L+\dfrac{\boldsymbol{v}_{etx}^{t}}{R_{xt}}\tan L\end{bmatrix}=\boldsymbol{\omega}_{it}^{t} \tag{3-50}$$

将 $\boldsymbol{\omega}_{ip}^{p}$ 的三个分量计算形成的电信号分别送给平台上相应的陀螺力矩器，就能实现平台坐标系 p 系对地理坐标系 t 系的跟踪。

（2）速度计算　指北方位惯性导航系统中，平台模拟地理坐标系，p 系与 t 系保持一致，$\boldsymbol{V}^{t}$ 为平台(载体)相对地理坐标系的加速度，是惯导系统所要提取的重要信息；$2\boldsymbol{\omega}_{ie}^{t}\times\boldsymbol{v}^{t}$ 是载体的相对速度 $\boldsymbol{v}^{t}$ 与牵连角速度 $\boldsymbol{\omega}_{ie}^{t}$ 引起的科里奥利加速度；$\boldsymbol{\omega}_{ep}^{t}\times\boldsymbol{v}^{t}$ 为法向加速度；$\boldsymbol{g}^{t}$ 为重力加速度，综上可得

$$\boldsymbol{V}^{t}=\boldsymbol{f}^{t}-(2\boldsymbol{\omega}_{ie}^{t}+\boldsymbol{\omega}_{ep}^{t})\times\boldsymbol{v}^{t}+\boldsymbol{g}^{t} \tag{3-51}$$

即

$$\begin{bmatrix}\dot{\boldsymbol{v}}_{x}^{t}\\ \dot{\boldsymbol{v}}_{y}^{t}\\ \dot{\boldsymbol{v}}_{z}^{t}\end{bmatrix}=\begin{bmatrix}\boldsymbol{f}_{x}^{t}\\ \boldsymbol{f}_{y}^{t}\\ \boldsymbol{f}_{z}^{t}\end{bmatrix}-\begin{bmatrix}0 & -(2\boldsymbol{\omega}_{iez}^{t}+\boldsymbol{\omega}_{etz}^{t}) & (2\boldsymbol{\omega}_{iey}^{t}+\boldsymbol{\omega}_{ety}^{t})\\ (2\boldsymbol{\omega}_{iez}^{t}+\boldsymbol{\omega}_{etz}^{t}) & 0 & -(2\boldsymbol{\omega}_{iex}^{t}+\boldsymbol{\omega}_{etx}^{t})\\ -(2\boldsymbol{\omega}_{iey}^{t}+\boldsymbol{\omega}_{ety}^{t}) & -(2\boldsymbol{\omega}_{iex}^{t}+\boldsymbol{\omega}_{etx}^{t}) & 0\end{bmatrix}\begin{bmatrix}\boldsymbol{v}_{x}^{t}\\ \boldsymbol{v}_{y}^{t}\\ \boldsymbol{v}_{z}^{t}\end{bmatrix}+\begin{bmatrix}0\\ 0\\ -\boldsymbol{g}\end{bmatrix} \tag{3-52}$$

将式(3-47)、式(3-48)代入式(3-52)得

$$\begin{cases}\dot{\boldsymbol{v}}_{x}^{t}=\boldsymbol{f}_{x}^{t}+\left(2\boldsymbol{\omega}_{ie}\sin L+\dfrac{\boldsymbol{v}_{x}^{t}}{R_{xt}}\tan L\right)\boldsymbol{v}_{y}^{t}-\left(2\boldsymbol{\omega}_{ie}\cos L+\dfrac{\boldsymbol{v}_{x}^{t}}{R_{xt}}\right)\boldsymbol{v}_{z}^{t}\\ \dot{\boldsymbol{v}}_{y}^{t}=\boldsymbol{f}_{y}^{t}-\left(2\boldsymbol{\omega}_{ie}\sin L+\dfrac{\boldsymbol{v}_{x}^{t}}{R_{xt}}\tan L\right)\boldsymbol{v}_{x}^{t}-\dfrac{\boldsymbol{v}_{y}^{t}}{R_{yt}}\boldsymbol{v}_{z}^{t}\\ \dot{\boldsymbol{v}}_{z}^{t}=\boldsymbol{f}_{z}^{t}+\left(2\boldsymbol{\omega}_{ie}\cos L+\dfrac{\boldsymbol{v}_{x}^{t}}{R_{xt}}\right)\boldsymbol{v}_{x}^{t}+\dfrac{\boldsymbol{v}_{y}^{t}}{R_{yt}}\boldsymbol{v}_{y}^{t}-\boldsymbol{g}\end{cases} \tag{3-53}$$

对于飞机和舰船来说，$\boldsymbol{v}_{z}^{t}$ 比 $\boldsymbol{v}_{x}^{t}$、$\boldsymbol{v}_{y}^{t}$ 要小得多，可忽略不计。高度通道另行计算，则式(3-53)可简化为

$$\begin{cases}\dot{\boldsymbol{v}}_{x}^{t}=\boldsymbol{f}_{x}^{t}+\left(2\boldsymbol{\omega}_{ie}\sin L+\dfrac{\boldsymbol{v}_{x}^{t}}{R_{xt}}\tan L\right)\boldsymbol{v}_{y}^{t}\\ \dot{\boldsymbol{v}}_{y}^{t}=\boldsymbol{f}_{y}^{t}-\left(2\boldsymbol{\omega}_{ie}\sin L+\dfrac{\boldsymbol{v}_{x}^{t}}{R_{xt}}\tan L\right)\boldsymbol{v}_{x}^{t}\end{cases} \tag{3-54}$$

式(3-54)中，方程右端除f_x^t和f_y^t外其他项是不需要的，这些其他项称为有害加速度，可用a_{Bx}、a_{By}表示为

$$\begin{cases} a_{Bx}=-\left(2\omega_{ie}\sin L+\dfrac{v_x^t}{R_{xt}}\tan L\right)v_y^t \\ a_{By}=\left(2\omega_{ie}\sin L+\dfrac{v_x^t}{R_{xt}}\tan L\right)v_x^t \end{cases} \tag{3-55}$$

从加速度计测量值f_x^t、f_y^t中分别消去有害加速度，就可以将$\dot{v}_x^t$、$\dot{v}_y^t$积分一次得到速度值为

$$\begin{cases} v_x^t=\int_0^t \dot{v}_x^t \mathrm{d}t+v_{x0}^t \\ v_y^t=\int_0^t \dot{v}_y^t \mathrm{d}t+v_{y0}^t \end{cases} \tag{3-56}$$

载体在当地水平面(地平面)内的速度，即地速为

$$v=\sqrt{(v_x^t)^2+(v_y^t)^2} \tag{3-57}$$

(3) 经度和纬度计算　载体所在位置的地理纬度和经度可由下列方程求得：

$$\begin{cases} \dot{L}=\dfrac{v_y^t}{R_{yt}}=-\omega_{etx}^t \\ \dot{\lambda}=\dfrac{v_x^t}{R_{xt}\cos L}=\dfrac{\omega_{etx}^t}{\sin L} \end{cases} \tag{3-58}$$

$$\begin{cases} L=\int_0^t \dfrac{v_y^t}{R_{yt}}\mathrm{d}t+L_0 \\ \lambda=\int_0^t \dfrac{v_x^t}{R_{xt}}\sec L\mathrm{d}t+\lambda_0 \end{cases} \tag{3-59}$$

指北方位惯性导航系统原理图如图 3-24 所示。

指北方位惯性导航系统由于平台坐标系是跟踪地理坐标系的，因此航向角、俯仰角及横滚(倾斜)角可直接从平台环架轴上读取。加速度计输出的比力信号无须经过其他坐标系的变换就可以求得所需的导航参数。同时，姿态角也可以直接从平台框架上取得。在计算过程中，主要使用地球的主曲率半径，这使得计算量相对较小，系统的计算过程相对简单，对计算机的要求不高。此外，指北方位惯性导航系统的生产制造技术比较成熟，因此在惯性导航系统发展初期就被广泛使用，并且至今仍保持广泛的应用。

但是，指北方位系统的主要问题是不适用于高纬度导航使用。当载体在$L=70°\sim90°$区域内飞行时，指令角速度$\omega_{itz}^t=\omega_{ie}\sin L+\dfrac{v_x^t}{R_{xt}}\tan L$随纬度的增大而急剧增大，这时要求陀螺力矩器接受很大的指令电流，又要求平台以高角速度绕方位轴转动，这对陀螺力矩器和平台稳定回路的设计都带来了很大的困难。另一点是当载体在极区附近飞行时，计算机会因为计算$\tan L$而溢出。因此，指北方位系统不能满足全球导航的要求。为了克服东向速度引起方位陀螺施加力矩所带来的问题，又出现了游动方位和自由方位惯性导航系统。

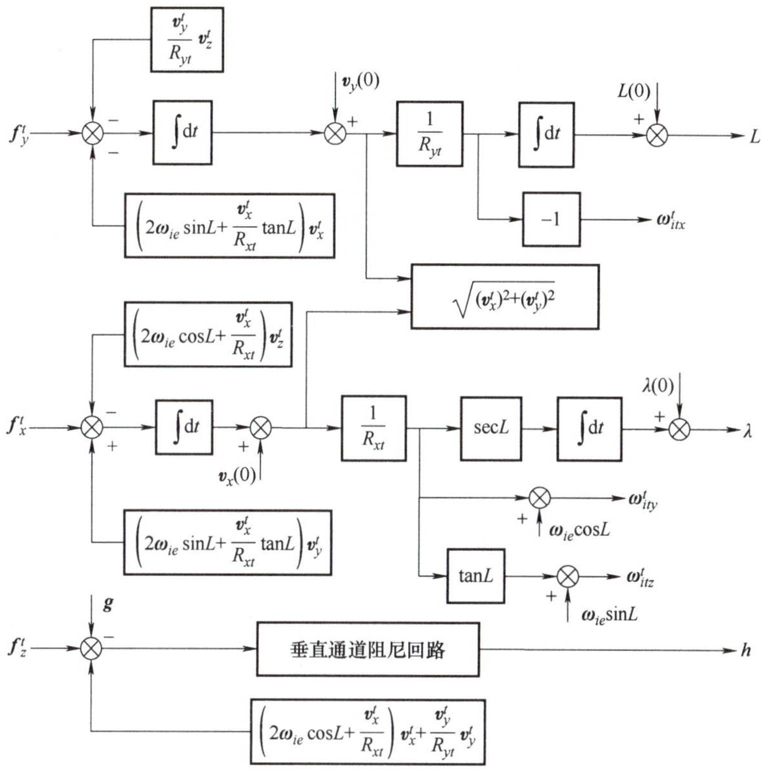

图 3-24　指北方位惯性导航系统原理图

2. 游动方位惯性导航系统的力学编排方程

游动方位惯性导航系统的平台坐标系仍为当地水平面坐标系。其与指北方位惯性导航系统的区别在于，这时只对方位陀螺 G_z 力矩器施加有限的指令角速度，即

$$\boldsymbol{\omega}_{ipx}^{p}=\boldsymbol{\omega}_{ie}\sin L=\boldsymbol{\omega}_{iex}^{p} \tag{3-60}$$

这就是说，平台绕 Oz_p 轴只跟踪地球本身的转动，而不跟踪由载体速度引起的当地地理坐标系的转动。因此有

$$\boldsymbol{\omega}_{epz}^{p}=\boldsymbol{\omega}_{ipz}^{p}-\boldsymbol{\omega}_{iez}^{p}=0 \tag{3-61}$$

设 Oy_p 轴与地理坐标系 Oy_t 轴之间的夹角为 α，称为游动方位角。

由 $\boldsymbol{\omega}_{tpz}^{p}=\boldsymbol{\omega}_{ipz}^{p}-\boldsymbol{\omega}_{itz}^{p}$，可得

$$\boldsymbol{\omega}_{tpz}^{p}=\dot{\alpha}=\boldsymbol{\omega}_{ie}\sin L-\left(\boldsymbol{\omega}_{ie}\sin L+\frac{\boldsymbol{v}_x^t}{R_{xt}}\tan L\right)=-\frac{\boldsymbol{v}_x^t}{R_{xt}}\tan L \tag{3-62}$$

因此，游动方位角 α 为

$$\alpha=\alpha_0-\int_0^t\frac{\boldsymbol{v}_x^t}{R_{xt}}\tan L\mathrm{d}t \tag{3-63}$$

可见，平台的方位角将随东西向速度的大小和方向发生变化，也就是平台轴 Oy_p 与真北方向 Oy_t 之间的夹角是任意的，随 $\boldsymbol{v}_x^t$ 的大小和方向游动，如图 3-25 所示。

图 3-25 中游动方位惯性导航系统采用的导航坐标系 $Ox_py_pz_p$ 和地理坐标系 $Ox_ty_tz_t$ 的垂直

轴 Oz_p、Oz_t 相互重合，Ox_py_p 及 Ox_ty_t 均处于当地水平面内，但它们的水平轴之间有一个游动方位角 α，并规定 α 相对地理坐标系逆时针方向旋转为正。

（1）方向余弦阵的表示及求解　由于平台坐标系不再与地理系重合，因而导航参数的计算比较复杂。虽然平台上两个水平加速度分量经过积分可得速度，但为了进行 λ 和 L 的计算，需要将这两个速度分量分别投影在地理东向和北向。由于游动方位角 α 不知，而计算 α 又须知道其他参数（如 L、λ 等），因此只能利用各坐标系之间的方向余弦矩阵关系来求解导航参数，这是目前惯性导航系统中通用的计算方法。

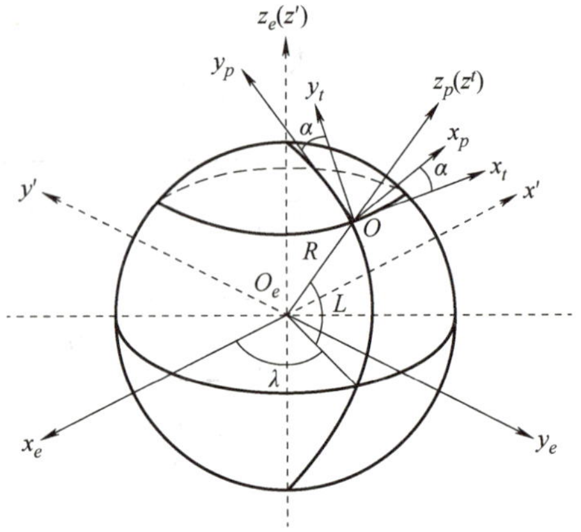

图 3-25　游动坐标系与地理坐标系的关系

如图 3-25 所示，以地球坐标系 $O_ex_ey_ez_e$ 为基准，绕 z_e 轴转 $\lambda+90°$，得中间坐标系 $O_ex'y'z'$；然后，将原点由 O_e 点平移至 O 点，再绕 Ox' 轴转 $90°-L$，便与当地地理标系 $Ox_ty_tz_t$ 重合；最后，再绕 Oz_t 轴转动 α，就得到游动方位平台坐标系 $Ox_py_pz_p$。因此，平台坐标系 $Ox_py_pz_p$（p 系）和地球坐标系（e 系）之间的坐标转换关系可表示为

$$O_ex_ey_ez_e \xrightarrow[\lambda+90°]{\text{绕 } O_ez_e} O_ex'y'z' \xrightarrow[90°-L]{\text{绕 } Ox'} Ox_ty_tz_t \xrightarrow[\alpha]{\text{绕 } Oz_t} Ox_py_pz_p$$

$$\begin{bmatrix} x_p \\ y_p \\ z_p \end{bmatrix} = \begin{bmatrix} \cos\alpha & \sin\alpha & 0 \\ -\sin\alpha & \cos\alpha & 0 \\ 0 & 0 & 1 \end{bmatrix} \begin{bmatrix} 1 & 0 & 0 \\ 0 & \sin L & \cos L \\ 0 & -\cos L & \sin L \end{bmatrix} \begin{bmatrix} -\sin\lambda & \cos\lambda & 0 \\ -\cos\lambda & -\sin\lambda & 0 \\ 0 & 0 & 1 \end{bmatrix} \begin{bmatrix} x_e \\ y_e \\ z_e \end{bmatrix}$$

$$= \begin{bmatrix} -\cos\alpha\sin\lambda-\sin\alpha\sin L\cos\lambda & \cos\alpha\cos\lambda-\sin\alpha\sin L\sin\lambda & \sin\alpha\cos L \\ \sin\alpha\sin\lambda-\cos\alpha\sin L\cos\lambda & -\sin\alpha\cos\lambda-\cos\alpha\sin L\sin\lambda & \cos\alpha\cos L \\ \cos L\cos\lambda & \cos L\sin\lambda & \sin L \end{bmatrix} \begin{bmatrix} x_e \\ y_e \\ z_e \end{bmatrix} \tag{3-64}$$

$$= \boldsymbol{C}_e^p \begin{bmatrix} x_e \\ y_e \\ z_e \end{bmatrix}$$

式中，$\boldsymbol{C}_e^p$ 为 e 系对 p 系的方向余弦矩阵。导航参数 L、λ、α 为

$$\begin{cases} L=\arcsin\sin L \\ \lambda=\arctan\dfrac{\cos L\sin\lambda}{\cos L\cos\lambda} \\ \alpha=\arctan\dfrac{\sin\alpha\cos L}{\cos\alpha\cos L} \end{cases} \tag{3-65}$$

式(3-65)的计算，均由反三角函数进行，得出的是反三角函数的主值。因此，需要按照 L、λ、α 的取值范围，得到其真值（实际值）。实际使用中，纬度 L 定义在$(-90°,90°)$区间，经度 λ 定义在$(-180°,180°)$区间，游动方位角 α 定义在$(0,360°)$区间。因此，L 的主值即

为真值，而 λ 和 α 的真值还需通过一些附加的判别条件来决定其在哪个象限。

在航行过程中三个转角 L、λ、α 都可能发生变化，因而矩阵 $\boldsymbol{C}_e^p$ 的各元素值也随之变化，因此要求取各元素的值不能不涉及 $\boldsymbol{C}_e^p$ 的微分方程，也就是科里奥利坐标转动定理的矩阵形式：

$$\dot{\boldsymbol{C}}_e^p=\boldsymbol{\Omega}_{pe}^p\boldsymbol{C}_e^p \tag{3-66}$$

式中，$\boldsymbol{\Omega}_{pe}^p$ 为角速度 $\boldsymbol{\omega}_{pe}^p$ 的反对称矩阵，有

$$\boldsymbol{\Omega}_{pe}^p=\begin{bmatrix}0 & -\boldsymbol{\omega}_{pez}^p & \boldsymbol{\omega}_{pey}^p\\ \boldsymbol{\omega}_{pez}^p & 0 & -\boldsymbol{\omega}_{pex}^p\\ -\boldsymbol{\omega}_{pey}^p & \boldsymbol{\omega}_{pex}^p & 0\end{bmatrix}=\begin{bmatrix}0 & \boldsymbol{\omega}_{epz}^p & -\boldsymbol{\omega}_{epy}^p\\ -\boldsymbol{\omega}_{epz}^p & 0 & \boldsymbol{\omega}_{epx}^p\\ \boldsymbol{\omega}_{epy}^p & -\boldsymbol{\omega}_{epx}^p & 0\end{bmatrix}=-\boldsymbol{\Omega}_{ep}^p \tag{3-67}$$

为计算方便，将式(3-66)写为

$$\dot{\boldsymbol{C}}_e^p=-\boldsymbol{\Omega}_{pe}^p\boldsymbol{C}_e^p \tag{3-68}$$

对于游动方位系统，由于仅补偿地球自转的垂直角速度为 $\boldsymbol{\omega}_{ie}\sin L$，因而 $\boldsymbol{\omega}_{epz}^p=0$，则式(3-68)表示为分量形式为

$$\begin{bmatrix}\dot{C}_{11} & \dot{C}_{12} & \dot{C}_{13}\\ \dot{C}_{21} & \dot{C}_{22} & \dot{C}_{23}\\ \dot{C}_{31} & \dot{C}_{32} & \dot{C}_{33}\end{bmatrix}=\begin{bmatrix}0 & 0 & \boldsymbol{\omega}_{epy}^p\\ 0 & 0 & -\boldsymbol{\omega}_{epx}^p\\ -\boldsymbol{\omega}_{epy}^p & \boldsymbol{\omega}_{epx}^p & 0\end{bmatrix}\begin{bmatrix}C_{11} & C_{12} & C_{13}\\ C_{21} & C_{22} & C_{23}\\ C_{31} & C_{32} & C_{33}\end{bmatrix} \tag{3-69}$$

展开式(3-69)，可得九个微分方程：

$$\begin{cases}\dot{C}_{11}=-\boldsymbol{\omega}_{epy}^pC_{31}\\ \dot{C}_{12}=-\boldsymbol{\omega}_{epy}^pC_{32}\\ \dot{C}_{13}=-\boldsymbol{\omega}_{epy}^pC_{33}\\ \dot{C}_{21}=\boldsymbol{\omega}_{epx}^pC_{31}\\ \dot{C}_{22}=\boldsymbol{\omega}_{epx}^pC_{32}\\ \dot{C}_{23}=\boldsymbol{\omega}_{epx}^pC_{33}\\ \dot{C}_{31}=\boldsymbol{\omega}_{epy}^pC_{11}-\boldsymbol{\omega}_{epx}^pC_{21}\\ \dot{C}_{32}=\boldsymbol{\omega}_{epy}^pC_{12}-\boldsymbol{\omega}_{epx}^pC_{22}\\ \dot{C}_{33}=\boldsymbol{\omega}_{epy}^pC_{13}-\boldsymbol{\omega}_{epx}^pC_{23}\end{cases} \tag{3-70}$$

解上述方向余弦元素的微分方程，需要知道初始条件 $C_{ij}(0)$ 及平台相对地球转动的角速度分量 $\boldsymbol{\omega}_{epx}^p$、$\boldsymbol{\omega}_{epy}^p$。

其中，初始条件 $C_{ij}(0)$ 可直接将已知的 L_0、λ_0 及对准结束后的 α_0 代入式(3-64)得到。例如，$C_{11}(0)=-\cos\alpha_0\sin\lambda_0-\sin\alpha_0\sin L_0\cos\lambda_0$，$C_{33}(0)=\sin L_0$。

通常，精确的地理纬度和经度初始信息，经控制显示器输入到计算机，作为计算导航参数的初值 L_0、λ_0。$\boldsymbol{\omega}_{epx}^p$、$\boldsymbol{\omega}_{epy}^p$ 则利用测得的 $\boldsymbol{V}_{epx}^p$、$\boldsymbol{V}_{epy}^p$ 转换为 $\boldsymbol{V}_{etx}^t$、$\boldsymbol{V}_{ety}^t$ 及 $\boldsymbol{\omega}_{etx}^t$、$\boldsymbol{\omega}_{ety}^t$ 后，由矩阵转换关系求出。

（2）地球转动角速度的计算

1）平台相对地球转动角速度 $\boldsymbol{\omega}_{pe}^p$。由于地理坐标系与游动方位平台坐标系之间，仅差一

个游动方位角 α，因此两个坐标系之间的转换关系式可以表示为

$$\begin{bmatrix} V_{etx}^{t} \\ V_{ety}^{t} \end{bmatrix} = \begin{bmatrix} \cos\alpha & -\sin\alpha \\ \sin\alpha & \cos\alpha \end{bmatrix} \begin{bmatrix} V_{epx}^{p} \\ V_{epy}^{p} \end{bmatrix} \tag{3-71}$$

地理坐标系的角速度表达式为

$$\begin{cases} \omega_{etx}^{t} = -\dfrac{V_{ety}^{t}}{R_{yt}} \\ \omega_{ety}^{t} = -\dfrac{V_{etx}^{t}}{R_{xt}} \end{cases} \tag{3-72}$$

根据地理坐标系和游动坐标系的关系阵，并将式(3-72)代入式(3-71)得

$$\begin{bmatrix} V_{epx}^{p} \\ V_{epy}^{p} \end{bmatrix} = \begin{bmatrix} \cos\alpha & \sin\alpha \\ -\sin\alpha & \cos\alpha \end{bmatrix} \begin{bmatrix} -\dfrac{V_{epx}^{p}\sin\alpha + V_{epy}^{p}\cos\alpha}{R_{yt}} \\ \dfrac{V_{epx}^{p}\cos\alpha - V_{epy}^{p}\sin\alpha}{R_{xt}} \end{bmatrix} \tag{3-73}$$

整理得

$$\begin{bmatrix} \omega_{epx}^{p} \\ \omega_{epy}^{p} \end{bmatrix} = \begin{bmatrix} -\left(\dfrac{1}{R_{yt}} - \dfrac{1}{R_{xt}}\right)\sin\alpha\cos\alpha & -\left(\dfrac{\cos^2\alpha}{R_{yt}} + \dfrac{\sin^2\alpha}{R_{xt}}\right) \\ \dfrac{\sin^2\alpha}{R_{yt}} + \dfrac{\cos^2\alpha}{R_{xt}} & \left(\dfrac{1}{R_{yt}} - \dfrac{1}{R_{xt}}\right)\sin\alpha\cos\alpha \end{bmatrix} \begin{bmatrix} V_{epx}^{p} \\ V_{epy}^{p} \end{bmatrix} \tag{3-74}$$

令式(3-74)中

$$\left(\frac{1}{R_{yt}} - \frac{1}{R_{xt}}\right)\sin\alpha\cos\alpha = \frac{1}{\tau_a} \tag{3-75}$$

$$\begin{cases} \dfrac{\cos^2\alpha}{R_{yt}} + \dfrac{\sin^2\alpha}{R_{xt}} = \dfrac{1}{R_{yp}} \\ \dfrac{\sin^2\alpha}{R_{yt}} + \dfrac{\cos^2\alpha}{R_{xt}} = \dfrac{1}{R_{xp}} \end{cases} \tag{3-76}$$

其中

$$\frac{1}{R_{yt}} = \frac{1}{R_e}(1 + 2e - 3e\sin^2 L) \tag{3-77}$$

$$\frac{1}{R_{xt}} = \frac{1}{R_e}(1 - e\sin^2 L) \tag{3-78}$$

将式(3-75)~式(3-78)代入式(3-74)，得平台相对地球运动的角速度方程为

$$\begin{bmatrix} \omega_{epx}^{p} \\ \omega_{epy}^{p} \end{bmatrix} = \begin{bmatrix} -\dfrac{1}{\tau_a} & -\dfrac{1}{R_{yp}} \\ \dfrac{1}{R_{xp}} & \dfrac{1}{\tau_a} \end{bmatrix} \begin{bmatrix} V_{epx}^{p} \\ V_{epy}^{p} \end{bmatrix} = C_a \begin{bmatrix} V_{epx}^{p} \\ V_{epy}^{p} \end{bmatrix} \tag{3-79}$$

式中，C_a 为曲率阵；R_{xp}、R_{yp} 为游动方位系统等效曲率半径；τ_a 为扭曲曲率。

2）用方向余弦元素表示 $\boldsymbol{\omega}_{ep}^{p}$。由式(3-64)可知

$$\begin{cases}C_{13}=\sin\alpha\cos L\\C_{23}=\cos\alpha\cos L\\C_{33}=\sin L\end{cases}\tag{3-80}$$

并由此可导出

$$\begin{cases}\sin^2\alpha=\dfrac{C_{13}^2}{\cos^2 L}=\dfrac{C_{13}^2}{C_{13}^2+C_{23}^2}\\\cos^2\alpha=\dfrac{C_{23}^2}{\cos^2 L}=\dfrac{C_{23}^2}{C_{13}^2+C_{23}^2}\\\sin\alpha\cos\alpha=\dfrac{C_{13}C_{23}}{\cos^2 L}=\dfrac{C_{13}C_{23}}{C_{13}^2+C_{23}^2}\end{cases}\tag{3-81}$$

将式(3-81)代入式(3-75)、式(3-76)，并将 $\sin L$ 用 C_{33} 替换，得

$$\begin{cases}\dfrac{1}{\tau_{\mathrm{a}}}=\dfrac{2e}{R_e}C_{13}C_{23}\\\dfrac{1}{R_{xp}}=\dfrac{1}{R_e}(1-eC_{33}^2+2eC_{23}^2)\\\dfrac{1}{R_{yp}}=\dfrac{1}{R_e}(1-eC_{33}^2+2eC_{13}^2)\end{cases}\tag{3-82}$$

将式(3-82)代入式(3-79)，得

$$\begin{bmatrix}\boldsymbol{\omega}_{epx}^{p}\\\boldsymbol{\omega}_{epy}^{p}\end{bmatrix}=\begin{bmatrix}-\dfrac{2e}{R_e}C_{13}C_{23} & -\dfrac{1}{R_e}(1-eC_{33}^2+2eC_{23}^2)\\\dfrac{1}{R_e}(1-eC_{33}^2+2eC_{13}^2) & \dfrac{2e}{R_e}C_{13}C_{23}\end{bmatrix}\begin{bmatrix}\boldsymbol{V}_{epx}^{p}\\\boldsymbol{V}_{epy}^{p}\end{bmatrix}\tag{3-83}$$

从式(3-83)可知，要解算出 $\boldsymbol{\omega}_{ep}^{p}$，除了要知道方向余弦元素 C_{ij}外，还要先求出速度 $\boldsymbol{V}_{ep}^{p}$。

（3）速度 $\boldsymbol{V}_{ep}^{p}$的计算　根据惯性导航的基本方程式，写出在游动方位平台坐标系上的形式为

$$\dot{\boldsymbol{V}}_{ep}^{p}=\boldsymbol{f}^{p}-(2\boldsymbol{\omega}_{ie}^{p}+\boldsymbol{\omega}_{ep}^{p})\times\boldsymbol{v}_{ep}^{p}+\boldsymbol{g}^{p}\tag{3-84}$$

速度方程分量形式为

$$\begin{bmatrix}\dot{\boldsymbol{V}}_{epx}^{p}\\\dot{\boldsymbol{V}}_{epy}^{p}\\\dot{\boldsymbol{V}}_{epz}^{p}\end{bmatrix}=\begin{bmatrix}\boldsymbol{f}_{x}^{p}\\\boldsymbol{f}_{y}^{p}\\\boldsymbol{f}_{z}^{p}\end{bmatrix}-\begin{bmatrix}0 & -(2\boldsymbol{\omega}_{iez}^{p}+\boldsymbol{\omega}_{epz}^{p}) & 2\boldsymbol{\omega}_{iey}^{p}+\boldsymbol{\omega}_{epy}^{p}\\2\boldsymbol{\omega}_{iez}^{p}+\boldsymbol{\omega}_{epz}^{p} & 0 & -(2\boldsymbol{\omega}_{iex}^{p}+\boldsymbol{\omega}_{epx}^{p})\\-(2\boldsymbol{\omega}_{iey}^{p}+\boldsymbol{\omega}_{epy}^{p}) & 2\boldsymbol{\omega}_{iex}^{p}+\boldsymbol{\omega}_{epx}^{p} & 0\end{bmatrix}\begin{bmatrix}\boldsymbol{V}_{epx}^{p}\\\boldsymbol{V}_{epy}^{p}\\\boldsymbol{V}_{epz}^{p}\end{bmatrix}+\begin{bmatrix}0\\0\\-\boldsymbol{g}\end{bmatrix}\tag{3-85}$$

基于前面推导有

$$\begin{cases}\boldsymbol{\omega}_{epx}^{p}=0\\\boldsymbol{\omega}_{iex}^{p}=\boldsymbol{\omega}_{ie}\sin\alpha\cos L=\boldsymbol{\omega}_{ie}C_{13}\\\boldsymbol{\omega}_{iey}^{p}=\boldsymbol{\omega}_{ie}\cos\alpha\cos L=\boldsymbol{\omega}_{ie}C_{23}\\\boldsymbol{\omega}_{iez}^{p}=\boldsymbol{\omega}_{ie}\sin L=\boldsymbol{\omega}_{ie}C_{33}\end{cases}\tag{3-86}$$

将式(3-86)代入式(3-85)得

$$\begin{cases}\dot{V}_{epx}^{p}=f_{x}^{p}+2\omega_{ie}C_{33}V_{epy}^{p}-(2\omega_{ie}C_{23}+\omega_{epy}^{p})V_{epz}^{p}\\ \dot{V}_{epy}^{p}=f_{y}^{p}-2\omega_{ie}C_{33}V_{epx}^{p}+(2\omega_{ie}C_{13}+\omega_{epx}^{p})V_{epz}^{p}\\ \dot{V}_{epz}^{p}=f_{z}^{p}+(2\omega_{ie}C_{23}+\omega_{epy}^{p})V_{epx}^{p}-(2\omega_{ie}C_{13}+\omega_{epx}^{p})V_{epy}^{p}-g\end{cases} \tag{3-87}$$

与前述指北方位惯性导航系统一样，若将高度变化率 V_{epz}^{p} 作为小量省略，则式(3-87)可简化为

$$\begin{cases}\dot{V}_{epx}^{p}=f_{x}^{p}+2\omega_{ie}C_{33}V_{epy}^{p}\\ \dot{V}_{epy}^{p}=f_{y}^{p}-2\omega_{ie}C_{33}V_{epx}^{p}\end{cases} \tag{3-88}$$

(4) 施加给平台的指令角速度 ω_{ip}^{p}　为了使平台跟踪游动方位坐标系，必须不断地给平台施加指令角速度，使平台运动。已知指令角速度可表示为

$$\omega_{ip}^{p}=\omega_{ie}^{p}+\omega_{ep}^{p} \tag{3-89}$$

对游动方位惯性导航系统有

$$\omega_{ie}^{p}=\begin{bmatrix}\omega_{ie}\sin\alpha\cos L\\ \omega_{ie}\cos\alpha\cos L\\ \omega_{ie}\sin L\end{bmatrix}=\begin{bmatrix}\omega_{ie}C_{13}\\ \omega_{ie}C_{23}\\ \omega_{ie}C_{33}\end{bmatrix} \tag{3-90}$$

$$\omega_{ep}^{p}=\begin{bmatrix}\omega_{epx}^{p}\\ \omega_{epy}^{p}\\ 0\end{bmatrix} \tag{3-91}$$

因此，平台三个轴对应的指令角速率分量为

$$\begin{cases}\omega_{ipx}^{p}=\omega_{ie}C_{13}+\omega_{epx}^{p}\\ \omega_{ipy}^{p}=\omega_{ie}C_{23}+\omega_{epy}^{p}\\ \omega_{ipz}^{p}=\omega_{ie}C_{33}\end{cases} \tag{3-92}$$

采用方向余弦法的游动方位惯性导航系统原理框图如图 3-26 所示。高度通道省略，两个水平通道实际上是交连在一起的。核心是方向余弦矩阵 C_{e}^{p} 的计算。算出的有关元素 C_{ij} 一方面用来求取导航参数 L、λ、α，另一方面反馈到曲率矩阵 C_{α}，不断更新它的元素值，还用来提供 ω_{ie} 的三个分量。将曲率矩阵的输出加上 ω_{epz}^{p} 便构成了 ω_{ep}^{p}，从而给求解出 C_{e}^{p} 提供随着载体运动不断变化的反对称矩阵 $-\Omega_{ep}^{p}$，经即时解算得出有关矩阵元素 C_{ij} 的即时值，从而获得导航参数的即时值。计算机求解方向余弦的步长越短，求得的即时值越精确。显然这对计算机的计算量、运算速度及精度的要求比指北方位系统要高得多。

游动方位惯性导航系统虽在陀螺 G_z 上加有指令信号，但由于指令角速度 ω_{ipz}^{p} 很小，因此也不会发生指北方位惯性导航系统在高纬度区航行时所遇到的问题。与指北方位惯性导航系统相比，游动方位惯性导航系统可以实现全球导航。因为对平台方位陀螺只施加补偿地球转动角速度的垂直分量 $\omega_{ie}\sin L$，即使 $L=90°$，指令速度 $\omega_{ipz}^{p}=15°/\text{h}$ 时，也不会给方位陀螺力矩器的设计和平台方位稳定回路的设计带来困难。游动方位惯性导航系统还有一个优点就是方位对准相对指北方位惯性导航系统不需要转动台体，加速了对准过程。与后面要介绍的自由方位惯性导航系统比较，其计算量又较小。正因如此，游动方位惯性导航系统得到了广泛的应用。

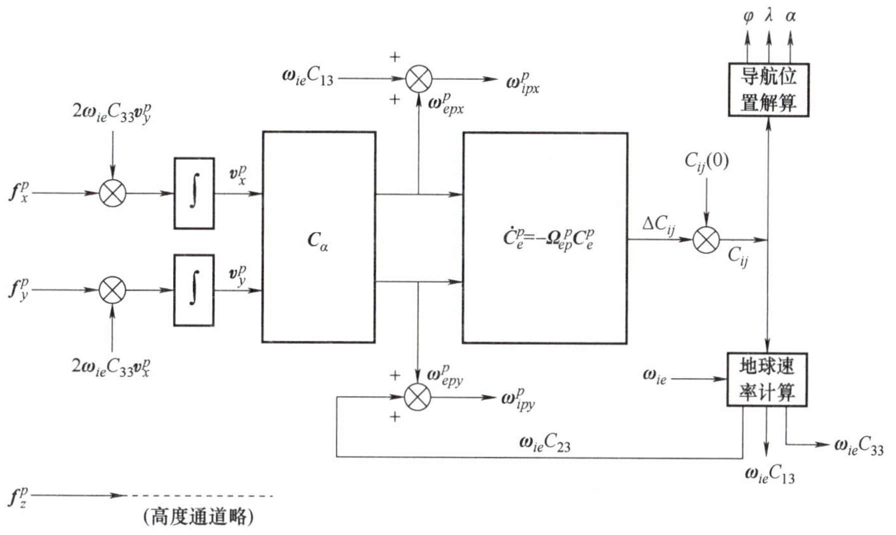

图 3-26 游动方位惯性导航系统原理框图

3. 自由方位惯性导航系统的力学编排方程

自由方位惯性导航系统采用的导航坐标系仍为一个水平坐标系。Ox_p 和 Oy_p 始终处于当地水平面内，但在方位上相对惯性空间保持稳定。这就是说，在工作过程中系统对方位陀螺 G_z 不加任何指令信号。平台绕 Oz_p 轴处于几何稳定状态。

如果一开始平台坐标系 $Ox_py_pz_p$ 对准了地理坐标系 $Ox_ty_tz_t$，则在航行过程中，由于地球自转及载体的运动，将使平台的 Oy_p 轴不断偏离 Oy_t 轴（Ox_p 同样偏离 Ox_t 轴），偏离角速度为 $\boldsymbol{\omega}^t_{tpz}$，所形成的夹角称为自由方位角，用 α_f 表示（见图 3-27）。

对于自由方位平台，有 $\boldsymbol{\omega}^p_{ipz}=0$，由于 p 系和 t 系的 z 轴重合，又因为

$$\boldsymbol{\omega}^t_{ipz}=\boldsymbol{\omega}^t_{itz}+\boldsymbol{\omega}^t_{tpz} \tag{3-93}$$

故平台绕 z 轴偏离地理坐标系的角速率为

$$\boldsymbol{\omega}^t_{tpz}=-\boldsymbol{\omega}^t_{itz} \tag{3-94}$$

这实际上是平台绕 z 轴的表观（视）运动，故得

$$\boldsymbol{\omega}^t_{tpz}=-\left(\boldsymbol{\omega}_{ie}\sin L+\frac{\boldsymbol{v}^t_x}{R_{xt}}\tan L\right) \tag{3-95}$$

考虑到 $\boldsymbol{\omega}^t_{tpz}$ 也就是 $\dot{\alpha}_f$，故自由方位角为

$$\alpha_f=\alpha_{f_0}-\int_0^t\left(\boldsymbol{\omega}_{ie}\sin L+\frac{\boldsymbol{v}^t_x}{R_{xt}}\tan L\right)\mathrm{d}t \tag{3-96}$$

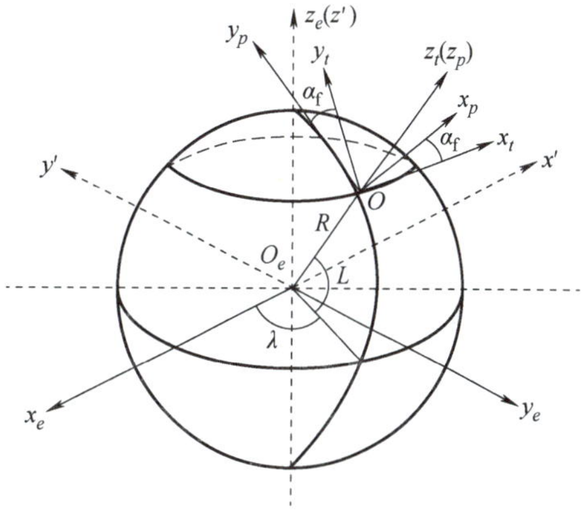

图 3-27 自由方位平台坐标系

可见，自由方位惯性导航系统与游动方位系统区别不大。可以在前述游动方位惯性导航系统的基础上列写自由方位惯性导航系统的力学编排方程。

（1）方向余弦矩阵及求解　如图 3-27 所示，以地球坐标系 $O_ex_ey_ez_e$ 为起始位置，先绕 O_ez_e 轴转 $\lambda+90°$，得到中间坐标系 $O_ex'y'z'$；然后将原点由 O_e 点平移至 O 点，再绕 Ox' 轴转 $90°-L$，便与当地地理坐标系 $Ox_ty_tz_t$ 相重合；最后，再绕 Oz_t 轴转 α_f，就得到自由方位的平

台坐标系 $Oz_py_pz_p$。平台坐标系（p 系）和地球坐标系（e 系）之间的坐标变换关系为

$$\begin{bmatrix} x_p \\ y_p \\ z_p \end{bmatrix} = \begin{bmatrix} \cos\alpha_f & \cos\alpha_f & 0 \\ -\sin\alpha_f & \cos\alpha_f & 0 \\ 0 & 0 & 1 \end{bmatrix} \begin{bmatrix} 1 & 0 & 0 \\ 0 & \sin L & \cos L \\ 0 & -\cos L & \sin L \end{bmatrix} \begin{bmatrix} -\sin\lambda & \cos\lambda & 0 \\ -\cos\lambda & -\sin\lambda & 0 \\ 0 & 0 & 1 \end{bmatrix} \begin{bmatrix} x_e \\ y_e \\ z_e \end{bmatrix}$$

$$= \begin{bmatrix} -\cos\alpha_f\sin\lambda-\sin\alpha_f\sin L\cos\lambda & \cos\alpha_f\cos\lambda-\sin\alpha_f\sin L\sin\lambda & \sin\alpha_f\cos L \\ \sin\alpha_f\sin\lambda-\cos\alpha_f\sin L\cos\lambda & -\sin\alpha_f\cos\lambda-\cos\alpha_f\sin L\sin\lambda & \cos\alpha_f\cos L \\ \cos L\cos\lambda & \cos L\sin\lambda & \sin L \end{bmatrix} \begin{bmatrix} x_e \\ y_e \\ z_e \end{bmatrix} \tag{3-97}$$

$$= \boldsymbol{C}_e^p \begin{bmatrix} x_e \\ y_e \\ z_e \end{bmatrix}$$

矩阵元素可表示为

$$\boldsymbol{C}_e^p = \begin{bmatrix} C_{11} & C_{12} & C_{13} \\ C_{21} & C_{22} & C_{23} \\ C_{31} & C_{32} & C_{33} \end{bmatrix} \tag{3-98}$$

与导航计算有关的元素为

$$\begin{cases} C_{13} = \sin\alpha_f\cos L \\ C_{23} = \cos\alpha_f\cos L \\ C_{31} = \cos L\cos\lambda \\ C_{32} = \cos L\sin\lambda \\ C_{33} = \sin L \end{cases} \tag{3-99}$$

于是可得到

$$\begin{cases} L = \arctan C_{33} \\ \lambda = \arctan \dfrac{C_{32}}{C_{31}} \\ \alpha_f = \arctan \dfrac{C_{13}}{C_{23}} \end{cases} \tag{3-100}$$

方向余弦矩阵 $\boldsymbol{C}_e^p$ 是地球坐标系对平台坐标系的坐标变换矩阵，矩阵元素是转角 L、λ、α_f 的函数。在航行过程中三个转角都可能发生变化，因而矩阵 $\boldsymbol{C}_e^p$ 的各元素值也要跟着变化。因此，要求取各元素值不能不涉及 $\boldsymbol{C}_e^p$ 的微分方程，也就是科里奥利坐标转动定理的矩阵形式：

$$\dot{\boldsymbol{C}}_e^p = -\boldsymbol{\Omega}_{ep}^p \boldsymbol{C}_e^p \tag{3-101}$$

式中，$\boldsymbol{\Omega}_{ep}^p$ 为平台相对地球的角速度 $\boldsymbol{\omega}_{ep}^p$ 的反对称矩阵。将式（3-98）代入式（3-101），即可表示为分量形式：

$$\begin{bmatrix} \dot{C}_{11} & \dot{C}_{12} & \dot{C}_{13} \\ \dot{C}_{21} & \dot{C}_{22} & \dot{C}_{23} \\ \dot{C}_{31} & \dot{C}_{32} & \dot{C}_{33} \end{bmatrix} = \begin{bmatrix} 0 & \boldsymbol{\omega}_{epz}^p & -\boldsymbol{\omega}_{epy}^p \\ -\boldsymbol{\omega}_{epz}^p & 0 & \boldsymbol{\omega}_{epx}^p \\ \boldsymbol{\omega}_{epy}^p & -\boldsymbol{\omega}_{epx}^p & 0 \end{bmatrix} \begin{bmatrix} C_{11} & C_{12} & C_{13} \\ C_{21} & C_{22} & C_{23} \\ C_{31} & C_{32} & C_{33} \end{bmatrix} \tag{3-102}$$

式（3-102）提供了如下九个微分方程：

$$
\begin{cases}
\dot{C}_{11}=\boldsymbol{\omega}_{epz}^{p}C_{21}-\boldsymbol{\omega}_{epy}^{p}C_{31}\\
\dot{C}_{21}=-\boldsymbol{\omega}_{epz}^{p}C_{11}+\boldsymbol{\omega}_{epx}^{p}C_{31}\\
\dot{C}_{31}=\boldsymbol{\omega}_{epy}^{p}C_{11}-\boldsymbol{\omega}_{epx}^{p}C_{21}\\
\dot{C}_{12}=\boldsymbol{\omega}_{epz}^{p}C_{22}-\boldsymbol{\omega}_{epy}^{p}C_{32}\\
\dot{C}_{22}=-\boldsymbol{\omega}_{epz}^{p}C_{12}+\boldsymbol{\omega}_{epx}^{p}C_{32}\\
\dot{C}_{32}=\boldsymbol{\omega}_{epy}^{p}C_{12}-\boldsymbol{\omega}_{epx}^{p}C_{22}\\
\dot{C}_{13}=\boldsymbol{\omega}_{epz}^{p}C_{23}-\boldsymbol{\omega}_{epy}^{p}C_{33}\\
\dot{C}_{23}=-\boldsymbol{\omega}_{epz}^{p}C_{13}+\boldsymbol{\omega}_{epx}^{p}C_{33}\\
\dot{C}_{33}=\boldsymbol{\omega}_{epy}^{p}C_{13}-\boldsymbol{\omega}_{epx}^{p}C_{23}
\end{cases}
\tag{3-103}
$$

以上九个微分方程按顺序可分成三组，每组三个方程，可独立地解出三个矩阵参数。为求出三个导航参数，由式(3-103)可知，只需求出相关的五个矩阵元素即可。可取式(3-103)的后六个方程来求解。但 C_{31} 的求取须依靠其他条件，可采用方向余弦的正交条件作为补充方程：

$$
C_{31}=C_{12}C_{23}-C_{22}C_{13} \tag{3-104}
$$

为了求解微分方程，首先要知道初始条件 L_0、λ_0、α_{f_0} 以确定有关元素的起始值，即

$$
\begin{cases}
C_{12}(0)=\cos\alpha_{f_0}\cos\lambda_0-\sin\alpha_{f_0}\sin L_0\sin\lambda_0\\
C_{22}(0)=-\sin\alpha_{f_0}\cos\lambda_0-\cos\alpha_{f_0}\sin L_0\sin\lambda_0\\
C_{32}(0)=\cos L_0\sin\lambda_0\\
C_{13}(0)=\sin\alpha_{f_0}\cos L_0\\
C_{23}(0)=\cos\alpha_{f_0}\cos L_0\\
C_{33}(0)=\sin L_0
\end{cases}
\tag{3-105}
$$

除了要满足初始条件外，还需要知道载体相对地球运动引起的角速度 $\boldsymbol{\omega}_{ep}^{p}$，它是由载体相对地球的速度 $\boldsymbol{v}_{ep}^{p}$ 形成的，$\boldsymbol{v}_{ep}^{p}$ 可根据比力信息求得。

(2) 求角速度 $\boldsymbol{\omega}_{ep}^{p}$　角速度 $\boldsymbol{\omega}_{ep}^{p}$ 在 p 系上的分量可表示为

$$
\boldsymbol{\omega}_{ep}^{p}=\begin{bmatrix}\boldsymbol{\omega}_{epx}^{p}\\ \boldsymbol{\omega}_{epy}^{p}\\ \boldsymbol{\omega}_{epz}^{p}\end{bmatrix} \tag{3-106}
$$

式中，$\boldsymbol{\omega}_{epz}^{p}$ 可根据自由方位惯性导航系统的特点 $\boldsymbol{\omega}_{ipz}^{p}=0$ 求得。因为

$$
\boldsymbol{\omega}_{ipz}^{p}=\boldsymbol{\omega}_{iez}^{p}+\boldsymbol{\omega}_{epz}^{p}=0 \tag{3-107}
$$

故有

$$
\boldsymbol{\omega}_{epz}^{p}=-\boldsymbol{\omega}_{iez}^{p}=-\boldsymbol{\omega}_{ie}\sin L=-\boldsymbol{\omega}_{ie}C_{33} \tag{3-108}
$$

根据精确导航的要求，将地球看作一个参考椭球，则 $\boldsymbol{\omega}_{epx}^{p}$、$\boldsymbol{\omega}_{epy}^{p}$ 的表达式可以写成

$$
\begin{bmatrix}\boldsymbol{\omega}_{epx}^{p}\\ \boldsymbol{\omega}_{epy}^{p}\end{bmatrix}=\begin{bmatrix}-\dfrac{1}{\tau_{\mathrm{f}}} & -\dfrac{1}{R_{yp}}\\ \dfrac{1}{R_{xp}} & \dfrac{1}{\tau_{\mathrm{f}}}\end{bmatrix}\begin{bmatrix}\boldsymbol{v}_{x}^{p}\\ \boldsymbol{v}_{y}^{p}\end{bmatrix}=\boldsymbol{C}_{\mathrm{f}}\begin{bmatrix}\boldsymbol{v}_{x}^{p}\\ \boldsymbol{v}_{y}^{p}\end{bmatrix} \tag{3-109}
$$

式中，$\boldsymbol{C}_\mathrm{f}$ 为曲率阵；τ_f 为扭曲率，可根据$\dfrac{1}{\tau_\mathrm{f}}=\left(\dfrac{1}{R_{yt}}-\dfrac{1}{R_{xt}}\right)\sin\alpha_\mathrm{f}\sin\alpha_\mathrm{f}$（$R_{xt}$、$R_{yt}$分别为地球的两个主曲率半径）求得；$R_{xp}$、$R_{yp}$为自由方位等效曲率半径，其表达式为

$$\begin{cases}\dfrac{1}{R_{xp}}=\dfrac{\sin^2\alpha_\mathrm{f}}{R_{yt}}+\dfrac{\cos^2\alpha_\mathrm{f}}{R_{xt}}\\[2ex]\dfrac{1}{R_{yp}}=\dfrac{\cos^2\alpha_\mathrm{f}}{R_{yt}}+\dfrac{\sin^2\alpha_\mathrm{f}}{R_{xt}}\end{cases}\tag{3-110}$$

(3) 速度计算　已知

$$\dot{\boldsymbol{v}}_{ep}^p=\boldsymbol{f}^p-(2\boldsymbol{\omega}_{ie}^p+\boldsymbol{\omega}_{ep}^p)\times\boldsymbol{v}_{ep}^p+\boldsymbol{g}^p\tag{3-111}$$

式中，$\boldsymbol{\omega}_{ie}^p=\boldsymbol{C}_e^p\boldsymbol{\omega}_{ie}^e$，即

$$\begin{bmatrix}\boldsymbol{\omega}_{iex}^p\\\boldsymbol{\omega}_{iey}^p\\\boldsymbol{\omega}_{iez}^p\end{bmatrix}=\begin{bmatrix}C_{11}&C_{12}&C_{13}\\C_{21}&C_{22}&C_{23}\\C_{31}&C_{32}&C_{33}\end{bmatrix}\begin{bmatrix}0\\0\\\boldsymbol{\omega}_{ie}\end{bmatrix}\tag{3-112}$$

将式(3-109)、式(3-110)以及式(3-112)代入式(3-111)，可以得到

$$\begin{cases}\dot{\boldsymbol{v}}_x^p=\boldsymbol{f}_x^p-(2\boldsymbol{\omega}_{ie}C_{33}+\boldsymbol{\omega}_{epy}^p)\boldsymbol{v}_x^p+\boldsymbol{\omega}_{ie}C_{33}\boldsymbol{v}_y^p\\\dot{\boldsymbol{v}}_y^p=\boldsymbol{f}_y^p+(2\boldsymbol{\omega}_{ie}C_{13}+\boldsymbol{\omega}_{epx}^p)\boldsymbol{v}_z^p-\boldsymbol{\omega}_{ie}C_{33}\boldsymbol{v}_x^p\\\dot{\boldsymbol{v}}_z^p=\boldsymbol{f}_z^p+(2\boldsymbol{\omega}_{ie}C_{23}+\boldsymbol{\omega}_{epy}^p)\boldsymbol{v}_x^p-(2\boldsymbol{\omega}_{ie}C_{13}+\boldsymbol{\omega}_{epx}^p)\boldsymbol{v}_y^p+\boldsymbol{g}\end{cases}\tag{3-113}$$

(4) 平台指令角速度　平台指令角速度在 p 系上的分量为

$$\boldsymbol{\omega}_{ip}^p=\boldsymbol{\omega}_{ie}^p+\boldsymbol{\omega}_{ep}^p\tag{3-114}$$

可以得到

$$\begin{cases}\boldsymbol{\omega}_{ipx}^p=\boldsymbol{\omega}_{ie}C_{13}+\boldsymbol{\omega}_{epx}^p\\\boldsymbol{\omega}_{ipy}^p=\boldsymbol{\omega}_{ie}C_{23}+\boldsymbol{\omega}_{epy}^p\\\boldsymbol{\omega}_{ipz}^p=0\end{cases}\tag{3-115}$$

图 3-28 所示给出了采用方向余弦法的自由方位惯性导航系统的原理框图。

由于方位陀螺不施加任何指令角速度，因而解决了在极区使用的问题；同时可以避免方位陀螺的施矩误差(标度因数误差)，有利于系统精度的提高。缺点是自由方位角 $\dot{\alpha}_\mathrm{f}$ 的计算较复杂，因它随飞机不断变化，不能直接得到飞机的真航行信号，且计算量大，对计算机的容量及速度要求更高。

综上所述，无论指北方位、游动方位还是自由方位惯性导航系统，其共性是平台都保持在水面内，可以直接输出俯仰、倾斜信号。各种方案不同之处在于方位陀螺施加的指令角速度不同，或者说平台坐标系相对地理坐标系的偏离角速度不同，上述三种方案分别为 0、$\dot{\alpha}$ 和 $\dot{\alpha}_\mathrm{f}$。在考虑具体方案时，应当首先确定平台方位轴的指令角速度，这是确定力学编排方案的重点。然后将惯性导航系统的基本方程式分解在平台坐标系上，从而可得到加速度的标量方程，进一步经积分运算可得速度。其他参数的确定，还须引入方向余弦矩阵进行计算。

前面在分析惯性导航系统的工作原理时，把系统看成一个理想系统。例如，认为平台坐标系完全准确地模拟了地理坐标系，而实际上这是不可能的，因为惯性导航系统无论在元器件特性、结构安装或其他工程环节都不可避免地存在误差。这些误差因素称为误差源，大体

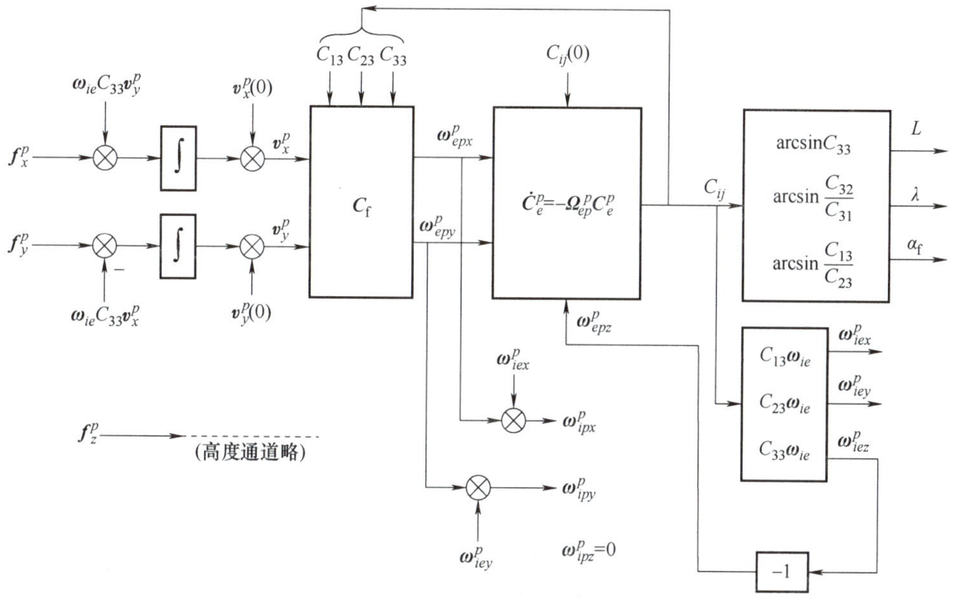

图 3-28　自由方位惯性导航系统的原理框图

上可分为以下几类：

1）元件误差：主要有陀螺仪漂移、指令速率的标度因素误差、加速度计的零位偏差和标度因素误差以及电流变换装置的误差等。

2）安装误差：主要指加速度计和陀螺仪安装到平台上的安装误差。

3）初始条件误差：包括平台的初始误差以及计算机在解算方程时的初始给定误差。

4）原理误差：也叫编排误差，这是由于力学编排中数学模型的近似、地球形状差别和重力异常等引起的误差。例如，用旋转椭球体近似作为地球的模型造成的误差；有害加速度补偿忽略二阶小量造成的误差；力学编排时忽略高度通道项造成的误差等。

5）计算误差：由于导航计算机的字长限制和量化器的位数限制等所造成的误差。

6）运动干扰：主要是振动和冲击造成的误差。

7）其他误差：如组成惯性导航系统的电子组件相互之间干扰造成的误差以及其他已知或未知的误差源。

根据一般情况，所有误差源均可看成是对理想特性的小扰动，因而各个误差量都是对系统的一阶小偏差输入量。在推导各误差量之间的关系时，完全可以取一阶近似而忽略二阶以上的小量。误差方程依据系统的力学编排方程通过微分处理来求取，此处不再赘述。

4. 平台式惯性导航系统的初始对准

从惯性导航系统原理中知道，航行体的速度和位置是由测得的加速度积分而得来的。要进行积分运算必须知道初始条件，如初始速度和初始位置；另外，由于平台是测量加速度的基准，这就要求开始测量加速度时惯性导航平台应处于预定的导航坐标系内，否则将产生由于平台误差而引起的加速度测量误差。因此，如何在惯性导航系统开始工作前，将平台首先调整到预定的导航坐标系内，这是一个十分重要的问题。

可见，惯性导航系统在进入正常的导航工作状态之前，应当首先解决积分运算的初始条件及平台初始调整问题。将初始速度及位置引入惯性导航系统是容易实现的。在静基座情况下，这些初始条件即初始速度为零，初始位置即是当地的经纬度。在动基座情况下，这些初始条件一般应由外界提供的速度和位置信息来确定。给定系统的初始速度及位置的操作过程比较简单，只要将这些初始值通过控制器送入计算机即可。而平台的初始调整则是比较复杂的，它涉及整个惯性导航系统的操作过程，如何将惯性导航平台在系统开始工作时，调整到要求的导航坐标系内是初始对准的主要任务。

由于误差的存在，实际的平台坐标系与理想的平台坐标系之间存在着误差角，这个误差角越小越好。初始对准就是要将实际的平台坐标系对准理想平台坐标系。陀螺动量矩相对惯性空间有定轴性，平台系统启动后，如果不施加力矩控制指令速率信号，平台便稳定在惯性空间。要想使整个惯性导航系统顺利地进入导航工作状态，从一开始就要调整平台使它对准在所要求的理想平台坐标系内，例如，指北方位平台，应对准在地理坐标系内。由于元器件及系统存在误差，不可能使实际平台坐标系与理想平台坐标系完全重合，只能是接近重合。一般对准技术可使平台水平精度达到10"左右，方位精度达到2'~5'。作为初始对准除了精度要求外，对准速度也是一个非常重要的指标，特别是对于军用载体更为重要。

平台对准的方法可分为两类：一是引入外部基准，通过光学或机电方法，将外部参考坐标系引入平台，平台对准外部提供的姿态基准方向；二是利用惯性导航系统本身的敏感元件(陀螺仪与加速度计)测得的信号，结合系统作用原理进行自动对准，也就是自主式对准。

根据对准精度要求，把初始对准过程分为粗对准与精对准两个步骤。首先进行粗对准，这时缩短对准时间是主要的，要求尽快地将平台对准在一定精度范围之内。完成粗对准之后进行精对准，即要求实际平台坐标系与理想平台坐标系之间的偏差在要求的精度指标以内。精对准结束时的精度就是平台进入导航状态时的初始精度。一般在精对准过程中还要进行陀螺测漂和定标，以便进一步补偿陀螺漂移和标定力矩器的标度因数。在精对准过程中，一般先进行水平对准，然后进行方位对准，以使系统有较好的动态特性。

3.2.3 捷联式惯性导航系统

在前述的平台式惯性导航系统中，惯性平台本身体积和质量较大，平台本身又是一个高精度且结构十分复杂的机电控制系统，它所需的加工制造成本较高。特别是由于结构复杂、故障率较高，因而惯性导航系统工作的可靠性受到很大影响。正是出于这方面的考虑，在发展平台式惯性导航系统的同时，人们就开始了对另一种惯性导航系统即捷联式惯性导航系统的研究。

捷联式惯性导航系统的加速度计组是直接安装在载体上的，三个加速度计的测量轴分别与载体坐标系的纵轴 Ox_b、横轴 Oy_b 以及竖轴 Oz_b 相重合。但是，载体坐标系 $Ox_by_bz_b$ 不能作为导航坐标系。

捷联式惯性导航系统的加速度计测得的比力分量为

$$\boldsymbol{f}^b=\begin{bmatrix}f_x^b\\f_y^b\\f_z^b\end{bmatrix}\tag{3-116}$$

只有将 $\boldsymbol{f}^b$ 转换为 $\boldsymbol{f}^n$，才能把载体的水平加速度和重力加速度分开，以进行有效的导航

计算。这个功能本来是由实体的惯性平台承担的，现在则必须借助计算机来完成。由于

$$\boldsymbol{f}^n=\boldsymbol{C}_b^n\boldsymbol{f}^b \tag{3-117}$$

因此计算机必须能实时地提供方向余弦矩阵 $\boldsymbol{C}_b^n$（详见 3.2.4 节描述），才能实时地把 $\boldsymbol{f}^b$ 转换为 $\boldsymbol{f}^n$。而要提供随时间变化的 $\boldsymbol{C}_b^n$，又必须求解以下微分方程组：

$$\dot{\boldsymbol{C}}_b^n=\boldsymbol{\Omega}_{nb}^b\boldsymbol{C}_b^n \tag{3-118}$$

在捷联式惯性导航系统中还有三个单自由度陀螺仪也直接安装在载体上，它们的测量轴分别与载体坐标系 b 的三个轴相重合。这样，它们可以测得载体相对于惯性空间的角速度 $\boldsymbol{\omega}_{ib}^b$。通过式(3-119)将其转换为 $\boldsymbol{\omega}_{nb}^n$，即

$$\begin{cases}\boldsymbol{\omega}_{ib}^n=\boldsymbol{C}_b^n\boldsymbol{\omega}_{ib}^b\\ \boldsymbol{\omega}_{nb}^n=\boldsymbol{\omega}_{ib}^n-\boldsymbol{\omega}_{in}^n=\boldsymbol{\omega}_{ib}^n-(\boldsymbol{\omega}_{ie}^n+\boldsymbol{\omega}_{en}^n)\end{cases} \tag{3-119}$$

式(3-119)中，要求提供 $\boldsymbol{C}_b^n$、$\boldsymbol{\omega}_{en}^n$ 及 $\boldsymbol{\omega}_{ie}^n$。而 $\boldsymbol{C}_b^n$ 正是求解式(3-119)所得出的结果，$\boldsymbol{\omega}_{en}^n$ 则是后续计算中才能得到的导航坐标系相对地球坐标系的转动角速度(由它可求出载体地理位置)。

捷联式惯性导航系统面临两方面的技术难点：一是对惯性器件特别是陀螺仪的技术要求更加严格和苛刻；二是对计算机的计算速度和精度也提出了相当高的要求。

由于实体平台对惯性器件所起的运动隔离作用已不复存在，惯性器件将不得不在相当恶劣的环境下工作。要求陀螺仪能测量 0.01～1440000°/s 的转动角速度，其动态量程达 10^8。又由于陀螺仪是在力平衡状态下工作，因此力矩器可能要承受相当大的施矩电流，造成过大的功率消耗导致陀螺漂移显著增大。此外，载体的运动冲击和振动也将严重影响惯性器件的性能。因此，要求用于捷联式惯性导航系统的陀螺仪应具有很高的灵敏度和力矩刚度，并有相当宽的测量范围以及足够强的抗冲击和耐旋转的能力。

由于工作条件恶劣，对陀螺仪和加速度计都必须建立相应的误差模型，并在工作中给以精确的补偿。另外，由于借助计算机实现了“数学平台”，因而所要求的软件比平台式系统多得多。特别是要实现实时运算，对运算精度和速度都有很高的要求。

综上所述，与平台式惯性导航系统相比，捷联式惯性导航系统有如下特点：

1）取消了实体平台，用大量的实时软件代替，大大降低了系统的体积、质量和成本。

2）取消了实体平台，减少了系统中的机电元件，而对加速度计和陀螺仪容易实现多余度配置方案，因此系统工作的可靠性大大提高。

3）较平台系统维护简便，故障率低。

4）由于动态环境恶劣，因而对惯性器件的要求比平台系统高，也没有平台系统标定惯性器件的方便条件。为此，器件要求有较高的参数稳定性。

3.2.4　捷联式惯性导航系统的力学编排方程

捷联式惯性导航系统就其程序编排而言，可分为两种：一种是在惯性坐标系中求解导航方程式，另一种是在导航坐标系中求解导航方程式。这种情形是与平台式惯性导航系统相类似的。

对于平台式惯性导航系统，由于惯性测量元件安装在物理平台的台体上，加速度计的敏感轴分别沿三个坐标轴的正向安装，测得载体的加速度信息就体现为比力在平台坐标系中的三个分量 f_x^p、f_y^p 和 f_z^p。如果使平台坐标系精确模拟某一选定的导航坐标系 $Ox_ny_nz_n$，便得

到了比力 f 在导航坐标系中的三个分量 f_x^n、f_y^n 和 f_z^n。对于捷联式惯性导航系统，加速度计是沿载体坐标系 $Ox_by_bz_b$ 安装的，它只能测量沿载体坐标系的比力分量 f_x^b、f_y^b、f_z^b，因此需要将 f_x^b、f_y^b、f_z^b 转换成 f_x^n、f_y^n、f_z^n。实现由载体坐标系到导航坐标系坐标转换的方向余弦矩阵 C_b^n 又叫作捷联矩阵；由于根据捷联矩阵的元素可以单值地确定飞行器的姿态角，因此又可叫作飞行器姿态矩阵；由于姿态矩阵起到了类似平台的作用（借助于它可以获得 f_x^n、f_y^n、f_z^n），因而又可叫作“数学平台”。显然，捷联式惯性导航系统要解决的关键问题就是如何实时地求出捷联矩阵，即进行捷联矩阵的即时修正。下面就来讨论这方面的问题。

1. 捷联矩阵的定义

设载体坐标系 $Ox_by_bz_b$ 固联在机体上，其 Ox_b、Oy_b、Oz_b 轴分别沿飞机的横轴、纵轴与竖轴，选取游动方位坐标系为导航坐标系（仍称 n 系），二者的关系如图 3-29 所示。

实现由载体坐标系至导航坐标系坐标转换的捷联矩阵 C_b^n 应该满足如下的矩阵方程：

$$\begin{bmatrix} x_n \\ y_n \\ z_n \end{bmatrix} = C_b^n \begin{bmatrix} x_b \\ y_b \\ z_b \end{bmatrix} \tag{3-120}$$

捷联矩阵 C_b^n 求得后，沿载体坐标系测量的比力就可以转换到导航坐标系上，即 $f^n = C_b^n f^b$。

图 3-29 中还给出了由导航坐标系至机体坐标系的转换关系。开始时，载体坐标系 $Ox_by_bz_b$ 与导航坐标系 $Ox_ny_nz_n$ 完全重合。$Ox_ny_nz_n$ 进行图 3-29 中所示的三次旋转可以到达 $Ox_by_bz_b$ 的位置，它可以通过下述顺序的三次旋转来表示：

$$x_ny_nz_n \xrightarrow[\psi_{bn}]{\text{绕 } z_n \text{ 轴}} x'_ny'_nz'_n \xrightarrow[\theta]{\text{绕 } x'_n \text{ 轴}} x''_ny''_nz''_n \xrightarrow[\gamma]{\text{绕 } y''_n \text{ 轴}} x_by_bz_b \tag{3-121}$$

θ 和 γ 分别表示载体坐标系的俯仰角和倾斜角；ψ_{bn} 表示载体纵轴 y_b 的水平投影 y'_n 与游动方位坐标系 y_n 之间的夹角，即游动方位系统的航向角。由于 y_n（网格北）与地理北向 y_t（真北）之间相差一个游动方位角 α（见图 3-30），因而 y'_n 与真北 y_t 之间的夹角即真航向角，为

$$\psi = \psi_G - \alpha \tag{3-122}$$

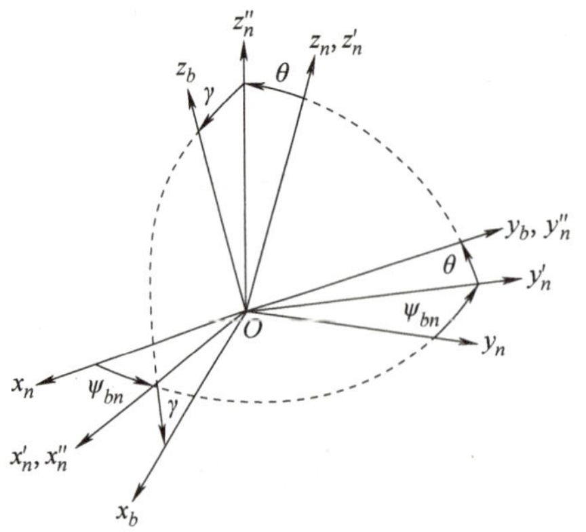

图 3-29　游动方位坐标系与载体坐标系之间的关系

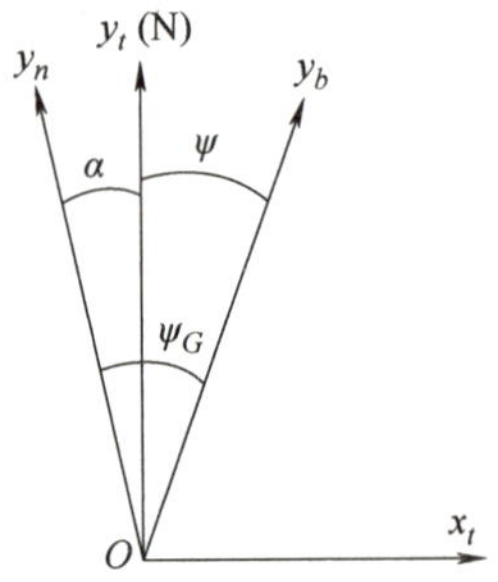

图 3-30　游动方位系统平台航向角 ψ 与 α、ψ_G 之间的关系

根据上述的旋转顺序，可以得到由导航坐标系到机体坐标系的转换关系，即

$$\begin{bmatrix} x_b \\ y_b \\ z_b \end{bmatrix} = \begin{bmatrix} \cos\gamma & 0 & -\sin\gamma \\ 0 & 1 & 0 \\ \sin\gamma & 0 & \cos\gamma \end{bmatrix} \begin{bmatrix} 1 & 0 & 0 \\ 0 & \cos\theta & \sin\theta \\ 0 & -\sin\theta & \cos\theta \end{bmatrix} \begin{bmatrix} \cos\psi_G & \sin\psi_G & 0 \\ -\sin\psi_G & \cos\psi_G & 0 \\ 0 & 0 & 1 \end{bmatrix} \begin{bmatrix} x_n \\ y_n \\ z_n \end{bmatrix}$$

$$= \begin{bmatrix} \cos\gamma\cos\psi_G - \sin\gamma\sin\theta\sin\psi_G & \cos\gamma\sin\psi_G + \sin\gamma\sin\theta\cos\psi_G & -\sin\gamma\cos\theta \\ -\cos\theta\sin\psi_G & \cos\theta\cos\psi_G & \sin\theta \\ \sin\gamma\cos\psi_G + \cos\gamma\sin\theta\sin\psi_G & \sin\gamma\sin\psi_G - \cos\gamma\sin\theta\cos\psi_G & \cos\gamma\cos\theta \end{bmatrix} \begin{bmatrix} x_n \\ y_n \\ z_n \end{bmatrix} \tag{3-123}$$

由于方向余弦矩阵 $\boldsymbol{C}_b^n$ 为正交矩阵，因而 $\boldsymbol{C}_b^n = [\boldsymbol{C}_n^b]^{-1} = [\boldsymbol{C}_n^b]^{\mathrm{T}}$，于是

$$\boldsymbol{C}_b^n = \begin{bmatrix} \cos\gamma\cos\psi_G - \sin\gamma\sin\theta\sin\psi_G & -\cos\theta\sin\psi_G & \sin\gamma\cos\psi_G + \cos\gamma\sin\theta\sin\psi_G \\ \cos\gamma\sin\psi_G + \sin\gamma\sin\theta\cos\psi_G & \cos\theta\cos\psi_G & \sin\gamma\sin\psi_G - \cos\gamma\sin\theta\cos\psi_G \\ -\sin\gamma\cos\theta & \sin\theta & \cos\gamma\cos\theta \end{bmatrix} \tag{3-124}$$

由式(3-123)可以看出捷联矩阵(或姿态矩阵)$\boldsymbol{C}_b^n$ 是 ψ_G、θ、γ 的函数。由 $\boldsymbol{C}_b^n$ 的元素可以单值地确定 ψ_G、θ、γ，然后再由式(3-121)确定 ψ，从而求得载体的姿态角。下面讨论这个问题。

由式(3-123)可得 ψ_G、θ、γ 的主值，记 $\boldsymbol{T}=\boldsymbol{C}_b^n$，则

$$\begin{cases} \theta_{主} = \arcsin T_{32} \\ \gamma_{主} = \arctan \dfrac{-T_{31}}{T_{33}} \\ \psi_{G主} = \arctan \dfrac{-T_{32}}{T_{33}} \end{cases} \tag{3-125}$$

为了单值地确定 ψ_G、θ、γ 的真值，首先应给出它们的定义域。俯仰角 θ 的定义域为(-90°,90°)，倾斜角 γ 的定义域为(-180°,180°)，航向角 ψ_G 的定义域为(0°,360°)。

对式(3-124)进行分析可以看出，由于俯仰角 θ 的定义域与反正弦函数的主值域是一致的，因而 θ 的主值就是其真值；而倾斜角 γ 与航向角 ψ_G 的定义域与反正切函数的主值域不一致。因此，在求得 γ 及 ψ_G 的主值后还要根据 T_{33} 或 T_{22} 的符号来确定其真值。这里就不再赘述而直接给出结果。于是，θ、γ、ψ_G 的真值可表示为

$$\theta = \theta_{主} \tag{3-126}$$

$$\gamma_{主} = \begin{cases} \gamma_{主} & T_{33}>0 \\ \gamma_{主}+180° & T_{33}<0, \gamma_{主}<0 \\ \gamma_{主}-180° & T_{33}<0, \gamma_{主}>0 \end{cases} \tag{3-127}$$

$$\psi_G = \begin{cases} \psi_{G主} & T_{22}>0, \psi_{G主}>0 \\ \psi_{G主}+360° & T_{22}>0, \psi_{G主}<0 \\ \psi_{G主}+180° & T_{22}<0 \end{cases} \tag{3-128}$$

ψ_G 确定后，再由式(3-121)确定飞行器的航向角 ψ。

由以上的分析可以看出，捷联式惯性导航系统可以精确地计算出飞行器的姿态角，而平台式惯性导航系统只能由平台框架之间的同步器拾取近似的姿态角，这是捷联系统的一大优点。

综上所述可以看出，捷联矩阵 C_b^n 有两个作用：一是可实现坐标转换，将沿载体坐标系安装的加速度计测量的比力转换到导航坐标系上；二是根据捷联矩阵的元素确定飞行器的姿态角。

2. 姿态矩阵微分方程

C_b^n 元素是时间的函数。为求 C_b^n 需要求解姿态微分方程：

$$\dot{C}_b^n = C_b^n \Omega_{nb}^b \tag{3-129}$$

式中，Ω_{nb}^b 为姿态角速度 $\omega_{nb}^b = [\omega_{nbx}^b, \omega_{nby}^b, \omega_{nbz}^b]^T$ 组成的反对称阵。将式(3-129)展开则有

$$\begin{bmatrix} \dot{C}_{11} & \dot{C}_{12} & \dot{C}_{13} \\ \dot{C}_{21} & \dot{C}_{22} & \dot{C}_{23} \\ \dot{C}_{31} & \dot{C}_{32} & \dot{C}_{33} \end{bmatrix} = \begin{bmatrix} C_{11} & C_{12} & C_{13} \\ C_{21} & C_{22} & C_{23} \\ C_{31} & C_{32} & C_{33} \end{bmatrix} \begin{bmatrix} 0 & -\omega_{nbz}^b & \omega_{nby}^b \\ \omega_{nbz}^b & 0 & -\omega_{nbx}^b \\ -\omega_{nby}^b & \omega_{nbx}^b & 0 \end{bmatrix} \tag{3-130}$$

可以看出，式(3-130)对应九个一阶微分方程。只要给定初始值 ψ_{G_0}、θ_0、γ_0，在姿态角速度 ω_{nb}^b 已知的情况下，通过求解即可确定姿态矩阵 C_b^n 中的元素值，进而确定飞行器的姿态角。

目前捷联式惯性导航系统姿态方程大多采用四元数法求解，再利用四元数和方向余弦之间的关系，求解姿态矩阵 C_b^n 中的元素值。

3. 四元数变换矩阵与方向余弦矩阵之间的关系

四元数理论在 1843 年由 B. P. 哈密尔顿提出，关于它的基本特性及推导本书不再赘述，只是讨论它在姿态矩阵中的使用。四元数是由一个实数单位 1 和三个虚数单位 i、j、k 组成的含有四个元的数，其表达式为

$$\Lambda = \lambda_0 + \lambda_1 \mathrm{i} + \lambda_2 \mathrm{j} + \lambda_3 \mathrm{k} \tag{3-131}$$

一个坐标系相对另一个坐标系的转动可以用四元数唯一地表示出来。用四元数来描述载体坐标系相对游动方位坐标系的转动运动时，可得

$$\begin{bmatrix} x_n \\ y_n \\ z_n \end{bmatrix} = \begin{bmatrix} \lambda_0^2+\lambda_1^2-\lambda_2^2-\lambda_3^2 & 2(\lambda_1\lambda_2-\lambda_0\lambda_3) & 2(\lambda_1\lambda_3+\lambda_0\lambda_2) \\ 2(\lambda_1\lambda_2+\lambda_0\lambda_3) & \lambda_0^2-\lambda_1^2+\lambda_2^2-\lambda_3^2 & 2(\lambda_2\lambda_3-\lambda_0\lambda_1) \\ 2(\lambda_1\lambda_3-\lambda_0\lambda_2) & 2(\lambda_2\lambda_3+\lambda_0\lambda_1) & \lambda_0^2-\lambda_1^2-\lambda_2^2+\lambda_3^2 \end{bmatrix} \begin{bmatrix} x_b \\ y_b \\ z_b \end{bmatrix} \tag{3-132}$$

$$C_b^n = \begin{bmatrix} \lambda_0^2+\lambda_1^2-\lambda_2^2-\lambda_3^2 & 2(\lambda_1\lambda_2-\lambda_0\lambda_3) & 2(\lambda_1\lambda_3+\lambda_0\lambda_2) \\ 2(\lambda_1\lambda_2+\lambda_0\lambda_3) & \lambda_0^2-\lambda_1^2+\lambda_2^2-\lambda_3^2 & 2(\lambda_2\lambda_3-\lambda_0\lambda_1) \\ 2(\lambda_1\lambda_3-\lambda_0\lambda_2) & 2(\lambda_2\lambda_3+\lambda_0\lambda_1) & \lambda_0^2-\lambda_1^2-\lambda_2^2+\lambda_3^2 \end{bmatrix} \tag{3-133}$$

四元数姿态矩阵与方向余弦矩阵是完全等效的，即对应元素相等，但其表达形式不同。显然，如果知道四元数 Λ 的四个元数，就可以求出姿态矩阵的九个元素，并构成姿态矩阵。反之，知道了姿态矩阵的九个元素，也可以求出四元数中的四个元数。

由四元数姿态矩阵与方向余弦矩阵对应元相等，可得

$$\begin{cases} \lambda_0^2+\lambda_1^2-\lambda_2^2-\lambda_3^2 = C_{11} \\ \lambda_0^2-\lambda_1^2+\lambda_2^2-\lambda_3^2 = C_{22} \\ \lambda_0^2-\lambda_1^2-\lambda_2^2+\lambda_3^2 = C_{33} \end{cases} \tag{3-134}$$

对规范化的四元数，存在

$$\lambda_0^2+\lambda_1^2+\lambda_2^2+\lambda_3^2=1 \tag{3-135}$$

由式(3-134)和式(3-135) 可得

$$\begin{cases}\lambda_0=\pm\dfrac{1}{2}\sqrt{1+C_{11}+C_{22}-C_{33}}\\ \lambda_1=\pm\dfrac{1}{2}\sqrt{1+C_{11}-C_{22}-C_{33}}\\ \lambda_2=\pm\dfrac{1}{2}\sqrt{1-C_{11}+C_{22}-C_{33}}\\ \lambda_3=\pm\dfrac{1}{2}\sqrt{1-C_{11}-C_{22}+C_{33}}\end{cases} \tag{3-136}$$

式(3-136)的符号可用如下方法确定。由式(3-133)非对角元素之差，有如下关系：

$$\begin{cases}4\lambda_0\lambda_1=C_{23}-C_{32}\\ 4\lambda_0\lambda_2=C_{31}-C_{13}\\ 4\lambda_0\lambda_3=C_{12}-C_{21}\end{cases} \tag{3-137}$$

只要先确定 λ_0 的符号，则 λ_1、λ_2 和 λ_3 的符号可由式(3-137)确定，而 λ_0 的符号实际上是任意的，因为四元数的四个参数同时变符号，四元数不变，由此取

$$\begin{cases}\mathrm{sign}\lambda_1=\mathrm{sign}(C_{23}-C_{32})\\ \mathrm{sign}\lambda_2=\mathrm{sign}(C_{31}-C_{13})\\ \mathrm{sign}\lambda_3=\mathrm{sign}(C_{12}-C_{21})\end{cases} \tag{3-138}$$

在捷联式惯性导航系统的计算过程中要用到四元数的初值，而在系统初始对准结束后，ψ_0(注意 $\psi=\psi_G-\alpha$)、θ_0 和 γ_0 是已知的，因而可以得到方向余弦矩阵。因此，要确定四元数 λ_0、λ_1、λ_2、λ_3 的初值，可以将已知的方向余弦矩阵代入式(3-133)和式(3-134)求出。

由四元数的元可以直接求出方向余弦矩阵的诸元，因而可以经四元数的元计算姿态和航向角，不断更新姿态矩阵。这种不断更新反映了载体姿态的不断变化。

不言而喻，由于角速度 $\boldsymbol{\omega}_{nb}^b$ 的存在，载体姿态在不断变化，因而四元数是时间的函数。为了确定四元数的时间特性，需要解四元数运动学微分方程。

4. 四元数微分方程

四元数运动学微分方程为

$$\dot{\Lambda}=\frac{1}{2}\boldsymbol{\omega}_{nb}^b\Lambda \tag{3-139}$$

正如前述，$\boldsymbol{\omega}_{nb}^b$是姿态矩阵速度，可以通过测量和计算得到。将式(3-139)写成矩阵形式为

$$\begin{bmatrix}\dot{\lambda}_0\\ \dot{\lambda}_1\\ \dot{\lambda}_2\\ \dot{\lambda}_3\end{bmatrix}=\frac{1}{2}\begin{bmatrix}0 & -\boldsymbol{\omega}_{nbx}^b & -\boldsymbol{\omega}_{nby}^b & -\boldsymbol{\omega}_{nbz}^b\\ \boldsymbol{\omega}_{nbx}^b & 0 & \boldsymbol{\omega}_{nbz}^b & -\boldsymbol{\omega}_{nby}^b\\ \boldsymbol{\omega}_{nby}^b & -\boldsymbol{\omega}_{nbz}^b & 0 & \boldsymbol{\omega}_{nbx}^b\\ \boldsymbol{\omega}_{nbz}^b & \boldsymbol{\omega}_{nby}^b & -\boldsymbol{\omega}_{nbx}^b & 0\end{bmatrix}\begin{bmatrix}\lambda_0\\ \lambda_1\\ \lambda_2\\ \lambda_3\end{bmatrix} \tag{3-140}$$

在解式(3-139)时，要求姿态矩阵速度 $\boldsymbol{\omega}_{nb}^b$已知，因此要建立姿态速度方程。捷联式惯性导航系统的 $\boldsymbol{\omega}_{nb}^b$可以利用陀螺测得的角速度 $\boldsymbol{\omega}_{ib}^b$、位移角速度 $\boldsymbol{\omega}_{en}^n$及已知的地球角速度 $\boldsymbol{\omega}_{ie}^e$求

取，由于

$$\boldsymbol{\omega}_{ib}^{b}=\boldsymbol{\omega}_{ie}^{b}+\boldsymbol{\omega}_{en}^{b}+\boldsymbol{\omega}_{nb}^{b} \tag{3-141}$$

因而

$$\boldsymbol{\omega}_{nb}^{b}=\boldsymbol{\omega}_{ib}^{b}-\boldsymbol{\omega}_{ie}^{b}-\boldsymbol{\omega}_{en}^{b} \tag{3-142}$$

式中，$\boldsymbol{\omega}_{ib}^{b}$为陀螺测得的载体坐标系相对惯性空间的角速度在载体坐标系上的分量；$\boldsymbol{\omega}_{ie}^{b}$为地球自转角速度在载体坐标系上的分量；$\boldsymbol{\omega}_{en}^{b}$为导航坐标系相对地球坐标系的角速度在载体坐标系上的分量；$\boldsymbol{\omega}_{nb}^{b}$为载体坐标系相对导航坐标系的角速度在载体坐标系上的分量。

考虑到$\boldsymbol{\omega}_{ie}^{b}$和$\boldsymbol{\omega}_{ie}^{e}$，$\boldsymbol{\omega}_{en}^{b}$和$\boldsymbol{\omega}_{en}^{n}$的关系为

$$\begin{cases}\boldsymbol{\omega}_{ie}^{b}=\boldsymbol{C}_{n}^{b}\boldsymbol{\omega}_{ie}^{n}=\boldsymbol{C}_{n}^{b}\boldsymbol{C}_{e}^{n}\boldsymbol{\omega}_{ie}^{n}\\ \boldsymbol{\omega}_{en}^{b}=\boldsymbol{C}_{n}^{b}\boldsymbol{\omega}_{en}^{n}\end{cases} \tag{3-143}$$

将式(3-143)代入式(3-142)，可得

$$\boldsymbol{\omega}_{nb}^{b}=\boldsymbol{\omega}_{ib}^{b}-\boldsymbol{C}_{n}^{b}(\boldsymbol{\omega}_{ie}^{n}+\boldsymbol{\omega}_{en}^{n}) \tag{3-144}$$

式中，$\boldsymbol{\omega}_{en}^{n}$为位移角速度，它在位置方程中由位移角速度方程求得。

因为$\boldsymbol{C}_{n}^{b}$已经求出，$\boldsymbol{\omega}_{ie}^{e}=[0,0,\boldsymbol{\omega}_{ie}]^{\mathrm{T}}$，所以

$$\boldsymbol{\omega}_{ie}^{n}=\boldsymbol{C}_{e}^{n}\boldsymbol{\omega}_{ie}^{e}=\begin{bmatrix}C_{11}&C_{12}&C_{13}\\C_{21}&C_{22}&C_{23}\\C_{31}&C_{32}&C_{33}\end{bmatrix}\begin{bmatrix}0\\0\\\boldsymbol{\omega}_{ie}\end{bmatrix}=\begin{bmatrix}C_{13}\boldsymbol{\omega}_{ie}\\C_{23}\boldsymbol{\omega}_{ie}\\C_{33}\boldsymbol{\omega}_{ie}\end{bmatrix} \tag{3-145}$$

式中，$\boldsymbol{C}_{e}^{n}$是位置矩阵，它将在位置方程中求得。

可得姿态速度方程的矩阵形式为

$$\boldsymbol{\omega}_{nb}^{b}=\begin{bmatrix}\boldsymbol{\omega}_{nbx}^{b}\\\boldsymbol{\omega}_{nby}^{b}\\\boldsymbol{\omega}_{nbz}^{b}\end{bmatrix}=\begin{bmatrix}\boldsymbol{\omega}_{ibx}^{b}\\\boldsymbol{\omega}_{iby}^{b}\\\boldsymbol{\omega}_{ibz}^{b}\end{bmatrix}-\boldsymbol{C}_{n}^{b}\begin{bmatrix}C_{13}\boldsymbol{\omega}_{ie}+\boldsymbol{\omega}_{enx}^{n}\\C_{23}\boldsymbol{\omega}_{ie}+\boldsymbol{\omega}_{eny}^{n}\\C_{33}\boldsymbol{\omega}_{ie}+\boldsymbol{\omega}_{enz}^{n}\end{bmatrix} \tag{3-146}$$

总之，捷联式惯性导航系统姿态参数ψ_G、θ、γ的求解需要先解算姿态角速度$\boldsymbol{\omega}_{nb}^{b}$，然后求出四元数中的元数$\lambda_0$、$\lambda_1$、$\lambda_2$、$\lambda_3$，再利用姿态矩阵和四元数中各对应项相等的原则得到姿态矩阵中的元素C_{11}，…，C_{33}，最后求出姿态参数。

5. 捷联式惯性导航系统误差分析与初始对准

捷联式惯性导航系统和平台式惯性导航系统的主要区别是，前者用“数学平台”，而后者用实体的物理平台。从基本原理上讲，两种系统没有本质的区别。但是，捷联式惯性导航系统的一些特点，使它在性能上和平台式惯性导航系统有所不同。

在平台式惯性导航系统中，惯性仪表安装在平台上，平台对载体角运动的隔离作用，使载体的角运动对惯性仪表基本没有影响。在捷联式惯性导航系统中，由于惯性仪表直接安装在载体上，载体的动态环境特别是载体的角运动，直接影响惯性仪表。因此，惯性仪表的动态误差要比平台式系统大得多。在实际系统中，必须加以补偿。另外，在捷联式系统中采用数学平台，即在计算机中通过计算来完成导航平台的功能，由于计算方法的近似和计算机的有限字长，必然存在计算误差。其他导航计算也存在计算误差，但是导航计算引起计算误差一般较小，且捷联式系统和平台式系统基本相同，因此从计算误差来说，捷联式系统和平台式系统相比，多了数学平台的计算误差。

捷联式惯性导航系统的主要误差源如下：

1）惯性仪表的安装误差和标度因子误差。

2）陀螺的漂移和加速度计的零位误差。

3）初始条件误差，包括导航参数和姿态航向的初始误差。

4）计算误差，主要考虑姿态航向系统的计算误差，也就是数学平台的计算误差。

5）载体的角运动所引起的动态误差。

可见，与平台式惯性导航系统相比，捷联式惯性导航系统增加了“数学平台”，计算误差和机体角运动引起的动态误差是两个主要误差源。

惯性导航系统是一种自主式导航系统。它不需要任何人为的外部信息，只要给定导航的初始条件(如初始速度、位置等)，便可根据系统中的惯性敏感元件测量的比力和角速度通过计算机实时地计算出各种导航参数。

3.3 组合导航系统

惯性导航系统具有非常突出的优点，如自主性强、抗干扰能力强、提供的导航参数多等，但在实际使用中，惯导系统的缺点也十分明显：首先，初始对准完成后，系统的导航精度随飞行时间增加而不断下降，难以满足远距离、高精度的导航需求；其次，一般惯性导航系统加温和初始对准所需的时间比较长，不利于某些特定条件下的快速反应。正因如此，高性能惯性导航系统需要具有高精度惯性元件、高性能初始对准系统和精确温度控制系统，代价高昂。

事实上，除惯性导航系统外，用于导航的系统还很多，例如，卫星导航系统（如 GPS、CLONASS、北斗)，无线电导航系统(如塔康、罗兰-C、奥米加)，地形辅助系统，天文导航系统，地磁导航等。这些系统输出的导航参数不同，适用条件各异，具有不同的性能特点，也有各自的局限性，因此在当前对导航系统性能要求越来越高的情况下，可以通过将不同导航系统按某种方式结合在一起构成组合导航系统，从而实现多信息组合，提高导航系统的各项性能指标。组合导航系统在具体实施方法上可以分为两种：一种是应用古典自动控制理论的方法，即采用控制系统反馈校正方法来抑制系统误差，组合导航系统发展初期多采用这种方法；另一种方法是应用卡尔曼滤波技术的方法，即通过卡尔曼滤波方法估计出系统误差，并利用误差估计值校正系统，这是目前应用最为广泛的方法。无论采用哪种方法，组合以后的系统，通过利用各个子系统的导航信息进行有机的处理，其性能超过每个子系统：由于各子系统能取长补短，使用范围进一步扩大；各子系统同时测量同一导航参数，测量值多，提高了冗余能力，增强了系统的可靠性。本节重点介绍几种典型的组合导航系统。

3.3.1 组合导航的组合类型

目前广泛使用的导航系统除惯性导航系统外，还有卫星导航系统、无线电导航系统、地形辅助导航系统和雷达导航系统等，这些系统均可与惯性导航系统结合构成组合导航系统。

1. 惯性-速度组合系统

所谓惯性-速度组合系统，就是把惯性导航系统的速度信息与另一种导航系统的速度信息组合在一起所构成的导航系统。为便于说明这种组合导航方式的原理，现以惯性-多普勒雷达组合系统为例，进行简单分析。系统示意图如图 3-31 所示。

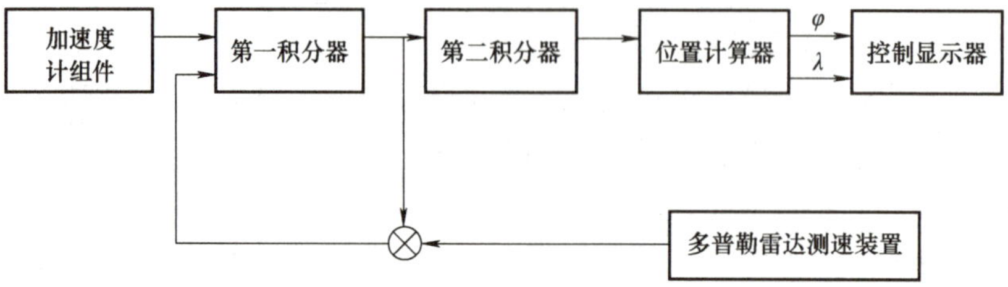

图 3-31　惯性-多普勒雷达组合系统示意图

图 3-31 中多普勒雷达测速装置测出准确的速度信号，用以代替或校正惯性导航系统中由加速度积分而来的速度信号，使惯性导航系统中速度信号的误差大大减小。若两个速度信号相等，则差值为零，说明惯性导航的速度信号是准确的，无须校正。若两个速度信号不等，则惯性导航的速度信号有误差，需将两个速度信号的差值送入第一积分器，使第一积分器输出的速度信号发生变化，直到两者相等为止。

2. 惯性-位置组合系统

所谓惯性-位置组合系统，指的是把惯性导航系统的位置信息与另一种导航系统的位置信息组合起来所构成的导航系统。图 3-32 所示为惯性-位置直接组合的一种方案，该方案把其他导航系统所得到的位置信息（纬度 φ_r）与惯性导航系统所输出的纬度信号进行比较，然后以其差值 $\varphi_c-\varphi_r$，通过 K_1、K_2、K_3 这三个环节反馈到惯性导航系统的相应环节。

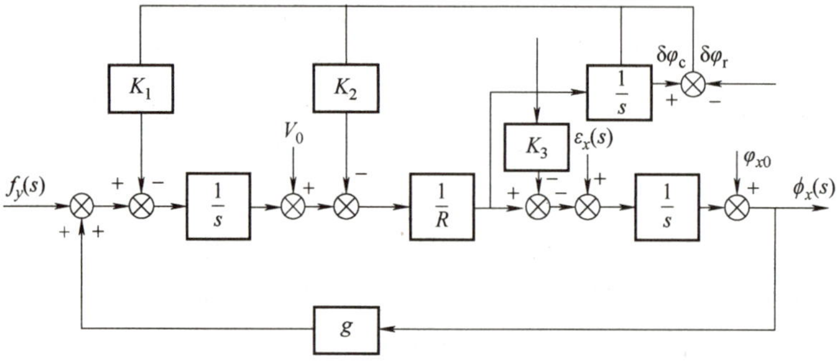

图 3-32　惯性-位置组合系统原理

需要指出的是，无论是惯性-速度组合系统，还是惯性-位置组合系统，除提高了单一导航系统的可靠性外，惯性导航系统还起着对另一信息源的平滑滤波作用。但是，这种对信息的处理远不是最佳的。因为它们所测得的信息中都包含有随机噪声或误差，尤其是有些噪声无法准确地了解其大小，只能了解这些随机过程的统计规律。只有根据对测量过程统计特性的了解，并对信号进行有效的处理，才能得到更为准确的导航参数。所以，从考虑误差统计特性的意义上开展组合，出现了以卡尔曼滤波技术为基础的组合系统。

3. 基于卡尔曼滤波技术的组合导航系统

卡尔曼滤波的作用是估计系统的状态，在组合导航系统中，利用卡尔曼滤波进行估计的主要对象是导航参数(如经纬度 λ、φ 和地速 V_N、V_E 等，这里用 $\boldsymbol{X}$ 表示)。根据滤波器状态选取的不同，估计方法可分为直接法滤波和间接法滤波两种。

(1) 直接法滤波　直接法滤波是指滤波时直接以各种导航参数 $\boldsymbol{X}$ 为主要状态，滤波器估计值的主要部分就是导航参数估计值 $\hat{\boldsymbol{X}}$，如图 3-33 所示。

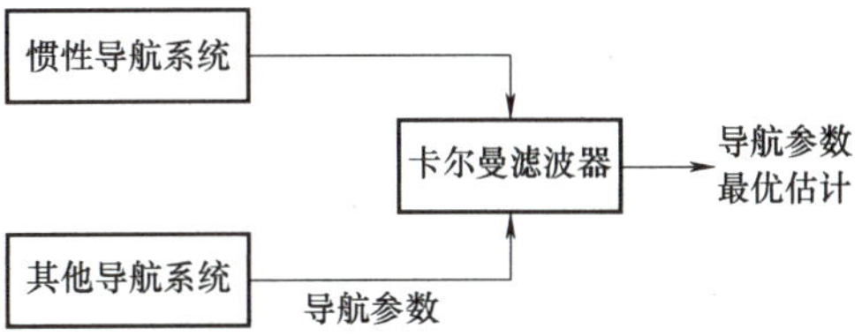

图 3-33　直接法滤波示意图

利用直接法滤波时，系统方程虽能直接描述导航参数的动态过程，较准确地反映系统的真实演变情况，但由于系统方程一般都是非线性的，需采用非线性卡尔曼滤波方程，因而在实际应用中一般不采用此法。

(2) 间接法滤波　间接法滤波是指滤波时以组合导航系统中某一导航系统(经常是惯性导航系统)输出的导航参数 $\boldsymbol{X}_I$ 的误差 $\Delta\boldsymbol{X}$ 为滤波器主要状态，滤波器估计值的主要部分就是导航参数误差估计值 $\Delta\hat{\boldsymbol{X}}$，然后用 $\Delta\hat{\boldsymbol{X}}$ 去校正 $\boldsymbol{X}_I$。

采用间接法滤波时，系统方程中的主要部分是导航参数误差方程。由于误差属于小量，一阶近似的线性方程就能足够精确地描述导航参数误差的规律，所以间接法滤波的系统方程和测量方程一般都是线性的。间接法滤波时，所谓“系统”实际上就是导航系统中各种误差的“组合体”，它不参与原系统(导航系统)的计算流程，即滤波过程是与原系统无关的独立过程。对原系统来讲，除了接收误差估计值的校正外，系统也保持其工作的独立性，这使得间接法能充分发挥各个系统的特点。所以，组合导航系统一般都采用间接法滤波。

3.3.2　典型惯性组合导航系统

1. SINS/GPS 组合导航系统

捷联式惯性导航系统(SINS)与 GPS 构成的组合导航系统在实际中应用比较广泛。GPS 是美国的全球卫星定位系统，利用 GPS 进行导航定位，通过用户 GPS 接收机对卫星发射的信号进行观测量测，获得卫星到用户的距离，从而确定的导航位置。GPS 卫星到用户的观测距离由于各种误差源的影响，并非真实地反映卫星到用户的几何距离，而是含有误差，这种带有误差的 GPS 量测距离，称为伪距。SINS/GPS 的组合有多种方案，主要可分为硬件一体化组合与软件组合。硬件一体化组合是指将惯导的主要部件与 GPS 接收机的主要部分构成硬件一体化设备，它提高了 GPS 接收机快捕获卫星信号的能力，适用于高动态应用环境中。软件组合则是指由安装在载体上的惯导和 GPS 接收机各自独立观测并通过专用接口将观测数据输入中心计算机，做时空同步后，按滤波方法进行组合处理，并通过相应的理论及算法提取所需要的信息。软件组合是目前研究得最多的方案，它可分为位置组合和伪距差(伪距率)组合。

位置组合利用惯性导航误差模型与 GPS 位置误差模型进行组合，这种方法首先要解算 GPS 定位结果，组合系统性能依赖于 GPS 位置误差模型的精确性。伪距差组合方法直接利用接收机观测的伪距数据与根据 SINS 解算的伪距之差作为观测量进行组合运算。本节所介绍的 SINS/GPS 组合导航系统即按伪距差方案进行组合。

(1) SINS/GPS 状态模型　SINS 的状态向量取为

$$\boldsymbol{X}_{\text{INS}}=[\delta\lambda\ \delta\varphi\ \delta h\ \delta V_{\text{E}}\ \delta V_{\text{N}}\ \delta V_{\text{U}}\ \phi_{\text{E}}\ \phi_{\text{N}}\ \phi_{\text{U}}\ \varepsilon_{bx}\ \varepsilon_{by}\ \varepsilon_{bz}\ \nabla_{bx}\ \nabla_{by}\ \nabla_{bz}]^{\text{T}} \tag{3-147}$$

GPS 的状态向量为

$$\boldsymbol{X}_{\text{G}}=[\delta t_{\text{u}}\ \delta t_{\text{ru}}]^{\text{T}} \tag{3-148}$$

于是，SINS/GPS 组合系统的状态向量就是这两个子系统状态向量的组合，即

$$\boldsymbol{X}=[\delta\lambda\ \delta\varphi\ \delta h\ \delta V_{\text{E}}\ \delta V_{\text{N}}\ \delta V_{\text{U}}\ \phi_{\text{E}}\ \phi_{\text{N}}\ \phi_{\text{U}}\ \varepsilon_{bx}\ \varepsilon_{by}\ \varepsilon_{bz}\ \nabla_{bx}\ \nabla_{by}\ \nabla_{bz}\ \delta t_{\text{u}}\ \delta t_{\text{ru}}]^{\text{T}} \tag{3-149}$$

组合系统状态模型为

$$\dot{\boldsymbol{X}}=\boldsymbol{F}\boldsymbol{X}+\boldsymbol{G}\boldsymbol{w} \tag{3-150}$$

式中，$\boldsymbol{F}=\text{diag}[F_{\text{INS}},F_{\text{GPS}}]$；$\boldsymbol{G}=\text{diag}[G_{\text{INS}},G_{\text{GPS}}]$；$\boldsymbol{w}=[w_{\text{INS}},w_{\text{GPS}}]^{\text{T}}$。

(2) SINS/GPS 量测模型　GPS 接收机对可观测的卫星进行定位解算。假设卫星位置为(x_{sj},y_{sj},z_{sj})，下标 sj 表示选定的第 j 颗导航星，$j=1$，2，3，4。设由 SINS 得到的位置为$(x_{\text{I}},y_{\text{I}},z_{\text{I}})$，则相应可以得到 SINS 所在位置的伪距 $\rho_{\text{I}j}$ 为

$$\rho_{\text{I}j}=r_j+\frac{\partial\rho_{\text{I}j}}{\partial x}\delta x+\frac{\partial\rho_{\text{I}j}}{\partial y}\delta y+\frac{\partial\rho_{\text{I}j}}{\partial z}\delta z \tag{3-151}$$

式中，$r_j=[(x-x_{sj})^2+(y-y_{sj})^2+(z-z_{sj})^2]^{1/2}$。

显然有

$$\begin{aligned}\frac{\partial\rho_{\text{I}j}}{\partial x}&=\frac{x_r-x_{sj}}{r_j}=e_{j1}\\ \frac{\partial\rho_{\text{I}j}}{\partial y}&=\frac{y_r-y_{sj}}{r_j}=e_{j2}\\ \frac{\partial\rho_{\text{I}j}}{\partial z}&=\frac{z_r-z_{sj}}{r_j}=e_{j3}\end{aligned} \tag{3-152}$$

则得到

$$\rho_{\text{I}j}=r_j+e_{j1}\delta x+e_{j2}\delta y+e_{j3}\delta z \tag{3-153}$$

再设 GPS 接收机相对于卫星 S_j 测量到的伪距为 $\rho_{\text{G}j}$，有

$$\rho_{\text{G}j}=r_j+\delta t_{\text{u}}+v_{\rho j} \tag{3-154}$$

这样 $\rho_{\text{I}j}$ 与 $\rho_{\text{G}j}$ 之差为

$$\delta\rho_j=\rho_{\text{I}j}-\rho_{\text{G}j}=e_{j1}\delta x+e_{j2}\delta y+e_{j3}\delta z-\delta t_{\text{u}}-v_{\rho j} \tag{3-155}$$

因为 GPS 接收机应选取四颗卫星来解算，即 $j=1$，2，3，4，所以由式(3-155)可以得到伪距差的矩阵表示形式为

$$\delta\boldsymbol{\rho}=\begin{bmatrix}e_{11}&e_{12}&e_{13}&-1\\ e_{21}&e_{22}&e_{23}&-1\\ e_{31}&e_{32}&e_{33}&-1\\ e_{41}&e_{42}&e_{43}&-1\end{bmatrix}\begin{bmatrix}\delta x\\ \delta y\\ \delta z\\ \delta t_{\text{u}}\end{bmatrix}+\begin{bmatrix}v_{\rho1}\\ v_{\rho2}\\ v_{\rho3}\\ v_{\rho4}\end{bmatrix} \tag{3-156}$$

由于 SINS/GPS 组合系统采用经度、纬度和高度定位，因此要把$(\delta x,\delta y,\delta z)$用$(\delta\varphi,\delta\lambda,\delta h)$表示。空间坐标系$(x,y,z)$与大地坐标系$(\varphi,\lambda,h)$之间的关系式为

$$\begin{bmatrix}x\\ y\\ z\end{bmatrix}=\begin{bmatrix}(R_{\text{n}}+h)\cos\varphi\cos\lambda\\ (R_{\text{n}}+h)\cos\varphi\sin\lambda\\ (R_{\text{m}}+h)\sin\varphi\end{bmatrix} \tag{3-157}$$

式中，R_n 和 R_m 为卯酉圈曲率半径和子午圈曲率半径。于是有

$$\boldsymbol{Z}=[\delta\rho_1\ \delta\rho_2\ \delta\rho_3\ \delta\rho_4]^{\mathrm{T}} \tag{3-158}$$

$$\boldsymbol{H}=[H_{\rho 1}\ \vdots\ \boldsymbol{0}_{4\times 12}\ \vdots\ H_{\rho 2}]^{\mathrm{T}} \tag{3-159}$$

$$\boldsymbol{H}_{\rho 1}=\begin{bmatrix} a_{11} & a_{12} & a_{13} \\ a_{21} & a_{22} & a_{23} \\ a_{31} & a_{32} & a_{33} \\ a_{41} & a_{42} & a_{43} \end{bmatrix},\boldsymbol{H}_{\rho 2}=\begin{bmatrix} -1 & 0 \\ -1 & 0 \\ -1 & 0 \\ -1 & 0 \end{bmatrix} \tag{3-160}$$

$$a_{j1}=(R_n+h)(-e_{j1}\sin\varphi\cos\lambda-\sin\varphi\sin\lambda)+(R_m+h)e_{j3}\cos\varphi \tag{3-161}$$

$$a_{j2}=(R_n+h)(-e_{j2}\cos\varphi\cos\lambda-e_{j1}\cos\varphi\sin\lambda) \tag{3-162}$$

$$a_{j3}=e_{j1}\cos\varphi\cos\lambda+e_{j2}\cos\varphi\sin\lambda+e_{j3}\sin\varphi \tag{3-163}$$

$$\boldsymbol{V}=[v_{\rho 1}\quad v_{\rho 2}\quad v_{\rho 3}\quad v_{\rho 4}]^{\mathrm{T}} \tag{3-164}$$

由 SINS/GPS 组合导航系统状态模型与量测模型，利用卡尔曼滤波方程就可以对系统状态量进行估计解算，得到系统定位误差与速度误差等参数的估计值，再采用输出校正或反馈校正就可以完成组合系统的导航参数输出。

2. SINS/北斗组合导航系统

北斗卫星导航系统(Beidou Navigation Satellite System，BDS)是我国的全球卫星导航定位系统，2000 年底，北斗一号系统建成，标志着我国正式成为拥有自主卫星导航系统的国家；到 2012 年，建成了覆盖亚太地区的北斗二号系统；到 2020 年 6 月，北斗三号系统中的最后一颗卫星成功发射，标志着覆盖全球的北斗三号系统全面建成。将北斗双星定位和 SINS 进行组合，对于惯性导航系统可以实现惯性传感器校准、惯性导航系统空中对准、惯性导航系统高度通道稳定等，从而有效地提高惯性导航系统的性能和精度。因此，SINS/北斗组合导航系统也是一种比较理想的组合导航系统，是目前我国导航技术的发展方向之一。

针对北斗双星定位系统的实际特点，通常对双星定位系统不做误差状态修正，即在 SINS/北斗组合导航系统中北斗双星定位系统仍独立工作，组合的作用仅表现在利用北斗双星定位系统的位置信息进行组合，用双星定位系统辅助 SINS。这种组合模式的优点是：组合工作比较简单，便于工程实现，而且两个系统仍保持一定的独立工作状态，又使导航信息有一定的裕度，具有良好的组合效果，因此也是一种普遍使用的组合模式。

(1) SINS/北斗组合导航系统状态模型　SINS/北斗组合导航系统的 15 维状态向量为

$$\boldsymbol{X}(t)=[\varphi_E\ \varphi_N\ \varphi_U\ \delta\nu_E\ \delta\nu_N\ \delta\nu_U\ \delta L\ \delta\lambda\ \delta h\ \varepsilon_{bx}\ \varepsilon_{by}\ \varepsilon_{bz}\ \nabla_{bx}\ \nabla_{by}\ \nabla_{bz}]^{\mathrm{T}} \tag{3-165}$$

式中，$[\varphi_E,\varphi_N,\varphi_U]^{\mathrm{T}}$ 为载体的姿态角误差分量；$[\delta\nu_E,\delta\nu_N,\delta\nu_U]^{\mathrm{T}}$ 为载体的速度误差分量；$[\delta L,\delta\lambda,\delta h]^{\mathrm{T}}$ 为载体的位置误差分量；$[\varepsilon_{bx},\varepsilon_{by},\varepsilon_{bz}]^{\mathrm{T}}$ 为三轴陀螺仪的随机漂移误差；$[\nabla_{bx},\nabla_{by},\nabla_{bz}]^{\mathrm{T}}$ 为三轴加速度计零偏误差。

结合各个误差模型方程，可以得到组合导航定位系统的状态方程为

$$\dot{\boldsymbol{X}}(t)=\boldsymbol{F}(t)\boldsymbol{X}(t)+\boldsymbol{G}(t)\boldsymbol{w}(t) \tag{3-166}$$

式中，$\boldsymbol{F}(t)$ 为系统的状态转移矩阵；$\boldsymbol{G}(t)$ 为系统噪声分配矩阵；$\boldsymbol{w}(t)$ 为系统的噪声矩阵。

状态转移矩阵 $\boldsymbol{F}(t)$ 表示如下：

$$\boldsymbol{F}(t)=\begin{bmatrix} \boldsymbol{F}_N & \boldsymbol{F}_S \\ \boldsymbol{0}_{6\times 9} & \boldsymbol{F}_M \end{bmatrix}_{15\times 15} \tag{3-167}$$

式中，$\boldsymbol{F}_{\mathrm{N}}$ 为九个基本导航参数的矩阵，其中非零项为(如 F_{N12}表示矩阵 $\boldsymbol{F}_{\mathrm{N}}$ 的第一行第二列)

$$
\begin{cases}
F_{\mathrm{N12}}=\omega_{ie}\sin L+\dfrac{v_{\mathrm{E}}}{R_{\mathrm{n}}+h}\tan L, F_{\mathrm{N13}}=-\left(\omega_{ie}\cos L+\dfrac{v_{\mathrm{E}}}{R_{\mathrm{n}}+h}\tan L\right), F_{\mathrm{N15}}=-\dfrac{1}{R_{\mathrm{m}}+h} \\
F_{\mathrm{N21}}=-\left(\omega_{ie}\sin L+\dfrac{v_{\mathrm{E}}}{R_{\mathrm{n}}+h}\tan L\right), F_{\mathrm{N23}}=-\dfrac{v_{\mathrm{N}}}{R_{\mathrm{m}}+h}, F_{\mathrm{N24}}=\dfrac{1}{R_{\mathrm{m}}+h}, F_{\mathrm{N27}}=-\omega_{ie}\sin L \\
F_{\mathrm{N31}}=\omega_{ie}\cos L+\dfrac{v_{\mathrm{E}}}{R_{\mathrm{n}}+h}, F_{\mathrm{N32}}=\dfrac{v_{\mathrm{N}}}{R_{\mathrm{m}}+h}, F_{\mathrm{N34}}=\dfrac{\tan L}{R_{\mathrm{n}}+h}, F_{\mathrm{N37}}=\omega_{ie}\cos L+\dfrac{v_{\mathrm{E}}\sec^2 L}{R_{\mathrm{n}}+h} \\
F_{\mathrm{N42}}=-f_z, F_{\mathrm{N43}}=f_y, F_{\mathrm{N44}}=\dfrac{v_{\mathrm{N}}\tan L-v_{\mathrm{U}}}{R_{\mathrm{n}}+h}, F_{\mathrm{N45}}=2\omega_{ie}\sin L+\dfrac{v_{\mathrm{E}}}{R_{\mathrm{n}}+h}\tan L \\
F_{\mathrm{N46}}=-\left(2\omega_{ie}\cos L+\dfrac{v_{\mathrm{E}}}{R_{\mathrm{n}}+h}\right), F_{\mathrm{N47}}=2\omega_{ie}\cos L v_{\mathrm{N}}+\dfrac{v_{\mathrm{E}}v_{\mathrm{N}}}{R_{\mathrm{n}}+h}\sec^2 L+2\omega_{ie}\sin L v_{\mathrm{U}} \\
F_{\mathrm{N51}}=-f_z, F_{\mathrm{N53}}=-f_x, F_{\mathrm{N54}}=-2\left(\omega_{ie}\sin L+\dfrac{v_{\mathrm{E}}}{R_{\mathrm{n}}+h}\tan L\right), F_{\mathrm{N55}}=-\dfrac{v_{\mathrm{U}}}{R_{\mathrm{m}}+h} \\
F_{\mathrm{N56}}=-\dfrac{v_{\mathrm{N}}}{R_{\mathrm{m}}+h}, F_{\mathrm{N57}}=-\left(2\omega_{ie}\cos L+\dfrac{v_{\mathrm{E}}}{R_{\mathrm{n}}+h}\sec^2 L\right)v_{\mathrm{E}}, F_{\mathrm{N61}}=-f_y, F_{\mathrm{N62}}=f_x \\
F_{\mathrm{N64}}=2\left(\omega_{ie}\cos L+\dfrac{v_{\mathrm{E}}}{R_{\mathrm{n}}+h}\right), F_{\mathrm{N65}}=2\dfrac{v_{\mathrm{N}}}{R_{\mathrm{m}}+h}, F_{\mathrm{N67}}=-2\omega_{ie}\sin L v_{\mathrm{E}}, F_{\mathrm{N75}}=-\dfrac{1}{R_{\mathrm{m}}+h} \\
F_{\mathrm{N84}}=\dfrac{\sec L}{R_{\mathrm{n}}+h}, F_{\mathrm{N87}}=2\dfrac{v_{\mathrm{N}}}{R_{\mathrm{m}}+h}\sec L\tan L
\end{cases}
\tag{3-168}
$$

$\boldsymbol{F}_{\mathrm{S}}$ 为对应的导航参数与惯性器件之间的变换矩阵：

$$
\boldsymbol{F}_{\mathrm{S}}=\begin{bmatrix} \boldsymbol{C}_b^n & \boldsymbol{0}_{3\times3} \\ \boldsymbol{0}_{3\times3} & \boldsymbol{C}_b^n \\ \boldsymbol{0}_{3\times3} & \boldsymbol{0}_{3\times3} \end{bmatrix}
\tag{3-169}
$$

$\boldsymbol{F}_{\mathrm{M}}$ 为陀螺仪和加速度计的误差矩阵，$\boldsymbol{T}$ 表示马尔可夫过程相关时间。

$$
\boldsymbol{F}_{\mathrm{M}}=\mathrm{diag}\begin{bmatrix} -\dfrac{1}{T_{gx}} & -\dfrac{1}{T_{gy}} & -\dfrac{1}{T_{gz}} & -\dfrac{1}{T_{ax}} & -\dfrac{1}{T_{ay}} & -\dfrac{1}{T_{az}} \end{bmatrix}
\tag{3-170}
$$

系统噪声分配矩阵 $\boldsymbol{G}(t)$ 表示如下：

$$
\boldsymbol{G}(t)=\begin{bmatrix} \boldsymbol{C}_b^n & \boldsymbol{0}_{3\times3} \\ \boldsymbol{0}_{3\times3} & \boldsymbol{C}_b^n \\ \boldsymbol{0}_{3\times3} & \boldsymbol{C}_b^n \\ \boldsymbol{0}_{3\times3} & \boldsymbol{0}_{3\times3} \\ \boldsymbol{0}_{3\times3} & \boldsymbol{0}_{3\times3} \end{bmatrix}_{15\times6}
\tag{3-171}
$$

系统的噪声矩阵 $\boldsymbol{w}(t)$ 表示如下：

$$
\boldsymbol{w}(t)=\begin{bmatrix} w_{gx} & w_{gy} & w_{gz} & w_{ax} & w_{ay} & w_{az} \end{bmatrix}^{\mathrm{T}}
\tag{3-172}
$$

(2) SINS/北斗组合导航系统量测模型　选取位置、速度的组合模式，因此组合系统的量测变量有两种，分别为位置测量值和速度测量值。位置测量值为惯性导航系统解算后得到的位置信息和北斗卫星接收机输出的位置的差值，速度测量值为两个子系统各自经过解算后输出的速度信息的差值。

SINS 输出的位置与速度信息分别为

$$\begin{cases} L_{\mathrm{I}}=L+\delta L \\ \lambda_{\mathrm{I}}=\lambda+\delta\lambda \\ h_{\mathrm{I}}=h+\delta h \\ v_{\mathrm{IE}}=v_{\mathrm{E}}+\delta v_{\mathrm{E}} \\ v_{\mathrm{IN}}=v_{\mathrm{N}}+\delta v_{\mathrm{N}} \\ v_{\mathrm{IU}}=v_{\mathrm{U}}+\delta v_{\mathrm{U}} \end{cases} \tag{3-173}$$

式中，L_{I} 为 SINS 解算之后输出的载体纬度，由载体真实纬度值 L 和纬度误差 δL 两部分构成；λ_{I} 为 SINS 解算之后输出的载体经度，由载体真实经度值 λ 和经度误差 $\delta\lambda$ 两部分构成；h_{I} 为 SINS 解算之后输出的载体高度，由载体真实高度值 h 和高度误差 δh 两部分构成。v_{E}、v_{N}、v_{U} 分别为载体沿东、北、天方向的真实速度；δv_{E}、δv_{N}、δv_{U} 分别为载体在东、北、天方向的速度误差。

BDS 输出的位置与速度信息分别如下：

$$\begin{cases} L_{\mathrm{B}}=L-\dfrac{N_{\mathrm{N}}}{R_{\mathrm{n}}} \\ \lambda_{\mathrm{B}}=\lambda-\dfrac{N_{\mathrm{E}}}{R_{e}\cos L} \\ h_{\mathrm{B}}=h-N_{\mathrm{U}} \\ v_{\mathrm{BE}}=v_{\mathrm{E}}-M_{\mathrm{E}} \\ v_{\mathrm{BN}}=v_{\mathrm{N}}-M_{\mathrm{N}} \\ v_{\mathrm{BU}}=v_{\mathrm{U}}-M_{\mathrm{U}} \end{cases} \tag{3-174}$$

式中，L、λ、h 分别为载体的真实纬度、经度、高度；N_{E}、N_{N}、N_{U} 分别为 BDS 接收机沿东、北、天方向的位置误差；v_{E}、v_{N}、v_{U} 分别为载体沿东、北、天方向的真实速度；M_{E}、M_{N}、M_{U} 分别为 BDS 接收机沿东、北、天方向的速度误差。

将 SINS 输出的信息和 BDS 接收机输出的信息做差，可以得到组合导航定位系统的量测方程为

$$\boldsymbol{Z}(t)=\begin{bmatrix} (L_{\mathrm{I}}-L_{\mathrm{B}})R_{\mathrm{n}} \\ (\lambda_{\mathrm{I}}-\lambda_{\mathrm{B}})R_{e}\cos L \\ h_{\mathrm{I}}-h_{\mathrm{B}} \\ v_{\mathrm{IE}}-v_{\mathrm{BE}} \\ v_{\mathrm{IN}}-v_{\mathrm{BN}} \\ v_{\mathrm{IU}}-v_{\mathrm{BU}} \end{bmatrix}=\begin{bmatrix} R_{\mathrm{M}}\delta L+N_{\mathrm{N}} \\ R_{\mathrm{N}}\cos L\delta\lambda+N_{\mathrm{E}} \\ \delta h+N_{\mathrm{U}} \\ \delta v_{\mathrm{E}}+M_{\mathrm{E}} \\ \delta v_{\mathrm{N}}+M_{\mathrm{N}} \\ \delta v_{\mathrm{U}}+M_{\mathrm{U}} \end{bmatrix}=\boldsymbol{H}(t)\boldsymbol{X}(t)+\boldsymbol{V}(t) \tag{3-175}$$

式(3-175)所表示的组合导航定位系统的量测方程中

$$\boldsymbol{H}(t)_{6\times15}=\begin{bmatrix} \boldsymbol{0}_{3\times3} & \boldsymbol{0}_{3\times3} & \mathrm{diag}[R_{\mathrm{M}}\ R_{\mathrm{N}}\cos L\ 1] & \boldsymbol{0}_{3\times3} \\ \boldsymbol{0}_{3\times3} & \mathrm{diag}[1\ 1\ 1] & \boldsymbol{0}_{3\times3} & \boldsymbol{0}_{3\times3} \end{bmatrix} \tag{3-176}$$

$$V(t)=[N_N \quad N_E \quad N_U \quad M_E \quad M_N \quad M_U]^T \tag{3-177}$$

由 SINS/北斗组合导航系统状态模型与量测模型，利用卡尔曼滤波方程就可以对系统状态量进行估计解算，得到系统定位误差与速度误差等参数的估计值，再采用输出校正或反馈校正就可以完成组合系统的导航参数输出了。

3.4 多源信息融合方法

多源信息融合也叫多传感器信息融合(Multi-Sensor Information Fusion)，是 20 世纪 80 年代出现的一个新兴学科，它是将不同传感器对某一目标或环境特征描述的信息，综合成统一的特征表达信息及其处理的过程。上述的组合导航系统，就是融合多种传感器的测量结果，给出最优的载体参数信息。下面首先讨论信息融合的基本概念，然后给出信息融合的常用方法。

3.4.1 信息融合的基本概念

多传感器信息融合实际上是对人脑综合处理复杂问题的一种功能模拟。在多传感器系统中，各种传感器提供的信息可能具有不同的特征，如模糊的或确定的、时变的或非时变的、快变的或缓变的、实时的或非实时的、全面的或不全面的、可靠的或非可靠的、相互支持的或相互矛盾的。与人脑综合处理信息的过程一样，多传感器信息融合协调利用多个传感器资源，通过对各种传感器及其观测信息的合理支配与使用，将各种传感器在空间和时间上的互补与冗余信息依据某种优化准则加以组合，产生对观测环境的一致性解释和描述。信息融合的目标是用各传感器分离观测的信息，对数据进行多级别、多方位、多层次的处理，产生新的有意义的信息。这种信息是最佳协同作用的结果，是任何单一传感器无法获得的，它的最终目的是利用多个传感器共同或联合操作的优势，来提高整个传感器系统的有效性。其基本原理如图 3-34 所示。

多传感器信息融合的主要特点如下：

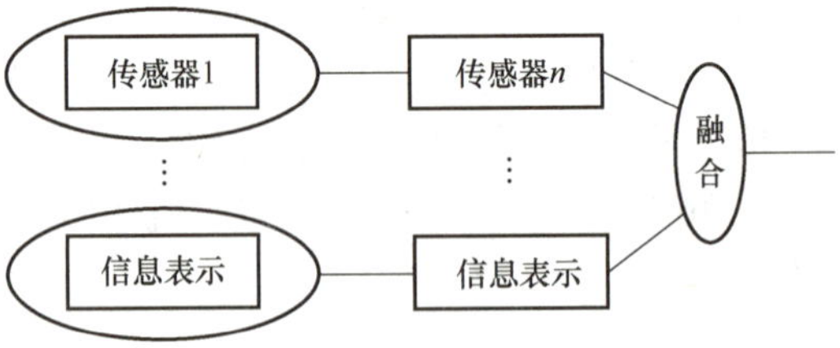

图 3-34　多传感器信息融合的基本原理

1）提高了对目标或环境描述的能力。可以利用来自不同传感器的信息进行互补并通过融合过程的处理，可以更全面、准确地描述目标或环境对象，减少识别时的不确定性，提高描述的正确性和全面性。

2）提高了对系统描述的精度。在对每一个传感器进行测量时，都会存在着各种噪声，使用多传感器的融合信息可减少由测量不精确所引起的不确定性，明显地提高系统的精度。

3）提高了系统的运行效率。由于多传感器的结构分布和信息采集是并行的，信息融合的结构也是并行的，这与应用各单独传感器的串行结构相比，显著地提高了信息处理速度，增加了系统的实时性。

4）提高了系统的可靠性和容错能力。在系统中有一个甚至几个传感器出现故障时，利用其他传感器仍能获得环境有关信息，保持系统的正常工作，提高系统的可靠性。此外，在多传感器信息融合中，由于各传感器对环境描述的相关性，会出现冗余信息，利用这类信息使系统具有很好的容错性能。

5）可降低系统的成本。与未经融合的各类传感器相比，多传感器融合系统能以较少的代价获得同样的信息。

3.4.2　信息融合的常用方法

多传感器信息融合算法有很多种，但尚无一种通用的方法能对各种传感器信息进行融合处理，一般都是依据具体的应用场合而定。在多传感器信息融合过程，信息处理过程的基本功能包括相关、估计和识别。相关处理要求对多源信息的相关性进行定量分析，按照一定的判据原则，将信息分成不同的集合，每个集合的信息都与同一源（目标或事件）关联，其处理方法常有最近邻法则、极大似然法、最优差别法、统计关联法、聚类分析法等；估计处理是通过对各种已知信息的综合处理来实现对待测参数及目标状态的估计，通常有如下的几种处理方法：

（1）加权平均法　该方法对来自不同传感器的冗余信息进行加权。它的缺点是需要对系统进行详细的分析，以获得正确的传感器权值。

（2）数理统计法　极大似然估计是一种比较常用的简单算法，它将融合信息取为似然数达到极值时的估计值。贝叶斯估计也是多传感器信息融合的一种常用算法，其信息描述为概率分布。

（3）证据决策理论　它将传感器采集的信息作为证据，并在决策目标集上建立一个相应的基本可信度。这样，可将不同的信息合并成一个统一的信息表示。证据决策理论允许直接将可信度赋予传感器信息的取舍，具有一定优点。

（4）选举决策法　它采用布尔代数融合不同传感器的信息，其基础同逻辑运算，是一种快速而廉价的信息融合方法。

（5）产生式规则　它采用符号表示目标特征和相应的传感器信息之间的联系，与每个规则相联系的置信因子表示不确定性程序。当在同一个逻辑推理过程中的两个或多个规则形成联合的规则时，可以产生融合。

（6）卡尔曼滤波　它使用于动态环境中冗余传感器信息的实时融合。当噪声为高斯分布的白噪声时，卡尔曼滤波提供信息融合的统计意义下的最优递推估计。对非线性系统模型的信息融合，可采用扩展卡尔曼滤波（Extended Kalman Filter，EKF）及迭代卡尔曼滤波。

（7）自适应人工神经网络法　人工神经网络由多层处理单元或节点组成，并可以用各种方法互联，常用的是具有三层节点的神经网络，其中输入向量是与目标有关的测量参数的数据，输入向量经过神经网络非线性变换得到一个输出向量，输出向量可能是目标身份，即将多传感器信息变换为一个实体的联合标识。

3.4.3　卡尔曼滤波算法

1. 卡尔曼滤波

在多传感器跟踪系统中广泛使用的状态估计技术是卡尔曼滤波方法，它是研究多传感器信息融合估计的基础。状态估计的目的是对目标过去的运动状态进行平滑，对目标现在的运动状态进行滤波，对目标未来的运动状态进行预测。

卡尔曼滤波是对随机信号做估计的算法之一。与最小二乘、维纳滤波等诸多估计算法相比，卡尔曼滤波具有显著的优点：采用状态空间法在时域内设计滤波器，用状态方程描述任何复杂多维信号的动力学特性，避开了在频域内对信号功率谱做分解带来的麻烦，滤波器设计简单；采用递推算法，实时观测信息进行估计，而不必存储时间过程中的所有测量。所以，卡尔曼滤波能适用于白噪声激励的任何平稳或非平稳随机向量过程的估计，所得估计在线性估计中精度最佳。

根据系统方程的不同，卡尔曼滤波基本方程包括连续型卡尔曼滤波方程与离散型卡尔曼滤波方程，在工程上常用的是离散型卡尔曼滤波方程。假定被估计系统方程为

$$\begin{cases}\boldsymbol{X}(k+1)=\boldsymbol{\Phi}(k+1,k)\boldsymbol{X}(k)+\boldsymbol{\Gamma}(k)\boldsymbol{W}(k)\\ \boldsymbol{Z}(k+1)=\boldsymbol{H}(k+1)\boldsymbol{X}(k+1)+\boldsymbol{V}(k+1)\end{cases} \tag{3-178}$$

其中，$\boldsymbol{W}(k)$，$\boldsymbol{V}(k)$为相互独立的零均值白噪声过程，其统计特性为

$$\begin{cases}E[\boldsymbol{W}(k)]=0\\ E[\boldsymbol{V}(k)]=0\\ \mathrm{cov}[\boldsymbol{W}(k),\boldsymbol{W}(j)]=E(\boldsymbol{W}(k)\boldsymbol{W}^{\mathrm{T}}(j))=\boldsymbol{Q}_k\delta_{kj}\\ \mathrm{cov}[\boldsymbol{V}(k),\boldsymbol{V}(j)]=E(\boldsymbol{V}(k)\boldsymbol{V}^{\mathrm{T}}(j))=\boldsymbol{R}_k\delta_{kj}\\ \mathrm{cov}[\boldsymbol{W}(k),\boldsymbol{V}(j)]=E(\boldsymbol{W}(k)\boldsymbol{V}^{\mathrm{T}}(j))=0\end{cases} \tag{3-179}$$

则离散型卡尔曼滤波基本方程为

$$\hat{\boldsymbol{X}}(k+1,k)=\boldsymbol{\Phi}(k+1,k)\hat{\boldsymbol{X}}(k) \tag{3-180}$$

$$\boldsymbol{P}(k+1,k)=\boldsymbol{\Phi}(k+1,k)\boldsymbol{P}(k)\boldsymbol{\Phi}^{\mathrm{T}}(k+1,k)+\boldsymbol{\Gamma}(k)\boldsymbol{Q}(k)\boldsymbol{\Gamma}^{\mathrm{T}}(k) \tag{3-181}$$

$$\boldsymbol{K}(k+1)=\boldsymbol{P}(k+1,k)\boldsymbol{H}(k+1) \tag{3-182}$$

$$\hat{\boldsymbol{X}}(k+1)=\hat{\boldsymbol{X}}(k+1,k)+\boldsymbol{K}(k+1)[\boldsymbol{Z}(k+1)-\boldsymbol{H}(k+1)\hat{\boldsymbol{X}}(k+1,k)] \tag{3-183}$$

$$\boldsymbol{P}(k+1)=[\boldsymbol{I}-\boldsymbol{K}(k+1)\boldsymbol{H}(k+1)]\boldsymbol{P}(k+1,k) \tag{3-184}$$

假定在 k 时刻已经获得关于系统状态量 $\boldsymbol{X}$ 的最优估计值 $\hat{\boldsymbol{X}}(k)$，由于噪声本身是不可测量的，则依据系统方程，系统状态量 $\boldsymbol{X}$ 在 k 时刻的预测值为

$$\hat{\boldsymbol{X}}(k+1,k)=\boldsymbol{\Phi}(k+1,k)\hat{\boldsymbol{X}}(k) \tag{3-185}$$

显然，由于存在系统噪声，$\hat{\boldsymbol{X}}(k+1,k)$ 对 $k+1$ 时刻的系统状态量的预测值是不准确的。当获得 $k+1$ 时刻的系统状态量 $\boldsymbol{X}$ 的观测值 $\boldsymbol{Z}(k+1)$时，由于存在观测噪声，$\boldsymbol{Z}(k+1)$对 $k+1$ 时刻的系统状态量 $\boldsymbol{X}$ 的观测值也是不准确的。但在 $\hat{\boldsymbol{X}}(k+1,k)$ 和 $\boldsymbol{Z}(k+1)$ 中都已包含了 $k+1$ 时刻的系统状态量 $\boldsymbol{X}$ 的信息，因此可以根据观测值 $\boldsymbol{Z}(k+1)$ 与预测值 $\hat{\boldsymbol{X}}(k+1,k)$ 的差异，对 $\hat{\boldsymbol{X}}(k+1,k)$进行修正，以获取在 $k+1$ 时刻已经获得关于系统状态量 $\boldsymbol{X}$ 的最优估计值 $\hat{\boldsymbol{X}}(k+1)$。故有

$$\hat{\boldsymbol{X}}(k+1)=\hat{\boldsymbol{X}}(k+1,k)+\boldsymbol{K}(k+1)[\boldsymbol{Z}(k+1)-\boldsymbol{H}(k+1)\hat{\boldsymbol{X}}(k+1,k)] \tag{3-186}$$

式中，$\boldsymbol{K}(k+1)$为修正系数矩阵，称为卡尔曼增益。$\boldsymbol{K}(k+1)$的求取过程是一个递推过程，如下所示：

$$\boldsymbol{P}(k+1,k)=\boldsymbol{\Phi}(k+1,k)\boldsymbol{P}(k)\boldsymbol{\Phi}^{\mathrm{T}}(k+1,k)+\boldsymbol{\Gamma}(k)\boldsymbol{Q}(k)\boldsymbol{\Gamma}^{\mathrm{T}}(k) \tag{3-187}$$

$$\boldsymbol{K}(k+1)=\boldsymbol{P}(k+1,k)\boldsymbol{H}(k+1) \tag{3-188}$$

$$\boldsymbol{P}(k+1)=[\boldsymbol{I}-\boldsymbol{K}(k+1)\boldsymbol{H}(k+1)]\boldsymbol{P}(k+1,k) \tag{3-189}$$

式（3-185）~式(3-189)即为卡尔曼滤波的方程组。

2. 扩展卡尔曼滤波

卡尔曼滤波是在线性高斯情况下利用最小均方差准则获得目标的动态估计，但在实际系

统中，许多情况下观测数据与目标动态参数间的关系是非线性的。对于非线性滤波问题，至今尚未得到完善的解法。通常的处理方法是利用线性化技巧将非线性滤波问题转化为一个近似的线性滤波问题，套用线性滤波理论得到求解原非线性滤波问题的次优滤波算法，其中最常用的线性化方法是泰勒级数展开，所得到的滤波方法是扩展卡尔曼滤波(EKF)。

扩展卡尔曼滤波(EKF)通过泰勒级数的一阶或者二阶展开式获得，忽略了泰勒展开的高阶项，将非线性滤波问题转换为近似线性滤波问题，再使用线性滤波的方法来进行处理。考虑如下的非线性系统，可用状态方程和量测方程表示为

$$\begin{cases}\boldsymbol{X}(k+1)=f_k[\boldsymbol{X}(k)]+\boldsymbol{w}(k)\\ \boldsymbol{Z}(k+1)=h_{k+1}[\boldsymbol{X}(k)]+\boldsymbol{v}(k)\end{cases} \tag{3-190}$$

式中，k 为第 k 个离散时间点或者第 k 个采样点；$\boldsymbol{X}(k+1)$ 为 $k+1$ 时刻目标的状态向量；$\boldsymbol{Z}(k+1)$ 为 $k+1$ 时刻目标的量测值；f_k 和 h_{k+1} 分别为状态转移函数和量测转移函数；$\boldsymbol{w}(k)$ 和 $\boldsymbol{v}(k)$ 分别为过程噪声和量测噪声，相互独立且服从 $N(0,\boldsymbol{Q}(k))$ 和 $N(0,\boldsymbol{R}(k))$ 的高斯分布。利用泰勒展开的方法将 f_k 和 h_{k+1} 进行线性化处理可得到状态转移矩阵 $\boldsymbol{F}(k)$ 和量测转移矩阵 $\boldsymbol{H}(k+1)$：

$$\begin{cases}\boldsymbol{F}(k)=\left.\dfrac{\partial f_k[\boldsymbol{X}(k)]}{\partial \boldsymbol{X}(k)}\right|_{\boldsymbol{X}(k)=\hat{\boldsymbol{X}}(k,k)}\\ \boldsymbol{H}(k+1)=\left.\dfrac{\partial h_{k+1}[\boldsymbol{X}(k+1)]}{\partial \boldsymbol{X}(k+1)}\right|_{\boldsymbol{X}(k+1)=\hat{\boldsymbol{X}}(k+1,k)}\end{cases} \tag{3-191}$$

可得扩展卡尔曼滤波算法如下：

状态一步预测为

$$\hat{\boldsymbol{X}}(k+1,k)=f[k,\hat{\boldsymbol{X}}(k,k)]=\boldsymbol{F}(k)\hat{\boldsymbol{X}}(k,k) \tag{3-192}$$

协方差一步预测为

$$\boldsymbol{P}(k+1,k)=\boldsymbol{F}(k)\boldsymbol{P}(k,k)\boldsymbol{F}^{\mathrm{T}}(k)+\boldsymbol{Q}(k) \tag{3-193}$$

量测一步预测为

$$\hat{\boldsymbol{Z}}(k+1,k)=h[k+1,\hat{\boldsymbol{X}}(k+1,k)]=\boldsymbol{H}(k+1)\hat{\boldsymbol{X}}(k+1,k) \tag{3-194}$$

状态更新方程为

$$\hat{\boldsymbol{X}}(k+1,k+1)=\hat{\boldsymbol{X}}(k+1,k)+\boldsymbol{K}[\boldsymbol{Z}(k+1)-\boldsymbol{Z}(k+1,k)] \tag{3-195}$$

协方差更新方程为

$$\boldsymbol{P}(k+1,k+1)=\boldsymbol{P}(k+1,k)-\boldsymbol{K}\boldsymbol{S}(k+1)\boldsymbol{K}^{\mathrm{T}} \tag{3-196}$$

一阶扩展卡尔曼滤波的协方差预测公式与线性滤波中的类似，如果泰勒级数展开式中保留到三阶项或四阶项，则可得到三阶或四阶扩展卡尔曼滤波。研究结果表明，二阶扩展卡尔曼滤波的性能远比一阶的好，而二阶以上的扩展卡尔曼滤波性能与二阶相比并没有明显的提高，所以超过二阶以上的扩展卡尔曼滤波一般都不采用。二阶扩展卡尔曼滤波的性能虽然要优于一阶，但二阶的计算量很大，所以一股情况下只采用一阶扩展卡尔曼滤波。

扩展卡尔曼滤波是一种比较常用的非线性滤波方法，在这种滤波方法中，非线性因子的存在对滤波稳定性和状态估计精度都有很大的影响，其滤波结果的好坏与过程噪声和量测噪声的统计特性也有很大关系。由于扩展卡尔曼滤波中预先估计的过程噪声协方差和量测噪声协方差在滤波过程中一直保持不变，如果这两个噪声协方差矩阵估计的不太准确，在滤波过

程中就容易产生误差积累，导致滤波发散，而且对于维数较大的非线性系统，估计的过程噪声协方差矩阵和量测噪声协方差矩阵易出现异常现象，即过程噪声协方差矩阵失去非正定性，量测噪声协方差矩阵失去正定性，也容易导致滤波发散。只有当系统的动态模型和观测模型都接近线性时，即线性化模型误差较小时，扩展卡尔曼滤波结果才有可能接近于真实值。

3. 无迹卡尔曼滤波

目前，扩展卡尔曼滤波虽然被广泛用于解决非线性系统的状态估计问题，但其滤波效果在很多复杂系统中并不能令人满意。模型的线性化误差往往会严重影响最终的滤波精度，甚至导致滤波发散。另外，在许多实际应用中，模型的线性化过程比较繁杂，而且不容易得到。无迹卡尔曼滤波(Unscented Kalman Filter，UKF)是一种非线性滤波方法，它对状态向量的概率分布函数(Probability Distribution Function，PDF)进行近似化，表现为一系列选取好的采样点。这些采样点完全体现了高斯密度的真实均值和协方差。当这些点经过任何非线性系统的传递后，得到的后验均值和协方差都能够精确到二阶(即对系统的非线性强度不敏感)。由于不需要对非线性系统进行线性化，并可以很容易地应用于非线性系统的状态估计，因此无迹卡尔曼滤波方法在许多方面都得到了广泛应用。

无迹卡尔曼滤波算法的基本思想是将系统的统计特性(如均值和协方差)，通过一系列精确选择的求积点 δ 和各求积点相对应的权值进行传递，避免了线性化过程中产生的舍入误差等情况，既保留了原系统的统计特性，同时也能提高算法的精度，在非线性系统滤波估计问题中的应用十分广泛。基于无迹(Unscented)变换的无迹卡尔曼滤波算法具体步骤如下：

(1) δ 点及其权值计算　δ 点的总个数为 $2n_x+1$，并且以初始状态向量 $\bar{\boldsymbol{X}}$ 为中心，呈均匀对称分布，$\kappa=n_x(\alpha^2-1)$ 是尺度参数，α 取值范围是 0.0001～1，$\bar{\boldsymbol{X}}$ 为初始状态向量，$\boldsymbol{P}_x$ 为初始协方差矩阵，$(\sqrt{(n_x+\kappa)\boldsymbol{P}_x})_i$ 表示取矩阵，$(n_x+\kappa)\boldsymbol{P}_x$ 为二次方根矩阵的第 i 列。

$$\begin{cases}\delta_0=\bar{\boldsymbol{X}} & i=0\\ \delta_i=\bar{\boldsymbol{X}}+[\sqrt{(n_x+\kappa)\boldsymbol{P}_x}]_i & i=1,2,\cdots,n_x\\ \delta_{i+n_x}=\bar{\boldsymbol{X}}-[\sqrt{(n_x+\kappa)\boldsymbol{P}_x}]_i & i=1,2,\cdots,n_x\end{cases}\tag{3-197}$$

$$\begin{cases}W_0=\dfrac{\kappa}{n_x+\kappa} & i=0\\ W_i=\dfrac{\kappa}{2(n_x+\kappa)} & i=1,2,\cdots,n_x\\ W_{i+n_x}=\dfrac{\kappa}{2(n_x+\kappa)} & i=1,2,\cdots,n_x\end{cases}\tag{3-198}$$

δ 点经状态方程传播后：

$$\delta_i(k+1,k)=f(k,\delta_i(k,k))\tag{3-199}$$

(2) 状态预测及其协方差

$$\hat{\boldsymbol{X}}(k+1,k)=\sum_{i=0}^{2n_x}W_i\delta_i(k+1,k)\tag{3-200}$$

$$\boldsymbol{P}(k+1,k)=\sum_{i=0}^{2n_x}W_i[\delta_i(k+1,k)-\hat{\boldsymbol{X}}(k+1,k)][\delta_i(k+1,k)-\hat{\boldsymbol{X}}(k+1,k)]^{\mathrm{T}}+\boldsymbol{Q}_k\tag{3-201}$$

δ 点经量测方程传播后：

$$\zeta_i(k+1,k)=h(k+1,\delta_i(k+1,k)) \tag{3-202}$$

（3）量测预测值及其协方差

$$\hat{\boldsymbol{Z}}(k+1,k)=\sum_{i=0}^{2n_x} W_i\zeta_i(k+1,k) \tag{3-203}$$

$$\boldsymbol{P}_{zz}=\sum_{i=0}^{2n_x} W_i[\zeta_i(k+1,k)-\hat{\boldsymbol{Z}}(k+1,k)][\zeta_i(k+1,k)-\hat{\boldsymbol{Z}}(k+1,k)]^{\mathrm{T}}+\boldsymbol{R}_k \tag{3-204}$$

互协方差和增益为

$$\boldsymbol{P}_{xz}=\sum_{i=0}^{2n_x} W_i[\delta_i(k+1,k)-\hat{\boldsymbol{X}}(k+1,k)][\zeta_i(k+1,k)-\hat{\boldsymbol{Z}}(k+1,k)]^{\mathrm{T}} \tag{3-205}$$

$$\boldsymbol{K}=\boldsymbol{P}_{xz}/\boldsymbol{P}_{zz} \tag{3-206}$$

（4）状态方程及其协方差矩阵更新

$$\hat{\boldsymbol{X}}(k+1,k+1)=\hat{\boldsymbol{X}}(k+1,k)+\boldsymbol{K}[\boldsymbol{Z}(k+1)-\hat{\boldsymbol{Z}}(k+1,k)] \tag{3-207}$$

$$\boldsymbol{P}(k+1,k+1)=\boldsymbol{P}(k+1,k)-\boldsymbol{K}\boldsymbol{P}_{zz}\boldsymbol{K}^{\mathrm{T}} \tag{3-208}$$

不同于 EKF，UKF 没有近似非线性状态和观测模型，它是利用有限的参数来近似随机量的统计特性，通过精确选择一组 δ 点来经过非线性模型的映射，从而将系统的统计特性进行传递，再使用加权统计线性回归的方法来估计随机量的均值和协方差，因此 UKF 不需要计算雅可比矩阵。

3.5 本章小结

惯性导航技术是自主导航的核心技术，本章从惯性传感器入手，介绍陀螺仪和加速度计的种类及工作原理，然后给出平台式及捷联式惯性导航系统的组成和力学编排方程，讨论了惯性导航系统的误差源及初始对准问题。并在此基础上，融入其他导航方法，给出了几种常见的组合导航系统。最后，介绍了目前常用的多传感器融合方法及其数学原理。这些都是惯性导航技术的核心知识点，为后续章节的学习提供理论基础。

【课程思政】

当前，新一轮科技革命和产业变革深入发展，学科交叉融合不断推进，科学研究范式发生深刻变革，科学技术和经济社会发展加速渗透融合，基础研究转化周期明显缩短，国际科技竞争向基础前沿前移。应对国际科技竞争、实现高水平科技自立自强，推动构建新发展格局、实现高质量发展，迫切需要我们加强基础研究，从源头和底层解决关键技术问题。正因为如此，党的二十大报告突出强调要加强基础研究、突出原创、鼓励自由探索，作出战略部署，要切实落实到位。

习近平总书记 2023 年 2 月 21 日在二十届中共中央政治局第三次集体学习时的讲话

第4章 自主导航系统的环境感知

前面章节介绍了自主导航的理论基础及惯性导航技术，对于机器人应用而言，仅用惯性导航系统是不完备的，需要其他信息辅助完成自主导航定位。对于海面舰船、航空航天等大型军用设备，常采用惯性导航技术与天文、地磁、卫星等导航方式进行组合导航。而在小型的机器人系统中，常采用激光雷达及视觉传感器等小型设备完成自主导航定位。本章以小型机器人应用为背景，介绍常用的激光雷达、视觉传感器，以及基于二者对环境进行感知，建立环境地图的主要过程。

4.1 环境感知常用传感器

4.1.1 激光雷达原理及数据处理

雷达是指利用探测介质探测物体距离的设备，如无线电测距雷达、激光测距雷达、超声波测距雷达等，如图 4-1 所示。由于激光具有很好的抗干扰性和直线传播特性，因此激光测距具有很高的精度。激光雷达测距精度往往可以达到厘米级或毫米级，广泛应用于机器人导航避障、无人驾驶汽车、环境结构建模、安防、智能交互等领域。

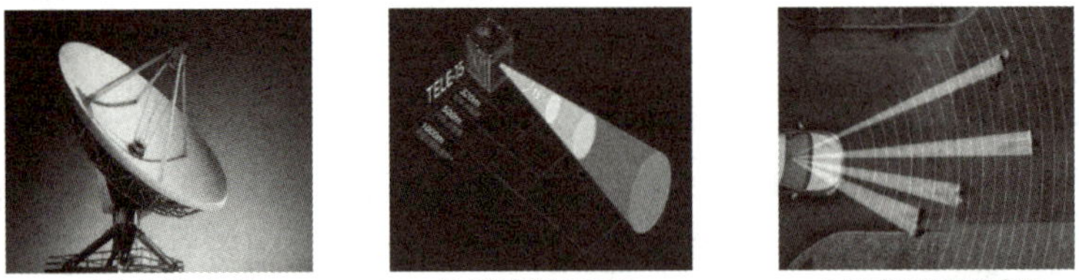

a) 无线电测距雷达　　b) 激光测距雷达　　c) 超声波测距雷达

图 4-1　常见雷达种类

激光雷达测距方式主要是三角测距和飞行时间(Time of Fly，TOF)测距两种，三角测距实现起来简单，TOF 测距精度高。激光探头需要旋转起来，形成对更广泛范围的扫描探测。根据激光探头发出激光束的数量，激光雷达可以分为单线激光雷达和多线激光雷达。还有一些非常规的激光雷达，如固态激光雷达、单线多自由度旋转激光雷达、面激光束雷达等。激光雷达完成环境扫描后，需要对扫描数据进行滤波等必要的数据处理，最后扫描数据完成建图，并在此基础上进行避障及导航。激光雷达数据与轮式里程计、惯性测量单元(Inertial Measurement Unit，IMU)等进行多传感器融合，可以达到更好的效果。

1. 激光雷达测距原理

（1）三角测距　三角测距法的原理示意图如图 4-2 所示，激光器发射一束激光，被物体 A 反射后，照射到图像传感器的 A′位置，这样就形成了一个三角形，通过解算可以求出物体 A 到激光器的距离。激光束被不同距离的物体反射后，形成不同的三角形。当把模式的范围变大时，基于三角测量的传感器可以直接测量整个模式范围内的距离数据，即对环境的三维扫描数据，因此频率很高。这类方法的主要问题在于测量距离比较短，因为发射器和敏感器件的间距受到实际机械参数的限制，当距离较远时误差就会迅速变大，使结果不可靠。因此，尽管这类传感器的测距范围通常能达到几米到十几米，相比超声传感器工作范围更远、精度更高，但相比激光传感器仍有不及。考虑到其获取三维数据的效率很高，因此也被用于小范围的环境重建，如机械臂的作业范围或是人机交互的设备。目前在机器人的应用中，基于三角测量的传感器已经几乎取代了超声传感器，并且有被挖掘更多应用的潜力。

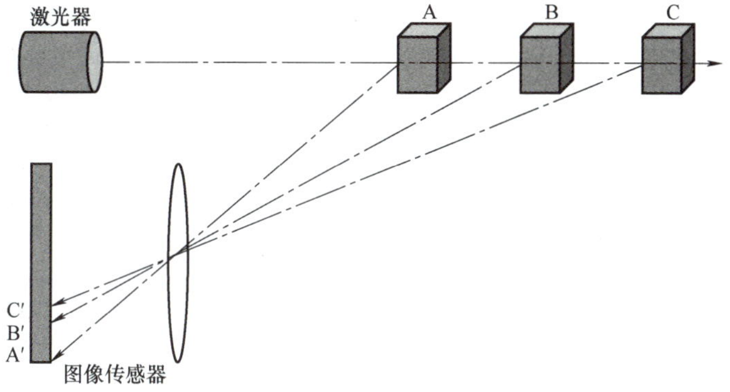

图 4-2　三角测距法原理示意图

（2）TOF 测距　最常见的测距传感器基于 TOF 原理。这类传感器通常包含发射器和接收器两个环节，发射器能够主动向环境发射信号，信号在遇到环境中的障碍物后被反射，进而被接收器接收。在这个过程中，信号从传感器到障碍物再回到传感器会产生日间差 δ_t，结合信号的传播速度（记为 v），可得信号在这个过程中总共飞行的距离为 $v\delta_t$，如图 4-3 所示，这个距离是信号经过传感器到物体之间距离的两倍，则传感器到物体的距离为$\frac{v\delta_t}{2}$。

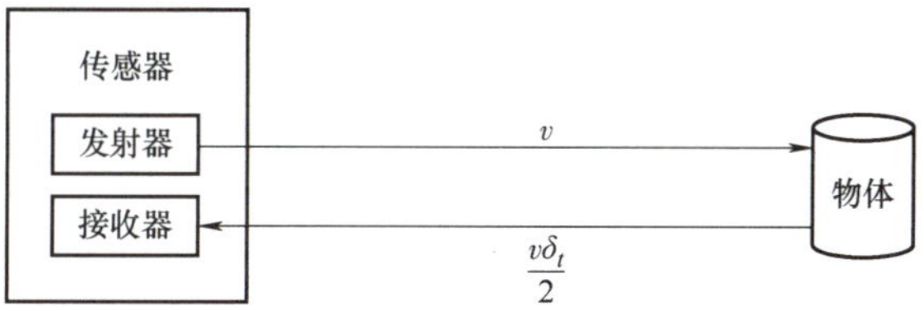

图 4-3　TOF 传感器的基本原理

有很多传感器基于 TOF 原理，如超声传感器。此时只需要将 v 用声音在空气中的传播速度代替，即可通过声信号的飞行时间计算出距离。考虑到声信号的速度较慢，所以在机器人运动时的测量效果不佳，声信号的孔径角较大，测量结果的分辨率也较低，这些特点使超声传感器很难用于远距离的测量，通常只能在几十厘米到几米范围内进行测量，所以常用于障碍物避碰，如汽车的倒车雷达。相比于超声传感器，考虑到光速极快，且光的孔径角远比声信号小，所以激光传感器的测距范围能达到几十米至几百米，而且精度比超声传感器更高。因此，激光传感器可应用在机器人避障、环境重建和定位等。

2. 典型的激光雷达

当把单线的激光测距仪固定安装到电动机上时，电动机的转动可以带来激光测距仪对周围环境多个角度的测量，单线激光雷达扫描点通常处在同一平面上的 360°范围内，如图 4-4 所示，形成二维激光扫描仪，又称二维激光雷达。二维激光雷达实物如图 4-5 所示，可获得对环境一个切面的全周测距数据，大大提升机器人的感知视野。二维激光雷达扫描结果如图 4-6 所示。

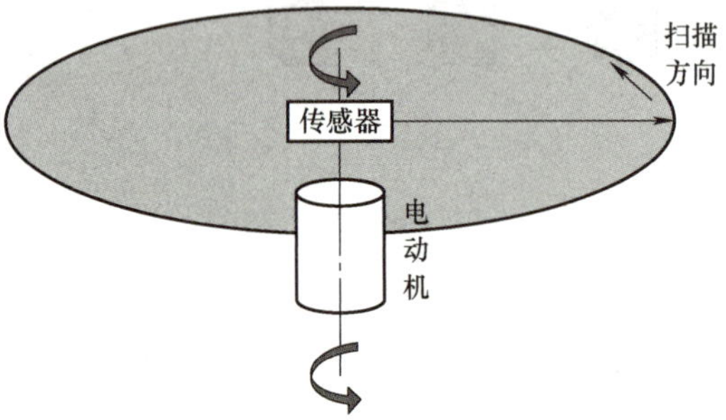

图 4-4　二维激光传感器的构成

图 4-5　二维激光雷达（单线）

二维激光雷达的单线扫描只能扫描同一平面上的障碍点信息，即环境的某一个横截面的轮廓，这样扫描的数据信息很有限。在垂直方向同时发射多束激光，再结合旋转机构，就能扫描多个横截面的轮廓，这就是多线激光雷达，也叫三维激光雷达。多线激光雷达的原理示意图如图 4-7 所示。三维激光雷达如图 4-8 所示。

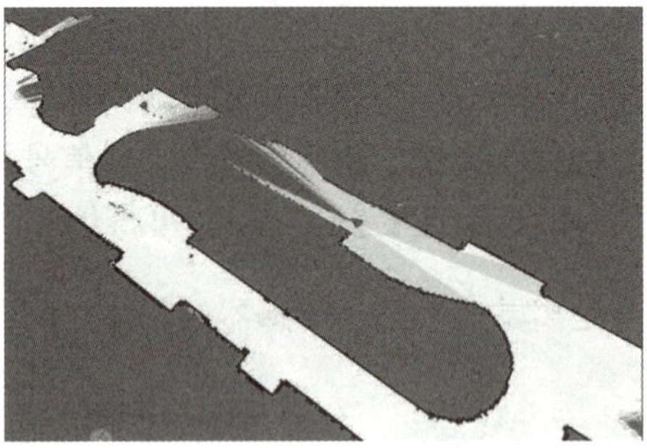

图 4-6　二维激光雷达扫描结果

固态激光雷达的扫描不需要机械旋转部件，而是用微机电系统、光学相控阵、脉冲成像等技术替代，如图 4-9 所示。固态激光雷达的优点是结构简单、体积小、扫描精度高、扫描速度快等，缺点是扫描角度有限、核心部件加工难度大、生产昂贵等。

单线激光雷达能够扫描一个截面上的障碍点信息，如果将单线激光雷达安装到云台上，单线激光雷达原来的扫描平面在云台旋转带动下就能扫描三维空间的障碍点信息，这就是单线多自由度旋转激光雷达，如图 4-10 所示。由于激光模组在多自由度下旋转扫描，同一帧中的扫描点存在时间不同步的问题。在激光测距模组本身的测距频率一定的条件下，多轴旋转使得扫描点的空间分布变得更加稀疏。

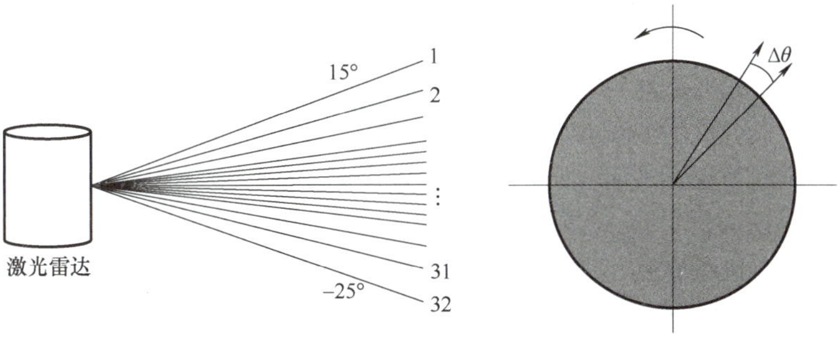

a) 侧视图　　　　b) 俯视图

图 4-7　多线激光雷达的原理示意图

图 4-8　三维激光雷达(16 线)

图 4-9　固态激光雷达

图 4-10　单线多自由度旋转激光雷达

与多线激光雷达类似，面激光束雷达可以用激光束扫描，然后加旋转机构，就可以扫描三维空间的障碍点信息。多线激光可以看成面束激光的离散形式，经障碍物反射回来的成像图案也是离散形式，离散出来的多个激光束更稳定、更易于分辨。不同的是，面激光扫描点更稠密，包含的障碍信息更多，但稳定性会差一些。

3. 激光雷达的性能参数

理解激光雷达的性能参数是挑选和使用激光雷达的前提。常用激光雷达的主要性能参数包括：激光线数、测距频率、扫描频率、测距量程、扫描角度、距离分辨率、角度分辨率、使用寿命。

激光线数是指测距模组发射激光束的个数，一般有单线、16 线、32 线、64 线、128 线等。激光线数越多，扫描到的信息越多，相应的数据处理所消耗的计算资源也将更大。

测距频率也叫测距模组的采样率，是指每秒模组能完成的测距操作的次数。采样率越高，对雷达硬件的性能要求也越高。一般的低成本激光雷达，都能够达到 4kHz 及以上的采样率。

扫描频率是指带动测距模组旋转的电动机每秒钟转过的圈数，扫描频率越高，获取一圈扫描点数据帧的时间越短，对障碍物的探测和避让实时性更好。简单点说就是机器人以很快速度前进，在当前扫描数据帧和下一个时刻扫描数据帧的间隔时间内，机器人由于没有实时的扫描数据作为参考，因此很可能会碰撞到突然出现的障碍物。激光雷达的扫描频率是制约机器人移动速度和无人驾驶汽车移动速度的关键瓶颈之一，为了尽量避免激光雷达扫描实时性不足的问题，机器人一般以较低速度运行也就不难理解了。

测距量程是对障碍物能有效探测的范围，只有落在量程范围内的障碍物才能被探测到。一般的低成本激光雷达，量程为0.15~10m，小于量程下限值的范围就是盲区，大于量程上限值的范围就是超量程区域。盲区越小越好，能降低机器人在近距离接触障碍物时的碰撞风险，通常机器人会在必要部位安装其他避障传感器来弥补激光雷达的盲区问题。在超量程区域的障碍物无法被探测或者可以探测但误差很大，所以在比较开阔的环境下应该采用大量程的雷达。

扫描角度也可以说是雷达的探测视野，通常都是360°全方位的探测视野。但有一些激光雷达由于构造的原因，有一些角度范围被外壳等结构遮挡，所以探测视野会是270°或180°等。绝大多数激光雷达都支持在软件上对扫描角度参数进行设置，用户可以很方便地选择需要的扫描角度范围。例如，当激光雷达被安装在机器人的正前方时，由于雷达后面的视野完全被遮挡，所以有效的数据只有前面视野部分，将雷达的扫描角度设置成180°就很有必要，这样既能去除被遮挡区域的无效数据，又能因数据量的减少而加快算法运算效率。

距离分辨率也就是测距精度，测距精度越高越有利于机器人的导航避障。基于三角测距原理的雷达，测距精度在厘米级，一般的低成本激光雷达精度为5cm左右。三角测距的雷达，精度随测量距离增大而增大，也就是说更远距离处的障碍物探测的准确度越低，这也是三角测距的典型缺点。基于TOF测距原理的雷达，测距精度可达毫米级，其价格也更高。

角度分辨率由测距频率和扫描频率决定，计算式为

$$\text{角度分辨率}=\frac{\text{扫描频率}\times 360^\circ}{\text{测距频率}} \tag{4-1}$$

一般测距频率为常数值(由测距模组特性决定)，通过调节扫描频率来改变角度分辨率。激光雷达转得越慢，扫描出来的点云越稠密，但激光雷达的实时性也越差，因此需要根据实际情况做选择。

使用寿命也是雷达的重要指标，采用机械集电环连接的激光雷达连续工作寿命只有几个月，而采用光磁耦合连接的激光雷达连续工作寿命可长达几年时间。集电环结构的雷达寿命短，但价格便宜，光磁耦合的雷达寿命长，价格也高一些。

常见的激光雷达型号见表4-1。

表4-1 常见的激光雷达型号

公司	型号
德国SICK	LMS111、LMS151、TIM561
日本HOKUYO	URG-04LX、UST-10LX、UTM-30LX
美国Velodyne	VLP-16、VLP-32C、HDL-64E、VLS-128
上海思岚科技	RPLIDAR-A1、RPLIDAR-A2、RPLIDAR-A3
深圳市镭神智能	LS01A、LS01D、LS01E、LS01B
深圳玩智商科技	YDLIDAR-G4、YDLIDAR-X4、YDLIDAR-X2
大族激光	3i-LIDAR-Delta2B、3i-LIDAR-Delta3
速腾聚创	RS-LiDAR-16、RS-LiDAR-32、RS-Ruby

4. 激光雷达数据处理

激光雷达的数据处理主要包括两个过程：滤波和校正。滤波处理是应对激光雷达在测量

的过程中，有时数据会受到一些干扰，需要经过一些简单的滤波处理。目前基于 Ubuntu 和机器人操作系统（Robot Operating System，ROS）是机器人主要使用的操作系统，对于激光雷达的滤波处理，ROS 中功能包 laser_filters 内有较丰富的滤波函数可以参考，见表 4-2。如果还需对激光雷达数据做特殊的处理，可以自己编写处理代码。

表 4-2　功能包 laser_filters 内包含的滤波函数

函数名	描述
LaserArrayFilter	将雷达数据存入数组，便于后续处理
ScanShadowsFilter	滤除因自身遮挡而产生的干扰数据
InterpolationFilter	对激光雷达数据进行插值处理，填补缺失的数据点
LaserScanIntensityFilter	滤除在设定强度阈值之外的数据
LaserScanRangeFilter	滤除在设定距离范围之外的数据
LaserScanAngularBoundsFilter	滤除在设定扫描角度范围之外的数据
LaserScanAngularBoundsFilterInPlace	滤除在设定扫描角度范围之内的数据
LaserScanBoxFilter	滤除在设定区域范围之内的数据

由于雷达是通过旋转进行扫描的，所以扫描数据点会因机器人自身移动而产生偏差。当机器人静止时，激光雷达旋转一圈扫描到的点序列都是以机器人当前静止位置作为参考的，激光雷达的测距误差仅来自测距方法本身。而当机器人处于移动状态时，因为激光雷达并不知道自身处于移动状态，所以激光雷达旋转一圈扫描到的点序列依然是以该帧时间戳时刻的机器人位置为参考，显然激光雷达的测距误差除了来自测距方法本身外，还来自机器人运动产生的畸变。因此，有必要对雷达运动的畸变做校正。不管是单线激光雷达还是多线激光雷达，都是绕 z 轴旋转进行扫描，校正方法是一样的，所以只讨论单线激光雷达的情况。常用的方法如下：

（1）最近邻点迭代（Iterative Closest Point，ICP）算法及改进　已知机器人中两帧激光雷达数据 X^{i-1} 和 X^i，求机器人的位置转移关系 T，也就是激光里程计的问题，最常用的求解方法是 ICP 算法。通过 ICP 算法求前后两帧雷达数据 X^{i-1} 和 X^i 对应机器人的位置转移关系 T，T 近似表示其当前的运动 V，然后利用这个运动信息 V 对当前雷达数据 X^i 做补偿。ICP 算法的流程如图 4-11 所示。

首先找到这两帧数据点中的最近邻点对，利用这些点对可以解出一个大致的转移关系 T_1。然后将雷达数据 X^i 按照 T_1 进行移动，这就是一次迭代过程。接下来，不断重复执行寻找最近邻点和向最近邻点方向迭代这两个步骤，直到转移关系的取值很小，就表示两帧数据基本重合，将迭代过程中每一步的转移关系叠加起来就是总的转移关系 T。

由于每帧激光雷达数据本身就包含了运动畸变，因此直接用含畸变的激光雷达数据进行 ICP 运动估计的效果有待提高。速度更新 ICP（Velocity Updating ICP，VICP）算法对 ICP 运动估计做改进，对转移关系 T 估计的同时也要对激光雷达帧中的运动畸变信息 V 进行估计。

在 ICP 算法原理的基础上，将机器人的运动信息 V 考虑进去，即是 VICP 算法。假设雷达在扫描 n 个点组成的一帧数据的过程中，认为机器人匀速运动，也就是相邻两个扫描点的 Δts 时间内机器人的转移量 $T_{\Delta ts}$ 是一样的。以机器人在起始扫描点时间戳的位置为参考，雷

达数据 X^i 中的每个扫描点都需要用转移量 $T_{\Delta ts}$ 做运动补偿。补偿后的雷达数据 $\hat{X}^i$ 和前一帧数据 $\hat{X}^{i-1}$ 就可以放入 ICP 算法中求解两帧数据的转移关系 T。而转移关系 T 又可以间接表示机器人运动速度 V，这样就形成了一个迭代的闭环。直到 V 的更新变化很小时，就表示两帧数据基本重合，也就是说 V 的估计、X^i 的运动补偿和转移关系 T 的估计基本接近真实情况。

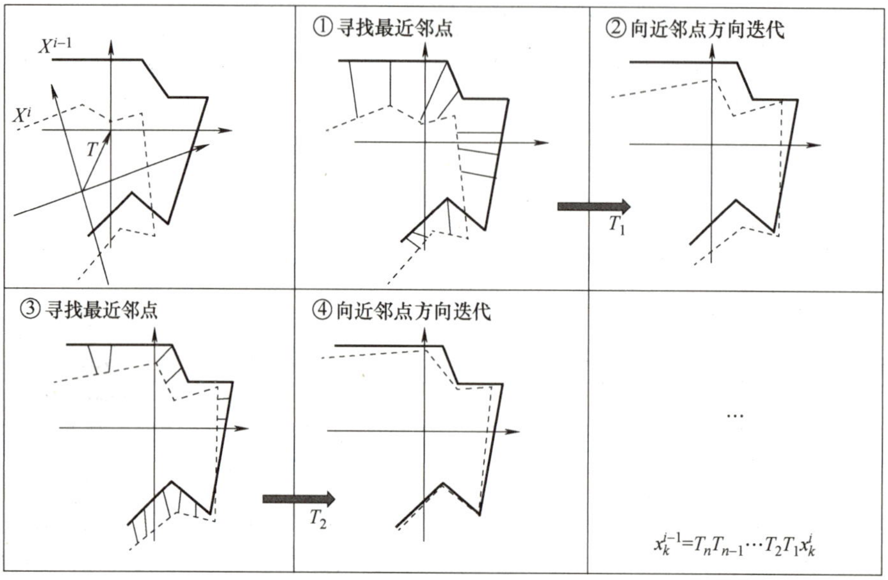

图 4-11　ICP 算法的流程

以 ICP 算法为基础的校正方法，不借助额外的传感器，只利用激光雷达的数据对机器人的运动进行估计，并利用估计的运动信息对激光雷达扫描数据进行补偿。

（2）里程计辅助法　VICP 算法的优点是不需要借助除激光雷达外的其他传感器，就能对雷达自身的运动变化做校正，系统实现简单。而 VICP 算法中机器人的匀速运动假设在雷达高扫描频率下才成立，但是实际使用的雷达扫描频率(一般小于 10Hz)很慢，这样 VICP 算法的匀速运动假设就不成立了。

里程计辅助法采用外部的 IMU 或者轮式里程计来提供机器人的运动信息，就可以直接对雷达运动畸变做校正。IMU 虽然可以提供极高频率的姿态更新，但是其里程计存在很高的累积误差，所以选用轮式里程计会更稳定。如图 4-12 所示，轮式里程计采集到的机器人位姿序列点为 $\{P_1,P_2,P_3,\cdots\}$，激光雷达一帧扫描数据点为 $\{x_1,x_2,x_3,\cdots\}$，由于里程计序列和激光雷达序列之间点的个数不匹配和时间上不对齐，为了让里程计与激光雷达点之间能一一对应起来，对 $\{P_1,P_2,P_3,\cdots\}$ 做二次曲线插值得到 $\{P_1',P_2',P_3',\cdots\}$，接下来就可以利用对齐后的里程计位姿 P_k' 对激光雷达点 x_k 逐一进行校正。最后，将校正后的雷达点 x_k' 转换回极坐标的形式 (ρ,θ)，重新发布出去即可。

里程计辅助法也有缺点，虽然轮式里程计的累积误差比 IMU 里程计小，但是累积误差依然是不可忽略的。如果想要进一步提高激光雷达运动畸变校正的效果，可以将里程计辅助法与 ICP 估计法相结合。先利用轮式里程计对激光雷达畸变做初步校正，然后将校正后的雷达数据放入到 ICP 算法求位置转移，利用得到的位置转移信息反过来修正里程计的误差，这样就形成了一个迭代闭环。通过不断的迭代，实现对激光雷达运动的畸变校正。

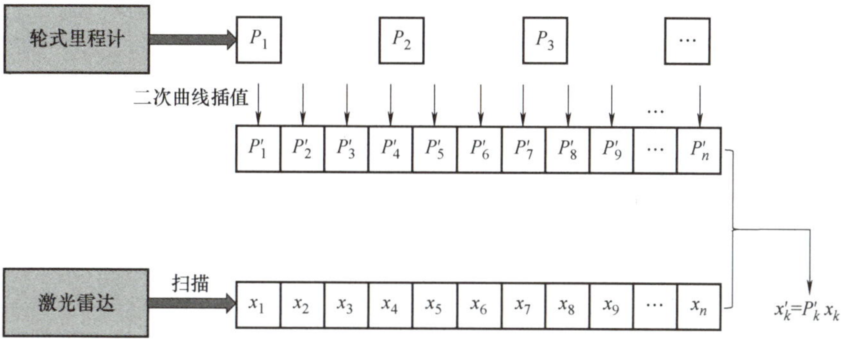

图 4-12　里程计辅助法

4.1.2　视觉传感器

视觉传感器可以感知移动机器人所在的环境，并能够同时判断机器人在环境中的位置，是视觉环境感知建模中的重要环节。相机是机器人进行视觉感知的传感器，相当于机器人的眼睛。在机器人中，常见的相机有单目相机、双目相机和 RGB-D 相机三种，如图 4-13 所示。相机由于其能感知光强，并且角度测量精度较高，分辨率也较高，是机器人应用中常见的传感器，也可以用于测量距离。

a) 单目相机　　b) 双目相机　　c) RGB-D相机

图 4-13　三种类型的相机

一方面，光强信息能够给出测距传感器无法给出的纹理信息，这对于物体识别等应用非常重要；另一方面，由于纹理信息的存在，如果将其看作一种特定的模式，那么可以通过运动获取两帧相机数据，在两者间构成一组时间上的三角测量，结合运动信息恢复出距离。这使得相机传感器能够通过算法弥补距离测量本身原理上的不足，且能够利用光强变化产生的纹理信息提升对图像的识别和理解。更重要的是，充分利用相机数据是近年来机器人领域算法研究的重点，其在一些应用中已经有可能取代部分距离传感器，这对于机器人的应用推广有重要意义。

1. 单目相机

单目相机是大家通常说的摄像头，由镜头和图像传感器[互补金属氧化物半导体(Complementary Metal Oxide Semiconductor，CMOS)或电荷耦合器件(Charge Coupled Device，CCD)]构成。简单点说，摄像头的原理就是小孔成像，成像信息由图像传感器转换成数字图像输出。

相机包含镜头(透镜)、光圈和感光器件三个部分，其中感光器件决定了图像平面。根据光学原理，透镜存在聚焦平面，透镜和聚焦平面的距离为焦距，由透镜决定。如图 4-14 所示，物距 z、焦距 f 和焦点与透镜的距离 e 之间的关系为

$$\frac{1}{f}=\frac{1}{z}+\frac{1}{e} \tag{4-2}$$

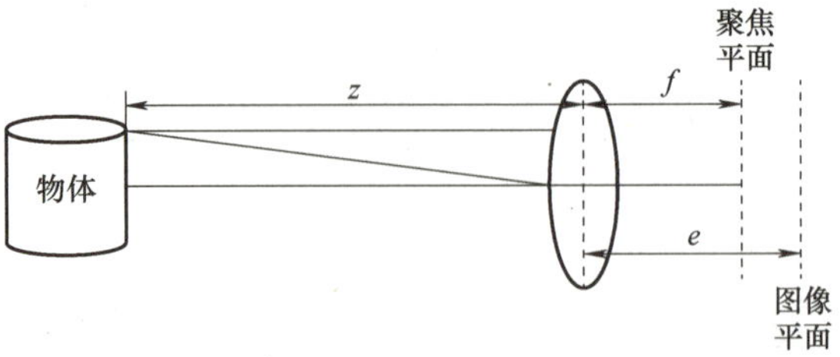

图 4-14　相机成像机理

通过上述光学方程，图像平面上的像被感光器件 CMOS 或 CCD 芯片数字化，从而形成一张图片。图片中的每个像素，能够反映落到该像素的物体点相对于相机的角度，由于像素分辨率很高，所以相机可作为角度敏感器件，且测角精度较好。此外，像素获取的光强能够反映出对应物体点的材质和颜色，密集的像素点能够反映一个区域的材质和颜色，也就是纹理。这部分信息往往无法被测距传感器所感知，这也是视觉信息能够为物体识别提供重要信息的原因。

进一步分析单目相机成像的数学原理，假设实际环境中的物体点 P 在相机坐标系下的坐标为(X,Y,Z)，物体点 P 透过光心 O 在图像传感器上形成点 P'，二者的关系如图 4-15 所示。

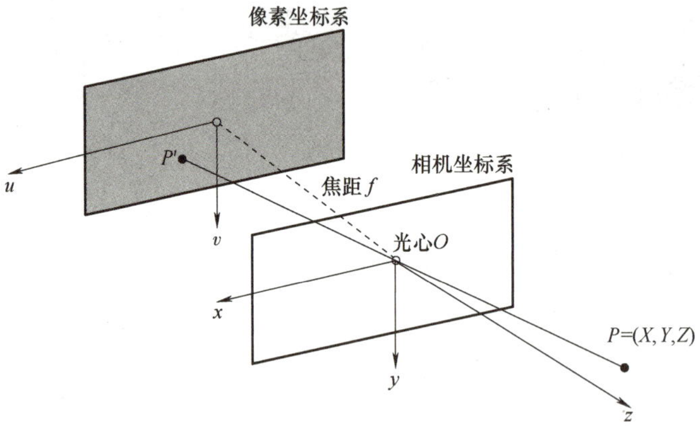

图 4-15　小孔成像原理

点 P'在像素坐标系下的坐标为(U,V)，借助相机的焦距 f 可以建立如式(4-3)所示的几何关系。

$$\begin{cases} U=a\left(\dfrac{f}{Z}X\right)+c_x \\ V=\beta\left(\dfrac{f}{Z}Y\right)+c_y \end{cases} \tag{4-3}$$

通过三角形的几何关系直接计算出来的成像点 P'的坐标为$\left(\dfrac{f}{Z}X,\dfrac{f}{Z}Y\right)$，单位为 m，而

P'最终要被量化成像素，在像素坐标系下的像素值单位为像素。通常在图像传感器中，列方向量化尺度 α 和行方向量化尺度 β 是不一样的，并且由于制造、安装等误差，像素坐标系的原点与相机坐标系的原点并不对齐，也就是说最终的像素值还要考虑像素坐标系原点的偏移量(c_x, c_y)。令 $f_x=\alpha f$，$f_y=\beta f$，这样计算就可以全部在像素单位下进行了，整理一下用矩阵的形式表示为

$$\begin{bmatrix} U \\ V \\ 1 \end{bmatrix} = \frac{1}{Z} \begin{bmatrix} f_x & 0 & c_x \\ 0 & f_y & c_y \\ 0 & 0 & 1 \end{bmatrix} \begin{bmatrix} X \\ Y \\ Z \end{bmatrix} = \frac{1}{Z} \boldsymbol{KP} \tag{4-4}$$

式(4-4)就是相机的无畸变内参模型，式中矩阵 $\boldsymbol{K}$ 就是相机内参数。在小孔成像模型中，物体点 P 是直接沿直线透过光心形成图像点 P'。实际的相机前面是一个大大的镜头，镜头能让更多的光线进入以加快曝光速度，但是镜头会对光线产生折射，这样成像会产生畸变，这种由镜头折射引起的图像畸变叫径向畸变。

除了上面的径向畸变外，还有切向畸变。相机镜头和图像传感器平面由于安装误差导致不平行，因此引入了切向畸变，如图 4-16 所示。

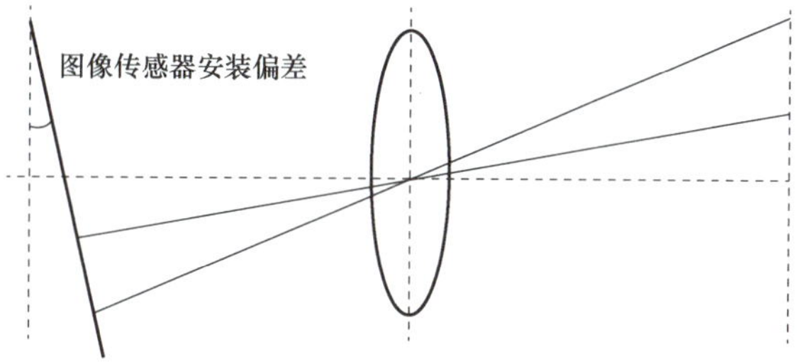

图 4-16　切向畸变

径向畸变的程度和像素点距中心的距离 r 有关，可以用 r 的泰勒级数来描述畸变的程度，一般采用三阶泰勒级数就能近似了，级数中的系数为 k_1、k_2 和 k_3，对于径向畸变不明显的镜头，只用 k_1 和 k_2 两个系数，或者只用 k_1 就够了。切向畸变程度和图像传感器安装偏差大小有关，可以用系数 p_1 和 p_2 描述。相机的畸变内参模型见式(4-5)，引入参数 k_1、k_2、k_3、p_1 和 p_2。

$$\begin{cases} r^2 = X^2 + Y^2 \\ X_{\text{distort}} = X(1+k_1r^2+k_2r^4+k_3r^6)+2p_1XY+p_2(r^2+2X^2) \\ Y_{\text{distort}} = Y(1+k_1r^2+k_2r^4+k_3r^6)+2p_2XY+p_1(r^2+2Y^2) \\ U = \dfrac{f_x}{Z}X_{\text{distort}}+c_x \\ V = \dfrac{f_y}{Z}Y_{\text{distort}}+c_y \end{cases} \tag{4-5}$$

在内参模型中，世界环境中的物体点 P 给的都是相机坐标系下的坐标 $P^c=(X^c, Y^c, Z^c)$。而在很多情况下，世界环境中的物体点 P 给出的是世界坐标系下的坐标 $P^w=(X^w, Y^w, Z^w)$。那么，就需要根据相机在世界坐标系下的位姿(R, t)，将 P^w 坐标转化到相机坐标系中的 P^c 坐标，相机的成像模型就可以写为

$$\begin{bmatrix} U \\ V \\ 1 \end{bmatrix} = \frac{1}{Z}\boldsymbol{K}P^{c} = \frac{1}{Z}\boldsymbol{K}(RP^{w}+t) = \frac{1}{Z}\boldsymbol{KT}P^{w} \tag{4-6}$$

式(4-6)就是相机的外参模型，式中的矩阵 $\boldsymbol{T}$ 就是相机外参数。外参数 $\boldsymbol{T}$ 就是相机在世界坐标系下的位姿。

从相机的内参模型来看，已知物体成像信息(U,V)无法唯一确定物体点坐标的坐标(X,Y,Z)，或者说方程前面的系数$\frac{1}{Z}$是无约束的。如图 4-15 所示，P'沿光心 O 方向上出现的所有物体点，在相机中的成像都是一样的。简单点说，距离远的、大的物体和距离近的、小的物体在相机中的成像尺寸是一样的，其实就是单目相机无法测量物体的深度信息。

2. 双目相机

单目相机无法测量物体点的深度信息，但是用两个单目相机组成的双目相机就可以测量深度信息，有些地方也把双目相机叫深度相机。为了方便理解，先说明理想情况下双目相机测量深度的原理，如图 4-17 所示。理想情况下，左右两个相机的成像平面处于同一个平面，并且坐标系严格平行，相机光心 O_L 和 O_R 之间的距离 b 是双目相机的基线。为了方便讨论，世界坐标系中的物体点 P，其坐标取左相机坐标系下的值。物体点 $P=(X,Y,Z)$在左右两个相机中的成像点分别为 $P_L=(U_L,V_L)$和 $P_R=(U_R,V_R)$，根据几何关系就可以求出 P 点的深度 Z，即

$$\frac{Z-f}{Z}=\frac{b-U_L+U_R}{b}$$

$$Z=\frac{fb}{U_L-U_R} \tag{4-7}$$

实际情况是，左右两个相机的成像平面往往不平行，两个相机的内参也不相同，如图 4-18 所示。非理想情况下的双目相机成像模型为

$$\begin{cases} s_L P_L = K_L P \\ s_R P_R = K_R(RP+t) \end{cases} \tag{4-8}$$

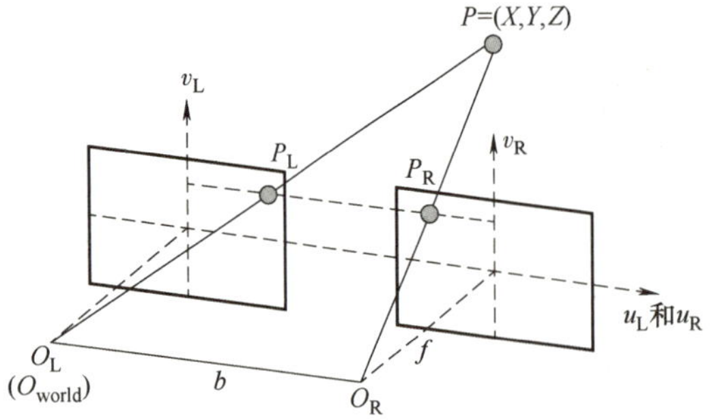

图 4-17　双目相机测量深度原理

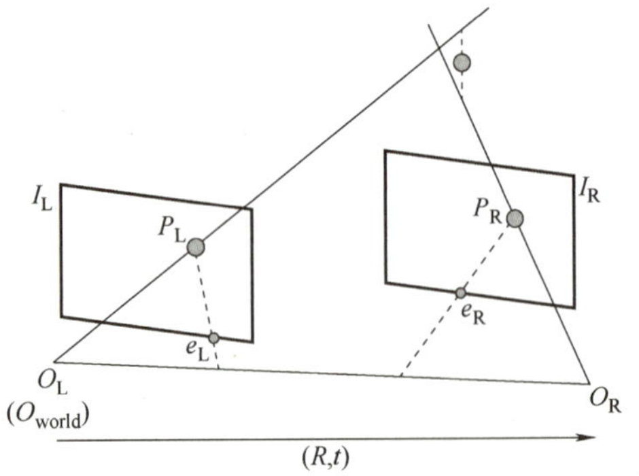

图 4-18　非理想双目相机模型

如果图像像素 P_L 和 P_R 完全没有噪声干扰，在已知双目相机的内参 K_L、K_R 和外参(R,t)情况下，就可以求出物体点的三维坐标，也就测量出了深度信息。实际情况是像素点有噪声干扰，导致 O_LP_L 射线与 O_RP_R 射线在空间中并没有交点。这个时候就要用到对极几何的约

束关系来估计 P 点的位置，最终 P 的位置取 O_LP_L 射线与 O_RP_R 射线公垂线的中点。

3. RGB-D 相机

双目相机虽然能测量深度信息，但是需要事先找到同一物体点在左右相机中成像点对，也就是要先匹配。匹配过程很容易受到光照强度等环境因素干扰，在没有特征的环境中，匹配会失效，深度信息将无法测量。RGB-D 相机是主动测量深度的传感器，受环境的干扰会小一些。RGB-D 相机一般有三个镜头：中间的镜头是普通的摄像头，采集彩色图像；另外两个镜头分别用来发射红外光和接收红外光。

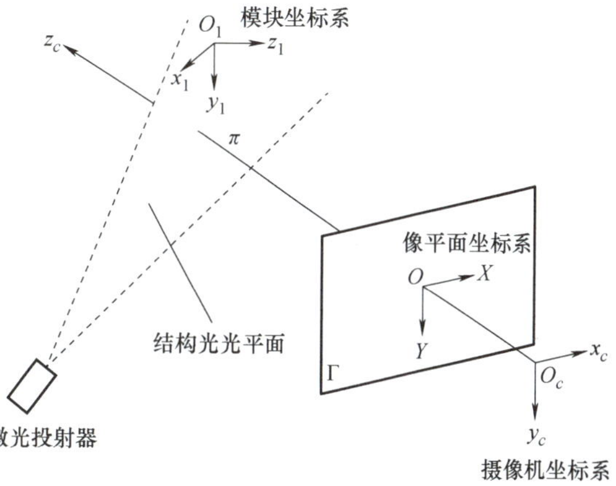

图 4-19　结构光三维视觉透视摄影模型

前面讲过激光雷达的测距原理，即三角测距和 TOF 测距。现将激光雷达的原理扩展到 RGB-D 相机中来。以三角测距为例，在 RGB-D 相机中，发射多个激光点，以测量更广的范围，但是每个激光点需要有独特的标记，便于接收的时候能加以区分。这样的话，经过特殊编码后的激光点阵列被发射出去，然后经过物体反射后在接收镜头中被解码。找到发射与接收的对应编码点，利用三角测距原理便可以确定每个点的深度，这就是结构光法，如图 4-19 所示。另一种 TOF 测距和激光雷达原理基本相同。直接发射阵列激光点，经过物体反射到达接收端，测算出每个激光点的到达时间，就能得到对应的深度。

目前常见的 RGB-D 相机见表 4-3。

表 4-3　常见的 RGB-D 相机

公司	型号
微软	Kinect V1、Kinect V2
英特尔	RealSense R200
奥比中光	Astra Pro、Astra Mini
国漾科技	FS830-MICRO、FS830-HD

4.1.3　视觉传感器标定方法

前面介绍了单目、双目及 RGB-D 视觉传感器的成像原理，建立图像像素点与世界坐标系下任意点之间的数学关系，定义了相机的内参和外参。这些参数是由相机的位置、属性参数和成像模型决定的，内参描述相机的属性参数如焦距、光学中心、畸变因子等，外参表示相机在世界坐标系中的位置和方向。外参包含旋转矩阵 $\boldsymbol{R}$ 和平移矩阵 $\boldsymbol{T}$，描述相机与世界坐标系之间的转换关系。通过试验与计算得到相机内参和外参的过程称为相机标定。这一过程精确与否直接影响视觉系统测量的精度，因而实现相机的标定工作是必不可少的。本节分别介绍 DLT 标定法和张正友标定法。

1. DLT 标定法

Abdel-Aziz 和 Karara 于 20 世纪 70 年代初提出了直接线性变换（Direct Linear Transformation，DLT)的摄像机标定方法，这种方法忽略了摄像机畸变引起的误差，直接利用线性成像模型，通过求解线性方程组得到摄像机的参数。

DLT 标定法需要将一个特制的立方体标定模板放置在所需标定相机前，其中标定模板上的标定点相对于世界坐标系的位置已知。这样相机的参数可以利用相线性模型得到。

根据无畸变内参模型式(4-4)写出具体的内参方法：

$$Z_c\begin{bmatrix}u_i\\v_i\\1\end{bmatrix}=\begin{bmatrix}m_{11}&m_{12}&m_{13}&m_{14}\\m_{21}&m_{22}&m_{23}&m_{24}\\m_{31}&m_{32}&m_{33}&m_{34}\end{bmatrix}=\begin{bmatrix}X_{wi}\\Y_{wi}\\Z_{wi}\\1\end{bmatrix} \tag{4-9}$$

式中，(X_{wi},Y_{wi},Z_{wi})为世界坐标系中第 i 个点的坐标；(u_i,v_i)为第 i 个点在图像坐标系中的图像坐标；m_{ij}为空间任意一点投影矩阵 $\boldsymbol{M}$ 的第 i 行第 j 列元素。从式(4-9)中可以得到三组线性方程，即

$$\begin{cases}Z_c u_i=m_{11}X_{wi}+m_{12}Y_{wi}+m_{13}Z_{wi}+m_{14}\\Z_c v_i=m_{21}X_{wi}+m_{22}Y_{wi}+m_{23}Z_{wi}+m_{24}\\Z_c=m_{31}X_{wi}+m_{32}Y_{wi}+m_{33}Z_{wi}+m_{34}\end{cases} \tag{4-10}$$

将式(4-10)消去 Z_c，得到两个关于 m_{ij}的线性方程。

以上表明，如果在三维空间中，已知 n 个标定点，其中各标定点的空间坐标为(X_{wi},Y_{wi},Z_{wi})，图像坐标为$(u_i,v_i)(i=1,\cdots,n)$，则可得到 $2n$ 个关于 $\boldsymbol{M}$ 矩阵元素的线性方程，且该 $2n$ 个线性方程可以用如式(4-11)、式(4-12)所示的矩阵形式来表示。

$$\begin{cases}X_{wi}m_{11}+Y_{wi}m_{12}+Z_{wi}m_{13}+m_{14}-u_iX_{wi}m_{31}-u_iY_{wi}m_{32}-u_iZ_{wi}m_{33}=u_im_{34}\\X_{wi}m_{21}+Y_{wi}m_{22}+Z_{wi}m_{23}+m_{24}-v_iX_{wi}m_{31}-v_iY_{wi}m_{32}-v_iZ_{wi}m_{33}=v_im_{34}\end{cases} \tag{4-11}$$

$$\begin{bmatrix}X_{w1}&Y_{w1}&Z_{w1}&1&0&0&0&0&-u_1X_{w1}&-u_1Y_{w1}&-u_1Z_{w1}\\0&0&0&0&X_{w1}&Y_{w1}&Z_{w1}&1&-v_1X_{w1}&-v_1Y_{w1}&-v_1Z_{w1}\\&&&&&&\vdots&&&&\\X_{wn}&Y_{wn}&Z_{wn}&1&0&0&0&0&-u_nX_{wn}&-u_nY_{wn}&-u_nZ_{wn}\\0&0&0&0&X_{wn}&Y_{wn}&Z_{wn}&1&-v_nX_{wn}&-v_nY_{wn}&-v_nZ_{wn}\end{bmatrix}\begin{bmatrix}m_{11}\\m_{12}\\m_{13}\\m_{14}\\m_{21}\\m_{22}\\m_{23}\\m_{24}\\m_{31}\\m_{32}\\m_{33}\end{bmatrix}=\begin{bmatrix}u_1m_{34}\\u_1m_{34}\\\vdots\\u_nm_{34}\\u_nm_{34}\end{bmatrix} \tag{4-12}$$

由式(4-11)可知，矩阵 $\boldsymbol{M}$ 乘以任意不为零的常数并不影响(X_{wi},Y_{wi},Z_{wi})与(u_i,v_i)的关系。因此，假设 $m_{34}=1$，从而得到关于矩阵 $\boldsymbol{M}$ 其他元素的 $2n$ 个线性方程，其中线性方程中包含 11 个未知量，并将未知量用向量表示，即 11 维向量 $\boldsymbol{m}$，将式(4-12)简写为

$$\boldsymbol{Km}=\boldsymbol{U} \tag{4-13}$$

式中，$\boldsymbol{K}$ 为式(4-12)左侧的 $2n\times11$ 矩阵；$\boldsymbol{U}$ 为式(4-12)右侧的 $2n$ 维向量。$\boldsymbol{K}$、$\boldsymbol{U}$ 为已知向

量。当 $2n>11$ 时，利用最小二乘法对上述线性方程进行求解为

$$m=(K^{T}K)^{-1}K^{T}U \tag{4-14}$$

向量 $\boldsymbol{m}$ 与 $m_{34}=1$ 构成了所求解的矩阵 $\boldsymbol{M}$。由式(4-9)～式(4-14)可知，若已知空间中至少六个特征点和与之对应的图像点坐标，便可求得投影矩阵 $\boldsymbol{M}$。一般在标定的参照物上选取大于八个已知点，使方程的个数远远超过未知量的个数，从而降低用最小二乘法求解造成的误差。

DLT 标定法的优点是计算速度很快，操作简单且易实现。缺点是由于没有考虑摄像机镜头的畸变，因此不适合畸变系数很大的镜头，否则会带来很大误差。

2. 张正友标定法

张正友标定法也称 Zhang 标定法，是由微软研究院的张正友博士于 1998 年提出的一种介于传统标定方法和自标定方法之间的平面标定方法。它既避免了传统标定方法设备要求高、操作烦琐等缺点，又比自标定的精度高、鲁棒性好。该方法主要步骤如下：

1）打印一张黑白棋盘方格图案，并将其贴在一块刚性平面上作为标定板。

2）移动标定板或者相机，从不同角度拍摄若干张照片（理论上照片越多，误差越小）。

3）对每张照片中的角点进行检测，确定角点的图像坐标与实际坐标。

4）在不考虑径向畸变的前提下，即采用相机的线性模型。根据旋转矩阵的正交性，通过求解线性方程，获得摄像机的内部参数和第一幅图的外部参数。

5）利用最小二乘法估算相机的径向畸变系数。

6）根据再投影误差最小准则，对内外参数进行优化。

下面介绍上述步骤的具体实现过程。

（1）计算内参和外参的初值　与 DLT 标定法通过求解线性方程组得到投影矩阵 $\boldsymbol{M}$ 作为标定结果不同，张正友标定法得到的标定结果是摄像机的内参和外参，见式(4-15)。

$$\boldsymbol{A}=\begin{bmatrix}\alpha & \gamma & u_0\\ 0 & \beta & v_0\\ 0 & 0 & 1\end{bmatrix},\boldsymbol{R}=\begin{bmatrix}r_{11} & r_{12} & r_{13}\\ r_{21} & r_{22} & r_{23}\\ r_{31} & r_{32} & r_{33}\end{bmatrix},\boldsymbol{T}=[t_1\quad t_2\quad t_3]^{T} \tag{4-15}$$

式中，$\boldsymbol{A}$ 为摄像机的内参矩阵；$\alpha=f/\mathrm{d}x$，$\beta=f/\mathrm{d}y$，f 为焦距，$\mathrm{d}x$ 和 $\mathrm{d}y$ 分别为像素的宽和高；γ 为像素点在 x、y 方向上尺度的偏差，如果不考虑该参数，可以设 $\gamma=0$；(u_0,v_0) 为基准点；$\boldsymbol{R}$ 为外参旋转矩阵；$\boldsymbol{T}$ 为平移向量。

根据针孔成像原理，由世界坐标点到理想像素点的齐次变换为

$$s\begin{bmatrix}u\\ v\\ 1\end{bmatrix}=\boldsymbol{A}[\boldsymbol{R}\quad \boldsymbol{T}]\begin{bmatrix}X_w\\ Y_w\\ Z_w\\ 1\end{bmatrix}=\boldsymbol{A}[\boldsymbol{r}_1\quad \boldsymbol{r}_2\quad \boldsymbol{r}_3\quad \boldsymbol{t}]\begin{bmatrix}X_w\\ Y_w\\ Z_w\\ 1\end{bmatrix} \tag{4-16}$$

假设标定模板所在平面为世界坐标系的 $Z_w=0$ 平面，那么可得

$$s\begin{bmatrix}u\\ v\\ 1\end{bmatrix}=\boldsymbol{A}[\boldsymbol{r}_1\quad \boldsymbol{r}_2\quad \boldsymbol{r}_3\quad \boldsymbol{t}]\begin{bmatrix}X_w\\ Y_w\\ 0\\ 1\end{bmatrix}=\boldsymbol{A}[\boldsymbol{r}_1\quad \boldsymbol{r}_2\quad \boldsymbol{t}]\begin{bmatrix}X\\ Y\\ 1\end{bmatrix} \tag{4-17}$$

令 $\bar{M}=[X, Y, 1]^{\mathrm{T}}$，$\bar{m}=[u, v, 1]^{\mathrm{T}}$，则有 $s\bar{m}=H\bar{M}$，其中

$$H=A[r_1 \quad r_2 \quad t]=[h_1 \quad h_2 \quad h_3]=\begin{bmatrix} h_{11} & h_{12} & h_{13} \\ h_{21} & h_{22} & h_{23} \\ h_{31} & h_{32} & h_{33} \end{bmatrix} \tag{4-18}$$

式中，H 为单应性矩阵，表示模板上的点与其像点之间的映射关系。若已知模板点在空间和图像上的坐标，可求得 m 和 M，从而求解单应性矩阵，且每幅模板对应一个单应性矩阵。s 为尺度因子，对于齐次坐标来说，不会改变齐次坐标值。

下面介绍通过单应性矩阵求解摄像机内外参数的原理。式(4-18)可以改写为

$$[h_1 \quad h_2 \quad h_3]=\lambda A[r_1 \quad r_2 \quad t] \tag{4-19}$$

式中，λ 为比例因子。由于 r_1 和 r_2 是单位正交向量，所以有

$$\begin{cases} h_1^{\mathrm{T}}A^{-\mathrm{T}}A^{-1}h_2=0 \\ h_1^{\mathrm{T}}A^{-\mathrm{T}}A^{-1}h_1=h_2^{\mathrm{T}}A^{-\mathrm{T}}A^{-1}h_2 \end{cases} \tag{4-20}$$

由于式(4-20)中的 h_1、h_2 是通过单应性求解出来的，则未知量仅剩下内参矩阵 A。内参矩阵 A 包含五个参数：fx、fy、cx、cy、γ。如果想完全解出这五个未知量，则需要三个单应性矩阵。三个单应性矩阵在两个约束下可以产生六个方程，这样就可以解出五个内参。

怎样才能获得三个不同的单应性矩阵呢？答案就是用三幅标定物平面的照片。可以通过改变摄像机与标定板间的相对位置来获得三张不同的照片；也可以设 $\gamma=0$，用两张照片来计算内参。

下面对得到的方程做一些数学上的变换，令

$$B=A^{-\mathrm{T}}A^{-1}=\begin{bmatrix} B_{11} & B_{12} & B_{13} \\ B_{21} & B_{22} & B_{23} \\ B_{31} & B_{32} & B_{33} \end{bmatrix}=\begin{bmatrix} \frac{1}{a^2} & -\frac{\gamma}{a^2\beta} & \frac{v_0\gamma-u_0\beta}{a^2\beta} \\ -\frac{\gamma}{a^2\beta} & \frac{\gamma^2}{a^2\beta}+\frac{1}{\beta^2} & -\frac{\gamma(v_0\gamma-u_0\beta)}{a^2\beta^2}-\frac{v_0}{\beta^2} \\ \frac{v_0\gamma-u_0\beta}{a^2\beta} & -\frac{\gamma(v_0\gamma-u_0\beta)}{a^2\beta^2}-\frac{v_0}{\beta^2} & \frac{(v_0\gamma-u_0\beta)^2}{a^2\beta^2}+\frac{v_0{}^2}{\beta^2}+1 \end{bmatrix} \tag{4-21}$$

可以看出 B 是个对称矩阵，所以 B 的有效元素只有六个(因为有三对对称的元素是相等的，所以只要解得下面六个元素就可以得到完整的 B)，让这六个元素构成向量 b：

$$b=[B_{11} \quad B_{12} \quad B_{22} \quad B_{13} \quad B_{23} \quad B_{33}]^{\mathrm{T}} \tag{4-22}$$

令 H 的第 i 列向量为 $h_i=[h_{i1} \quad h_{i2} \quad h_{i3}]$，则

$$h_i^{\mathrm{T}}Bh_i=V_{ij}^{\mathrm{T}}b \tag{4-23}$$

其中

$$V_{ij}=[h_{i1}h_{j1} \quad h_{i1}h_{j2}+h_{i2}h_{j1} \quad h_{i2}h_{j2} \quad h_{31}h_{j1}+h_{i1}h_{j3} \quad h_{31}h_{j1}+h_{i3}h_{j3} \quad h_{i3}h_{j3}]^{\mathrm{T}} \tag{4-24}$$

将上述内参的约束写成关于 b 的两个方程式，即

$$\begin{bmatrix} V_{12}^{\mathrm{T}} \\ V_{11}^{\mathrm{T}}-V_{22}^{\mathrm{T}} \end{bmatrix}b=0 \tag{4-25}$$

假设有 n 幅图像，联立方程可得到线性方程：$Vb=0$。其中，V 是 $2n\times6$ 的矩阵，若 $n\geqslant3$，则可以列出六个以上方程，从而求得摄像机内部参数，然后利用内参和单应性矩阵 H，计算

每幅图像的外参，见式(4-26)所示，从而解出相机的内参和外参。

$$\begin{cases} \boldsymbol{r}_1=\lambda \boldsymbol{A}^{-1}\boldsymbol{h} \\ \boldsymbol{r}_2=\lambda \boldsymbol{A}^{-1}\boldsymbol{h}_2 \\ \boldsymbol{r}_3=\boldsymbol{r}_1\boldsymbol{r}_2 \\ \boldsymbol{t}=\lambda \boldsymbol{A}^{-1}\boldsymbol{h}_1 \end{cases} \tag{4-26}$$

其中，$\lambda=\dfrac{1}{\|\boldsymbol{A}^{-1}\boldsymbol{h}_1\|}=\dfrac{1}{\|\boldsymbol{A}^{-1}\boldsymbol{h}_2\|}$。

(2) 最大似然估计　上述推导结果是基于理想情况下的解，但由于可能存在高斯噪声，所以使用最大似然估计进行优化。设采集了 n 幅包含棋盘格的图像进行定标，每个图像里有 m 个棋盘格角点。令第 i 幅图像上的角点 M_j 在上述计算得到的相机矩阵下图像上的投影点为

$$\bar{m}(\boldsymbol{A},\boldsymbol{R}_i,\boldsymbol{t}_i,M_{ij})=\boldsymbol{A}[\boldsymbol{R}|\boldsymbol{t}]M_{ij} \tag{4-27}$$

式中，$\boldsymbol{R}_i$ 和 $\boldsymbol{t}_i$ 为第 i 幅图对应的旋转矩阵和平移向量；$\boldsymbol{A}$ 为内参矩阵。则角点 m_{ij}的概率密度函数为

$$f(m_{ij})=\frac{1}{\sqrt{2\pi}}\mathrm{e}^{\frac{-[\bar{m}(\boldsymbol{A},\boldsymbol{R}_i,\boldsymbol{t}_i,M_{ij})-m_{ij}]^2}{\sigma^2}} \tag{4-28}$$

构造似然函数：

$$L(\boldsymbol{A},\boldsymbol{R}_i,\boldsymbol{t}_i,M_{ij})=\prod_{i=1,j=1}^{n,m}f(m_{ij})=\frac{1}{\sqrt{2\pi}}\mathrm{e}^{\frac{-\sum_{i=1}^{n}\sum_{j=1}^{m}[\bar{m}(\boldsymbol{A},\boldsymbol{R}_i,\boldsymbol{t}_i,M_{ij})-m_{ij}]^2}{\sigma^2}} \tag{4-29}$$

让 L 取得最大值，即让式(4-30)最小。这里使用的是多参数非线性系统优化问题的 Levenberg-Marquardt(LM)算法进行迭代求最优解。

$$\sum_{i=1}^{n}\sum_{j=1}^{m}\|\bar{m}(\boldsymbol{A},\boldsymbol{R}_i,\boldsymbol{t}_i,M_{ij})-m_{ij}\|^2 \tag{4-30}$$

(3) 径向畸变估计　张正友标定法只关注了影响最大的径向畸变，数学表达式为

$$\begin{cases} u'=u+(u-u_0)[k_1(x^2+y^2)+k_2(x^2+y^2)^2] \\ v'=v+(v-v_0)[k_1(x^2+y^2)+k_2(x^2+y^2)^2] \end{cases} \tag{4-31}$$

$$\begin{cases} u'=u_0+\alpha x'+\gamma y' \\ v'=v_0+\beta y' \end{cases} \tag{4-32}$$

式中，(u,v)为理想无畸变的像素坐标；(u',v')为实际畸变后的像素坐标；(u_0,v_0)为主点；(x,y)为理想无畸变的连续图像坐标；(x',y')为实际畸变后的连续图像坐标；k_1 和 k_2 为前两阶的畸变参数。式(4-31)转化为矩阵形式为

$$\begin{bmatrix} (u-u_0)(x^2+y^2) & (u-u_0)(x^2+y^2)^2 \\ (v-v_0)(x^2+y^2) & (v-v_0)(x^2+y^2)^2 \end{bmatrix}\begin{bmatrix} k_1 \\ k_2 \end{bmatrix}=\begin{bmatrix} u'-u \\ v'-v \end{bmatrix} \tag{4-33}$$

记作

$$\boldsymbol{Dk}=\boldsymbol{d} \tag{4-34}$$

则可得

$$\boldsymbol{k}=[k_1 \quad k_2]^{\mathrm{T}}=(\boldsymbol{D}^{\mathrm{T}}\boldsymbol{D})^{-1}\boldsymbol{D}^{\mathrm{T}}\boldsymbol{d} \tag{4-35}$$

计算得到畸变系数 $\boldsymbol{k}$，使用最大似然的思想优化得到的结果，即像(2)步一样，LM 算法计算下列函数值最小的参数值：

$$\sum_{i=1}^{n}\sum_{j=1}^{m}\|\bar{m}(\boldsymbol{A},k_1,k_2,\boldsymbol{R}_i,\boldsymbol{t}_i,M_{ij})-m_{ij}\|^2 \tag{4-36}$$

上述是由张正友标定法获得相机内参、外参和畸变系数的全过程。

DLT 标定法得到的结果是投影矩阵 $\boldsymbol{M}$，张正友标定法得到的结果是摄像机的内参和外参。事实上，投影矩阵 $\boldsymbol{M}$ 中的 11 个参数并没有具体的物理意义，因此又将其称为隐参数。可以将张正友标定法得到的摄像机内外参数转换成投影矩阵 $\boldsymbol{M}$。

设 $\boldsymbol{m}_i^{\mathrm{T}}(i=1,2,3)$ 为投影矩阵 $\boldsymbol{M}$ 第 i 行的前三个元素组成的行向量；$\boldsymbol{m}_{i4}(i=1,2,3)$ 为投影矩阵 $\boldsymbol{M}$ 第 i 行第四列元素组成的列向量，$\boldsymbol{r}_i^{\mathrm{T}}(i=1,2,3)$ 为旋转矩阵 $\boldsymbol{R}$ 的第 i 行元素组成的行向量，t_x、t_y、t_z 分别为平移向量 $\boldsymbol{t}$ 的三个分量。如果设 $\gamma=0$，则得 $\boldsymbol{M}$ 与摄像机内外参数的关系为

$$m_{34}\begin{bmatrix} m_1^{\mathrm{T}} & m_{14} \\ m_2^{\mathrm{T}} & m_{24} \\ m_3^{\mathrm{T}} & m_1 \end{bmatrix}=\begin{bmatrix} a_x & 0 & u_0 & 0 \\ 0 & a_y & v_0 & 0 \\ 0 & 0 & 1 & 0 \end{bmatrix}\begin{bmatrix} \boldsymbol{r}_1^{\mathrm{T}} & t_x \\ \boldsymbol{r}_2^{\mathrm{T}} & t_y \\ \boldsymbol{r}_3^{\mathrm{T}} & t_z \\ \boldsymbol{0}^{\mathrm{T}} & 1 \end{bmatrix} \tag{4-37}$$

其中，$m_{34}=t_z$，因此可以求得投影矩阵 $\boldsymbol{M}$ 与内外参数之间的关系为

$$\begin{cases} m_{11}=(a_x r_{11}+u_0 r_{31})/t_z \\ m_{12}=(a_x r_{12}+u_0 r_{32})/t_z \\ m_{13}=(a_x r_{13}+u_0 r_{33})/t_z \\ m_{14}=(a_x t_x+u_0 t_z)/t_z \\ m_{21}=(a_y r_{21}+v_0 r_{31})/t_z \\ m_{22}=(a_y r_{22}+v_0 r_{32})/t_z \\ m_{23}=(a_y r_{23}+v_0 r_{33})/t_z \\ m_{24}=(a_y t_y+v_0 t_z)/t_z \\ m_{31}=r_{31}/t_z \\ m_{32}=r_{32}/t_z \\ m_{33}=r_{33}/t_z \end{cases} \tag{4-38}$$

4.1.4 图像特征的提取匹配方法——SIFT 算法

David Lowe 总结了现有的基于不变量技术的特征检测方法，正式提出了一种基于尺度空间的，对图像平移、旋转、缩放，甚至仿射变换保持不变性的图像局部特征，以及基于该特征的描述符，并将这种方法命名为尺度不变特征变换(Scale Invariant Feature Transform，SIFT)算法。

用 SIFT 算法所检测到的特征是局部的，而且该特征对于图像的尺度和旋转能够保持不变。同时，这些特征对亮度变化具有很强的鲁棒性，对噪声和视角的微小变化也能保持一定的稳定性。SIFT 特征还具有很强的可区分性，特征很容易被提取出来，并且即使在低概率

的不匹配情况下也能够正确地识别出目标来。因此，鲁棒性和可区分性是 SIFT 算法最主要的特点。

1. 高斯尺度空间的极值检测

特征点检测的第一步是能够识别出目标的位置和尺度，对同一个目标在不同视角下这些位置和尺度可以被重复地分配。并且这些检测到的位置是不随图像尺度的变化而改变的，因为它们是通过搜索所有尺度上的稳定特征得到的，所应用的工具是尺度空间的连续尺度函数。

真实世界的物体只有在一定尺度上才有意义，例如，我们能够看到放在桌子上的水杯，但对于整个银河系，这个水杯是不存在的。物体的这种多尺度的本质在自然界中是普遍存在的。尺度空间就是试图在数字图像领域复制这个概念。又如，对于某幅森林图像来说，我们是想看到叶子还是想看到整棵树，如果是想看到整棵树，那么应该有意识地去除图像的细节部分(如叶子、细枝等)。在去除细节部分的过程中，一定要确保不能引进新的错误的细节。因此在创建尺度空间的过程中，应该对原始图像逐渐地做模糊平滑处理。进行该操作的唯一方法是高斯模糊处理，因为已经被证实，高斯函数是唯一可能的尺度空间核。因此，尺度空间理论的主要思想是利用高斯核对原始图像进行尺度变换，获得图像多尺度下的尺度空间表示序列，再对这些序列进行尺度空间特征提取。即在图像的全部尺度和全部像素点上进行搜索，并通过应用高斯差分函数有效地识别出尺度不变性和旋转不变性的潜在候选特征点来。

图像的尺度空间用 $L(x,y,\sigma)$ 函数表示，它是由一个变尺度的二维高斯函数 $G(x,y,\sigma)$ 与图像 $I(x,y)$ 通过卷积产生的，定义为

$$L(x,y,\sigma)=G(x,y,\sigma)\otimes I(x,y) \tag{4-39}$$

式中，$G(x,y,\sigma)$ 为尺度可变高斯函数。

$$G(x,y,\sigma)=\frac{1}{2\pi\sigma^2}\mathrm{e}^{-(x^2+y^2)/2\sigma^2} \tag{4-40}$$

式中，(x,y) 为图像的像素位置；σ 为尺度空间因子，值越小表示图像被平滑得越少，相应的尺度也就越小。大尺度对应于图像的概貌特征，小尺度对应于图像的细节特征。L 代表了图像所在的尺度空间，选择合适的尺度平滑因子是建立尺度空间的关键。

由于尺度为 0 的图像无法得到，Lowe 把初始图像的尺度设定为 0.5。因此在实际应用中要想得到任意尺度下的图像，则是由一个已知尺度(该尺度不为 0)的图像生成另一个尺度的图像，并且一定是小尺度的图像生成大尺度的图像。由 $L(x,y,\sigma_1)$ 得到 $L(x,y,\sigma_2)$，即由尺度为 σ_1 的图像生成尺度为 σ_2 的图像的公式为

$$L(x,y,\sigma_2)=G(x,y,\sqrt{\sigma_2^2-\sigma_1^2})\otimes L(x,y,\sigma_1) \quad \sigma_2\geqslant\sigma_1 \tag{4-41}$$

式中

$$G(x,y,\sqrt{\sigma_2^2-\sigma_1^2})=\frac{1}{2\pi(\sigma_2^2-\sigma_1^2)}\mathrm{e}^{-\frac{x^2+y^2}{2(\sigma_2^2-\sigma_1^2)}} \tag{4-42}$$

利用高斯拉普拉斯(Laplacian of Gaussian，LoG)方法即图像的二阶导数，能够在不同的尺度下检测到图像的斑点特征，从而可以确定图像的特征点。但 LoG 方法的效率不高，因此对 SIFT 算法进行了改进，通过对两个相邻高斯尺度空间的图像相减，得到一个高斯差分(Difference of Gaussians，DoG)的响应值图像 $D(x,y,\sigma)$ 来近似 LoG：

$$D(x,y,\sigma)=[G(x,y,k\sigma)-G(x,y,\sigma)]\otimes I(x,y)=L(x,y,k\sigma)-L(x,y,\sigma) \tag{4-43}$$

式中，k 为两个相邻尺度空间的倍数，为常系数。

可以证明 DoG 是对 LoG 的近似表示，并且用 DoG 代替 LoG 并不影响对图像斑点位置的检测。用 DoG 近似 LoG 可以实现下列好处：第一是 LoG 需要使用两个方向的高斯二阶微分卷积核，而 DoG 直接使用高斯卷积核，省去了卷积核生成的运算量；第二是 DoG 保留了个高斯尺度空间的图像，因此在生成某一空间尺度的特征时，可以直接使用式(4-41)或式(4-43)产生的尺度空间图像，而无须重新再次生成该尺度的图像；第三是 DoG 具有与 LoG 相同的性质，即稳定性好、抗干扰能力强。

为了在连续的尺度下检测图像的特征点，需要建立 DoG 金字塔，而 DoG 金字塔的建立又离不开高斯金字塔的建立。如图 4-20 所示，左侧为高斯金字塔，右侧为 DoG 金字塔。

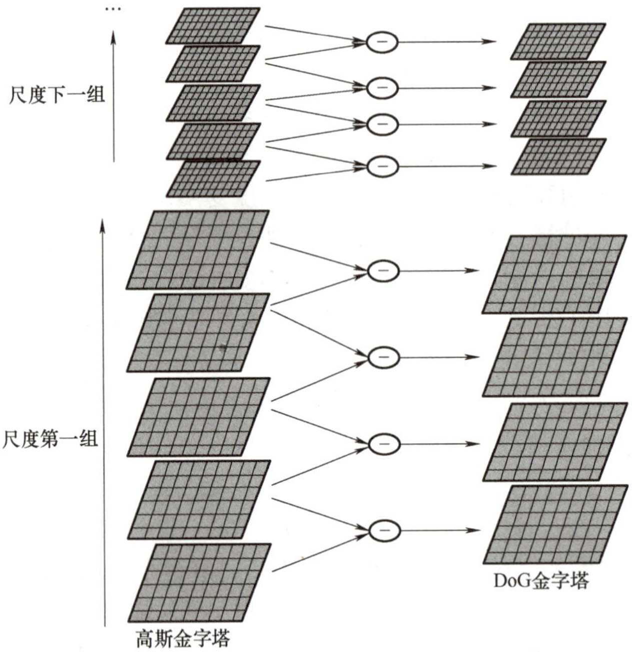

图 4-20　高斯金字塔和 DoG 金字塔

高斯金字塔共分 O 组，每组又分 S 层。组内各层图像的分辨率相同，但尺度逐渐增加，即越往塔顶图像越模糊。而下一组的图像是由上一组图像按照隔点降采样得到的，即图像的长和宽分别减半。高斯金字塔的组数 O 是由输入图像的分辨率得到的，因为要进行隔点降采样，所以在执行降采样生成高斯金字塔过程中，直到不能降采样为止，但图像太小又毫无意义，因此组数 O 具体的公式为

$$O=\lfloor \log_2 \min(X,Y)-2 \rfloor \tag{4-44}$$

式中，X 和 Y 分别为输入图像的长和宽；$\lfloor\ \rfloor$表示向下取整。

金字塔的层数 S 为

$$S=s+3 \tag{4-45}$$

Lowe 建议 s 为 3。需要注意的是，除了式(4-45)中的第一个字母是大写的 S 外，后面出现的都是小写的 s。

高斯金字塔的创建过程：设输入图像的尺度为 0.5，由该图像经过高斯函数处理得到高斯金字塔的第 0 组的第 0 层图像，它的尺度为 σ_0，称 σ_0 为基准层尺度，再由第 0 到第 1 层，

它的尺度为 $k\sigma_0$，第 2 层的尺度为 $k^2\sigma_0$，依次类推。这里的 k 为

$$k=2^{\frac{1}{s}} \tag{4-46}$$

以 $s=3$ 为例，第 0 组的 6($s+3=6$)幅图像的尺度分别为

$$\sigma_0,k\sigma_0,k^2\sigma_0,k^3\sigma_0,k^4\sigma_0,k^5\sigma_0 \tag{4-47}$$

写成更一般的形式为

$$\sigma=k^r\sigma_0 \quad r\in[0,\cdots,s+2] \tag{4-48}$$

DoG 金字塔是由高斯金字塔得到的，即高斯金字塔组内相邻两层图像相减得到 DoG 金字塔。如高斯金字塔第 0 组的第 0 层和第 1 层相减得到 DoG 金字塔第 0 组的第 0 层图像，高斯金字塔第 0 组的第 1 层和第 2 层相减得到 DoG 金字塔第 0 组的第 1 层图像，依次类推。需要注意的是，只有高斯金字塔的组内相邻两层才可以相减，而两组间的各层是不能相减的。因此，高斯金字塔每组有 $s+3$ 层图像，而 DoG 金字塔每组则有 $s+2$ 层图像。

极值点的搜索是在 DoG 金字塔内进行的，这些极值点就是候选的特征点。在搜索之前，需要在 DoG 金字塔内剔除像素灰度值过小的点，因为这些像素具有较低的对比度，它们肯定不是稳定的特征点。极值点的搜索不仅需要在它所在尺度空间图像的邻域内进行，还需要在它的相邻尺度空间的图像内进行，如图 4-21 所示。

每个像素在它的尺度图像中共有 8 个相邻点，而在它的下一个相邻尺度图像和上一个相邻尺度图像中还各有 9 个相邻点(图 4-21 中圆形标注的像素)，也就是说，该点是在 3×3×3 的立方体内被包围着，因此该点在 DoG 金字塔内一共有 26 个相邻点需要比较，来判断其是否为极大值或极小值，以确保在尺度空间和二维图像空间都检测到极值点。这里所说的相邻尺度图像指的是在同一个组内，因此在 DoG 金字塔内，每一个组内的第 0 层和最后一层各只有一个相邻尺度图像，所以在搜索极值点时无须在这两层尺度图像内进行，从而使极值点的搜索就只在每组的中间共 s 层尺度图像内进行。

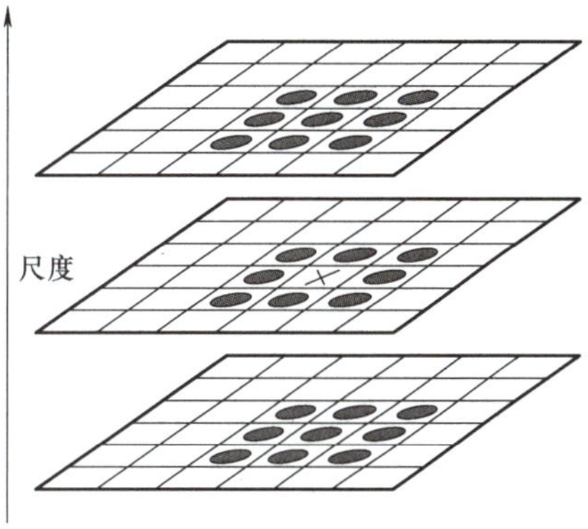

图 4-21　DoG 金字塔中极值点的搜索

搜索从每组的第 1 层开始，以第 1 层为当前层，对第 1 层的 DoG 图像中的每个点取一个 3×3×3 的立方体，立方体上下层分别为第 0 层和第 2 层。这样，搜索得到的极值点既有位置坐标(该点所在图像的空间坐标)，又有尺度空间坐标(该点所在层的尺度)。当第 1 层搜索完成后，再以第 2 层为当前层，其过程与第 1 层的搜索类似，依次类推。

2. 特征点位置的确定

上一步得到的极值点还仅仅是候选的特征点，因为它们还存在一些不确定的因素。极值点的搜索是在离散空间内进行的，并且这些离散空间是经过不断的降采样得到的。把采样点拟合成曲面后会发现，原先的极值点并不是真正的极值点，即离散空间的极值点并不一定是连续空间的极值点。在这里，需要精确定位特征点的位置和尺度，也就是要达到亚像素级精度，因此必须进行拟合处理。

使用泰勒级数展开式作为拟合函数。如上所述，极值点是一个三维矢量，即它包括极值点所在的尺度，以及它的尺度图像坐标，即 $\boldsymbol{X}=[x,y,\sigma]^{\mathrm{T}}$，因此需要三维函数的泰勒级数展

开式，设在 $\boldsymbol{X}_0=[x_0,y_0,\sigma_0]^{\mathrm{T}}$ 处进行泰勒级数展开，则它的矩阵形式为

$$f\left(\begin{bmatrix}x\\y\\\sigma\end{bmatrix}\right)\approx f\left(\begin{bmatrix}x_0\\y_0\\\sigma_0\end{bmatrix}\right)+\begin{bmatrix}\frac{\partial f}{\partial x} & \frac{\partial f}{\partial x} & \frac{\partial f}{\partial x}\end{bmatrix}\left(\begin{bmatrix}x\\y\\\sigma\end{bmatrix}-\begin{bmatrix}x_0\\y_0\\\sigma_0\end{bmatrix}\right)+\frac{1}{2}([x\quad y\quad \sigma]-[x_0\quad y_0\quad \sigma_0])\begin{bmatrix}\frac{\partial^2 f}{\partial x\partial x} & \frac{\partial^2 f}{\partial x\partial y} & \frac{\partial^2 f}{\partial x\partial \sigma}\\ \frac{\partial^2 f}{\partial x\partial y} & \frac{\partial^2 f}{\partial y\partial y} & \frac{\partial^2 f}{\partial y\partial \sigma}\\ \frac{\partial^2 f}{\partial x\partial \sigma} & \frac{\partial^2 f}{\partial y\partial \sigma} & \frac{\partial^2 f}{\partial \sigma\partial \sigma}\end{bmatrix}\left(\begin{bmatrix}x\\y\\\sigma\end{bmatrix}-\begin{bmatrix}x_0\\y_0\\\sigma_0\end{bmatrix}\right) \tag{4-49}$$

式(4-49)为舍去高阶项的形式，而它的矢量表示形式为

$$f(\boldsymbol{X})=f(\boldsymbol{X}_0)+\frac{\partial \boldsymbol{f}^{\mathrm{T}}}{\partial \boldsymbol{X}}(\boldsymbol{X}-\boldsymbol{X}_0)+\frac{1}{2}(\boldsymbol{X}-\boldsymbol{X}_0)^{\mathrm{T}}\frac{\partial^2 \boldsymbol{f}}{\partial \boldsymbol{X}^2}(\boldsymbol{X}-\boldsymbol{X}_0) \tag{4-50}$$

式中，$\boldsymbol{X}_0$ 为离散空间下的插值中心（在离散空间内也就是采样点）坐标；$\boldsymbol{X}$ 为拟合后连续空间下的插值点坐标。设 $\hat{\boldsymbol{X}}=\boldsymbol{X}-\boldsymbol{X}_0$，则 $\hat{\boldsymbol{X}}$ 表示相对于插值中心，插值后的偏移量。因此式(4-50)经过变量变换后，又可写为

$$f(\hat{\boldsymbol{X}})=f(\boldsymbol{X}_0)+\frac{\partial \boldsymbol{f}^{\mathrm{T}}}{\partial \boldsymbol{X}}\hat{\boldsymbol{X}}+\frac{1}{2}\hat{\boldsymbol{X}}^{\mathrm{T}}\frac{\partial^2 \boldsymbol{f}}{\partial \boldsymbol{X}^2}\hat{\boldsymbol{X}} \tag{4-51}$$

对式(4-51)求导，得

$$\frac{\partial f(\hat{\boldsymbol{X}})}{\partial \hat{\boldsymbol{X}}}=\frac{\partial \boldsymbol{f}^{\mathrm{T}}}{\partial \boldsymbol{X}}+\frac{1}{2}\left(\frac{\partial^2 \boldsymbol{f}}{\partial \boldsymbol{X}^2}+\frac{\partial^2 \boldsymbol{f}^{\mathrm{T}}}{\partial \boldsymbol{X}^2}\right)\hat{\boldsymbol{X}}=\frac{\partial \boldsymbol{f}^{\mathrm{T}}}{\partial \boldsymbol{X}}+\frac{\partial^2 \boldsymbol{f}}{\partial \boldsymbol{X}^2}\hat{\boldsymbol{X}} \tag{4-52}$$

让它的导数为0，就可得到极值点下相对于插值中心 $\boldsymbol{X}_0$ 的偏移量：

$$\hat{\boldsymbol{X}}=-\left(\frac{\partial^2 \boldsymbol{f}}{\partial \boldsymbol{X}^2}\right)^{-1}\frac{\partial \boldsymbol{f}}{\partial \boldsymbol{X}} \tag{4-53}$$

把式(4-53)得到的极值点代入式(4-51)中，就得到该极值点下的极值为

$$\begin{aligned}f(\hat{\boldsymbol{X}})&=f(\boldsymbol{X}_0)+\frac{\partial \boldsymbol{f}^{\mathrm{T}}}{\partial \boldsymbol{X}}\hat{\boldsymbol{X}}+\frac{1}{2}\left(-\frac{\partial^2 \boldsymbol{f}^{-1}}{\partial \boldsymbol{X}^2}\frac{\partial \boldsymbol{f}}{\partial \boldsymbol{X}}\right)^{\mathrm{T}}\frac{\partial^2 \boldsymbol{f}}{\partial \boldsymbol{X}^2}\left(-\frac{\partial^2 \boldsymbol{f}^{-1}}{\partial \boldsymbol{X}^2}\frac{\partial \boldsymbol{f}}{\partial \boldsymbol{X}}\right)\\&=f(\boldsymbol{X}_0)+\frac{\partial \boldsymbol{f}^{\mathrm{T}}}{\partial \boldsymbol{X}}\hat{\boldsymbol{X}}+\frac{1}{2}\frac{\partial \boldsymbol{f}^{\mathrm{T}}}{\partial \boldsymbol{X}}\frac{\partial^2 \boldsymbol{f}^{-\mathrm{T}}}{\partial \boldsymbol{X}^2}\frac{\partial^2 \boldsymbol{f}}{\partial \boldsymbol{X}^2}\frac{\partial^2 \boldsymbol{f}^{-1}}{\partial \boldsymbol{X}^2}\frac{\partial \boldsymbol{f}}{\partial \boldsymbol{X}}\\&=f(\boldsymbol{X}_0)+\frac{\partial \boldsymbol{f}^{\mathrm{T}}}{\partial \boldsymbol{X}}\hat{\boldsymbol{X}}+\frac{1}{2}\frac{\partial \boldsymbol{f}^{\mathrm{T}}}{\partial \boldsymbol{X}}\frac{\partial^2 \boldsymbol{f}^{-1}}{\partial \boldsymbol{X}^2}\frac{\partial \boldsymbol{f}}{\partial \boldsymbol{X}}\\&=f(\boldsymbol{X}_0)+\frac{\partial \boldsymbol{f}^{\mathrm{T}}}{\partial \boldsymbol{X}}\hat{\boldsymbol{X}}+\frac{1}{2}\frac{\partial \boldsymbol{f}^{\mathrm{T}}}{\partial \boldsymbol{X}}(-\hat{\boldsymbol{X}})\\&=f(\boldsymbol{X}_0)+\frac{1}{2}\frac{\partial \boldsymbol{f}^{\mathrm{T}}}{\partial \boldsymbol{X}}\hat{\boldsymbol{X}}\end{aligned} \tag{4-54}$$

对于式(4-53)所求得的偏移量如果大于0.5（只要 x、y 和 σ 任意一个量大于0.5），则表明插值点已偏移到了它的临近的插值中心，所以必须改变当前的位置，使其为它所偏移到的插值中心处，然后在新的位置上重新进行泰勒级数插值拟合，直到偏移量小于0.5为止

(x、y和σ都小于 0.5)，这是一个迭代的工程。当然，为了避免无限次的迭代，还需要设置一个最大迭代次数，在达到了迭代次数但仍然没有满足偏移量小于 0.5 的情况下，该极值点就要被剔除。另外，如果由式(4-54)所得到的极值$f(\hat{X})$过小，即$|f(\hat{X})|<0.03$时(假设图像的灰度值为 0~1.0)，则这样的点易受到噪声的干扰而变得不稳定，所以这些点也应该剔除。可以使用式(4-55)来判断其是否为不稳定的极值：

$$|f(\hat{X})|<\frac{T}{s} \tag{4-55}$$

式中，T为经验阈值，系统默认为 0.04。

极值点的求取是在 DoG 尺度图像内进行的，DoG 图像的一个特点就是对图像边缘有很强的响应。一旦特征点落在图像的边缘上，这些点就是不稳定的点。这一方面是因为图像边缘上的点是很难定位的，具有定位的歧义性；另一方面，这样的点很容易受到噪声的干扰而变得不稳定。因此，一定要把这些点找到并剔除。它的方法与 Harris 角点检测方法相似，即一个平坦的 DoG 响应峰值往往在横跨边缘的地方有较大的主曲率，而在垂直边缘的方向上有较小的主曲率，主曲率可以通过 2×2 的 Hessian 矩阵 $\boldsymbol{H}$ 求出：

$$\boldsymbol{H}(x,y)=\begin{bmatrix} D_{xx}(x,y) & D_{xy}(x,y) \\ D_{xy}(x,y) & D_{yy}(x,y) \end{bmatrix} \tag{4-56}$$

式中，$D_{xx}(x,y)$、$D_{yy}(x,y)$和$D_{xy}(x,y)$分别为对 DoG 图像中的像素在水平方向和垂直方向上的二阶偏导和二阶混合偏导。在这里，不需要求精确的$\boldsymbol{H}$矩阵的两个特征值(α和β)，而只要知道两个特征值的比例就可以判断该像素点的主曲率大小。

矩阵$\boldsymbol{H}$的迹和行列式分别为

$$\mathrm{tr}\boldsymbol{H}=D_{xx}+D_{yy}=\alpha+\beta \tag{4-57}$$

$$\det\boldsymbol{H}=D_{xx}D_{yy}-(D_{yy})^2=\alpha\beta \tag{4-58}$$

首先剔除行列式为负数的点，即 $\det\boldsymbol{H}<0$，因为如果矩阵$\boldsymbol{H}$的特征值有不同的符号，则该点肯定不是特征点。设$\alpha>\beta$，并且$\alpha=\gamma\beta$，其中$\gamma>1$，则

$$\frac{\mathrm{tr}\boldsymbol{H}^2}{\det\boldsymbol{H}}=\frac{(\alpha+\beta)^2}{\alpha\beta}=\frac{(\gamma\beta+\beta)^2}{\gamma\beta^2}=\frac{(\gamma+1)^2}{\gamma} \tag{4-59}$$

式(4-59)的结果只与两个特征值的比例有关，而与具体的特征值无关。某个像素的矩阵$\boldsymbol{H}$的两个特征值相差越大即γ很大，则该像素越有可能是边缘。对于式(4-59)，当两个特征值相等时，等式的值最小，随着γ的增加，等式的值也增加。所以，要想判断主曲率的比值是否小于某一阈值γ，只要确定式(4-60)是否成立即可。

$$\frac{\mathrm{tr}\boldsymbol{H}}{\det\boldsymbol{H}}<\frac{(\gamma+1)^2}{\gamma} \tag{4-60}$$

不满足式(4-60)的极值点就不是特征点，因此应该把它们剔除。Lowe 给出$\gamma=10$。

3. 方向角度的确定

经过上面两个步骤，一幅图像的特征点就可以完全找到，而且这些特征点具有尺度不变性。但为了实现旋转不变性，还需要为特征点分配一个方向角度，也就是需要根据检测到的特征点所在的高斯尺度图像的局部结构求得一个方向基准。该高斯尺度图像的尺度σ是已知的，并且该尺度是相对于高斯金字塔所在组的基准层的尺度。而所谓局部结构指的是在高斯尺度图像中以特征点为中心，以r为半径的区域内计算所有像素梯度的幅角和幅值，半径r为

$$r = 3\times 1.5\sigma \tag{4-61}$$

式中，σ 为相对于所在组的基准层的高斯尺度图像的尺度。

像素梯度的幅值和辐角的计算公式为

$$m(x,y)=\sqrt{[L(x+1,y)-L(x-1,y)]^2+[L(x,y+1)-L(x,y-1)]^2} \tag{4-62}$$

$$\theta(x,y)=\arctan\left[\frac{L(x,y+1)-L(x,y-1)}{L(x+1,y)-L(x-1,y)}\right] \tag{4-63}$$

因为在以 r 为半径的区域内的像素梯度幅值对圆心处的特征点的贡献是不同的，距离圆心越近，贡献越大，因此还需要对幅值进行加权处理，这里采用的是高斯加权，该高斯函数的标准差 σ_m 为

$$\sigma_m = 1.5\sigma \tag{4-64}$$

式中，σ 就是式(4-61)中的 σ。

在完成特征点邻域范围内的梯度计算后，还要应用梯度方向直方图来统计邻域内像素的梯度辐角所对应的幅值大小。具体的做法是，把 360°分为 36 个柱，则每 10°为一个柱，即 0°~9°为第 1 柱，10°~19°为第 2 柱，依次类推。在以 r 为半径的区域内，把那些梯度辐角在 0°~9°范围内的像素找出来，把它们的加权后的梯度幅值相加在一起，作为第 1 柱的柱高。求第 2 柱以及其他柱的高度的方法相同，不再赘述。为了防止某个梯度辐角因受到噪声的干扰而发生突变，还需要对梯度方向直方图进行平滑处理。平滑公式为

$$H(i)=\frac{h(i-2)+h(i+2)}{16}+\frac{4[h(i-1)+h(i+1)]}{16}+\frac{6h(i)}{16} \quad i=0,\cdots,15 \tag{4-65}$$

式中，h 和 H 分别为平滑前和平滑后的直方图。由于角度是循环的，即 0° = 360°，如果出现 $h(i,j)$，i 超出了$(0,\cdots,15)$的范围，那么可以通过圆周循环的方法找到它所对应的在 0°~360°的值，如 $h(-1)=h(15)$。因此，直方图的主峰值，即最高的柱体所代表的方向就是该特征点处邻域范围内图像梯度的主方向，也就是该特征点的主方向，示意图如图 4-22 所示。

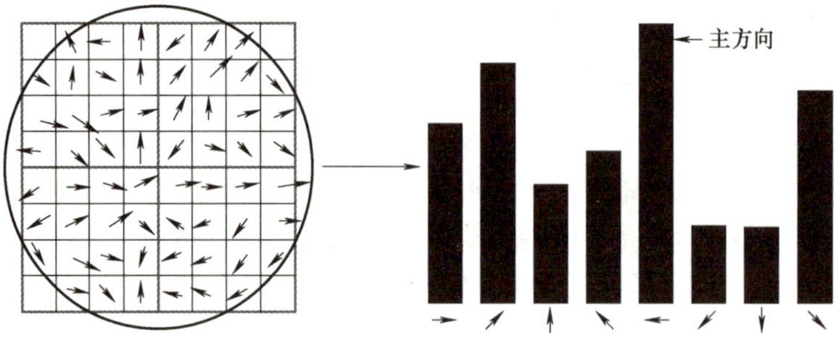

图 4-22　主方向示意图

每个特征点除了必须分配一个主方向外，还可能有一个或更多个辅方向，增加辅方向的目的是增强图像匹配的鲁棒性。辅方向的定义是，当存在另一个柱体高度高于主方向柱体高度的 80%时，则该柱体所代表的方向角度就是该特征点的辅方向。

在第二步中实现了用两个信息量来表示一个特征点，即位置和尺度。那么经过上面的计算，对特征点的表示形式又增加了一个信息——方向，即 $K(x,y,\sigma,\theta)$。如果某个特征点还有一个辅方向，则这个特征点就要用两个值来表示，$K(x,y,\sigma,\theta_1)$和 $K(x,y,\sigma,\theta_2)$，其中 θ_1

表示主方向，θ_2 表示辅方向，而其他的变量 x、y、σ 不变。

4. 特征点描述符生成

通过以上步骤，对于每一个关键点，拥有三个信息：位置、尺度和方向。接下来为每个关键点建立一个描述符，使其不随各种变化如光照变化、视角变化等而改变。并且描述符应该有较高的独特性，以便于提高特征点正确匹配的概率。

描述符是与特征点所在的尺度有关的，所以描述特征点需要在该特征点所在的高斯尺度图像上进行。在高斯尺度图像上，以特征点为中心，将其附近邻域划分为 $d\times d$ 个子区域（Lowe 取 $d=4$）。每个子区域都是一个正方形，正方形的边长为 3σ，也就是说正方形的边长有 3σ 个像素点（这里要对 3σ 取整）。σ 为相对于特征点所在的高斯金字塔组的基准层图像的尺度，即式（4-48）所表示的尺度。考虑到实际编程的需要，特征点邻域范围的边长应为 $3\sigma(d+1)$，因此特征点邻域区域共应有 $3\sigma(d+1)\times3\sigma(d+1)$ 个像素点。

为了保证特征点具有旋转不变性，还需要以特征点为中心，将上面确定下来的特征点邻域区域旋转 θ（θ 就是该特征点的方向）。由于是对正方形进行旋转，为了使旋转后的区域包括整个正方形，应该以从正方形的中心到它的边的最长距离为半径，也就是正方形对角线长度的一半，即

$$r=\frac{3\sigma(d+1)\sqrt{2}}{2} \tag{4-66}$$

所以上述的特征点邻域区域实际应该有 $(2r+1)\times(2r+1)$ 个像素点。计算旋转以后特征点邻域范围内像素的梯度幅值和梯度辐角，梯度幅值根据其对中心特征点贡献的大小进行加权处理，加权函数仍然采用高斯函数，方差为 $d^2/2$。计算特征点描述符的时候，不需要精确知道邻域内所有像素的梯度幅值和辐角，只需要根据直方图知道其统计值即可。这里的直方图是三维直方图，就是在特征点邻域区域划分一个子区域，一共有 $4\times4\times8=128$ 个正方体。而这个三维直方图的值则是正方体内所有邻域像素的高斯加权后的梯度幅值之和，所以一共有 128 个值。把这 128 个数写成一个 128 维的矢量，该矢量就是该特征点的特征矢量，所有特征点的矢量构成了最终的输入图像的 SIFT 描述符。

经过三维直方图的计算，该特征点的特征矢量 $\boldsymbol{P}=\{p_1,p_2,\cdots,p_{128}\}$。为了去除光照变化的影响，需要对特征矢量进行归一化处理，即

$$q_i=\frac{p_i}{\sqrt{\sum_{j=1}^{128}p_j^2}}\quad i=1,2,\cdots,128 \tag{4-67}$$

则 $\boldsymbol{Q}=\{q_1,q_2,\cdots,q_{128}\}$ 为归一化后的特征矢量。

5. SIFT 特征向量的匹配

当两幅图像的 SIFT 特征向量生成后，下一步采用关键点特征向量的欧氏距离作为两幅图像中关键点的相似性判定度量。取图像 1 中的某个关键点，并找出其与图像 2 中欧氏距离最近的前两个关键点，在这两个关键点中，如果最近的距离除以次近的距离小于某个比例阈值，则接受这一对匹配点。降低这个比例阈值，SIFT 匹配点数目会减少，但更加稳定。

设特征描述子为 N 维，则两个特征点的特征描述子 d_i 和 d_j 之间的欧氏距离为

$$d(i,j)=\sqrt{\sum_{m=1}^{N}[d_i(m)-d_j(m)]^2} \tag{4-68}$$

匹配结果如图 4-23 所示。

图 4-23　SIFT 特征初始匹配结果

从图 4-23 中可以看出匹配中存在许多误匹配的情况，还需要进一步剔除误匹配点。RANSAC 是一种经典的方法，可以利用特征点集的内在约束关系去除错误的匹配。其思想如下：首先选择两个点，这两个点就确定了一条直线，将这条直线的一定距离范围内的点称为这条直线的支撑，随即选择重复次数，然后具有最大支撑集的直线被确定为是此样本点集合的拟合，在拟合的距离范围内的点被称为内点，反之为外点。去除误匹配点后的匹配结果如图 4-24 所示。

图 4-24　RANSAC 去除误匹配点后的匹配结果

根据图像中特征点匹配结果，求解基础矩阵 $\boldsymbol{F}$。求解基础矩阵通常有 7 点法、8 点法、迭代算法、LMedS 法和 RANSAC 等，在第 5 章有详细的说明。根据其计算的鲁棒性及准确性，并基于相机的内参和外参关系，进而求得相机的姿态，从而实现载体的定位。

4.2 环境建模

环境建模其实就是对环境状态进行描述，即构建环境地图。地图可以用于定位，也可以用于避障，因此定位用到的地图与避障用到的地图并不一定相同。环境地图有多种，如点云地图、栅格地图、特征地图、拓扑地图等。视觉即时定位与地图构建（Simultaneous Localization and Mapping，SLAM）通常以构建特征地图和点云地图为主，激光 SLAM 则以构建栅格地图为主。另外需要注意的是在导航过程中需要避开障碍物，特征地图或点云地图必须转换成栅格地图后才能导航，下面主要讨论二维环境地图和三维环境地图的建立。

移动机器人利用配备的外部传感器感知周围环境，获得的环境信息经过处理将以一种抽象形式对空间进行描述，并被存储为地图信息。地图构建属于环境特征提取与知识表示方法的范畴，决定了系统如何存储、利用和获取知识。创建的地图将应用于机器人路径规划等任务，所以所构建的地图必须便于机器人处理，并具有良好的可扩展性。移动机器人地图构建方法与地图空间的表述方式密切相关。移动机器人用于描述工作环境的地图表示方法分类如图 4-25 所示。

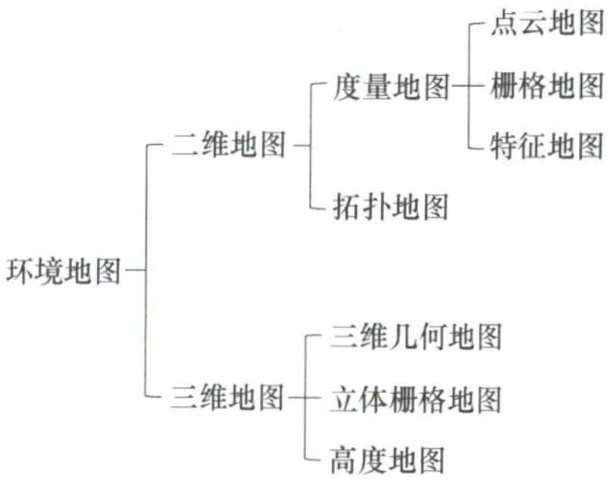

图 4-25　地图表示方法分类

4.2.1　二维环境地图建立

二维地图一般应用于室内准结构化环境，如办公室、家居室、博物馆等场所，这类室内环境由有限的结构化物体组合而成，机器人在构建室内地图时普遍基于以下前提：①机器人所在运动平面水平；②对于机器人的障碍物由一系列垂直于运动平面的竖直平面或曲面表示。因此，室内环境的机器人地图构建通常可以简化为平行于机器人运动平面的二维模型。接下来介绍一下几种二维地图构建方法。

1. 点云地图

点云地图用空间中的点集合表示，即

$$M=\{p_1,p_2,\cdots,p_n\} \tag{4-69}$$

二维点云地图中的点表示为 $p_i=[x_i,y_i]^{\mathrm{T}}$，三维点云地图中的点则表示为 $p_i=[x_i,y_i,z_i]^{\mathrm{T}}$。

激光雷达、深度相机等传感器都可以测量环境中物体或其特征到传感器的距离和角度信息，并以空间中的点信息来表示，点的集合就构成了点云地图。其中，激光雷达和深度相机可以直接获取环境中物体表面到传感器的几何度量信息，并且数据具有稠密特性，因此可以直接根据当前测量数据构建得到传感器坐标系下的局部稠密点云地图，进而通过里程估计或者定位方法拼接得到全局稠密点云地图。基于相机构建点云地图时需要对图像进行处理，直接对图像像素进行双目匹配恢复匹配点的视深信息，形成视觉像素点云，或者利用特征检测算法从图像中提取特征并生成描述子，然后利用双目匹配或者 RGB-D 相机对应的深度信息获得图像特征的空间位置，形成视觉特征点云。视觉特征点云通常具有稀疏特性。

由深度相机和双目相机构建得到的点云地图中除了点的空间坐标信息以外，通常还具有颜色纹理信息。通过组合激光雷达和视觉传感器，也可以获得具有 RGB 信息的点云地图。此外，通过相邻点也可以计算每个点的法向量、梯度等信息，利用这些信息可以进行点云的分割分类。对于移动机器人来讲，可以利用这些信息分割出障碍物和可行区域，以便进行导航规划。

点云地图表示环境中物体表面点的空间坐标信息，使人可以较为直观地获得环境信息。在当前感知信息也表示为点云时，可以采用迭代最近点(Iterative Closest Points，ICP)算法等匹配方法进行定位。特别是由于环境几何特征通常比较稳定，当采用激光雷达这类性能稳定、几何度量精度较高的传感器时，往往能在几何结构变化不大的环境中实现可靠定位。

在构建点云地图时，可以随着传感器获取数据，将新数据加入地图中，不需要预先定义地图尺寸。但由于三维激光雷达和深度相机一次测量获得的点数非常多，如 16 通道三维激光雷达的数据量可达 20 万点/s，因此通常对地图存储空间提出了较高要求。

需要注意的是：点云地图仅仅描述了所测量得到的物体表面的空间坐标信息，其描述性较差，不能提供更高语义层次的信息以及环境结构、特征之间的关联性。对于移动导航来讲，点云地图并未区分所测量物体是道路还是障碍物，也没有说明点与点之间的空间是空闲、被占还是未知，因此无法直接应用于导航，需要对点云数据进行处理，分割出可行区域后才可以进行导航规划，如图 4-26 所示。

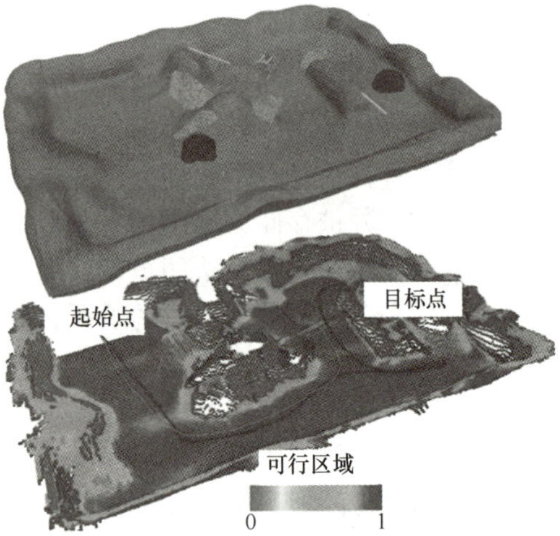

图 4-26 点云地图的可行区域分割和导航规划

2. 栅格地图

栅格法是一种将物理环境抽象成二维平面环境的环境建模方法，该方法是将执行的任务区域划分为一系列大小相同的栅格，然后根据环境中不同的特征为这些栅格设置不同的数值，其中可以通行的区域称为自由栅格，赋值为 0，而有障碍物的区域不可通行，赋值为 1。在概率架构下，每个栅格存储的是该栅格的被占概率。

地图表示为

$$M=\{m_1,m_2,\cdots,m_n\} \tag{4-70}$$

m_i 表示地图中第 i 个栅格单元被占情况，取值为 0 或 1，在程序实现时栅格内存储的则是 $p(m_i)$，表示 $m_i=1$ 的概率。当 $p(m_i)=1$ 时，表示栅格确定被占；当 $p(m_i)=0$ 时，表示栅格确定空闲；当 $p(m_i)$ 取 0~1 之间的值时，表示栅格被占的不确定性；$p(m_i)=0.5$，意味着栅格被占不确定性最大。

利用二维栅格地图可以表示某个平面的环境信息，被占概率表示的是对应二维平面空间的被占情况。将栅格被占概率值与灰度或者颜色对应，可以实现栅格地图的图像化显示。如图 4-27 所示的二维栅格地图，其中黑色对应 $p(m_i)=1$，白色对应 $p(m_i)=0$，不同灰色对应不同的被占概率。

栅格地图可以详细描述环境信息，同样可以使人直观地获得环境信息。由于栅格地图是对环境的近似单元分解表示，因此可以直接采用 A^* 等搜索算法进行最优路径规划。对于定位来讲，也可以方便地根据地图中栅格被占概率来计算获得当前观测的可能性，从而实现定位估计。鉴于其在定位和导航规划方面均有较好的适用性，很多移动机器人应用这种地图表示方法。

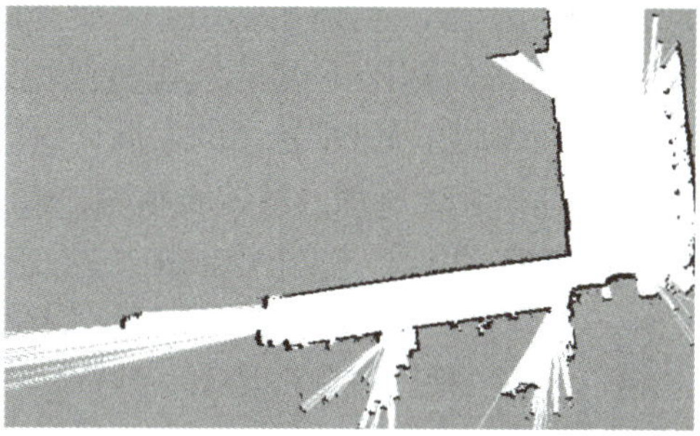

图 4-27 二维栅格地图图像化显示图

栅格地图是一种几何度量地图，激光测距仪具有测量距离远、范围大、精度高等优势，因此主要采用激光雷达数据来构建栅格地图。可以简单直接地将激光测量得到的空间点投影到栅格中来估计栅格被占情况，但这种方式往往忽略了测量点到所测空间点之间是空闲的这个隐含信息，因此更为科学的方式是利用激光测量数据，基于栅格地图被占概率的计算方法，构建栅格地图。

一般情况下，栅格地图的范围与栅格的分辨率会被预先定义。地图的存储空间由所需建图的环境范围而确定。栅格分辨率则决定了对环境信息描述的粒度，栅格尺寸越小，分辨率越高，对环境信息描述越精细，这直接影响机器人定位的精确度，但精细描述导致栅格地图中的栅格数量大大增加。由于栅格地图会对每个栅格进行建模，而栅格分辨率往往需要设置得足够充分以详细表示环境特征，因此相对其他地图表示形式而言，栅格地图所需的存储空间巨大。随着栅格数量的增加和环境的扩大，地图存储所需要的空间和更新维护时间迅速增加，而栅格地图维度的增加更会随着环境的扩大造成空间需求呈指数级增长。

采用基于四叉树或者八叉树的地图表示方法可以减少存储空间的需求，随着观测的获取，增量式更新观测区域的地图，从而不需要预先定义地图的大小，避免了未知区域占用存储空间。四叉树面向二维平面空间，迭代地将包含平面空间分解为四个同样大小的平面空间，直到每个空间完全被占、完全空闲或者达到最小分辨率，对于未知区域可以不做分解展开。

3. 特征地图

特征地图以抽象的特征描述环境，如图 4-28 所示，通常采用拟合障碍物的陆标、线段、平面、多边形等结构性几何特征，这些基础特征通过一组参数进行建模。

早期的地图构建与定位研究主要采用陆标特征地图，用抽象环境表示真实环境，每个陆标用其在地图中的笛卡儿坐标描述，也可增加纹理等标识信息描述。在概率架构下，一般采用高斯分布模型描述陆标信息。每个陆标采用一个高斯分布模型 $N(u,\Sigma)$ 描述，均值 $u=[x,y,z]^{\mathrm{T}}$ 表示估计值，其中 (x,y) 为平面坐标，z 可包含各种特征标识，用于进行特征匹配，方差 Σ 表示估计的不确定性。

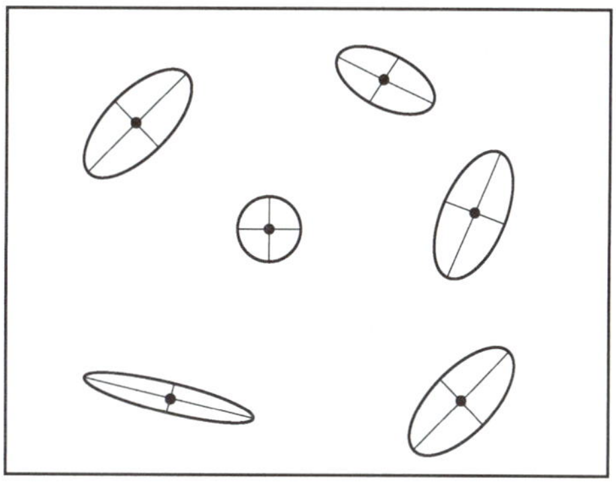

图 4-28 陆标特征地图示意图

在实际应用时，需通过传感器信息处理来构建陆标特征。理想情况下，应直接以环境中存在的物体来构建陆标特征，如可以取建筑物或树干等作为陆标特征。但在很多实际应用中，自然环境中可能不存在可辨识的陆标特征，或者陆标特征容易受机器人观测视角和环境变化的影响而发生变化，难以确保检测、识别和匹配的正确性，因此有些应用采用人工放置特定陆标的方法。

对于室内等结构性环境，线段特征也经常被采用，形成拟合障碍物边缘的线段特征地图。随着二维地图向三维地图的发展，线段特征地图也衍生为拟合障碍物表面的三维平面特征地图，如图 4-29 所示。具体表示时，需要根据特征拟合和匹配需要，找到合适的特征表示参数。例如，线段可以用线段中心点、斜率、长度表示，也可以用线段到坐标系原点距离、线段法线方向、线段中心点和长度来表示。

相较于点云地图和栅格地图，特征地图具有简洁、紧凑、内存占用量小等优点，同时对环境具有更高层次的描述性，使定位与建图的鲁棒性更强。因此，近年来研究人员考虑进一步提升环境描述的层次，引入基础物体信息，以实现鲁棒性更好的数据关联推理。例如，基于 RGB-D 信息进行环境的三维稠密表面重构，通过实时三维目标识别和跟踪提取场景中的物体，从而实现更加鲁棒的闭环检测、移动对象检测等，如图 4-30 所示。但是特征地图无法精确表征复杂环境细节，不能表示环境的被占用、空闲和未知情况，因此不能直接用于导航规划，需要根据特征地图生成可行区域。

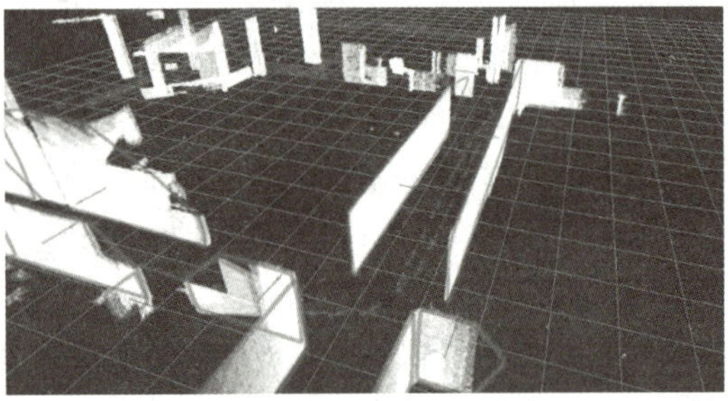

图 4-29　三维平面特征地图

图 4-30　基础物体特征地图

4. 拓扑地图

拓扑法是将需要规划的任务空间分割为具有拓扑特征的子空间，同时构建拓扑网络，并在拓扑网络上找到起始点至目标点的拓扑路径的方法。拓扑法可以将高维的复杂空间转化为简单的低维拓扑空间，有效地减小了实际搜索的空间范围。使用拓扑法不需要知道载体的具体工作环境，通过一些代表性的拓扑节点和拓扑线段构成拓扑网络，清晰体现环境中各个位置的关系。其优点在于方法比较直观，对于环境信息的要求不高；缺点在于如果环境中存在障碍物数目较多，则拓扑网络比较复杂，且在实际应用中存在位置信息的误差，难以修改原有拓扑网络。

拓扑地图采用图形式表示，图中节点表示环境中的某个地点，节点之间的连线（边）表示两个节点之间可行，如图 4-31 所示。

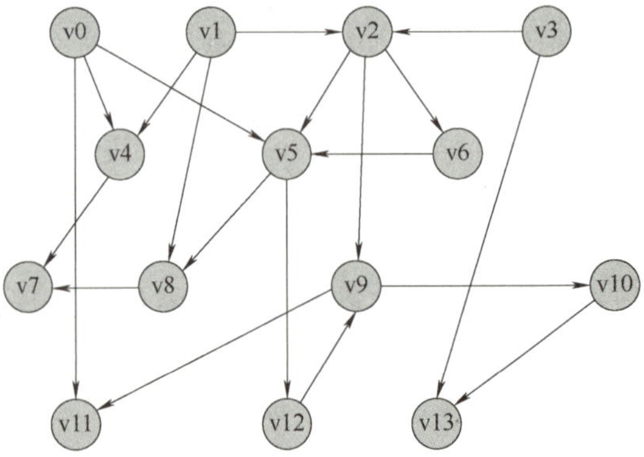

图 4-31　拓扑地图

拓扑地图表示形式简洁紧凑，可以进行快速的路径规划。路径规划方法中的行车图法和概率路图法是根据环境障碍物分别通过解析或者概率采样的方法来构建环境的拓扑地图，再应用 A* 等搜索算法进行最优路径规划。在拓扑地图节点上存储该场景的传感器信息(如图片、激光点云等)或者由传感器信息提取得到的特征描述(如视觉特征、线段特征等)形成对该地点的描述，在定位时可以根据实时感知信息与地图存储信息匹配进行位置识别。但节点分布存在稀疏问题，难以实现任意时刻的精确定位。当两个节点信息具有相似性时，可能导致定位错误。

4.2.2　三维环境地图建立

目前，移动机器人二维环境地图构建技术已经十分成熟，但随着移动机器人的研究领域从结构化室内场景向非结构化的室外场景过渡，在室外场景中存在不同高度层面的环境特征，二维地图表示方法已经无法满足机器人更高的环境感知要求，而三维地图构建能为机器人提供更加丰富的环境信息，成为当前移动机器人地图构建领域的研究热点。三维环境地图由于信息量的增大，给机器人处理带来高存储、高计算量、复杂数据处理算法等一系列问题。常用的三维地图包括：三维几何地图、立体栅格地图和高度地图，它们在描述三维环境时存在各自的优缺点，下面将分别进行介绍。

1. 三维几何地图

三维几何地图与二维几何地图类似，也是用从传感器信息中提取的环境特征描述环境，只是在空间描述上添加了一维信息。最常用也是最直观的方式是用三维点云数据描述三维环境(见图 4-32a)。2005 年美国国防部高级研究计划局(Defense Advanced Research Projects Agency，DARPA)比赛冠军斯坦福大学的 Stanley 在车顶安装有五个激光测距传感器，每个激光传感器采用不同的下倾角度以便获得车前不同距离的三维路面信息。Miller 和 Thrun 在直升机平台上固定一个扫描平面垂直地面的二维激光测距传感器，飞机在行进过程中对地面环境进行扫描，根据配备的 GPS 和惯性导航系统数据将二维激光数据整合为三维数据，并通过后续处理实现地图精度的提高。这种表示方式要存储大量环境数据，并产生繁重的计算负担，此外选择适合的匹配方法来维护高精度三维地图的一致性也是该方法的一个难点问题。除了依靠点云表示环境，用平面特征描述有一定规则特征的三维环境空间也是一种十分有效的方法(见图 4-32b)，多用于场景重构。Kagami、Hahnel 和 Sakenas 从三维激光数据中提取平面特征表示三维环境，但是该方法不适合应用于杂乱的三维环境，因为在这种情况下不存在理想平面特征。

a) 三维点云地图

b) 三维平面地图

图 4-32　三维几何地图

2. 立体栅格地图

相比于二维栅格，三维栅格的数量更大。为了提高三维栅格地图数据处理效率，通常采用八叉树对三维栅格数据进行编码存储。八叉树最早是由 Hunter 博士提出的一种数据结构模型，它是二维平面四叉树到三维立体空间的推广。后来将其应用于空间场景建模中，将空间结构按照一定的规律划分为八个卦限，形成一种八分支树的表现形式。

八叉树数据由根节点、子节点和叶节点组成。从树的根节点开始进行数据结构划分。树的第一层是根节点。沿着根节点所在的立方体按照 X、Y、Z 三个方向进行八等分，分成八个小的立方体块。这些立方体块即是八叉树中的八个子节点。再根据环境中的空间状态信息，对八叉树中的各个子节点再一次进行划分，其中不能继续划分且没有子节点的节点称为叶节点。八叉树在进行数据结构分层时，每一个节点都遵从 2×2×2 的递归规则，直到达到设定的递归深度或预设的最小阈值才停止划分，否则会无休止地分割下去。如图 4-33a 所示，在三维空间中，一个立方体的体积元素代表八叉树的一个节点。其中，最大的立方体块是八叉树的“根节点”，最小的立方体块是“叶节点”，其余的立方体块是八叉树的“子节点”。

八叉树中的每一个节点都可以看作由一个编码和八个指向节点的指针(0,…,7)组成。图 4-33b 所示的是一个具有三层树状结构的八叉树。八叉树中每一个节点的占用情况都可以间接地反映其在当前空间的状态。若八叉树的节点为白色叶节点，则反映该节点的空间没有被占用，呈释放状态的空心体；若该节点为黑色叶节点，则反映该节点的空间全部被占据，呈质地均匀的实心体；若该节点为灰色子节点，则其部分被占据，部分被释放，此时会根据其部分被占据的情况继续进行数据结构分层。并且，其内部的八个指针将会指向下一层的八个子节点，直至细分到可以描述为全部被占据或全部被释放的叶节点为止，如图 4-33b 所示的叶子层。这些子节点与它们的父节点形成相互对应的分层数据结构关系，避免空指针占用空间内存情况的发生，有效地减少了存储空间。

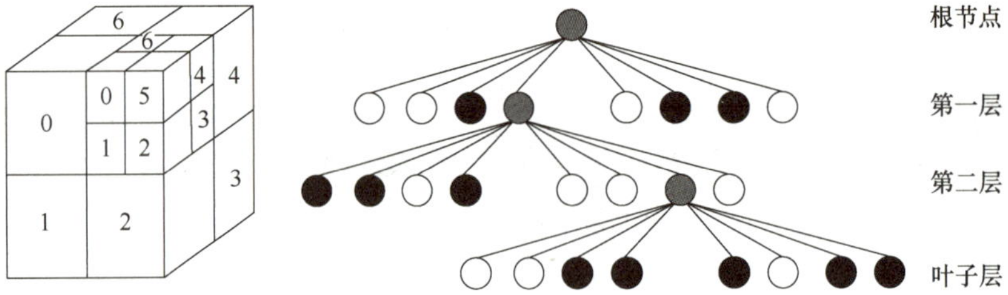

a) 八叉树空间分割模型　　b) 八叉树的树状表示

图 4-33　八叉树数据结构示意图

在八叉树中，树中的每一个节点都可以用 0~1 之间的浮点数表示其在存储空间占据的概率情况。若数值为 0，表示该节点在空间的存储状态完全被释放，为空；若数值为 0.5，表示该节点在空间的存储状态未知；若数值为 1，表示该节点在空间的存储状态完全被占据，为满。通常数值越大，表示树节点被占据的概率越高；否则，树节点被占据的概率越低。使用八叉树数据结构建图的好处是当树中的某个子节点都是“被占据”“被释放”或“未知”状态时，就可以把它减去，减少存储空间的占用。

除此之外，八叉树地图最显著的特点是可以适应不断变换的三维空间环境。在观测的过程中每个节点被占据的情况会随着时间的变化而改变。想要获得从开始到当前时刻 $x_{1:t}$ 叶子节点 y 的后验概率 $p(y|x_{1:t})$ 可以根据式(4-71)计算。

$$p(y|x_{1:t})=\left[1+\frac{1-p(y|x_t)}{p(y|x_t)}\frac{1-p(y|x_{1:t-1})}{p(y|x_{1:t-1})}\frac{p(y)}{1-p(y)}\right]^{-1} \tag{4-71}$$

从式(4-71)可以得出，决定从开始到当前时刻 $x_{1:t}$ 叶子节点 y 的后验概率 $p(y|x_{1:t})$ 的因素：当前时刻的测量值 x_t、叶子节点 y 的先验概率 $p(y)$ 以及该叶子节点从开始到当前时刻的前一时刻的概率 $p(y|x_{1:t-1})$。式中，$p(y|x_t)$ 为叶子节点 y 在给定当前测量时刻 x_t 的后验概率。基于概率-可能性(P-odds)的 logit 变换，即把概率 p 转换到实数空间 $\mathbb{R}$ 上：

$$\alpha=\text{logit}(p)=\ln\left(\frac{p}{1-p}\right) \tag{4-72}$$

再对式(4-72)做 logit 逆变换有

$$p=\text{logit}^{-1}(\alpha)=\frac{1}{1+\exp(-\alpha)} \tag{4-73}$$

则可以推算出从开始到当前时刻 $x_{1:t}$ 叶子节点 y 对应的概率对数值(log-odds)为

$$L(y|x_{1:t})=L(y|x_{1:t-1})+L(y|x_t) \tag{4-74}$$

八叉树节点的每次更新只需将新的状态信息与之前的概率对数值相加即可。为防止计算值溢出和无下限分割情况的出现，需设置最大阈值和最小阈值，有

$$L(y|x_{1:t})=\max(\min(L(y|x_{1:t-1})+L(y|x_t),l_{\max}),l_{\min}) \tag{4-75}$$

从八叉树节点更新的原理可知，八叉树地图的构建过程即是八叉树各个节点占有概率不断更新的过程。八叉树地图的构建关键步骤如下：

1）将点云地图中的点云数据作为创建八叉树地图的原始节点数据，获取每一个三维点云的坐标信息。

2）根据已有的坐标信息设置其在八叉树地图中对应的位置，放置根节点。

3）在根节点的基础上对其进行分层，每次分层都会对上层节点数据进行八等分，并且逐层判断每一个子节点的占据情况。

4）若在该层中某些子节点处于完全被占据或释放状态，就视其为叶节点，此时八叉树将不会继续展开该节点，停止分层。

5）若该节点在当前存储空间的占据情况既不是完全被占据也不是完全被释放，则在其基础上继续进行分层，并再次判断分层之后各个子节点的占用状态，进而决定是否继续分层。

6）当达到设置分辨率对应的最大递归深度值时，停止分层，保存已创建的八叉树地图，输出八叉树地图文件。

图 4-34 描述了八叉树地图的结果。其中图 4-34a 为点云地图；图 4-34b 为根据点云地图得到的八叉树地图，体素分辨率为 0.08m，不同的体素分辨率可以取得不同的结果，可根据需要调整分辨率；图 4-34c 和图 4-34d 分别为体素分辨率为 0.64m 和 1.28m 时的结果显示。

图 4-34　不同最小分辨率定义下的八叉树地图

3. 高度地图

二维栅格地图只能表示某个平面的环境信息，无法表示地面的不平整性。而三维栅格地

图则过于耗费存储资源和计算时间，虽然可以通过八叉树表示来减少空间需求，但随之带来的是数据结构和程序的复杂。

为实现不平整地面上的高效导航规划，如行星探测、足式机器人落脚点规划等，M. Herbert 等人提出了高度地图(Elevation Map)表示法，也称为 2.5 维占用栅格地图。如图 4-35 所示，它采用二维栅格地图表示方法，但在每个栅格中不是存储该栅格被占概率，而是该栅格内障碍物的高度信息，通过高斯分布来表示高度估计和不确定性，从而可以根据栅格内存储的高度信息来图像化显示当下环境的地貌。

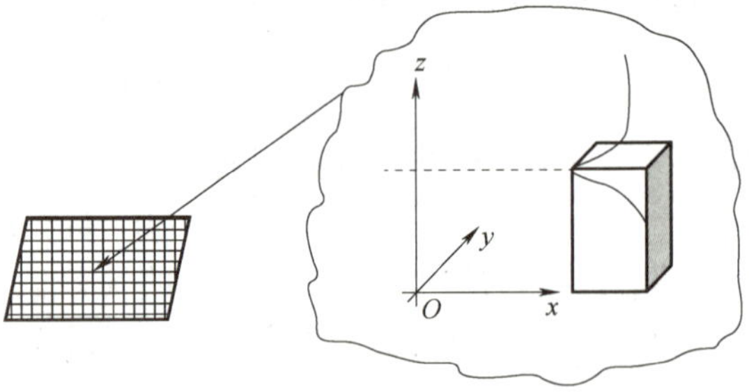

图 4-35　高度地图表示存储信息

除了栅格被占概率或者障碍物高度信息，可以根据不同的应用需求在栅格地图中存储不同信息。例如，一些基于优化的轨迹规划算法需要获取地图中每个点到障碍物的距离信息或者距离的梯度信息，因此一些应用在每个栅格内存储距离其最近的被占用栅格与该栅格之间的欧氏距离，称为欧几里得符号距离场(Euclidean Signed Distance Fields，ESDF)。ESDF 是在传感器观察该栅格位置视线上栅格到最近障碍物表面的距离。如图 4-36 所示，当传感器在空间中位置确定时，可以得到所计算栅格与传感器之间的距离，记为 d_v，利用传感器测距光线追踪法找到与该栅格距离最近的物体表面，记传感器到该物体表面的距离为 d_s，栅格内所存储的 ESDF 即为 d_s-d_v。相较于传统的占用栅格地图，基于 ESDF 的地图可以更快地实现碰撞检测，并且可以通过正负符号快速判断栅格是位于传感器与障碍物之间、障碍物表面还是障碍物之后。

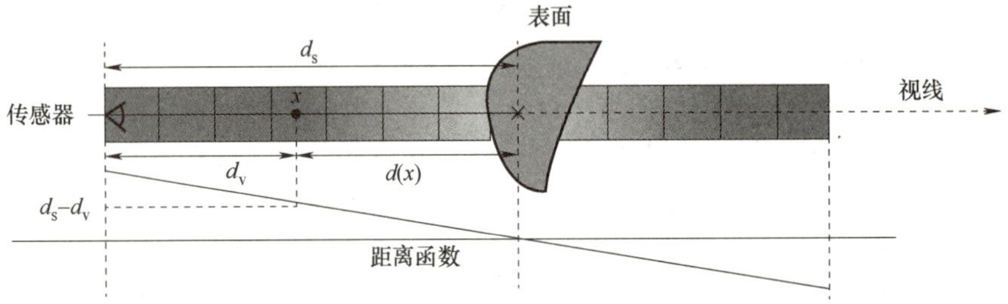

图 4-36　ESDF 计算示意图

为了减少计算量，一些三维地图构建方法采用截断符号距离场(Truncated Signed Distance Fields，TSDF)描述地图。如图 4-37 所示，即只计算障碍物附近一定距离内栅格的 ESDF 数值；对于超出计算范围的栅格，在障碍物表面与传感器之间的栅格统一赋值为 1，而在障碍物表面之后的栅格统一赋值为-1。图 4-38 所示为 TSDF 栅格地图示例，可以看到这种表示方法隐式地表征了环境表面信息，因此可以利用 Marching Cube 等算法重构高分辨率三维曲面。Oleynikova 等人将 TSDF 地图的数据作为近似距离值，实时增量式更新 ESDF 地图，使算法可以同时适用于导航、定位和地图构建。

由于高度地图在描述环境地形特征上有一定优势，且存储空间量最小，可以应用于室外移动机器人的实时任务。如果可以实现基于高度地图的环境特征提取，必将对该方法在地图匹配、路径规划和自主导航等问题中的应用起到推波助澜的作用。

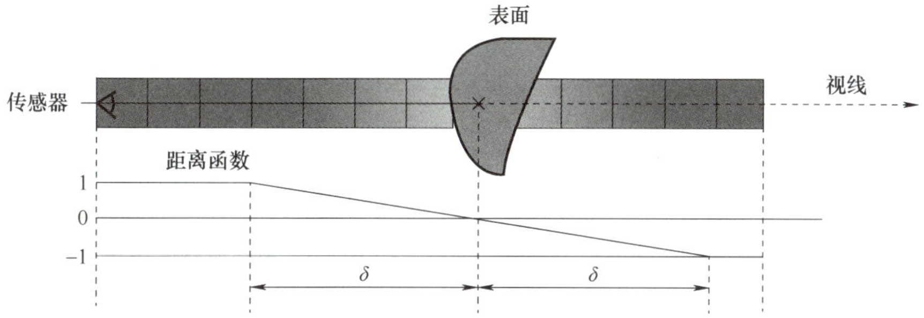

图 4-37　TSDF 计算示意图

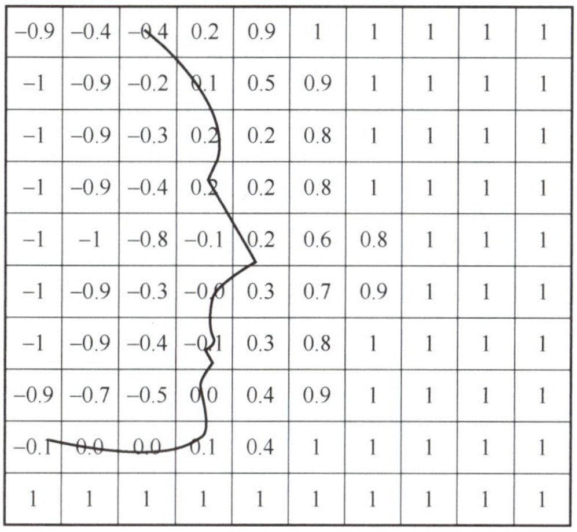

图 4-38　二维 TSDF 栅格地图示例

注：图中数字为截断距离内栅格到最近表面的有向距离，曲线为障碍物表面。

4.2.3　环境地图比较与分析

前面介绍了二维地图及三维地图的几种建模方法，建立的地图各有特点及适用范围，它们的比较可参见表 4-4。

表 4-4　环境地图构建方法比较

地图	原理	优点	缺点
点云地图	用最原始的二维、三维点云描述环境	显示直观，地图精度高，由于是最原始环境数据，则利于后续处理如环境特征提取、自主定位等	当环境范围较大时，存储和计算负担都很大，不适合实时应用
拓扑地图	抽象的边、节点组成	强调节点间的连通性	适合简单的应用环境
特征地图	采用拟合障碍物的陆标、线段、平面、多边形等结构性几何特征，让这些基础特征通过一组适当的参数来进行建模	具有简洁、紧凑、内存占用量小等优点，同时对环境具有更高层次的描述性，使定位与建图的鲁棒性更强	无法精确表征复杂环境细节，不能表示环境的被占用、空闲和未知情况，不能直接用于导航规划，需要根据特征地图生成可行区域
平面地图	用从点云中提取的平面特征描述环境	适合描述具有一定规则结构的室内环境	不适合描述过于杂乱的环境

（续）

地图	原理	优点	缺点
栅格地图	将工作空间划分为二维、三维立体栅格，用每个栅格被占据或没有占据的概率来进行空间状态描述	栅格排列规则，便于特征提取	地图精度取决于栅格分辨率，表示大范围环境时存储负担较大
高度地图	由二维平面的离散栅格和存储在栅格中的地形高度信息组成的2.5维地图	存储空间小，多用于环境地形特征描述，适合机器人路径规划和导航	损失部分环境信息，对环境高度过于离散化，不利于环境特征提取

拓扑地图比较抽象，元素之间的距离、方向、形状等信息都没有在地图中展示出来。它是一个由边和节点构成的图，地图上主要表示的是节点之间的连通性，其他的关系都没有表示出来。点云地图一般是用于三维地图的构建，通过对点云进行逐帧的拼接、识别和闭环等操作，将离散的点云数据拼接成一个描述环境信息的点云地图。点云地图的规模一般很大，每一帧都记录了大量的空间点，所以需要进行滤波。但目前的点云滤波方法并不完善，不能准确地区分有用信息与噪声，因此经过滤波的点云地图，仍然有很多不必要的信息，浪费存储空间。栅格地图将地图分成若干个栅格，每个栅格只有两种状态，占据与自由状态，占据表示该栅格上有物体，机器人无法直接通过，自由表示该栅格可以让机器人通过。栅格地图存储格式简单，可以用于定位、导航、路径规划等，是当前室内机器人导航使用最广的地图。

4.3 本章小结

本章重点介绍应用于小型机器人的激光雷达和视觉传感器的基本原理及数据处理过程，并给出由这两类传感器建立的环境地图的主要形式，通过对二维环境及三维环境模型的建立，形成不同形式的二维地图及三维地图，可以在这些地图上应用不同的路径规划方法，达到引导机器人完成任务的目的，关于机器人的路径规划将在第6章中详细介绍。

【课程思政】

要在全社会大力弘扬追求真理、勇攀高峰的科学精神，广泛宣传基础研究等科技领域涌现的先进典型和事迹，教育引导广大科技工作者传承老一辈科学家以身许国、心系人民的光荣传统，把论文写在祖国的大地上，把科研成果应用在全面建设社会主义现代化国家的伟大事业中。要加强国家科普能力建设，深入实施全民科学素质提升行动，线上线下多渠道传播科学知识、展示科技成就，树立热爱科学、崇尚科学的社会风尚。要切实推进科教融汇，在教育“双减”中做好科学教育加法，播撒科学种子，激发青少年好奇心、想象力、探求欲，培育具备科学家潜质、愿意献身科学研究事业的青少年群体。

习近平总书记2023年2月21日在二十届中共中央政治局第三次集体学习时的讲话

第 5 章 自主导航系统的定位技术

机器人要实现自主定位导航，主要的关键技术有三点：地图构建、自主定位、运动控制和路径规划，如图 5-1 所示。

地图构建是机器人解决"要去哪"的问题的参考，通过地图的参考，可以了解到机器人当前位置以及之后要去的位置。目前用于机器人的导航地图在第 4 章中已经介绍，如尺度地图、拓扑地图、点云地图、栅格地图等。

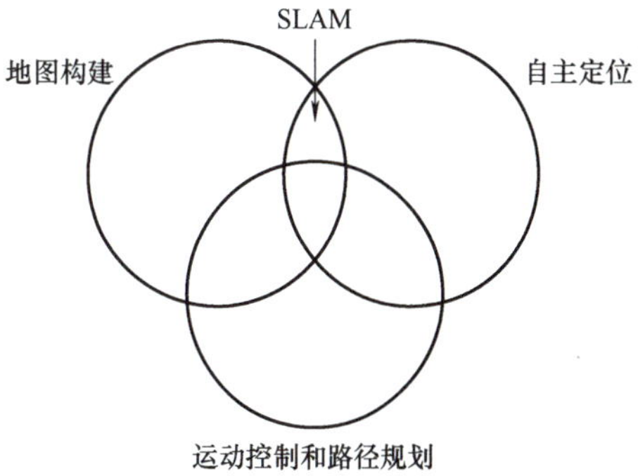

图 5-1　自主定位导航技术结构示意图

自主定位是机器人确定自己在地图中的位置，从而确定"我在哪"。第 4 章中已经介绍了基于激光雷达的 ICP 类算法，通过将当前扫描点云中的每一个点与参考数据中的点进行关联，然后将点与点之间的欧氏距离作为度量值，求出最佳变换矩阵，使得通过变换矩阵后的点对之间的欧氏距离最小。同时也介绍了基于图像特征的自主定位方法如 SIFT 类算法等，利用图像特征提取、匹配实现机器人载体的自主定位。

路径规划是在环境中给出载体最优路径，解决机器人如何到达指定位置的问题。它可以根据地图信息和传感器信息来对机器人规划一条安全、可靠的移动路径。传统的路径规划算法有 Dijkstra 算法、A^* 算法、人工势场(Artificial Potential Field，APF)法等。详细内容参见第 6 章。

即时定位与地图构建(SLAM)技术给机器人自主导航技术提供了一种解决方式。它在没有环境先验信息的情况下，在载体运动过程中建立环境的模型，同时估计自己运动的过程。一方面，这是一个定位问题，运动主体需要明白自身的状态，另一方面这也是一个地图构建问题，需要了解外在的环境并提取有效信息建立地图。本章重点介绍 SLAM 技术的原理与应用。

5.1 SLAM 数学基础及原理

5.1.1 SLAM 总体框架

图 5-2 所示为一个完整的 SLAM 技术框架的总体流程，实现定位和建图两个主要功能，其中定位的本质是建立地图坐标系与机器人局部坐标系一致性的过程，而建图则是将外界环

境内化的过程。经典的 SLAM 技术框架包含如下步骤：

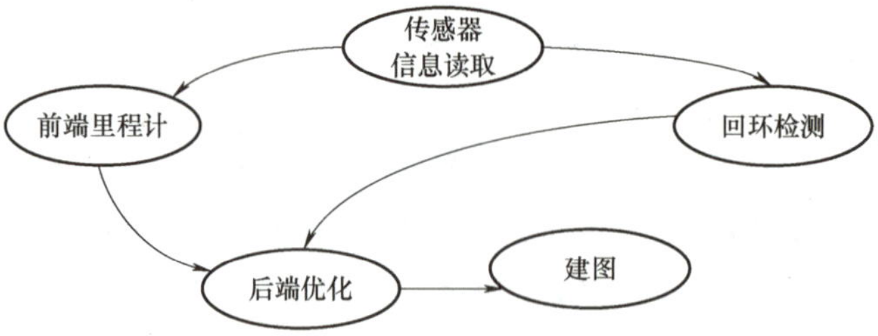

图 5-2　SLAM 技术框架的总体流程

第一步：传感器信息读取。自主移动机器人上搭载有多个传感器，这些传感器可能包括激光雷达、相机、惯性传感器、编码器等。传感器信息读取步骤就是将所有的传感器信息同步采集到同步定位与建图系统中的过程。

第二步：前端里程计。前端里程计的主要任务是通过对传感器输入的信息进行处理，包括特征提取、下采样、特征匹配等操作，然后估计出当前机器人的位姿，并对外界局部地图进行粗略估计的一个过程。

第三步：后端优化。后端接收不同时刻前端里程计估计得到的机器人位姿以及回环检测的信息，对它们进行整体优化，得到全局的轨迹和整体环境地图。

第四步：回环检测。回环检测判断机器人是否曾经过以前的位置。如果检测到回环，它会把信息提供给后端进行处理。

第五步：建图。根据后端优化和回环检测的信息，得到估计的机器人运动轨迹并建立与任务要求对应的地图。

对 SLAM 技术框架更深入的探讨需要用更准确的数学语言描述。机器人携带传感器在未知环境中运动时，由于传感器通常是在某些时刻采集数据，传感器数据是离散的。因此，用 $t=1$，…，k 表示各个数据采集的时刻，用 $\boldsymbol{x}$ 表示机器人自身的位置，机器人经过的各个位置可记为 $\boldsymbol{x}_1$，…，$\boldsymbol{x}_k$。地图上有许多路标点，用 y_1，…，y_N 表示这些路标点。机器人上装有测量自身运动的传感器，因而可得一个运动方程，即

$$\boldsymbol{x}_k=f(\boldsymbol{x}_{k-1},\boldsymbol{u}_k,\boldsymbol{w}_k) \tag{5-1}$$

式中，$\boldsymbol{u}_k$ 为传感器的输入；$\boldsymbol{w}_k$ 为传感器读入噪声，函数 f 为运动方程中计算出下一个机器人状态的计算过程。相对于运动方程，还可得到一个观测方程，即

$$z_{k,j}=h(\boldsymbol{y}_j,\boldsymbol{x}_k,\boldsymbol{v}_{k,j}) \tag{5-2}$$

式中，$\boldsymbol{v}_{k,j}$为观测噪声；$z_{k,j}$为在位置 $\boldsymbol{x}_k$时对路标 $\boldsymbol{y}_j$ 的观测数据，整个过程用函数 h 描述。式(5-1)和式(5-2)已经描述了最基本的 SLAM 问题，将它合并后，可得

$$\begin{cases}\boldsymbol{x}_k=f(\boldsymbol{x}_{k-1},\boldsymbol{u}_k,\boldsymbol{w}_k)\\ z_{k,j}=h(\boldsymbol{y}_j,\boldsymbol{x}_k,\boldsymbol{v}_{k,j})\end{cases} \tag{5-3}$$

求解式(5-3)是一个状态估计的问题，即通过带有噪声的测量数据 $\boldsymbol{u}$ 和传感器数据 $\boldsymbol{z}$，估计机器人位置 $\boldsymbol{x}$ 和地图 $\boldsymbol{y}$。状态估计问题的求解与两个方程的具体形式以及噪声的分布有关，具体分类如图 5-3 所示。其中线性高斯系统的无偏最优估计可通过卡尔曼滤波器给出，复杂的非线性非高斯系统可使用扩展卡尔曼滤波器和非线性优化方法求解。机器人三维空间

运动具有三个轴上的平移和三个轴上的旋转共六个自由度，因而用最合适的方法来表达及优化六自由度上运动的问题，需要引入三维空间位姿和李群李代数表示方法。

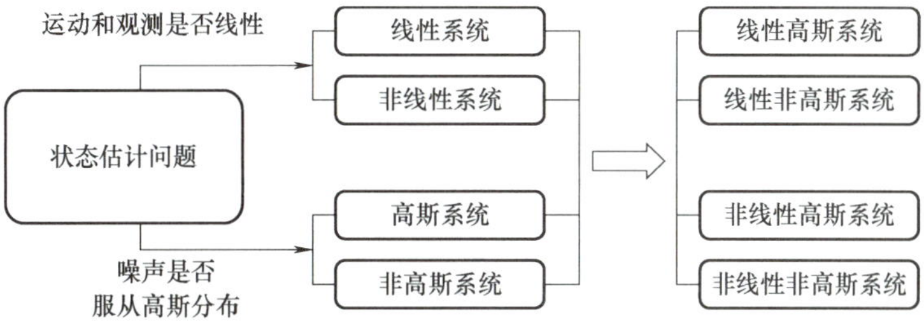

图 5-3　状态估计问题的分类

5.1.2　三维空间位姿表示

在 SLAM 问题中，需要确定机器人每一时刻相对于参考坐标系的位姿以及坐标系之间的变换，即通过参数化的旋转和平移量进行描述，在第 2 章导航中坐标系间的变换原理的基础上不难理解。使用旋转与平移表示一个世界坐标系变换到局部坐标系的过程，其中$\{\boldsymbol{w}\}$是世界坐标系，通常是传感器数据的第一帧坐标，$\{\boldsymbol{L}\}$是传感器的局部坐标系，变换矩阵$\boldsymbol{T}$描述了一个六自由度的变换，包含三个平移分量和三个旋转分量。平移变换是线性的且计算简单，而旋转变换计算复杂并有多种表示形式，具体有旋转矩阵、欧拉角、旋转向量及四元素等。旋转矩阵自身带有很强的约束性，它为正交矩阵且其行列式的值为 1；欧拉角虽然表示直观、易于理解，但具有奇异性，不适用于插值和迭代；而单位四元素同样存在模为 1 的约束，在优化问题中会引入额外条件。因此，引入李群李代数，将位姿估计转化为无约束的优化问题，简化求解。

李群(Lie Group)是具有连续和光滑性质的群。在机器人位姿变换表示中，通常会用矩阵李群，即表示旋转的特殊正交群(Special Orthogonal Group)$\boldsymbol{SO}(3)$和表示姿态的特殊欧几里得群(Special Euclidean Group)$\boldsymbol{SE}(3)$，其定义分别为

$$\boldsymbol{SO}(3)=\{\boldsymbol{C}\in\mathbb{R}^{3\times3}\mid\boldsymbol{C}\boldsymbol{C}^{\mathrm{T}}=\boldsymbol{I},\det\boldsymbol{C}=1\}\tag{5-4}$$

$$\boldsymbol{SE}(3)=\left\{\boldsymbol{T}=\begin{bmatrix}\boldsymbol{C}&\boldsymbol{r}\\\boldsymbol{0}^{\mathrm{T}}&\boldsymbol{I}\end{bmatrix}\in\mathbb{R}^{4\times4}\mid\boldsymbol{C}\in\boldsymbol{SO}(3),\boldsymbol{r}\in\boldsymbol{SO}(3),\boldsymbol{r}\in\mathbb{R}^{3}\right\}\tag{5-5}$$

式中，$\boldsymbol{SO}(3)$和$\boldsymbol{SE}(3)$都不是向量空间，但它们都是矩阵李群，满足封闭性、结合律、单位元及逆元四个条件，见表 5-1。

表 5-1　矩阵李群的性质

性质	$\boldsymbol{SO}(3)$	$\boldsymbol{SE}(3)$
封闭性	$\boldsymbol{C}_1,\ \boldsymbol{C}_2\in\boldsymbol{SO}(3)\Rightarrow\boldsymbol{C}_1\boldsymbol{C}_2\in\boldsymbol{SO}(3)$	$\boldsymbol{T}_1,\ \boldsymbol{T}_2\in\boldsymbol{SE}(3)\Rightarrow\boldsymbol{T}_1\boldsymbol{T}_2\in\boldsymbol{SE}(3)$
结合律	$\boldsymbol{C}_1(\boldsymbol{C}_2\boldsymbol{C}_3)=(\boldsymbol{C}_1\boldsymbol{C}_2)\boldsymbol{C}_3=\boldsymbol{C}_1\boldsymbol{C}_2\boldsymbol{C}_3$	$\boldsymbol{T}_1(\boldsymbol{T}_2\boldsymbol{T}_3)=(\boldsymbol{T}_1\boldsymbol{T}_2)\boldsymbol{T}_3=\boldsymbol{T}_1\boldsymbol{T}_2\boldsymbol{T}_3$
单位元	$\boldsymbol{C},\ \boldsymbol{I}\in\boldsymbol{SO}(3)\Rightarrow\boldsymbol{CI}=\boldsymbol{IC}=\boldsymbol{C}$	$\boldsymbol{T},\ \boldsymbol{I}\in\boldsymbol{SE}(3)\Rightarrow\boldsymbol{TI}=\boldsymbol{IT}=\boldsymbol{T}$
逆元	$\boldsymbol{C}\in\boldsymbol{SO}(3)\Rightarrow\boldsymbol{C}^{-1}\in\boldsymbol{SO}(3)$	$\boldsymbol{T}\in\boldsymbol{SE}(3)\Rightarrow\boldsymbol{T}^{-1}\in\boldsymbol{SE}(3)$

每一个矩阵李群都对应一个李代数(Lie Algebra)。李代数由数域$\mathbb{F}$上张成的向量空间$\mathbb{V}$

和一个二元运算符$[g,g]$构成。对于所有的 $\boldsymbol{X}$，$\boldsymbol{Y}$，$\boldsymbol{Z}\in\mathbb{V}$ 和 $\boldsymbol{a}$，$\boldsymbol{b}\in\mathbb{F}$，李代数满足封闭性、双线性、自反性及雅可比恒等式。李代数的向量空间是一个切空间，与对应李群上的单位元相关联，它完全刻画了这个群的局部性质，与 $\boldsymbol{SO}(3)$ 及 $\boldsymbol{SE}(3)$ 相关联的李代数见表 5-2。

表 5-2　与 $SO(3)$ 及 $SE(3)$ 相关联的李代数

	$SO(3)$	$SE(3)$
向量空间	$SO(3)=\{\boldsymbol{\Phi}=\boldsymbol{\phi}^{\wedge}\in\mathbb{R}^{3\times3}\mid\boldsymbol{\phi}\in\mathbb{R}^{3}\}$	$SE(3)=\{\boldsymbol{E}=\varsigma^{\wedge}\in\mathbb{R}^{4\times4}\mid\varsigma\in\mathbb{R}^{6}\}$
域		$\mathbb{R}$
李括号	$[\boldsymbol{\Phi}_1,\boldsymbol{\Phi}_2]=\boldsymbol{\Phi}_1\boldsymbol{\Phi}_2-\boldsymbol{\Phi}_2\boldsymbol{\Phi}_1$	$[\boldsymbol{E}_1,\boldsymbol{E}_2]=\boldsymbol{E}_1\boldsymbol{E}_2-\boldsymbol{E}_2\boldsymbol{E}_1$

指数映射和对数映射是关联李群和相应李代数的关键操作，具体为

$$\boldsymbol{R}=\exp(\boldsymbol{\phi}^{\wedge})=\exp(\theta\boldsymbol{a}^{\wedge})=\boldsymbol{I}\cos\theta+(1-\cos\theta)\boldsymbol{a}\boldsymbol{a}^{\mathrm{T}}+\sin\theta\boldsymbol{a}^{\wedge}+\sin\theta\boldsymbol{a}^{\wedge},\theta=|\boldsymbol{\phi}| \tag{5-6}$$

$$\boldsymbol{\phi}^{\wedge}=\mathrm{In}(\boldsymbol{R})=\frac{\theta}{2\sin\theta}(\boldsymbol{R}-\boldsymbol{R}^{\mathrm{T}}),\theta=\arccos\frac{\mathrm{tr}\boldsymbol{R}-1}{2} \tag{5-7}$$

$$\boldsymbol{T}=\exp(\boldsymbol{\zeta}^{\wedge})=\begin{bmatrix}\exp(\boldsymbol{\phi}^{\wedge}) & \boldsymbol{J}\boldsymbol{p}\\ \boldsymbol{0}^{\mathrm{T}} & \boldsymbol{I}\end{bmatrix} \tag{5-8}$$

$$\boldsymbol{\zeta}^{\wedge}=\mathrm{In}(\boldsymbol{T})=[\mathrm{In}(\boldsymbol{R})^{\mathrm{T}}\quad(\boldsymbol{J}^{-1}\boldsymbol{t})^{\mathrm{T}}]^{\mathrm{T}} \tag{5-9}$$

式中，$\boldsymbol{\phi}$ 为三维旋转向量，其单位向量为 $\boldsymbol{a}$，模长为 θ。且

$$\boldsymbol{R}\in\boldsymbol{SO}(3),\boldsymbol{\phi}\in\mathbb{R}^{3}(\boldsymbol{\phi}^{\wedge}\in\boldsymbol{SO}(3)),\boldsymbol{J}=\frac{\sin\theta}{\theta}\boldsymbol{I}+\left(1-\frac{\sin\theta}{\theta}\right)\boldsymbol{a}\boldsymbol{a}^{\mathrm{T}}+\frac{1-\cos\theta}{\theta}\boldsymbol{a}^{\wedge}$$

在机器人位姿表示中使用李代数的目的是进行优化，优化过程中用到的 $\boldsymbol{SO}(3)$ 及 $\boldsymbol{SE}(3)$ 的性质有

$$\exp(\Delta\boldsymbol{\phi}^{\wedge})\exp(\boldsymbol{\phi}^{\wedge})=\exp[(\boldsymbol{\phi}+\boldsymbol{J}_1(\boldsymbol{\phi})\Delta\boldsymbol{\phi})^{\wedge}] \tag{5-10}$$

$$\exp[(\boldsymbol{\phi}+\Delta\boldsymbol{\phi})^{\wedge}]=\exp[(\boldsymbol{J}_1\Delta\boldsymbol{\phi})^{\wedge}]\exp(\boldsymbol{\phi}^{\wedge})=\exp(\boldsymbol{\phi}^{\wedge})\exp[(\boldsymbol{J}_r\Delta\boldsymbol{\phi})^{\wedge}] \tag{5-11}$$

$$\exp(\Delta\boldsymbol{\xi}^{\wedge})\exp(\boldsymbol{\xi}^{\wedge})\approx\exp[(\mathcal{J}_{\mathrm{t}}^{-1}\Delta\boldsymbol{\xi}+\boldsymbol{\xi})^{\wedge}] \tag{5-12}$$

$$\exp(\boldsymbol{\xi}^{\wedge})\exp(\Delta\boldsymbol{\xi}^{\wedge})\approx\exp[(\mathcal{J}_{r}^{-1}\Delta\boldsymbol{\xi}+\boldsymbol{\xi})^{\wedge}] \tag{5-13}$$

式中，$\Delta\boldsymbol{\phi}$ 及 $\Delta\boldsymbol{\xi}$ 均是微小量。

5.1.3　SLAM 问题的求解

一个经典的 SLAM 模型由一个运动方程和一个观测方程组成，即

$$\begin{cases}\boldsymbol{x}_k=f(\boldsymbol{x}_{k-1},\boldsymbol{u}_k)+\boldsymbol{w}_k\\ z_{k,j}=h(\boldsymbol{y}_j,\boldsymbol{x}_k)+\boldsymbol{v}_{k,j}\end{cases} \tag{5-14}$$

式中，位姿 $\boldsymbol{x}_k$，可通过变换矩阵 $\boldsymbol{T}_k$ 或李代数 $\exp(\boldsymbol{\xi}_k^{\wedge})$ 来表达，机器人在位姿为 $\boldsymbol{x}_k$ 处对地图上的一处路标 $\boldsymbol{y}_j$ 进行了一次观测，得到观测信息 $z_{k,j}$。在 SLAM 技术框架中，通常会假设运动方程和观测方程中的两个噪声项满足零均值的高斯分布，即

$$\boldsymbol{w}_k\sim N(0,\boldsymbol{R}_k),\boldsymbol{v}_{k,j}\sim N(0,\boldsymbol{Q}_{k,j}) \tag{5-15}$$

式中，需要通过带噪声的数据 z 和 $\boldsymbol{u}$ 估计 $\boldsymbol{x}$ 及 $\boldsymbol{y}$ 的值及它们的概率分布，这构成了一个状态估计问题。用非线性优化求解该问题时，通常会把所有待估计的变量放到一个状态中，这里把 $\boldsymbol{x}$ 和 $\boldsymbol{y}$ 合并，得到

$$\boldsymbol{x}=\{\boldsymbol{x}_1,\cdots,\boldsymbol{x}_N,\boldsymbol{y}_1,\cdots,\boldsymbol{y}_M\} \tag{5-16}$$

此时整个问题转化为一个已知观测数据 z 和输入数据 $\boldsymbol{u}$，求解 $\boldsymbol{x}$ 的过程，即求解 $p(\boldsymbol{x}|z,\boldsymbol{u})$ 的问题。因为直接求解后验分布是困难的，但求解一个状态最优估计并使在该状态下后验概率最大化是可行的，因而不考虑输入数据 $\boldsymbol{u}$ 并利用贝叶斯法则，可得

$$p(\boldsymbol{x}|z)=\frac{p(z|\boldsymbol{x})p(\boldsymbol{x})}{p(z)}=p(z|\boldsymbol{x})p(\boldsymbol{x}) \tag{5-17}$$

由式(5-17)可知，求解最大化后验就是求先验概率 $p(\boldsymbol{x})$ 和似然估计 $p(z|\boldsymbol{x})$ 的最大化乘积。如果没有先验概率 $p(\boldsymbol{x})$，可求解 $\boldsymbol{x}$ 的最大似然估计 $p(z|\boldsymbol{x})$ 来替代后验概率 $p(\boldsymbol{x}|z)$。因此，一个 SLAM 问题求解的本质是一个状态估计问题。由于机器人位姿和路标都是需要估计的变量，为了简化起见，对以上的状态估计问题修改标记，得到

$$\boldsymbol{x}_k \triangleq \{\boldsymbol{x}_k,\boldsymbol{y}_1,\cdots,\boldsymbol{y}_m\} \tag{5-18}$$

式中，$\boldsymbol{x}_k$ 为 k 时刻所有需要估计的变量，包含当前时刻机器人位姿以及 m 个路标点。另外将 k 时刻所有的观测记作 z_k，有

$$\begin{cases}\boldsymbol{x}_k=f(\boldsymbol{x}_{k-1},\boldsymbol{u}_k)+\boldsymbol{w}_k\\ z_k=h(\boldsymbol{x}_k)+\boldsymbol{v}_k\end{cases} \tag{5-19}$$

利用 k 时刻以前的数据来预测现在 k 时刻的状态 $p(\boldsymbol{x}_k|\boldsymbol{x}_k,\boldsymbol{u}_{1:k},z_{1:k})$，根据贝叶斯法则与条件概率公式，可得

$$p(\boldsymbol{x}_k|\boldsymbol{x}_0,\boldsymbol{u}_{1:k},\boldsymbol{z}_{1:k})=p(\boldsymbol{z}_k|\boldsymbol{x}_k)p(\boldsymbol{x}_k|\boldsymbol{x}_0,\boldsymbol{u}_{1:k},\boldsymbol{z}_{1:k-1}) \tag{5-20}$$

$$p(\boldsymbol{x}_k|\boldsymbol{x}_0,\boldsymbol{u}_{1:k},\boldsymbol{z}_{1:k-1})=\int p(\boldsymbol{x}_k|\boldsymbol{x}_{k-1},\boldsymbol{x}_0,\boldsymbol{u}_{1:k},\boldsymbol{z}_{1:k-1})p(\boldsymbol{x}_{k-1}|\boldsymbol{x}_0,\boldsymbol{u}_{1:k},\boldsymbol{z}_{1:k-1})\mathrm{d}\boldsymbol{x}_{k-1} \tag{5-21}$$

求解式(5-21)目前主要有两种方法，第一种方法是假设公式的一阶马尔可夫性，在推导 k 时刻的状态时假设其只与前一个 $k-1$ 时刻的状态有关，而与其他时刻的状态无关。当做出这样的假设后，可使用扩展卡尔曼滤波器的方法进行求解。第二种方法不进行这样的假设，直接使用非线性优化的方法将所有时刻的状态变量同时进行优化并求解。显然，第一种方法的求解过程更简单，计算量相比第二种非线性优化的方法更小，但效果比非线性优化差。

扩展卡尔曼滤波器在某个点附近考虑运动方程及观测方程的一阶泰勒展开，保留其中的一阶项，舍弃其他部分。把运动方程和观测方程在 $k-1$ 时刻的均值 $\hat{\boldsymbol{x}}_{k-1}$ 及协方差 $\hat{p}_{k-1}$ 处进行一阶泰勒展开，并对后续的预测和更新方程进行推导，可得到扩展卡尔曼滤波器的后验估计，即

$$\boldsymbol{x}_k \approx f(\hat{\boldsymbol{x}}_{k-1},\boldsymbol{u}_k)+\left.\frac{\partial f}{\partial \boldsymbol{x}_{k-1}}\right|_{\hat{x}_{k-1}}(\boldsymbol{x}_{k-1}-\hat{\boldsymbol{x}}_{k-1})+\boldsymbol{w}_k,\boldsymbol{F}=\left.\frac{\partial f}{\partial \boldsymbol{x}_{k-1}}\right|\hat{\boldsymbol{x}}_{k-1} \tag{5-22}$$

$$z_k \approx h(\bar{\boldsymbol{x}}_k)+\left.\frac{\partial h}{\partial \boldsymbol{x}_k}\right|_{\bar{x}_k}(\boldsymbol{x}_k-\bar{\boldsymbol{x}}_k)+n_k,\boldsymbol{H}=\left.\frac{\partial h}{\partial \boldsymbol{x}_k}\right|_{\bar{x}_k} \tag{5-23}$$

$$P(\boldsymbol{x}_k|\boldsymbol{x}_0,\boldsymbol{u}_{1:k},z_{0:k-1})=N(f(\hat{\boldsymbol{x}}_{k-1},\boldsymbol{u}_k),\boldsymbol{F}\hat{\boldsymbol{P}}_{k-1}\boldsymbol{F}^{\mathrm{T}}+\boldsymbol{R}_k) \tag{5-24}$$

$$\bar{\boldsymbol{x}}_k=f(\hat{\boldsymbol{x}}_{k-1},\boldsymbol{u}_k),\bar{\boldsymbol{P}}_k=\boldsymbol{F}\hat{\boldsymbol{P}}_{k-1}\boldsymbol{F}^{\mathrm{T}}+\boldsymbol{R}_k \tag{5-25}$$

$$P(z_k|\boldsymbol{x}_k)=N(h(\bar{\boldsymbol{x}}_k)+\boldsymbol{H}(\boldsymbol{x}_k-\bar{\boldsymbol{x}}_k),\boldsymbol{Q}_k) \tag{5-26}$$

$$\boldsymbol{K}_k=\bar{\boldsymbol{P}}_k\boldsymbol{H}^{\mathrm{T}}(\boldsymbol{H}\bar{\boldsymbol{P}}_k\boldsymbol{H}^{\mathrm{T}}+\boldsymbol{Q}_k)^{-1} \tag{5-27}$$

$$\boldsymbol{J}(x)=\sum_k \boldsymbol{e}_{v,k}^{\mathrm{T}}+\sum_k\sum_j \boldsymbol{e}_{y,k,j}^{\mathrm{T}}\boldsymbol{Q}_{k,j}^{-1}\boldsymbol{e}_{y,k,j} \tag{5-28}$$

式(5-25)给出了扩展卡尔曼滤波器的预测方程，式(5-27)给出了卡尔曼增益 $\boldsymbol{K}_k$ 的更新方程，而式(5-28)给出了后验概率的计算公式。

扩展卡尔曼滤波器存在三个局限性：首先，它在一定程度上假设了马尔可夫性，只考虑了相邻时刻上的状态而没有使用全部的历史信息；其次，扩展卡尔曼滤波器容易引入非线性误差，因为在 $k-1$ 时刻的均值 $\hat{\boldsymbol{x}}_{k-1}$ 处进行了线性化处理，如果它不满足线性化的近似处理，那么就会导致结果出错；最后，在实现方面，扩展卡尔曼滤波器需要存储许多状态量的均值和方差，在巨大的场景中状态量过多会使实现变得困难。因此，非线性优化成了目前求解 SLAM 问题的主流解决办法。

SLAM 状态估计中的一次观测为

$$z_{k,j}=h(\boldsymbol{y}_j,\boldsymbol{x}_k)+\boldsymbol{v}_{k,j} \tag{5-29}$$

由于式(5-29)假设了噪声模型 $\boldsymbol{v}_k \sim N(0,\boldsymbol{Q}_{k,j})$，所以可得观测数据条件概率为

$$p(z_{k,j}|\boldsymbol{y}_j,\boldsymbol{x}_k)=N(h(\boldsymbol{y}_j,\boldsymbol{x}_k),\boldsymbol{Q}_{k,j}) \tag{5-30}$$

对于一个高维高斯分布 $\boldsymbol{x}\sim N(\boldsymbol{u},\boldsymbol{\Sigma})$，其概率密度函数展开可得

$$p(\boldsymbol{x})=\frac{1}{\sqrt{(2\pi)^N\det\boldsymbol{\Sigma}}}\exp\left[-\frac{1}{2}(\boldsymbol{x}-\boldsymbol{u})^{\mathrm{T}}\boldsymbol{\Sigma}^{-1}(\boldsymbol{x}-\boldsymbol{u})\right] \tag{5-31}$$

取负对数后则变为

$$-\mathrm{Ln}[p(\boldsymbol{x})]=\frac{1}{2}\mathrm{Ln}[(2\pi)^N\det\boldsymbol{\Sigma}]+\frac{1}{2}(\boldsymbol{x}-\boldsymbol{u})^{\mathrm{T}}\boldsymbol{\Sigma}^{-1}(\boldsymbol{x}-\boldsymbol{u}) \tag{5-32}$$

对 $p(\boldsymbol{x})$ 取最大化相当于对 $-\mathrm{Ln}[p(\boldsymbol{x})]$ 取最小化。因为协方差矩阵 $\boldsymbol{\Sigma}$ 与 $\boldsymbol{x}$ 无关，因而式(5-32)的第一项可省略，得

$$\boldsymbol{x}''=\mathrm{argmin}\{[z_{k,j}-h(\boldsymbol{x}_k,\boldsymbol{y}_j)]^{\mathrm{T}}\boldsymbol{Q}_{k,j}^{-1}[z_{k,j}-h(\boldsymbol{x}_k,\boldsymbol{y}_j)]\} \tag{5-33}$$

式(5-33)等价于最小化误差项的二次方，因而当按式(5-34)定义了数据与估计值之间的误差后，可得到该误差的平方和，即式(5-35)。

$$\begin{aligned}\boldsymbol{e}_{v,k}&=\boldsymbol{x}_k-f(\boldsymbol{x}_{k-1},\boldsymbol{u}_k)\\ \boldsymbol{e}_{y,j,k}&=z_{k,j}-h(\boldsymbol{x}_k,\boldsymbol{y}_j)\end{aligned} \tag{5-34}$$

$$\boldsymbol{J}(x)=\sum_k \boldsymbol{e}_{v,k}^{\mathrm{T}}+\sum_k\sum_j \boldsymbol{e}_{y,k,j}^{\mathrm{T}}\boldsymbol{Q}_{k,j}^{-1}\boldsymbol{e}_{y,k,j} \tag{5-35}$$

本部分通过结合噪声的高斯分布，将 SLAM 问题转化为了一个最小二乘问题，它的最优解等价于状态的最大似然估计，求解这个最小二乘问题可使用梯度下降法、高斯牛顿法或者 LM 法，其中后者是用得最多的方法。如果将机器人位姿和地图中路标点捆绑在一起进行优化，可求解大场景下的机器人定位和建图问题。这种方法称为光束法平差（Bundle Adjustment，BA），但是随着机器人运动经过的地点增多，优化变量中地图的路标点也会不断增多。有一些需要估计的路标点在以前的优化中已经收敛并且固定下来保持不变，而有些外点则在优化过程中消失，因而在下一次优化时不需要对这些点再次进行优化，这种丢弃对历史数据优化的方法叫作滑动窗口法。

在优化过程中固定某些优化结果，重新考虑式(5-35)的优化问题，可得到另一种使用图优化思想，只考虑机器人的位姿而省略地图中路标点的优化方法。具体为，只使用地图中的路标点来估计机器人两个连续位姿之间的初始值，一旦初始值确定，路标点就被舍弃并且不再被作为状态量进行优化。通过这种方法，最终可得机器人运动的所有位姿信息，这样的方

法被称为位姿图(Pose Graph)优化，如图 5-4 所示。

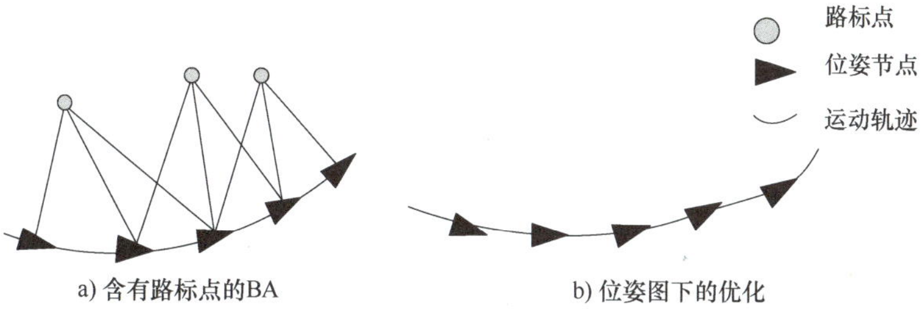

图 5-4　位姿图

位姿图中的节点表示机器人位姿，可用位姿 $\boldsymbol{\xi}_i$，…，$\boldsymbol{\xi}_j$ 来表示。位姿图中的边表示两个位姿之间的相对运动估计。相对运动 $\Delta\boldsymbol{\xi}_{ij}$表示位姿 $\boldsymbol{\xi}_i$ 和位姿 $\boldsymbol{\xi}_j$ 之间的运动，可以有若干种表达方式，通常由式(5-36)表示：

$$\begin{cases}\Delta\boldsymbol{\xi}_{ij}=\boldsymbol{\xi}_i^{-1}\circ\boldsymbol{\xi}_j=\mathrm{Ln}(\exp[(-\boldsymbol{\xi}_i)^{\wedge}]\exp(\boldsymbol{\xi}_j^{\wedge}))^{\vee}\\ \boldsymbol{T}_{ij}=\boldsymbol{T}_i^{-1}\boldsymbol{T}_j\end{cases}\tag{5-36}$$

式中，“∘”称为映射的乘法，实际是指两个映射的复合映射。式(5-36)的李代数形式为 $\Delta\boldsymbol{T}_{ij}=\boldsymbol{T}_i^{-1}\boldsymbol{T}_j$。

优化目标函数通过对式(5-36)进行变换得到，即

$$\begin{aligned}\boldsymbol{e}_{ij}&=\mathrm{Ln}(\boldsymbol{T}_{ij}^{-1}\boldsymbol{T}_i^{-1}\boldsymbol{T}_j)^{\vee}\\&=\mathrm{Ln}\{\exp[(-\boldsymbol{\xi}_{ij})^{\wedge}]\exp[(-\boldsymbol{\xi}_i)^{\wedge}]\exp(\boldsymbol{\xi}_j^{\wedge})\}^{\vee}\end{aligned}\tag{5-37}$$

式(5-37)可利用李群李代数的知识进行变换，得

$$\begin{aligned}\hat{\boldsymbol{e}}_{ij}&=\mathrm{Ln}[\boldsymbol{T}_{ij}^{-1}\boldsymbol{T}_i^{-1}\exp[(-\delta\boldsymbol{\xi}_j^{\wedge})\exp(\delta\boldsymbol{\xi}_j)\boldsymbol{T}_j]^{\vee}\\&=\mathrm{Ln}(\boldsymbol{T}_{ij}^{-1}\boldsymbol{T}_i^{-1}\boldsymbol{T}_j\{\boldsymbol{I}-[-\mathrm{AD}(\boldsymbol{T}_j^{-1})\delta\boldsymbol{\xi}_i]^{\wedge}+[\mathrm{AD}(\boldsymbol{T}_j^{-1})\delta\boldsymbol{\xi}_j]^{\wedge}\})^{\vee}\\&=\boldsymbol{e}_{ij}+\frac{\partial\boldsymbol{e}_{ij}}{\partial\delta\boldsymbol{\xi}_i}\delta\boldsymbol{\xi}_i+\frac{\partial\boldsymbol{e}_{ij}}{\partial\delta\boldsymbol{\xi}_j}\delta\boldsymbol{\xi}_j\end{aligned}\tag{5-38}$$

式(5-38)推导过程中利用下列公式，即

$$\begin{cases}\exp\{[\mathrm{Ad}(\boldsymbol{T})\boldsymbol{\xi}]^{\wedge}\}=\boldsymbol{T}\exp(\boldsymbol{\xi}^{\wedge})\boldsymbol{T}^{-1}\\ \exp(\boldsymbol{\xi}^{\wedge})\boldsymbol{T}=\boldsymbol{T}\exp\{[\mathrm{Ad}(\boldsymbol{T}^{-1})\boldsymbol{\xi}]^{\wedge}\}\end{cases}\tag{5-39}$$

$$\frac{\partial\boldsymbol{e}_{ij}}{\partial\delta\boldsymbol{\xi}_i}=-\mathcal{J}_r^{-1}(\boldsymbol{e}_{ij})\mathrm{Ad}(\boldsymbol{T}_i^{-1})\tag{5-40}$$

$$\frac{\partial\boldsymbol{e}_{ij}}{\partial\delta\boldsymbol{\xi}_j}=-\mathcal{J}_r^{-1}(\boldsymbol{e}_{ij})\mathrm{Ad}(\boldsymbol{T}_j^{-1})\tag{5-41}$$

$$\mathcal{J}_r^{-1}(\boldsymbol{e}_{ij})\approx\boldsymbol{I}+\frac{1}{2}\begin{bmatrix}\boldsymbol{\phi}_{\mathrm{e}}^{\wedge} & \boldsymbol{p}_e^{\wedge}\\ \boldsymbol{0} & \boldsymbol{\phi}_{\mathrm{e}}^{\wedge}\end{bmatrix}\tag{5-42}$$

通过图优化方法将所有机器人位姿作为顶点，位姿之间的相对变换作为边，可得一个图优化的基本结构。通过式(5-43)推导得到雅可比求导的结果，结合最小二乘法进行优化计算，优化的变量为各个顶点的位姿，边来自于观测内容之间的相互约束，优化的目标函数为

$$\min_{\xi}\frac{1}{2}\sum_{i,j\in\varepsilon}\boldsymbol{e}_{ij}^{\mathrm{T}}\boldsymbol{\Sigma}_{ij}^{-1}\boldsymbol{e}_{ij} \tag{5-43}$$

式中，ε 为所有边的集合，它构成了对优化变量 $\boldsymbol{\xi}$ 的约束。在求解式(5-43)的优化问题时，可用梯度下降法、高斯牛顿法或者 LM 法。

可见，SLAM 问题共有三种求解方法。第一种通过扩展卡尔曼滤波器的求解方法在一定程度上假设了系统的马尔可夫性，虽然在计算上减少了很多计算量，但由于扩展卡尔曼滤波器本身需要存储许多状态量以及对非线性问题的线性化处理使得它在同等计算量下没有非线性优化的方法优越。第二种 BA 的方法是对机器人位姿及地图路标点全体进行优化，使用了所有历史数据，将问题转化为一个最小二乘问题并通过迭代优化的方法求解。BA 的求解计算量最大，因为它优化所有的位姿以及地图路标点，精度也最高。为了降低它的计算量，现在已经有一些利用 BA 稀疏性以及利用滑动窗口求解的方法被提出。而第三种 SLAM 问题的求解方法是一种使用位姿图进行优化的方法。这种求解方法刻意忽略了对机器人在运动过程中不断观测到的路标点的优化过程，求解过程中只将观测到的数据用来估计机器人在不同位姿下的相对运动，然后以此作为位姿图的边，以机器人的位姿作为节点，通过只将位姿作为优化目标进行非线性优化。这种求解方法省略了 SLAM 中建图这一过程，非常适合于计算能力有限、场景庞大以及需要长时间运行的 SLAM 问题求解。

5.2 激光雷达 SLAM

目前流行的激光 SLAM 算法有：ROS 中最经典的基于粒子滤波的 Gmapping 算法；时下非常流行的基于优化的 Cartographer 算法；基于多线激光雷达的 LOAM(Lodar Odometry and Mapping in Real-time)算法。

5.2.1 Gmapping 算法

Montemerlo 等人在 2002 年首次将 Rao-Blackwellised 粒子滤波器(Rao-Blackwellised Particle Filter，RBPF)应用到机器人 SLAM 中。RBPF 算法将 SLAM 问题分解成机器人定位问题和基于位姿估计的环境特征位置估计问题，用粒子滤波算法做整个路径的位置估计，用扩展卡尔曼滤波(EKF)估计环境特征的位置，每一个 EKF 对应一个环境特征。Gmapping 算法又对 RBPF 的建议分布和重采样进行了改进。下面介绍 Gmapping 算法的主要工作原理。

(1) RBPF 的滤波过程　RBPF 的思想是将 SLAM 中的定位和建图问题分开来处理，见式(5-44)。也就是先利用 $p(\boldsymbol{x}_{1:t}|z_{1:t},\boldsymbol{u}_{1:t-1})$ 估计出机器人的轨迹 $\boldsymbol{x}_{1:t}$，然后在轨迹 $\boldsymbol{x}_{1:t}$ 已知的情况下可很容易估计出地图 $\boldsymbol{m}$。

$$\boldsymbol{x}_t^{(i)}\sim N(\boldsymbol{u}_t^{(i)},\boldsymbol{\Sigma}_t^{(i)}) \tag{5-44}$$

在给定机器人位姿的情况下，利用 $p(\boldsymbol{m}|\boldsymbol{x}_{1:t},z_{1:t})$ 即可建图。RBPF 讨论的重点其实就是 $p(\boldsymbol{x}_{1:t}|z_{1:t},\boldsymbol{u}_{1:t-1})$ 定位问题的具体求解过程，一种流行的粒子滤波算法是采样重要性重采样(Sampling Importance Resampling，SIR)滤波器。下面介绍基于 SIR 的 RBPF 滤波过程。

1) 采样。新的粒子点集 $\{\boldsymbol{x}_t^{(i)}\}$ 由上个时刻粒子点集 $\{\boldsymbol{x}_{t-1}^{(i)}\}$ 在建议分布 π 里采样得到。通常把机器人的概率运动模型作为建议分布 π，这样新的粒子点集 $\{\boldsymbol{x}_t^{(i)}\}$ 的生成过程就可以表示成 $\boldsymbol{x}_t^{(i)}: p(\boldsymbol{x}_t|\boldsymbol{x}_{t-1}^{(i)},\boldsymbol{u}_{t-1})$。

2）重要性权重。机器人每条可能的轨迹都可以用一个粒子点$\boldsymbol{x}_{1:t}^{(i)}$表示，那么每条轨迹对应粒子点$\boldsymbol{x}_{1:t}^{(i)}$的重要性权重可以表示为

$$\boldsymbol{w}_t^{(i)}=\frac{p(\boldsymbol{x}_{1:t}^{(i)}|z_{1:t},\boldsymbol{u}_{1:t-1})}{\pi(\boldsymbol{x}_{1:t}^{(i)}|z_{1:t},\boldsymbol{u}_{1:t-1})} \tag{5-45}$$

其中，分子是目标分布，分母是建议分布，重要性权重反映了建议分布与目标分布的差异性。

3）重采样。新生成的粒子点需要利用重要性权重进行替换，这就是重采样。由于粒子点总量保持不变，当权重比较小的粒子点被删除后，权重大的粒子点需要进行复制以保持粒子点总量不变。经过重采样后粒子点的权重都变成一样，接着进行下一轮的采样和重采样。

4）地图估计。在每条轨迹对应粒子点$\boldsymbol{x}_{1:t}^{(i)}$的条件下，都可以用$p(\boldsymbol{m}^{(i)}|\boldsymbol{x}_{1:t}^{(i)},\ z_{1:t})$计算出一幅地图$\boldsymbol{m}^{(i)}$，然后将每个轨迹计算出的地图整合就得到最终的地图$\boldsymbol{m}$。

从式(5-45)中可以发现一个明显的问题，不管当前获取到的观测z_t是否有效，都要计算一遍整个轨迹对应的权重。随着时间的推移，轨迹将变得很长，这样每次还是计算一遍整个轨迹对应的权重，计算量将越来越大。可以将式(5-45)进行适当变形，推导出权重的递归计算方法，见式(5-46)。其实就是用贝叶斯准则和全概率公式将分子展开，用全概率公式将分母展开，然后利用贝叶斯网络中的条件独立性进一步化简，最后就得到了权重的递归计算形式。

$$\begin{aligned}\boldsymbol{w}_t^{(i)}&=\frac{p(\boldsymbol{x}_{1:t}^{(i)}|z_{1:t},\boldsymbol{u}_{1:t-1})}{\pi(\boldsymbol{x}_{1:t}^{(i)}|z_{1:t},\boldsymbol{u}_{1:t-1})}\\&=\frac{p(z_t|\boldsymbol{x}_{1:t}^{(i)},z_{1:t-1})p(\boldsymbol{x}_{1:t}^{(i)}|z_{1:t-1},\boldsymbol{u}_{1:t-1})/p(z_t|z_{1:t-1},\boldsymbol{u}_{1:t-1})}{\pi(\boldsymbol{x}_t^{(i)}|\boldsymbol{x}_{1:t-1}^{(i)},z_{1:t},\boldsymbol{u}_{1:t-1})\pi(\boldsymbol{x}_{1:t-1}^{(i)}|z_{1:t-1}\boldsymbol{u}_{1:t-2})}\\&=\frac{p(z_t|\boldsymbol{x}_{1:t}^{(i)},z_{1:t-1})p(\boldsymbol{x}_t^{(i)}|\boldsymbol{x}_{t-1}^{(i)},\boldsymbol{u}_{t-1})p(\boldsymbol{x}_{1:t-1}^{(i)}|z_{1:t-1},\boldsymbol{u}_{1:t-2})\eta}{\pi(\boldsymbol{x}_t^{(i)}|\boldsymbol{x}_{1:t-1}^{(i)},z_{1:t},\boldsymbol{u}_{1:t-1})\pi(\boldsymbol{x}_{1:t-1}^{(i)}|z_{1:t-1},\boldsymbol{u}_{1:t-2})}\\&=\frac{p(z_t|\boldsymbol{m}_{t-1}^{(i)},\boldsymbol{x}_t^{(i)})p(\boldsymbol{x}_t^{(i)}|\boldsymbol{x}_{t-1}^{(i)},\boldsymbol{u}_{t-1})}{\pi(\boldsymbol{x}_t^{(i)}|\boldsymbol{x}_{1:t-1}^{(i)},z_{1:t},\boldsymbol{u}_{1:t-1})}\boldsymbol{w}_{t-1}^{(i)}\end{aligned} \tag{5-46}$$

式中，$\eta=1/p(z_t|z_{1:t-1},\boldsymbol{u}_{1:t-1})$。

（2）RBPF的建议分布改进　式(5-46)中建议分布π最直观的形式就是采用运动模型来计算，那么当前时刻粒子点集$\{\boldsymbol{x}_t^{(i)}\}$的生成及对应权重的计算方式就变为

$$\begin{aligned}&\boldsymbol{x}_t^{(i)}\sim p(\boldsymbol{x}_t|\boldsymbol{x}_{t-1}^{(i)},\boldsymbol{u}_{t-1})\\&\boldsymbol{w}_t^{(i)}=\frac{p(z_t|\boldsymbol{m}_{t-1}^{(i)},\boldsymbol{x}_t^{(i)})p(\boldsymbol{x}_t^{(i)}|\boldsymbol{x}_{t-1}^{(i)},\boldsymbol{u}_{t-1})}{p(\boldsymbol{x}_t^{(i)}|\boldsymbol{x}_{t-1}^{(i)},\boldsymbol{u}_{t-1})}\boldsymbol{w}_{t-1}^{(i)}=p(z_t|\boldsymbol{m}_{t-1}^{(i)},\boldsymbol{x}_t^{(i)})\boldsymbol{w}_{t-1}^{(i)}\end{aligned} \tag{5-47}$$

但直接采用运动模型作为建议分布，显然有问题。如图5-5所示，当观测可靠性比较低时(即观测分布的区间$\boldsymbol{L}^{(i)}$比较大)，利用运动模型$\boldsymbol{x}_t^{(i)}\sim p(\boldsymbol{x}_t|\boldsymbol{x}_{t-1}^{(i)},\boldsymbol{u}_{t-1})$采样生成的新粒子落在区间$\boldsymbol{L}^{(i)}$内的数量比较多；而当观测可靠性比较高时(即观测分布的区间$\boldsymbol{L}^{(i)}$比较小)，利用运动模型$\boldsymbol{x}_t^{(i)}\sim p(\boldsymbol{x}_t|\boldsymbol{x}_{t-1}^{(i)},\boldsymbol{u}_{t-1})$采样生成的新粒子落在区间$\boldsymbol{L}^{(i)}$内的数量比较少。由于粒子滤波是采用有限个粒子点近似表示连续空间的分布情况，因此观测分布的区间$\boldsymbol{L}^{(i)}$内粒子点较少时，会降低观测更新过程的精度。

也就是说观测更新过程可以分两种情况来处理：当观测可靠性低时，采用式(5-46)所示

的默认运动模型生成新粒子点集$\{\boldsymbol{x}_t^{(i)}\}$及对应权重；当观测可靠性高时，就直接从观测分布的区间$\boldsymbol{L}^{(i)}$内采样，并将采样点集$\{\boldsymbol{x}_k\}$的分布近似为高斯分布，利用点集$\{\boldsymbol{x}_k\}$可以计算出该高斯分布的参数$\boldsymbol{u}_t^{(i)}$和$\boldsymbol{\Sigma}_t^{(i)}$，最后采用该高斯分布$\boldsymbol{x}_t^{(i)} \sim N(\boldsymbol{u}_t^{(i)},\boldsymbol{\Sigma}_t^{(i)})$采样生成渐粒子点集$\{\boldsymbol{x}_t^{(i)}\}$及对应权重。

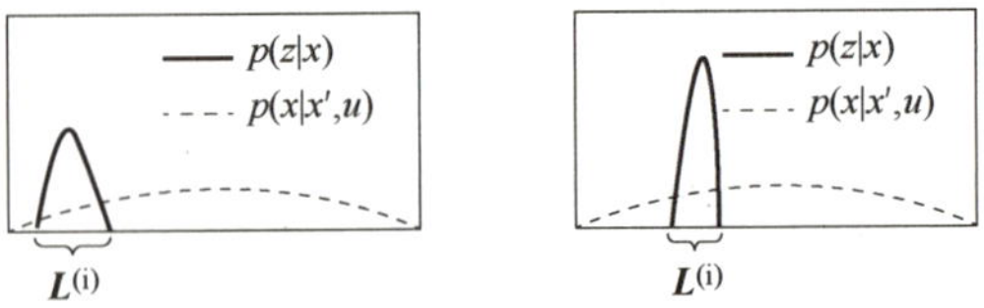

a) 观测可靠性低　　b) 观测可靠性高

图 5-5　观测的可靠性

判断观测更新过程：首先利用运动模型推算出粒子点的新位姿$\boldsymbol{x}_t'^{(i)}$，然后在$\boldsymbol{x}_t'^{(i)}$附近区域搜索，计算观测z_t与已有地图$\boldsymbol{m}_{t-1}^{(i)}$的匹配度，当搜索区域存在$\hat{\boldsymbol{x}}_t^{(i)}$使得匹配度很高时，就可以认为观测可靠性高，具体过程为

$$\begin{cases}\boldsymbol{x}_t'^{(i)}=\boldsymbol{x}_{t-1}^{(i)}\oplus\boldsymbol{u}_{t-1}\\ \hat{\boldsymbol{x}}_t^{(i)}=\underset{x}{\operatorname{argmax}}\,p(\boldsymbol{x}\mid\boldsymbol{m}_{t-1}^{(i)},z_t,\boldsymbol{x}_t'^{(i)})\end{cases} \tag{5-48}$$

下面具体讨论观测可靠性高的情况。观测分布的区间$\boldsymbol{L}^{(i)}$的范围可以定义成$\boldsymbol{L}^{(i)}=\{\boldsymbol{x}\mid p(z_t\mid\boldsymbol{m}_{t-1}^{(i)},\boldsymbol{x})>\varepsilon\}$，搜索出的匹配度最高的位姿点。其实就是区间$\boldsymbol{L}^{(i)}$概率峰值的区域。以$\hat{\boldsymbol{x}}_t^{(i)}$为中心、以$\Delta$为半径的区域内随机采固定数量的$k$个点$\{\boldsymbol{x}_k\}$，其中每个点的采样为

$$\boldsymbol{x}_k \sim \{\boldsymbol{x}_j \mid \|\boldsymbol{x}_j-\hat{\boldsymbol{x}}_t^{(i)}\|<\Delta\} \tag{5-49}$$

将采样点集$\{\boldsymbol{x}_k\}$的分布近似为高斯分布，并将运动和观测信息都考虑进来，就可以通过点集$\{\boldsymbol{x}_k\}$计算该高斯分布的参数$\boldsymbol{u}_t^{(i)}$和$\boldsymbol{\Sigma}_t^{(i)}$，即

$$\begin{cases}\boldsymbol{u}_t^{(i)}=\dfrac{1}{\eta^{(i)}}\displaystyle\sum_{j=1}^{k}\boldsymbol{x}_j p(z_t\mid\boldsymbol{m}_{t-1}^{(i)},\boldsymbol{x}_j)p(\boldsymbol{x}_j\mid\boldsymbol{x}_{t-1}^{(i)},\boldsymbol{u}_{t-1})\\ \boldsymbol{\Sigma}_t^{(i)}=\dfrac{1}{\eta^{(i)}}\displaystyle\sum_{j=1}^{k}(\boldsymbol{x}_j-\boldsymbol{u}_t^{(i)})(\boldsymbol{x}_j-\boldsymbol{u}_t^{(i)})^{\mathrm{T}}p(z_t\mid\boldsymbol{m}_{t-1}^{(i)},\boldsymbol{x}_j)p(\boldsymbol{x}_j\mid\boldsymbol{x}_{t-1}^{(i)},\boldsymbol{u}_{t-1})\end{cases} \tag{5-50}$$

式中，$\eta^{(i)}=\displaystyle\sum_{j=1}^{k}p(z_t\mid\boldsymbol{m}_{t-1}^{(i)},\boldsymbol{x}_j)p(\boldsymbol{x}_j\mid\boldsymbol{x}_{t-1}^{(i)},\boldsymbol{u}_{t-1})$。

因此，新粒子点集$\{\boldsymbol{x}_t^{(i)}\}$将通过从高斯分布$\boldsymbol{x}_t^{(i)}\sim N(\boldsymbol{u}_t^{(i)},\boldsymbol{\Sigma}_t^{(i)})$中采样生成，而式(5-46)中建议分布$\pi$采用改进建议分布$p(\boldsymbol{x}_t^{(i)}\mid\boldsymbol{m}_{t-1}^{(i)},\boldsymbol{x}_{t-1}^{(i)},z_t,\boldsymbol{u}_{t-1})$来计算，那么当前时刻粒子点集的生成及对应权重的计算方式就变为

$$\begin{aligned}&\boldsymbol{x}_t^{(i)}\sim N(\boldsymbol{u}_t^{(i)},\boldsymbol{\Sigma}_t^{(i)})\\ &\boldsymbol{w}_t^{(i)}=\frac{p(z_t\mid\boldsymbol{m}_{t-1}^{(i)},\boldsymbol{x}_t^{(i)})p(\boldsymbol{x}_t^{(i)}\mid\boldsymbol{x}_{t-1}^{(i)},\boldsymbol{u}_{t-1})}{p(\boldsymbol{x}_t^{(i)}\mid\boldsymbol{m}_{t-1}^{(i)},\boldsymbol{x}_{t-1}^{(i)},z_t,\boldsymbol{u}_{t-1})}\boldsymbol{w}_{t-1}^{(i)}\\ &\quad=\frac{p(z_t\mid\boldsymbol{m}_{t-1}^{(i)},\boldsymbol{x}_t^{(i)})p(\boldsymbol{x}_t^{(i)}\mid\boldsymbol{x}_{t-1}^{(i)},\boldsymbol{u}_{t-1})}{p(z_t\mid\boldsymbol{m}_{t-1}^{(i)},\boldsymbol{x}_t^{(i)})p(\boldsymbol{x}_t^{(i)}\mid\boldsymbol{x}_{t-1}^{(i)},\boldsymbol{u}_{t-1})/p(z_t\mid\boldsymbol{m}_{t-1}^{(i)},\boldsymbol{x}_{t-1}^{(i)},\boldsymbol{u}_{t-1})}\boldsymbol{w}_{t-1}^{(i)}\\ &\quad=\boldsymbol{w}_{t-1}^{(i)}p(z_t\mid\boldsymbol{m}_{t-1}^{(i)},\boldsymbol{x}_{t-1}^{(i)},\boldsymbol{u}_{t-1})\\ &\quad=\boldsymbol{w}_{t-1}^{(i)}\int p(z_t\mid\boldsymbol{x}')p(\boldsymbol{x}'\mid\boldsymbol{x}_{t-1}^{(i)},\boldsymbol{u}_{t-1})\,\mathrm{d}\boldsymbol{x}'\\ &\quad\approx\boldsymbol{w}_{t-1}^{(i)}\sum_{j=1}^{k}p(z_t\mid\boldsymbol{m}_{t-1}^{(i)},\boldsymbol{x}_j)p(\boldsymbol{x}_j\mid\boldsymbol{x}_{t-1}^{(i)},\boldsymbol{u}_{t-1})\\ &\quad=\boldsymbol{w}_{t-1}^{(i)}\eta^{(i)}\end{aligned} \tag{5-51}$$

（3）RBPF 的重采样改进　生成新的粒子点集$\{x_t^{(i)}\}$及对应权重后，就可以进行重采样了。如果每更新一次粒子点集$\{x_t^{(i)}\}$，都要利用权重进行重采样，则当粒子点权重在更新过程中变化不是特别大，或者由于噪声使得某些坏粒子点比好粒子点的权重还要大时，此时执行重采样就会导致好粒子点的丢失。所以在执行重采样前，必须要确保其有效性，改进的重采样策略通过式(5-52)所示参数来衡量有效性。

$$N_{\text{eff}}=\frac{1}{\sum_{i=1}^{N}(\tilde{w}^{(i)})^2} \tag{5-52}$$

式中，w 是粒子的归一化权重，当建议分布与目标分布之间的近似度高时，各个粒子点的权重都很相近；而当建议分布与目标分布之间的近似度低时，各个粒子点的权重差异较大。也就是说可以用某个阈值来判断参数 N_{eff} 的有效性，当 N_{eff} 小于阈值时就执行重采样，否则跳过重采样。

5.2.2　Cartographer 算法

Cartographer 算法最初是为谷歌的背包设计的建图算法。谷歌的背包是一个搭载了水平单线激光雷达、垂直单线激光雷达和 IMU 的装置，用户只要背上背包行走就能将环境地图扫描出来。由于背包是背在人身上的，最开始 Cartographer 算法只支持激光雷达和 IMU 建图，后来为了适应移动机器人的需求，将轮式里程计、GPS、环境已知信标也加入算法。也就是说，Cartographer 算法是一个多传感器融合建图算法。Cartographer 算法是基于优化的 SLAM 解决方案，它的经典框架包括前端局部建图、闭环检测和后端全局建图，如图 5-6 所示。

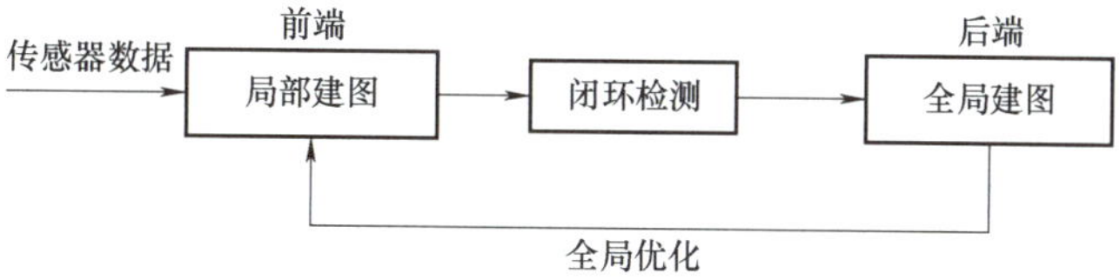

图 5-6　基于优化的 SLAM 经典框架

1. 局部建图

局部建图是利用传感器扫描数据构建局部地图的过程，机器人位姿点、观测数据和地图之间通过约束量建立联系。如果在机器人位姿准确的情况下，可以把观测到的路标直接添加进地图。由于从机器人运动预测模型得到的机器人位姿存在误差，所以需要先用观测数据对这个预测位姿进行进一步更新，以更新后的机器人位姿为基准来将对应的观测加入地图。用观测数据对这个预测位姿进行进一步更新，主要有下面几种方法：Scan-to-scan matching、Scan-to-map matching、Pixel-accurate scan matching。

最简单的更新方法是 Scan-to-scan matching 方法。由于机器人相邻两个位姿对应的雷达扫描轮廓存在较大的关联性，在预测位姿附近范围内将当前帧雷达数据与前一帧雷达数据进行匹配，以匹配位姿为机器人位姿的更新量。但是，单帧雷达数据包含的信息太少，直接用相邻两帧雷达数据进行匹配更新会引入较大误差，并且雷达数据更新很快，这将导致机器人位姿的误差快速累积。

而 Scan-to-map matching 方法则不同，其采用当前帧雷达数据与已构建出的地图进行匹配。由于已构建出的地图信息量相对丰富、稳定，因此并不会导致机器人位姿误差累积过快的问题，如图 5-7 所示。Cartographer 的局部建图就是采用这种方法，也称为局部优化。

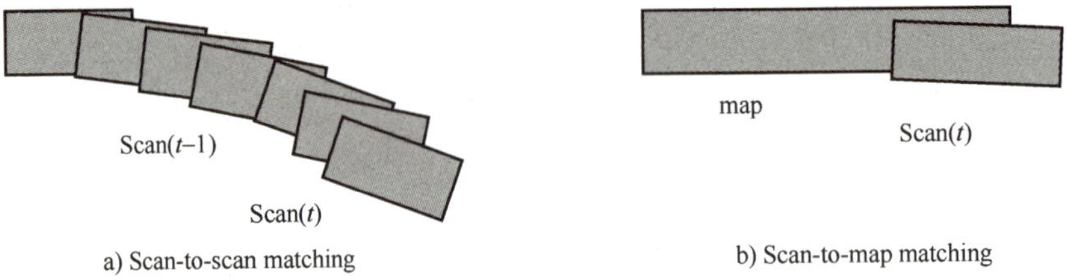

图 5-7　Scan-to-scan 与 Scan-to-map 对比

而 Pixel-accurate scan matching 方法，其匹配窗口内的搜索粒度更精细，这样能得到精度更高的位姿，缺点是计算代价太大，后面将讲到的 Cartographer 闭环检测采用的就是这种方法。

在介绍 Cartographer 局部建图的具体过程之前，需要先了解一下 Cartographer 地图的结构。Cartographer 采用局部子图(Submap)来组织整个地图，其中若干个激光雷达扫描帧(Scan)构成一个 Submap，所有 Submap 构成全局地图(Submaps)，如图 5-8 所示。

不管是雷达扫描帧、局部子图，还是全局地图，它们之间都是通过位姿关系进行关联的。这里只讨论 2D SLAM 建图，所以位姿坐标可以表示为 $\boldsymbol{\xi}=(\xi_x,\xi_y,\xi_\theta)$。假设机器人初始位姿为 $\boldsymbol{\xi}_1=(0,0,0)$，该位姿处雷达扫描帧为 Scan(1)，并利用 Scan(1)初始化第一个局部子图 Submap(1)。利用 Scan-to map matching 方法计算 Scan(2)相应的机器人位姿 $\boldsymbol{\xi}_2$，并基于位姿 $\boldsymbol{\xi}_2$ 将 Scan(2)加入 Submap(1)。不断执行 Scan-to-map matching 方法添加新得到的雷达帧，直到新出现的雷达帧完全包含在 Submap(1)中，即新雷达帧观测不到 Submap(1)之外的新信息时就结束 Submap(1)的创建。这里假设 Submap(1)由 Scan(1)、Scan(2)和 Scan(3)构建而成，然后重复上面的步骤构建新的局部子图 Submap(2)。而所有局部子图 Submap(m)就构成最终的全局地图 Submaps。

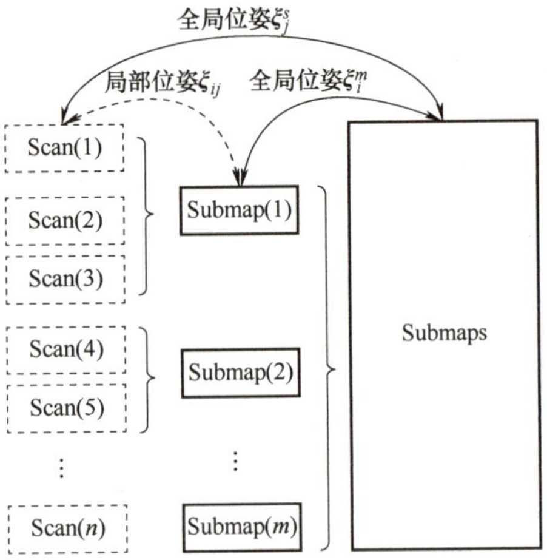

图 5-8　Cartographer 地图结构

可以发现，每个雷达扫描帧都对应一个全局地图坐标系下的全局坐标，同时该雷达扫描帧也被包含在对应的局部子图中，也就是说该雷达扫描帧也对应一个局部子图坐标系下的局部坐标。而每个局部子图以第一个插入的雷达扫描帧为起始，该起始雷达扫描帧的全局坐标也就是该局部子图的全局坐标。这样的话，所有雷达扫描帧对应的机器人全局位姿 $\boldsymbol{\Xi}^s=\{\boldsymbol{\xi}_j^s\}(j=1,2,\cdots,n)$，以及所有局部子图对应的全局位姿 $\boldsymbol{\Xi}^m=\{\boldsymbol{\xi}_i^m\}(i=1,2,\cdots,m)$通过 Scan-to-map matching 产生的局部位姿 $\boldsymbol{\xi}_{ij}$进行关联，这些约束实际上就构成了位姿图。当检测到闭环时，对整个位姿图中的所有位姿量进行全局优化，那么 $\boldsymbol{\Xi}^s$ 和 $\boldsymbol{\Xi}^m$ 中的所有位姿量都会得到修正，每个位姿上对应的地图点也相应地得到修正，这就是全局建图。接下来详细介绍利用 Scan-to-map matching 方法构建局部子图的过程。

局部子图构建过程涉及很多坐标系变换的内容，这里就来详细讨论。首先雷达扫描一圈得到距离点$\{\boldsymbol{h}_k\}$，$k=1，2，\cdots，K$ 以雷达旋转中心为坐标系进行取值。那么在一个局部子图中，以第一帧雷达位姿为参考，后加入的雷达帧位姿用相对转移矩阵 $\boldsymbol{T}_\xi=(\boldsymbol{R}_\xi,\boldsymbol{t}_\xi)$ 表示。这样的话，雷达帧中的距离点 $\boldsymbol{h}_k$ 就可以用式(5-53)转换成局部子图坐标系来表示。

$$\boldsymbol{T}_\xi\cdot\boldsymbol{h}_k=\underbrace{\begin{bmatrix}\cos\xi_\theta & -\sin\xi_\theta\\ \sin\xi_\theta & \cos\xi_\theta\end{bmatrix}}_{\boldsymbol{R}_\xi}h_k+\underbrace{\begin{bmatrix}\xi_x\\ \xi_y\end{bmatrix}}_{\boldsymbol{t}_\xi} \tag{5-53}$$

与 Gmapping 类似，Cartographer 中的子图也采用概率栅格地图。所谓概率栅格地图，就是连续 2D 空间被分成一个个离散的栅格，栅格的边长 r 为分辨率，通常栅格地图的分辨率 $r=5\text{cm}$，那么扫描到的障碍点就替换成用该障碍点所占据的栅格表示。用概率来描述栅格中是否有障碍物，概率值越大说明存在障碍物的可能性越高。

接下来就可以讨论新雷达数据加入子图的过程了，先按式(5-53)将新雷达数据转换到子图坐标系，这时候新雷达数据点会覆盖子图的一些栅格$\{M_{\text{old}}\}$，每个栅格存在三种状态：未知、非占据(Miss)和占据(Hit)。雷达扫描点所覆盖的栅格应该为占据状态；而雷达扫描光束起点与终点区域内没有障碍物，该区域覆盖的栅格应该为非占据状态；因雷达扫描分辨率和量程限制，未被雷达扫描点所覆盖的栅格应该为未知状态。因为子图中的栅格可能不只被一帧雷达扫描点所覆盖，所以需要对栅格的状态进行迭代更新，具体分下面两种情况处理。

情况 1：在当前帧，新雷达数据点覆盖的栅格$\{M_{\text{old}}\}$中，如果该栅格之前从未被雷达数据点覆盖(即未知状态)，那么直接用式(5-53)执行初始更新。其中，栅格 x 若是被新雷达数据点标记为占据状态，那么就用占据概率 p_{hit} 给该栅格赋予初值；同理，栅格 x 若是被新雷达数据点标记为非占据状态，那么就用非占据概率 p_{miss} 给该栅格赋予初值。概率 p_{hit} 和 p_{miss} 的取值由雷达概率观测模型给出。

$$M_{\text{new}}(x)=\begin{cases}p_{\text{hit}} & \text{占据状态}\\ p_{\text{miss}} & \text{非占据状态}\end{cases} \tag{5-54}$$

情况 2：在当前帧，新雷达数据点覆盖的栅格$\{M_{\text{old}}\}$中，如果该栅格之前已经被雷达数据点覆盖，也就是栅格已经有取值 M_{old}，那么就用式(5-55)执行迭代更新。

$$M_{\text{new}}(x)=\begin{cases}\text{clamp}(\text{odds}^{-1}(\text{odds}(M_{\text{old}}(x))\text{odds}(p_{\text{hit}}))) & \text{占据状态}\\ \text{clamp}(\text{odds}^{-1}(\text{odds}(M_{\text{old}}(x))\text{odds}(p_{\text{miss}}))) & \text{非占据状态}\end{cases} \tag{5-55}$$

其中，栅格 x 若是被新雷达数据点标记为占据状态，那么就用占据概率 p_{hit} 对 M_{old} 进行更新；同理，栅格 x 若是被新雷达数据点标记为非占据状态，那么就用非占据概率 p_{miss} 对 M_{old} 进行更新。odds 是一个反比例函数，odds^{-1} 是 odds 的反函数。而 clamp 是一个区间限定函数，当函数值超过设定区间的最大值时都取最大值处理，当函数值超过设定区间的最小值时都取最小值处理。

Cartographer 所采用的这种栅格更新机制，能有效降低环境中动态障碍物的干扰。例如，建图过程中出现一个行走的人，那么行走的人经雷达扫描后出现在局部子图栅格的位置每次都不同。假如前一时刻栅格 x 上出现了人，M_{old} 会被占据概率 p_{hit} 赋予初值；而下一时刻，由于人的位置移动了，M_{old}此时将被标记成非占据状态，由式(5-54)所示更新方法可知，用非占据概率 p_{miss} 对 M_{old} 进行更新后栅格 x 的概率取值变小了。随着越来越多次更新，栅格 x 的概率将接近 0，也就是说动态障碍物被清除了。

以上所讨论的新雷达数据加入子图的操作，是基于雷达位姿 $\boldsymbol{\xi}$ 误差较小的前提进行的。由于从机器人运动预测模型得到的机器人位姿存在较大误差，所以需要先用观测数据对这个预测位姿做进一步更新，以更新后的机器人位姿为基准来将对应的观测加入地图。Cartographer 中采用了 Scan-to-map matching 方法，对雷达位姿 $\boldsymbol{\xi}$ 进行局部优化，下面讨论具体过程。

在将新雷达数据加入子图之前，先在运动预测出的雷达位姿附近窗口内进行搜索匹配，见式(5-56)。

$$\underset{\xi}{\operatorname{argmin}} \sum_{k-1}^{K} \left[1-\boldsymbol{M}_{smooth}(\boldsymbol{T}_{\xi} \cdot \boldsymbol{h}_k)\right]^2 \tag{5-56}$$

这其实是一个非线性最小二乘问题，Cartographer 采用了自家的 Ceres 非线性优化工具来求解该问题。而式中的约束量由函数 M_{smooth} 构建，M_{smooth} 是一个双立方插值，也叫平滑。M_{smooth}其实就是用来确定雷达扫描轮廓 $\boldsymbol{T}_{\xi}\boldsymbol{h}_k$ 与局部子图之间的匹配度的，匹配度取值范围为[0,1]。

2. 闭环检测

上面介绍的局部建图过程，采用了式(5-56)对位姿进行局部优化，有效降低了局部建图中的累积误差。但是随着建图规模的扩大，例如，构建上千平方米的地图时，总的累积误差还是会很大，也就是在地图构建得很大时，地图出现重影的现象。

其实就是机器人在运动了很远的距离后又回到了之前走过的地方，由于局部建图位姿累积误差的存在，因此使得当前机器人位姿与其之前走过的同一个地方的位姿并不重合，也就是说真实情况里，这两个地方应该是同一个。因此，这两个机器人位姿对应的局部地图也就不重合，从而出现了重影。借助闭环检测技术，可以检测到机器人位姿闭环这一情况，将闭环约束加入整个建图约束中，并对全局位姿约束进行一次全局优化，这样就能得出全局建图结果。下面将主要对闭环检测过程进行讲解。

在局部建图过程中，使用了 Scan-to-map matching 方法进行位姿 $\boldsymbol{\xi}$ 的局部优化。而闭环检测中，搜索匹配的窗口 w 更大，位姿 $\boldsymbol{\xi}$ 计算精度要求更高，所以需要采用计算效率与精度更高的搜索匹配算法。首先来看一下回环检测问题的数学表达，即

$$\boldsymbol{\xi}^* = \underset{\xi \in w}{\operatorname{argmax}} \sum_{k=1}^{K} M_{nearest}(\boldsymbol{T}_{\xi} \cdot \boldsymbol{h}_k) \tag{5-57}$$

式中的函数值其实就是雷达数据点 $\boldsymbol{T}_{\xi} \cdot \boldsymbol{h}_k$ 覆盖的栅格所对应的概率取值，当搜索结果就是当前帧雷达位姿真实位姿时，当前帧雷达轮廓与地图匹配度很高，即每个 $M_{nearest}$ 函数值都较大，那么整个求和结果也就最大。

针对式(5-57)所示的求最值问题，最简单的方法就是在窗口 w 内暴力搜索。假设所选窗口 w 大小为 10m×10m，搜索步长为 $\Delta x=\Delta y=1$cm，同时方向角搜索范围为 30°，搜索步长为 $\Delta\theta=1°$，那么总的搜索步数为 $10^3 \times 10^3 \times 30 = 3 \times 10^7$ 步。每步搜索都要计算式(5-57)所示的匹配得分，即

$$\text{score} \leftarrow \sum_{k=1}^{K} M_{nearest}(\boldsymbol{T}_{\xi_0+\Delta\xi} \cdot \boldsymbol{h}_k) \tag{5-58}$$

式中
$$\Delta\boldsymbol{\xi}=\begin{bmatrix} j_x\cdot\Delta x \\ j_y\cdot\Delta y \\ j_\theta\cdot\Delta\theta \end{bmatrix}$$

可以发现，每步搜索都要计算 K 维数据的求和运算，而整个搜索过程的计算量为 $10^3\times10^3\times30K=3\times10^7K$。虽然暴力搜索匹配可以避免陷入局部最值的问题，但是计算量太大，根本无法在机器人中做到实时计算。这种暴力搜索，就是所谓的 Pixel-accurate scan matching 方法。

采用暴力搜索来做闭环检测显然行不通，因此谷歌在 Cartographer 中采用分支定界(branch and-bound)法来提高闭环检测过程的搜索匹配效率。分支定界法就是先以低分辨率的地图来进行匹配，然后逐步提高分辨率。假设地图原始分辨率为 $r=1\text{cm}$，将其进行平滑模糊处理得到分辨率为 $r=2\text{cm}$ 的地图，继续平滑模糊处理可以得到分辨率为 $r=4\text{cm}$ 和 $r=8\text{cm}$ 的地图。

现在来考虑在不同分辨率地图中，其搜索窗口 w 的策略。假设所选取的窗口 $w=16\text{cm}\times16\text{cm}$。先以 $r=8\text{cm}$ 分辨率最低的地图开始搜索，这时候窗口 w 可以按照分辨率分成四个区域，也就是四个可能的解，用式(5-58)计算每个区域的匹配得分。选出得分最高的区域，将该区域作为新的搜索窗口，并在 $r=4\text{cm}$ 分辨率的地图上开始搜索，同样将窗口按照分辨率分成四个区域，再计算每个区域的匹配得分。不断重复上面的细分搜索过程，直到搜索分辨率达到最高分辨率为止。整个细分搜索过程如图 5-9 所示。

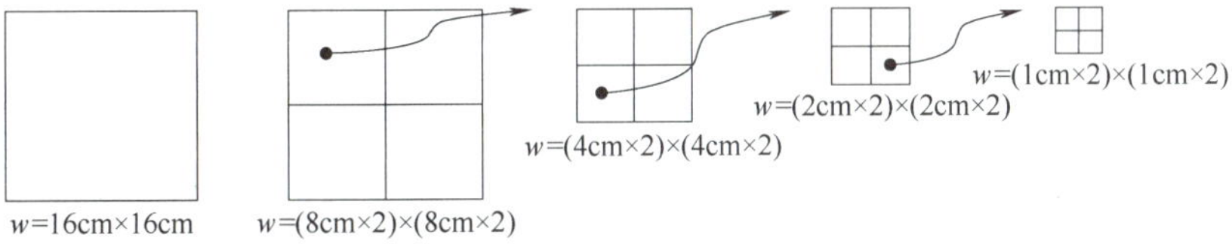

图 5-9　细分搜索过程

上面介绍的这种分支定界策略属于广度优先搜索，就是先横向比较同一分辨率下划分区域的匹配得分，找到得分最高的区域继续划分。而 Cartographer 中用到的分支定界策略是深度优先搜索，也就是纵向比较不同分辨率下划分区域的匹配得分。

3. 全局建图

在 Cartographer 中采用的是稀疏位姿图来做全局优化，所有雷达扫描帧对应的机器人全局位姿为 $\boldsymbol{\Xi}^s=\{\boldsymbol{\xi}_j^s\}(j=1,2,\cdots,s)$，所有局部子图对应的全局位姿为 $\boldsymbol{\Xi}^m=\{\boldsymbol{\xi}_i^m\}(i=1,2,\cdots,m)$。通过 Scan-to-map matching 产生的局部位姿积进行关联，数学表达式为

$$\underset{\boldsymbol{\Xi}^m,\boldsymbol{\Xi}^s}{\arg\min}\frac{1}{2}\sum_{ij}\rho(E^2(\boldsymbol{\xi}_i^m,\boldsymbol{\xi}_j^s;\boldsymbol{\Sigma}_{ij},\boldsymbol{\xi}_{ij}))\tag{5-59}$$

其中
$$E^2(\boldsymbol{\xi}_i^m,\boldsymbol{\xi}_j^s;\boldsymbol{\Sigma}_{ij},\boldsymbol{\xi}_{ij})=e(\boldsymbol{\xi}_i^m,\boldsymbol{\xi}_j^s;\boldsymbol{\xi}_{ij})^{\mathrm{T}}\boldsymbol{\Sigma}_{ij}^{-1}e(\boldsymbol{\xi}_i^m,\boldsymbol{\xi}_j^s;\boldsymbol{\xi}_{ij})$$
$$e(\boldsymbol{\xi}_i^m,\boldsymbol{\xi}_j^s;\boldsymbol{\xi}_{ij})=\boldsymbol{\xi}_{ij}-\begin{bmatrix}\boldsymbol{R}_{\xi_i^m}^{-1}\cdot[\boldsymbol{t}_{\xi_i^m}-\boldsymbol{t}_{\xi_j^s}] \\ \boldsymbol{\xi}_{i;\theta}^m-\boldsymbol{\xi}_{j;\theta}^s\end{bmatrix}$$

式中，j 为雷达扫描帧的序号；i 是子图的序号。而雷达扫描数据在局部子图中还具有局部

位姿，如 $\boldsymbol{\xi}_{ij}$ 表示序号为 j 的雷达扫描帧在序号为 i 的局部子图中的局部位姿，该局部位姿通过 Scan-to-map matching 方法确定。而损失函数 ρ 用于惩罚过大的误差项，如 Huber 损失函数。可以看出，式(5-59)所示的问题其实是一个非线性最小二乘问题，Cartographer 同样采用 Ceres 非线性优化工具来求解该问题。

当检测到闭环时，对整个位姿图中的所有位姿量进行全局优化，那么 $\boldsymbol{\Xi}^s$ 和 $\boldsymbol{\Xi}^m$ 中的所有位姿量都会得到修正，每个位姿上对应的地图点也相应得到修正，这就是全局建图。

5.2.3 LOAM 算法

不管是 Gmapping 还是 Cartographer，通常都是采用单线激光雷达作为输入，并且只能在室内环境运行。虽然 Cartographer 支持 2D 建图和 3D 建图模式，但是 Cartographer 采用 3D 建图模式构建出来的地图格式仍然为 2D 形式的地图。

LOAM 算法是可用在室外环境的激光 SLAM 算法。LOAM 算法利用多线激光雷达，能构建出 3D 点云地图。LOAM 的核心思想是将 SLAM 问题拆分成独立的定位和建图分别来处理，其过程如图 5-10 所示。下面对 LOAM 的四个主要模块进行讨论。

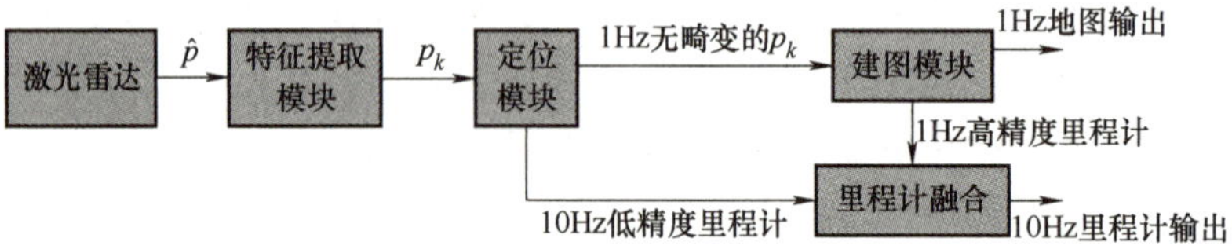

图 5-10　LOAM 算法框架

特征提取模块从雷达点云中提取特征点。特征提取过程其实很简单，即对当前帧点云中的每个点计算平滑度，将平滑度小于某阈值(min)的点判断为 corner 特征点，而平滑度大于某阈值(max)的点判断为 surface 特征点。所有的 corner 特征点被存放在 corner 点云中发布，所有的 surface 特征点被存放在 surface 点云中发布，也就是说特征提取结果将发布到两个点云中。

定位模块利用 Scan-to-scan 方法对相邻两帧雷达点云中的特征点进行匹配。这里的匹配属于帧间匹配，利用前后两帧配对的特征点，很容易计算其位姿转移关系。在低速运动场景，直接利用帧间特征匹配就能得到低精度的里程计(10Hz 里程计)，可利用该里程计在匀速模型假设下对雷达运动畸变做校正。在高速运动场景，就需要借助 IMU、视觉里程计(Visual Odometry，VO)、轮式里程计等提供的外部定位信息来加快帧间特征匹配速度，以响应高速运动场景下位姿的变化，同时这些外部定位信息可以用于雷达运动畸变校正。

建图模块利用 Scan-to-map 方法进行高精度定位，以前面低精度的里程计作为位姿初始值，将校正后的雷达特征点云与地图进行匹配，这种扫描帧到地图的匹配能得到较高精度的里程计，基于该高精度的里程计所提供的位姿可将校正后的雷达特征点云加入已有地图。

定位模块输出的里程计虽然精度较低，但是更新速度高。而建图模块输出的里程计虽然精度较高，但是更新速度低。将二者融合可以得到更新速度和精度都较高的里程计，融合通过插值过程实现。以 1Hz 的高精度里程计为基准，利用 10Hz 的低精度里程计对其进行插值，那么 1Hz 的高精度里程计就能以 10Hz 速度输出。

LOAM 算法的价值主要体现在两个方面：一方面是 LOAM 解决了雷达运动畸变问题，另一方面是 LOAM 解决了建图效率问题。雷达运动畸变是一个很普遍的问题，而低成本的雷达由于扫描频率和转速较低，因此运动畸变问题会更突出。LOAM 利用帧间特征匹配得到的里程计来校正雷达运动畸变，使得低成本的雷达的应用成为可能。而 SLAM 问题涉及同时定位与建图，计算量本来就很大，处理 3D 点云数据时计算量会更大。LOAM 利用低精度里程计和高精度里程计将 SLAM 问题巧妙地拆分成独立的定位和建图分别来进行处理，大大降低了计算量，让低算力的计算机设备的应用成为可能。

5.3 视觉 SLAM

主流的视觉传感器包括单目、双目和 RGB-D 这三类。依据对图像数据的不同处理方式，视觉 SLAM 可以分为特征点法、直接法和半直接法。下面按照特征点法、直接法和半直接法分类，列出了几种常见的视觉 SLAM 算法，见表 5-3。

表 5-3　常见的视觉 SLAM 算法

<table>
<tr><th></th><th>算法名称</th><th>传感器</th><th>前端</th><th>后端</th><th>闭环</th><th>地图</th></tr>
<tr><td rowspan="5">特征点法</td><td>MonoSLAM</td><td>单目</td><td rowspan="11">数据关联与 VO</td><td>EKF 滤波</td><td>—</td><td>稀疏</td></tr>
<tr><td>PTAM</td><td>单目</td><td rowspan="9">优化</td><td>—</td><td>稀疏</td></tr>
<tr><td rowspan="3">ORB-SLAM2</td><td>单目</td><td rowspan="3">BoW</td><td rowspan="3">稀疏</td></tr>
<tr><td>双目</td></tr>
<tr><td>RGB-D</td></tr>
<tr><td rowspan="5">直接法</td><td>DTAM</td><td>单目</td><td>—</td><td>稠密</td></tr>
<tr><td rowspan="3">LSD-SLAM</td><td>单目</td><td rowspan="3">FabMap</td><td rowspan="3">半稠密</td></tr>
<tr><td>双目</td></tr>
<tr><td>全景</td></tr>
<tr><td>DSO</td><td>单目</td><td>—</td><td>稀疏</td></tr>
<tr><td>半直接法</td><td>SVO</td><td>单目</td><td>—</td><td>—</td><td>稀疏</td></tr>
</table>

5.3.1　ORB-SLAM 算法

ORB-SLAM 算法是特征点法的典型代表。以 ORB-SLAM 算法为例，详细说明视觉 SLAM 的过程，ORB-SLAM 也是 RGB-DSLAM 的基础。特征点法中除了最基本的特征提取和特征匹配外，还涉及相机在三维空间运动时位姿的表示，以及帧与帧之间配对特征点、环境地图点、相机位姿等共同形成的多视图几何关系。

1. ORB 特征提取

特征点是图像的区域结构信息，在图像处理领域应用很广。因为图像中采集到的单个像素点往往受各种噪声干扰，所以并不稳定。当考虑图像的一个区域时，虽然区域上的单个像素点都受噪声干扰，但是由多个像素点组成的区域结构信息稳定很多。那么按照某种算法对图像的区域进行特征提取，则提取出来的特征点就包含了区域结构信息，这也是特征点具有良好稳定性的原因。特征提取算法种类非常丰富，如从纹理、灰度统计、频谱、小波变换等信息中进行提取，其中 SIFT、SURF 和 ORB 是工程中最常用的特征点。SIFT 在前面章节中已经介绍。

ORB 算法中，每个 ORB 特征点包含两部分内容，即特征点的像素坐标和特征点的描述子，如图 5-11 所示。像素坐标就是特征点在图像中的位置。描述子用来表示特征点的身份，ORB 特征的描述子由二进制序列构成，描述子主要为了方便后续特征匹配，如果两个特征点的描述子相似度很高，就可以认为这两个特征点是一对匹配点。

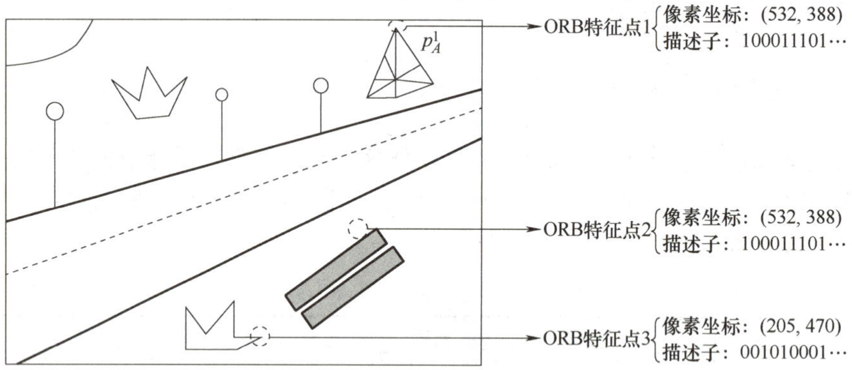

图 5-11 特征提取

特征点提取采用改进 FAST 算法(oriented FAST，oFAST)。oFAST 与原 FAST 算法相比其每个特征点都有主方向，为后续使用 BRIEF 生成特征点描述子具有旋转不变性提供了理论依据。特征提取过程如下：

1）选取以像素点为中心，半径为 3 的 16 个像素点：p_1，p_2，…，p_{16}。

2）设定一个阈值 $\boldsymbol{T}$ 和中心像素点 p 的灰度值 $\boldsymbol{I}_p$。计算 p_1 和 p_9 的灰度值与 $\boldsymbol{I}_p$ 的差值，如果计算得出的差值的绝对值都小于设定的阈值 $\boldsymbol{T}$，则中心像素点 p 是候选角点；否则，是候选角点，进入 3)。

3）若中心像素点 p 是候选角点，则继续计算 p_1、p_5、p_9、p_{13}的灰度值与 $\boldsymbol{I}_p$ 的差值。假如计算的差值的绝对值有 3 或 4 个都大于设定的阈值 $\boldsymbol{T}$，则中心像素点 p 是候选角点，继续执行下一步，否则直接舍弃。

4）若中心像素点 p 是候选角点，则继续计算 p_1，p_2，…，p_{16}的灰度值与 $\boldsymbol{I}_p$ 的差值。假如计算的差值的绝对值有 9 个或 9 个以上均大于设定的阈值 $\boldsymbol{T}$，则中心像素点 p 是角点，否则直接舍弃。

oFAST 算法对角点方向的测量使用灰度质心法。灰度质心法的原理是假设某角点的灰度与其所在的邻域重心没有完全重合，发生了偏移，通过这个角点灰度坐标到质心之间形成的向量，计算出该角点的主方向。定义角点邻域的$(p+q)$阶矩，即

$$\boldsymbol{m}_{pq}=\sum_{x,y\in r}\boldsymbol{x}^p\boldsymbol{y}^q\boldsymbol{I}(x,y) \tag{5-60}$$

式中，$\boldsymbol{I}(x,y)$是图像的灰度表达式。通过式(5-60)可以得到图像的零阶矩 $\boldsymbol{m}_{00}$、一阶矩 $\boldsymbol{m}_{01}$ 和 $\boldsymbol{m}_{10}$，即

$$\begin{cases}\boldsymbol{m}_{00}=\sum\limits_{x,y}\boldsymbol{I}(x,y)\\ \boldsymbol{m}_{10}=\sum\limits_{x,y}x\boldsymbol{I}(x,y)\\ \boldsymbol{m}_{01}=\sum\limits_{x,y}y\boldsymbol{I}(x,y)\end{cases} \tag{5-61}$$

质心的定义为

$$C=\left(\frac{\boldsymbol{m}_{10}}{\boldsymbol{m}_{00}},\frac{\boldsymbol{m}_{01}}{\boldsymbol{m}_{00}}\right) \tag{5-62}$$

假设角点的坐标是构造一个从角点 O 到质心的向量$\overrightarrow{OC}$，向量的方向为

$$\theta=\arctan\left(\frac{\boldsymbol{m}_{01}}{\boldsymbol{m}_{10}}\right) \tag{5-63}$$

θ 是角点的主方向，为保证该算法提取到的角点具有旋转不变性，需要将灰度表达式 $\boldsymbol{I}(x,y)$ 中 x 和 y 的范围控制在半径为 r 的圆形区域内。

ORB 特征点描述子采用具有旋转不变性的 BRIEF(Rotated BRIEF，rBRIEF)算法。与浮点类型的描述子不同，BRIEF 是二进制类型的描述子，由 0 和 1 组成的 128 维向量。数字 0 和 1 表示在特征点周围的两个像素(a 和 b)的大小关系，若 $a>b$，结果取 1，反之取 0。rBRIEF 算法是 BRIEF 算法的改进，其对噪声具有抗干扰的能力，具备旋转不变性。rBRIEF 算法的具体执行步骤如下：

1）在 FAST 特征点周围选取 31×31 的邻域窗口，并在邻域窗口内随机选择 5×5 的像素块对，比较每个点对的灰度函数，对其进行二进制赋值，相应图像块的描述子分段函数 τ 定义为

$$\tau(p;x,y)=\begin{cases}1 & p(x)<p(y)\\0 & p(x)\geqslant p(y)\end{cases} \tag{5-64}$$

式中，$p(x)$和 $p(y)$为邻域内随机点 $x(u_1,v_1)$和 $y(u_2,y_2)$的灰度函数。

2）在窗口中以特征点 p 为核心，选取 m 个(x_i,y_i)测试点对，可以得到一个含有 m 维二进制编码串的特征描述子，即

$$f_m(p)=\sum_{1\leqslant i\leqslant m}2^{i-1}\tau(p;x_i,y_i) \tag{5-65}$$

实际应用中会根据计算量和存储空间等约束条件设定 m 值的大小，m 可以取 128、256 或 512 等数值。

3）设定特征点描述子的方向，使其具有旋转不变性。式(5-65)生成的特征描述子没有方向，利用求得特征点的质心方法使描述子含有方向信息。对在特征点周围选取的 m 个(x_i,y_i)位置点，设定一个 2×m 矩阵 $\boldsymbol{Q}$：

$$\boldsymbol{Q}=\begin{bmatrix}x_1,x_2,\cdots,x_{m-1},x_m\\y_1,y_2,\cdots,y_{m-1},y_m\end{bmatrix} \tag{5-66}$$

通过旋转矩阵 $\boldsymbol{R}_\theta$ 计算特征点的方向 θ，旋转矩阵 $\boldsymbol{R}_\theta$ 的表现形式为

$$\boldsymbol{R}_\theta=\begin{pmatrix}\cos\theta & \sin\theta\\-\sin\theta & \cos\theta\end{pmatrix} \tag{5-67}$$

矩阵 $\boldsymbol{Q}$ 经旋转矩阵 $\boldsymbol{R}_\theta$，得到 $\boldsymbol{Q}_\theta$ 为

$$\boldsymbol{Q}_\theta=\boldsymbol{R}_\theta\boldsymbol{Q}\boldsymbol{Q} \tag{5-68}$$

此时，矩阵 $\boldsymbol{Q}_\theta$ 经旋转矩阵 $\boldsymbol{R}_\theta$ 得到具有方向的二进制测试描述子，该描述子的定义为

$$g_m(p,\theta)=f_m(p)\mid(x_i,y_i)\in\boldsymbol{Q}_\theta \tag{5-69}$$

4）利用贪婪搜索算法，求解出 256 个点对中特征描述子相关性最低的点对，得到带有方向的特征描述子 rBRIEF。首先，计算某一像素邻域内的二进制串测试值 τ。其次，计算 τ

与 0.5 的距离差值，按照距离差值的大小，构成矢量 $\boldsymbol{W}$。接着，进行贪婪搜索。将序号是 1 的值 τ 加入矢量 $\boldsymbol{Z}$ 中，同时将其在矢量 $\boldsymbol{W}$ 中占据的空间释放。将序号是 2 的值 τ 与 $\boldsymbol{Z}$ 中所有测试值比较，计算相关性。若该相关性的值小于设定的阈值，则将其加入矢量 $\boldsymbol{Z}$ 中，反之，如果相关性的值大于设定的阈值就将其删除。然后，重复以上的执行步骤，直到矢量 $\boldsymbol{Z}$ 有 256 个测试值 τ 为止。否则，提高已设定的距离差值的阈值，再次进行测试；最后，将 256 个测试值 τ 进行组合形成完整的特征描述子 rBRIEF。

2. ORB 特征匹配

特征匹配是解决特征点法 SLAM 中数据关联问题的关键，也就是找出在不同视角拍摄到的图像中都出现过的特征点。假设相机在两个不同的视角拍摄到两幅图像，其特征匹配如图 5-12 所示。先从图像 A 中提取得到$\{p_A^1,p_A^2,p_A^3\}$这些 ORB 特征点，再从图像 B 中提取得到$\{p_B^1,p_B^2,p_B^3,p_B^4\}$这些 ORB 特征点。那么特征匹配过程就是要找出 $A=\{p_A^1,p_A^2,p_A^3\}$ 与 $B=\{p_B^1,p_A^2,p_A^3,p_B^4\}$这两个集合中各个点的对应关系。

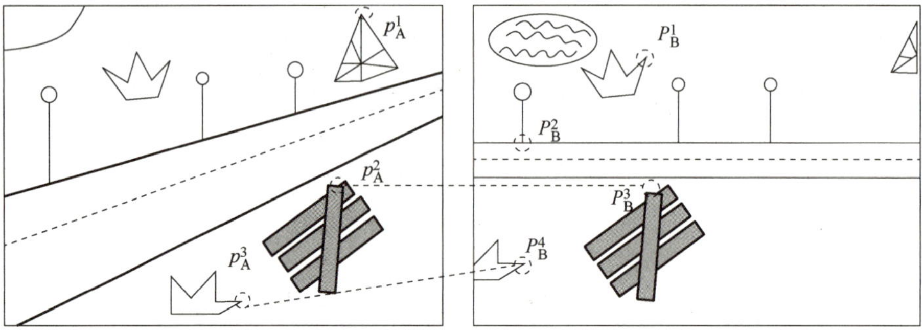

图 5-12　特征匹配

最简单的方法就是将集合 A 中的每个点都与集合 B 中的点匹配一遍，取匹配度最高的点为配对点。ORB 特征点的匹配度由两个特征点描述子的海明距离计算，海明距离越小匹配度越高。例如，p_A^1 依次与 p_B^1、p_B^2、p_B^3、p_B^4 计算匹配度，发现无成功配对的点；接着用 p_A^2 依次与 p_B^1、p_B^2、p_A^3、p_B^4 计算匹配度，发现 p_A^2 与 p_B^3 配对成功；同理，用 p_A^3 依次与 p_B^1、p_B^2、p_B^3、p_B^4 计算匹配度，发现 p_A^3 与 p_B^4 配对成功。这种匹配方法也叫暴力匹配，显然在特征点数量很大时，暴力匹配的工作效率十分低下。在实际工程中，一般使用 K 最近邻（K Nearest Neighbor，KNN）匹配、快速近似最近邻（Fast Library for Approximate Nearest Neighbors，FLANN）匹配等更智能的匹配算法。OpenCV 中已经集成了这些匹配算法，可直接调用。

这里需要注意，当环境场景为白墙、地面等重复单一场景时，极易出现误匹配。例如，图 5-12 中的 p_B^1 和 p_B^4 特征非常相似，图像 A 中特征点 P_A^3 极易误匹配到图像 B 中的特征点 p_B^1。一旦误匹配点过多，将使得后续位姿和地图点估计出错，严重时整个 SLAM 系统将会崩溃，误匹配问题成为特征点法 SLAM 系统亟待解决的难题。

3. 三维空间运动

相机的运动过程可以看成三维空间的刚体运动，所谓刚体，就是运动物体的机械形状不随运动发生变化。假如以相机起始时刻的位姿 Pose[0]建立世界坐标系，经过运动之后相机到达位姿 Pose[1]，那么相机在世界坐标系下的位姿 Pose[1]就可以看成位姿 Pose[0]经过旋转和平移的合成，如图 5-13 所示。关于相机在两个坐标系下的位置转换可通过欧拉角、旋转矩阵、四元数、李群和李代数的方法实现，在前面已经说明，此处不再赘述。

4. 多视图几何

(1) 2D-2D 模型　如果从不同视角拍摄到的两帧图像为已知量，则可利用这两帧图像的匹配点对求解地图点及相机位姿等未知量。如果给定的已知条件是从一张 2D 图像到另一张 2D 图像的匹配信息，那么称为 2D-2D 模型。单目 SLAM 初始化可使用此模型。

现在假设环境中有一个点 p，相机在光心 O_1 处观测点 p 得到图像点 p_1，相机光心从 O_1 经过旋转 $\boldsymbol{R}$ 和平移 $\boldsymbol{t}$ 运动到 O_2 处，该运动过程也可以用转移矩阵 $\boldsymbol{T}=\begin{bmatrix}\boldsymbol{R} & \boldsymbol{t}\\ \boldsymbol{0} & 1\end{bmatrix}$ 描述，相机在光心 O_2 处观测点 p 得到图像点 p_2，这个过程如图 5-14 所示。

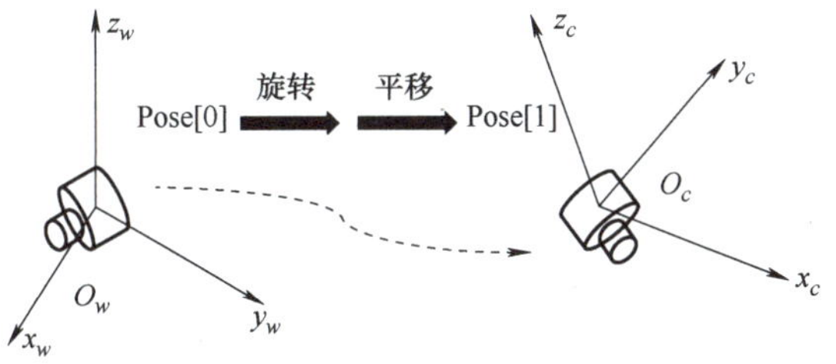

图 5-13　三维空间刚体运动

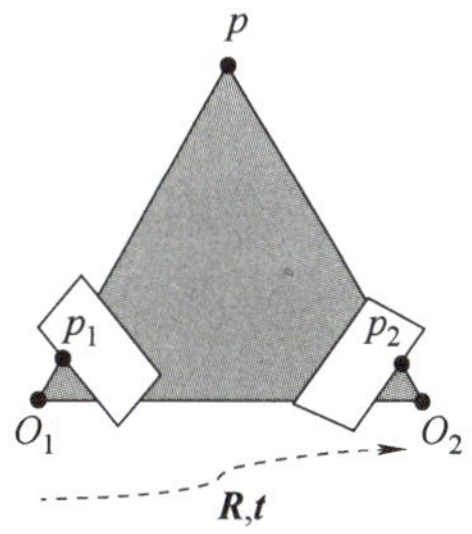

图 5-14　2D-2D 模型

可以发现，图 5-14 中的点 P、O_1、O_2、p_1、p_2 和旋转平移量$(\boldsymbol{R},\boldsymbol{t})$构成了某种几何关系，也叫对极几何。来看看这种几何关系的数学表述。假设环境点 p 在相机 O_1 坐标系和相机 O_2 坐标系下的坐标分别为 p_{O_1} 和 p_{O_2}，其对应像素点 p_1、p_2 的坐标为

$$p_1=\frac{1}{z_1}\boldsymbol{K}p_{O_1} \tag{5-70}$$

$$p_2=\frac{1}{z_2}\boldsymbol{K}p_{O_2} \tag{5-71}$$

由于拍摄两个图像使用同一个相机，所以式(5-70)和式(5-71)中的相机内参 $\boldsymbol{K}$ 相同。z_1 和 z_2 是像素点 p_1 与 p_2 的深度，也叫尺度因子。试想在 O_1p 射线上的任意点投影到相机 O_1 时都得到同样的像素点 p_1，即尺度因子 z_1 是无约束的。在后面讨论中，用多张图像求环境点 P 和相机位姿$(\boldsymbol{R},\boldsymbol{t})$过程中，该尺度因子可以被直接消掉，即不借助外界信息而只靠图像信息求出来的环境点 p 和相机位姿$(\boldsymbol{R},\boldsymbol{t})$尺度是不确定的，简单点说就是取值没有单位(即整个模型无论是以米、厘米、毫米等为单位都成立)。

而环境中同一个点 p 在 O_1 和 O_2 两个不同坐标系下的坐标值 p_{O_1} 与 p_{O_2} 很容易用转移关系$(\boldsymbol{R},\boldsymbol{t})$进行转换，有

$$p_{O_2}=\boldsymbol{R}p_{O_1}+\boldsymbol{t} \tag{5-72}$$

那么联立式(5-70)~式(5-72)，在得到的等式两边左叉乘 $\boldsymbol{t}$ 利用 $\boldsymbol{t}\times\boldsymbol{t}=0$ 来消掉加法项。接着在等式两边左乘$(\boldsymbol{K}^{-1}p_2)^{\mathrm{T}}$，利用 3 个共面向量的混合积为 0 的结论来让等式左边为 0。最后将式子整理一下，左叉乘 $\boldsymbol{t}$ 运算与左乘反对称矩阵 $\boldsymbol{t}^{\wedge}$ 是等价的，令 $\boldsymbol{E}=\boldsymbol{t}^{\wedge}\boldsymbol{R}$，$\boldsymbol{F}=\boldsymbol{K}^{-\mathrm{T}}\boldsymbol{E}\boldsymbol{K}^{-1}$。整个推导过程为

$$\begin{aligned}
&z_2\boldsymbol{K}^{-1}p_2=\boldsymbol{R}(z_1\boldsymbol{K}^{-1}p_1)+\boldsymbol{t}\\
&\Updownarrow \text{ 左叉乘 } \boldsymbol{t},\boldsymbol{t}\times\boldsymbol{t}=0\\
&\boldsymbol{t}\times z_2\boldsymbol{K}^{-1}p_2=\boldsymbol{t}\times R(z_1\boldsymbol{K}^{-1}p_1)\\
&\Updownarrow \text{ 左乘}(\boldsymbol{K}^{-1}p_2)^{\mathrm{T}},(\boldsymbol{K}^{-1}p_2)^{\mathrm{T}}[\boldsymbol{t}\times(\boldsymbol{K}^{-1}p_2)]=0\\
&0=z_1(\boldsymbol{K}^{-1}p_2)^{\mathrm{T}}\boldsymbol{t}\times\boldsymbol{R}\boldsymbol{K}^{-1}p_1\\
&\quad=p_2^{\mathrm{T}}\boldsymbol{K}^{-\mathrm{T}}\underbrace{\boldsymbol{t}^{\wedge}\boldsymbol{R}}_{E}\boldsymbol{K}^{-1}p_1\\
&\quad=p_2^{\mathrm{T}}\underbrace{\boldsymbol{K}^{-\mathrm{T}}\boldsymbol{t}^{\wedge}\boldsymbol{R}\boldsymbol{K}^{-1}}_{F}p_1\\
&\quad=p_2^{\mathrm{T}}\boldsymbol{F}p_1
\end{aligned} \tag{5-73}$$

1）本质矩阵 $\boldsymbol{E}$ 与基础矩阵 $\boldsymbol{F}$。图 5-14 所示的对极几何关系可以用公式 $0=p_2^{\mathrm{T}}\boldsymbol{K}^{-\mathrm{T}}\boldsymbol{E}\boldsymbol{K}^{-1}p_1=p_2^{\mathrm{T}}\boldsymbol{F}p_1$ 描述，这个公式也叫对极约束。式中定义本质矩阵 $\boldsymbol{E}=\boldsymbol{t}^{\wedge}\boldsymbol{R}$，基础矩阵 $\boldsymbol{F}=\boldsymbol{K}^{-\mathrm{T}}\boldsymbol{E}\boldsymbol{K}^{-1}$。图像中每个匹配点对 $\{p_1,p_2\}$ 都可以代入对极约束公式中构建出一个方程，如果有很多个匹配点对，所构建出的方程就可以组成一个方程组，通过解方程组就能求出本质矩阵 $\boldsymbol{E}$。研究表明，只需要 8 个匹配点对就能很好地解出 $\boldsymbol{E}$，该算法也叫 8 点法。由于基础矩阵 $\boldsymbol{F}$ 与本质矩阵 $\boldsymbol{E}$ 只相差相机内参 $\boldsymbol{K}$，所以在研究中这两个参数是等价的，实际应用中通常使用更为简洁的本质矩阵 $\boldsymbol{E}$。利用 8 点法求出本质矩阵 $\boldsymbol{E}$ 后，通过奇异值分解(Singular Value Decornposition，SVD)的方法，很容易从 $\boldsymbol{E}$ 中解算出表示相机位姿运动的旋转矩阵 $\boldsymbol{R}$ 和平移向量 $\boldsymbol{t}$。求$(\boldsymbol{R},\boldsymbol{t})$的整个过程如图 5-15 所示。

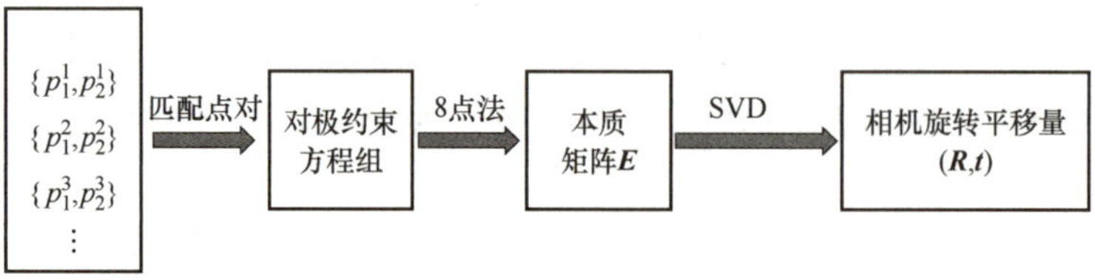

图 5-15　相机旋转平移量$(\boldsymbol{R},\boldsymbol{t})$的解算

2）单应矩阵 $\boldsymbol{H}$。这里还要提一下，当被观测的环境点 p 都位于同一个平面上，那么相应图像中的匹配点对就满足单应关系，其实就是对极约束的一种特殊情况。单应关系由公式 $p_2=\boldsymbol{H}p_1$ 描述，式中的 $\boldsymbol{H}$ 称为单应矩阵。与本质矩阵 $\boldsymbol{E}$ 类似，利用匹配点对构建单应性方程组，解方程求出单应矩阵 $\boldsymbol{H}$，然后从单应矩阵 $\boldsymbol{H}$ 中分解出$(\boldsymbol{R},\boldsymbol{t})$。

本质矩阵 $\boldsymbol{E}$ 和单应矩阵 $\boldsymbol{H}$ 适用于不同的场景，这一点将在下面 ORB-SLAM 系统的初始化中介绍。

3）三角化重建地图点。所谓三角化，就是图 5-14 中的三角形 ΔO_1pO_2，已知边 O_1O_2、底角 $\angle pO_1O_2$ 和 $\angle pO_2O_1$，那么利用三角形关系就能求解出环境点 p 的深度。联立式(5-70)~式(5-72)并做适当变形，就得到了关于点 p 的深度 z 的方程，即

$$\begin{aligned}
&z_2\boldsymbol{K}^{-1}p_2=\boldsymbol{R}(z_1\boldsymbol{K}^{-1}p_1)+\boldsymbol{t}\\
&\Updownarrow \text{ 左叉乘 }(\boldsymbol{K}^{-1}p_2),(\boldsymbol{K}^{-1}p_2)\times(\boldsymbol{K}^{-1}p_2)=0\\
&0=z_1(\boldsymbol{K}^{-1}p_2)\times\boldsymbol{R}(\boldsymbol{K}^{-1}p_1)+(\boldsymbol{K}^{-1}p_2)\times\boldsymbol{t}\\
&0=z_1(\boldsymbol{K}^{-1}p_2)^{\wedge}\boldsymbol{R}(\boldsymbol{K}^{-1}p_1)+(\boldsymbol{K}^{-1}p_2)^{\wedge}\boldsymbol{t}
\end{aligned} \tag{5-74}$$

将匹配点对$\{p_1,p_2\}$以及前面刚刚解算出的$(\boldsymbol{R},\boldsymbol{t})$代入式(5-74)中，解方程求深度$z_1$就完成了对地图点$p$的三角化重建。理想情况下，直接解式(5-74)所示的方程就可以求得深度z_1。而实际情况中，匹配点对$\{p_1,p_2\}$的像素坐标携带测量噪声，解算出的$(\boldsymbol{R},\boldsymbol{t})$也不一定完全准确，这就导致$0\neq z_1(\boldsymbol{K}^{-1}p_2)^\wedge\boldsymbol{R}(\boldsymbol{K}^{-1}p_1)+(\boldsymbol{K}^{-1}p_2)^\wedge\boldsymbol{t}$，而是约等于0，那么构建最小二乘问题$\underset{z_1}{\operatorname{argmin}}\|z_1(\boldsymbol{K}^{-1}p_2)^\wedge\boldsymbol{R}(\boldsymbol{K}^{-1}p_2)^\wedge\boldsymbol{t}\|^2$，很容易解出深度$z_1$。

4）对地图点和相机位姿做 BA 优化。BA 优化，调整相机姿态和各特征点的空间位置，使得这些光线最终收束到相机的光心，这个过程就叫作 BA。按理说，通过本质矩阵$\boldsymbol{E}$或者单应矩阵$\boldsymbol{H}$解出$(\boldsymbol{R},\boldsymbol{t})$，再利用已知条件$(\boldsymbol{R},\boldsymbol{t})$三角化重建出地图点$p$，图 5-14 所示的 2D-2D 模型解析就算完成了。但实际情况是求解出的$(\boldsymbol{R},\boldsymbol{t})$和地图点$p$都存在误差，误差有测量噪声、计算误差、匹配误差等因素。

那么，可以将上述解算出的地图点和相机位姿进行 BA 优化，通过优化尽量减小地图点和相机位姿中存在的误差。这里需要用到重投影误差e_i，其定义为

$$e_i=p_2^i-\frac{1}{z_2}\boldsymbol{KT}P_{O_1}^i \tag{5-75}$$

其中

$$\boldsymbol{T}=\begin{bmatrix}\boldsymbol{R} & \boldsymbol{t}\\ \boldsymbol{0} & 1\end{bmatrix}$$

通常在第一个相机位姿O_1处建立世界坐标系，那么地图点p^i的世界坐标为$p_{O_1}^i$，将$p_{O_1}^i$用转移矩阵$\boldsymbol{T}$转换为相机位姿O_2处坐标系下的坐标$\boldsymbol{T}p_{O_1}^i$，并利用相机模型得到预测像素上$\frac{1}{z_2}\boldsymbol{KT}p_{O_1}^i$，预测像素与相机原测量像素之间的差就是重投影误差$e_i$。

考虑所有的地图点，通过最小化重投影误差的方式构建目标函数，那么地图点和相机位姿的 BA 优化问题的描述为

$$\boldsymbol{T},\boldsymbol{p}_{O_1}=\underset{T,p_{O_1}}{\operatorname{argmin}}\sum_i\|e_i\|^2 \tag{5-76}$$

也可以通过 BA 只优化相机位姿$\boldsymbol{T}$或者地图点p_{O_1}，即

$$\boldsymbol{T}=\underset{T}{\operatorname{argmin}}\sum_i\|e_i\|^2 \tag{5-77}$$

$$\boldsymbol{p}_{O_1}=\underset{p_{O_1}}{\operatorname{argmin}}\sum_i\|e_i\|^2 \tag{5-78}$$

（2）3D-2D 模型　如给定的已知条件是从 3D 地图点到 2D 图像特征点的关联信息，那么称为 3D-2D 模型。例如，单目 SLAM 初始化完成后，或者双目、RGB-D 直接观测，在这些情况下，当前帧图像所对应的相机位姿解算可以用此模型。

现在假设已知构建出很多地图点，此时相机光心从O_{k-1}经过$(\boldsymbol{R},\boldsymbol{t})$运动到了$O_k$位姿处。相机当前帧图像中提取出很多特征点，其中$p_j$、$p_{j+1}$特征点与前一帧图像中的特征点能匹配上，而前一帧中已经知道这些特征点与p_j、p_{j+1}地图点相对应，也就是说当前帧图像 2D 特征点p_j、p_{j+1}与 3D 地图点p_j、p_{j+1}相关联。如果知道了很多对这样的 3D 地图点与 2D 特征点的关联，就可以求出相机运动$(\boldsymbol{R},\boldsymbol{t})$，这个过程如图 5-16 所示。

可以发现，图 5-16 中最典型的关系就是多组一一对应的 3D 地图点与 2D 特征点。为了讨论方便，将每对点记为$\{P_i,p_i\}$，因此这个问题也称为 n 点透视(Perspective-n-Point，PnP)

问题。求解 PnP 问题的方法有很多，如 DLT、P3P、EPnP、BA 优化等，下面分别介绍。

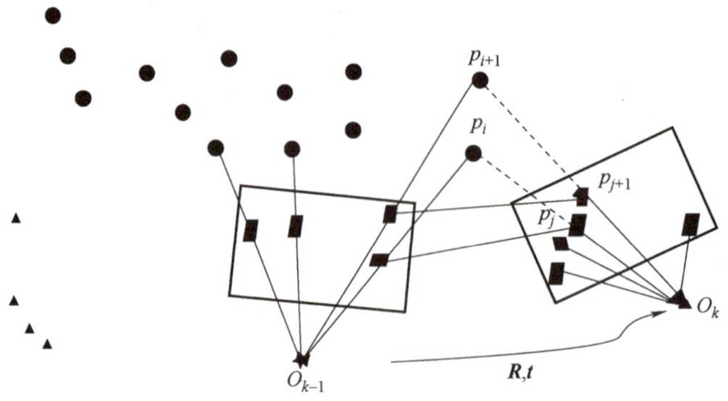

图 5-16　3D-2D 模型

1) DLT。直接线性变换(Direct Linear Transform, DLT)顾名思义就是通过直接解线性方程的方法来求解 PnP 问题。现在假设 O_{k-1}坐标系下地图坐标点 $\boldsymbol{P}_i=[x_i,y_i,z_i,1]^{\mathrm{T}}$ 中的像素点 $\boldsymbol{p}_i=[u_i,v_i,1]^{\mathrm{T}}$ 与地图点对应，那么 $\boldsymbol{P}_i$ 到 $\boldsymbol{p}_i$ 的投影关系为

$$z_i\boldsymbol{p}_i=\boldsymbol{K}[\boldsymbol{R}\,|\,\boldsymbol{t}]\boldsymbol{P}_i \tag{5-79}$$

可以分情况来求解式(5-79)，一种情况是在相机内参 $\boldsymbol{K}$ 未知时，DLT 算法可以同时将相机内参 $\boldsymbol{K}$ 和外参$[\boldsymbol{R}\,|\,\boldsymbol{t}]$都求出来，也就是说这个算法实现了相机内参自标定过程；另一种情况是相机内参 $\boldsymbol{K}$ 已知时，DLT 算法只求$[\boldsymbol{R}\,|\,\boldsymbol{t}]$，实际应用中往往已知内参 $\boldsymbol{K}$。先将式(5-79)展开成方程组，并利用第 3 个方程消掉第 1、2 个方程中的系数 z_i，即

$$z_i\boldsymbol{p}_i=\boldsymbol{K}[\boldsymbol{R}\,|\,\boldsymbol{t}]\boldsymbol{P}_i\Leftrightarrow z_i\begin{bmatrix}u_i\\v_i\\1\end{bmatrix}=\begin{bmatrix}\boldsymbol{m}_1&\boldsymbol{m}_2&\boldsymbol{m}_3&\boldsymbol{m}_4\\\boldsymbol{m}_5&\boldsymbol{m}_6&\boldsymbol{m}_7&\boldsymbol{m}_8\\\boldsymbol{m}_9&\boldsymbol{m}_{10}&\boldsymbol{m}_{11}&\boldsymbol{m}_{12}\end{bmatrix}\begin{bmatrix}x_i\\y_i\\z_i\\1\end{bmatrix}\Leftrightarrow A_{2\times12}\boldsymbol{m}_{12\times1}=0 \tag{5-80}$$

也就是说，一对 $\boldsymbol{P}_i$ 到 $\boldsymbol{p}_i$ 的投影点，可以构造出一个线性方程 $\boldsymbol{A}_{2\times12}\boldsymbol{m}_{12\times1}=0$，那么 n 对 $\boldsymbol{P}_i$ 到 $\boldsymbol{p}_i$ 的投影点，可以构造出一个线性方程 $\boldsymbol{A}_{2n\times12}\boldsymbol{m}_{12\times1}=0$，方程中的向量 $\boldsymbol{m}_{12\times1}$由投影矩阵 $\boldsymbol{A}_{2n\times12}\boldsymbol{Pr}=\boldsymbol{K}[\boldsymbol{R}\,|\,\boldsymbol{t}]=\begin{bmatrix}\boldsymbol{m}_1&\boldsymbol{m}_2&\boldsymbol{m}_3&\boldsymbol{m}_4\\\boldsymbol{m}_5&\boldsymbol{m}_6&\boldsymbol{m}_7&\boldsymbol{m}_8\\\boldsymbol{m}_9&\boldsymbol{m}_{10}&\boldsymbol{m}_{11}&\boldsymbol{m}_{12}\end{bmatrix}$中的元素顺序排列构造，方程中的系数矩阵 $\boldsymbol{A}_{2n\times12}$由 n 对 $\boldsymbol{P}_i$ 到 $\boldsymbol{p}_i$ 的投影点构造。在理想情况下，只需解线性方程 $\boldsymbol{Am}=0$ 得出，然后用 $\boldsymbol{m}$ 构造出投影矩阵 $\boldsymbol{Pr}$，分解投影矩阵 $\boldsymbol{Pr}$ 就能得到内参和外参$[\boldsymbol{R}\,|\,\boldsymbol{t}]$。实际情况中，噪声和误差等因素会导致线性方程 $\boldsymbol{Am}=0$(不严格等于 0)，那么可以构建最小二乘问题来解方程，有

$$\begin{aligned}\boldsymbol{m}&=\underset{m}{\operatorname{argmin}}\|\boldsymbol{Am}\|^2\\&=\underset{m}{\operatorname{argmin}}(\boldsymbol{m}^{\mathrm{T}}\boldsymbol{A}^{\mathrm{T}}\boldsymbol{Am})\\&\text{令}\ |\boldsymbol{m}|=1,\mathrm{SVD}(\boldsymbol{A})=\boldsymbol{USV}^{\mathrm{T}}=\sum_{i=1}^{12}s_i\boldsymbol{u}_i\boldsymbol{v}_i^{\mathrm{T}}\\&=\underset{m}{\operatorname{argmin}}(\boldsymbol{m}^{\mathrm{T}}\boldsymbol{VSU}^{\mathrm{T}}\boldsymbol{USV}^{\mathrm{T}}\boldsymbol{m})\\&=\underset{m}{\operatorname{argmin}}(\boldsymbol{m}^{\mathrm{T}}\boldsymbol{VS}^2\boldsymbol{V}^{\mathrm{T}}\boldsymbol{m})\\&=\underset{m}{\operatorname{argmin}}(\boldsymbol{m}^{\mathrm{T}}\sum_{i=1}^{12}s_i^2\boldsymbol{v}_i\boldsymbol{v}_i^{\mathrm{T}}\boldsymbol{m})\end{aligned} \tag{5-81}$$

系数矩阵 $\boldsymbol{A}$ 通过 SVD 分解，如果取待求向量 $\boldsymbol{m}$ 为正交矩阵 $\boldsymbol{V}$ 的某个列向量 $\boldsymbol{v}_i$，那么 u_i 为正交矩阵 $\boldsymbol{U}$ 的某个列向量；$\boldsymbol{s}_i$ 为对角矩阵。这样向量 $\boldsymbol{m}$ 便求出来了，投影矩阵 $\boldsymbol{Pr}$ 也就求出来了。那么分解投影矩阵 $\boldsymbol{Pr}$ 为 $[\boldsymbol{B},b]$ 并根据 $\boldsymbol{Pr}$ 内部的结构很容易求出内参 $\boldsymbol{K}$ 和外参 $[\boldsymbol{R}|\boldsymbol{t}]$，如果内参 $\boldsymbol{K}$ 已知，求外参 $[\boldsymbol{R}|\boldsymbol{t}]$ 将更容易，有

$$\boldsymbol{Pr}=\boldsymbol{K}[\boldsymbol{R}|\boldsymbol{t}]=\boldsymbol{KR}[\boldsymbol{I}|-\boldsymbol{t}]=[\boldsymbol{KR}|-\boldsymbol{KRt}]=[\boldsymbol{B}|b] \tag{5-82}$$

2）P3P。另一种求解 PnP 问题的方法是 P3P 算法，通过 3 对 3D-2D 点就能求出相机运动 $(\boldsymbol{R},\boldsymbol{t})$。P3P 算法的思路是通过不共线的 3 个 3D 地图点 p_1、p_2、p_3 和 3 个 2D 像素点 p_1、p_2、p_3 相机光心 o 构成的三角形关系，求解 $(\boldsymbol{R},\boldsymbol{t})$。如图 5-17 所示，所给定的地图点 p_1、p_2、p_3 是前一帧相机坐标系下的坐标值，所给定的像素点 p_1、p_2、p_3 是当前相机坐标系下的坐标值。虽然 p_1、p_2、p_3 给定的坐标值不能在当前相机坐标系下使用，但是从中可以得知由这三点构成三角形的各个边长 p_1p_2、p_1p_3、p_2p_3。而 p_1、p_2、p_3 像素点同样可以确定三角形的各个边长 p_1p_2、p_1p_3、p_2p_3 以及 3 条射线的夹角 $\angle p_1op_2$、$\angle p_1op_3$、$\angle p_2op_3$。基于余弦定理，就可以求出 3 条射线 op_1、op_2、op_3 的长度，结合夹角就能求出 p_1、p_2、p_3 在当前相机坐标系下的坐标值。利用 p_1、p_2、p_3 在前一相机坐标系的坐标值和当前相机坐标系下的坐标值，通过 ICP 算法很容易求出相机从前一帧位姿运动到当前顿位姿的运动 $(\boldsymbol{R},\boldsymbol{t})$。

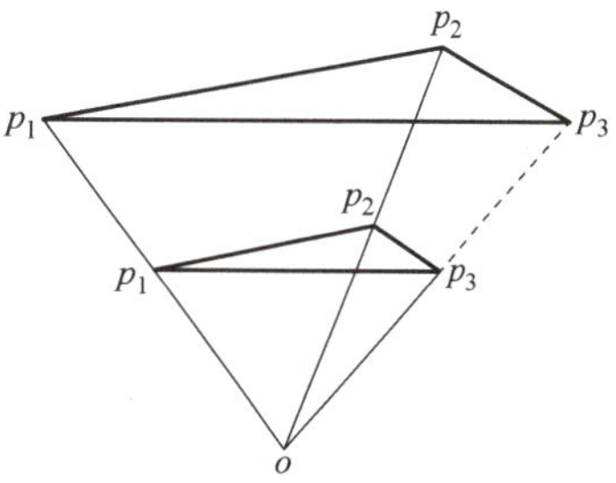

图 5-17　三角形关系

上面说的 P3P 求解思路很简单，就是利用三角形关系求出给定地图点 p_1、p_2、p_3 在当前帧相机坐标系下的坐标值，然后用 ICP 算法找到 p_1、p_2、p_3 在当前坐标系下坐标值与前一帧坐标系下坐标值的关系，这个关系就是 $(\boldsymbol{R},\boldsymbol{t})$。

3）BA 优化。不管是用 DLT、P3P 还是其他一些解析算法，求解出来的相机位姿 $(\boldsymbol{R},\boldsymbol{t})$ 都会由于噪声、计算误差等因素而存在误差。那么就可以以这些解析法求出来的 $(\boldsymbol{R},\boldsymbol{t})$ 为初值，利用 BA 优化来进一步提高精度。由于 BA 优化已经在式(5-76)~式(5-78)中讲过，这里只用到其中的式 (5-77)。

(3) 3D-3D 模型　在图 5-16 所描述的场景下，如果前后两图像中都能获取地图点信息，直接根据这个模型可以求出相机位姿。如给定的已知条件是从 3D 地图点到 3D 地图点的关联信息，那么称为 3D-3D 模型。例如，上面 3D-2D 模型中 P3P，或者双目、RGB-D 能直接给出环境观测点，在这些情况下，当前图像所对应的相机位姿解算就可以用这种模型。

现在假设相机在 o_{k-1} 处得到了地图点 p_1^{k-1}、p_2^{k-1}、p_3^{k-1}，相机在 o_k 处也得到了地图点 p_1^k、p_2^k、p_3^k，只是这些地图点在不同的坐标系下。通过图像特征匹配等数据关联方式已经知道 p_i^{k-1} 与 p_i^k 是一一对应的，那么只要找出这两组 P3D 点的变换关系，就可以求出相机运动 $(\boldsymbol{R},\boldsymbol{t})$，该过程如图 5-18 所示。下面介绍两种常见的求解方法，ICP 和 BA 优化。

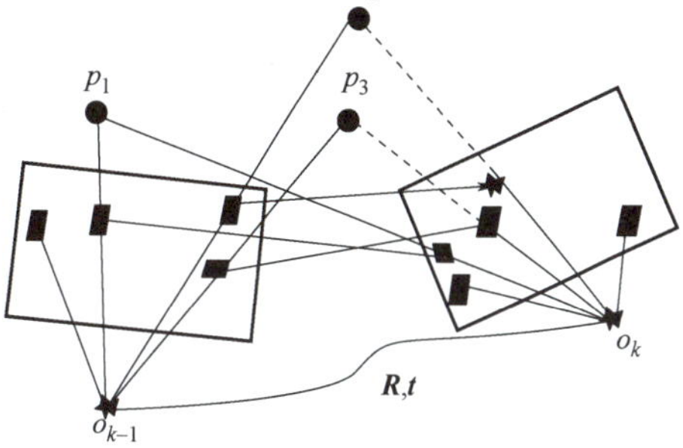

图 5-18　3D-3D 模型

1）ICP。ICP 算法用于求解两组点云之间

的位姿变换，在三维重建、计算机视觉、机器人等场景应用广泛，具体可以分为点云数据关联已知的解法和点云数据关联未知的解法。所谓点云数据关联已知，就是给定两组点云，点云之间的匹配关系是已知的。这里要求解的 3D-3D 模型中，前后两帧点云已经通过图像匹配进行了数据关联，所以属于点云数据关联已知的情况，下面讨论点云数据关联已知情况下 ICP 算法的 SVD 解析过程。

假设给定了两组点云 $\boldsymbol{p}=\{\boldsymbol{p}_1,\boldsymbol{p}_2,\cdots,\boldsymbol{p}_n\}$ 和 $\boldsymbol{p}'=\{\boldsymbol{p}'_1,\boldsymbol{p}'_2,\cdots,\boldsymbol{p}'_n\}$，并且点云 $\boldsymbol{p}$ 和 $\boldsymbol{p}'$ 中的每个点已经通过下标一一进行了数据关联。在没有噪声的理想情况下，点云 $\boldsymbol{p}$ 和 $\boldsymbol{p}'$ 之间满足 $\boldsymbol{p}'_i=\boldsymbol{R}\boldsymbol{p}_i+\boldsymbol{t}$。在考虑噪声的情况下，通过构建最小二乘问题，很容易解出 $(\boldsymbol{R},\boldsymbol{t})$，即

$$\underset{\boldsymbol{R},\boldsymbol{t}}{\operatorname{argmin}}\sum_{i=1}^{n}\|\boldsymbol{p}'_i-(\boldsymbol{R}\boldsymbol{p}_i+\boldsymbol{t})\|^2 \tag{5-83}$$

可以将点云 $\boldsymbol{p}$ 和 $\boldsymbol{p}'$ 去质心后，再构建最小二乘问题，结果是等价的，见式(5-84)。式中为两个加法项，让每个项都最小化，那么整体也就最小了。

$$\begin{aligned}
&\boldsymbol{q}_i=\boldsymbol{p}_i-\bar{\boldsymbol{p}},\text{其中 }\bar{\boldsymbol{p}}=\frac{1}{n}\sum_{i=1}^{n}\boldsymbol{p}_i\\
&\boldsymbol{q}'_i=\boldsymbol{p}'_i-\bar{\boldsymbol{p}}'=\frac{1}{n}\sum_{i=1}^{n}\boldsymbol{p}'_i\\
&\underset{\boldsymbol{R},\boldsymbol{t}}{\operatorname{argmin}}\sum_{i=1}^{n}\|\boldsymbol{p}'_i-(\boldsymbol{R}\boldsymbol{p}_i+\boldsymbol{t})\|^2\\
&=\underset{\boldsymbol{R},\boldsymbol{t}}{\operatorname{argmin}}\sum_{i=1}^{n}\{\|(\boldsymbol{p}'_i-\bar{\boldsymbol{p}}')-\boldsymbol{R}(\boldsymbol{p}_i-\bar{\boldsymbol{p}})\|^2+\|\bar{\boldsymbol{p}}'-\boldsymbol{R}\bar{\boldsymbol{p}}-\boldsymbol{t}\|^2\}\\
&=\underset{\boldsymbol{R},\boldsymbol{t}}{\operatorname{argmin}}\sum_{i=1}^{n}\{\|\boldsymbol{q}'_i-\boldsymbol{R}\boldsymbol{q}_i\|^2+\|\bar{\boldsymbol{p}}'-\boldsymbol{R}\bar{\boldsymbol{p}}-\boldsymbol{t}\|^2\}
\end{aligned} \tag{5-84}$$

首先，将第一个加法项展开化简，然后利用 SVD 就能求出 $\boldsymbol{R}$，具体过程为

$$\begin{aligned}
&\underset{\boldsymbol{R}}{\operatorname{argmin}}\sum_{i=1}^{n}\|\boldsymbol{q}'_i-\boldsymbol{R}\boldsymbol{q}_i\|^2\\
&=\underset{\boldsymbol{R}}{\operatorname{argmin}}\sum_{i=1}^{n}(\boldsymbol{q}'^{\mathrm{T}}_i\boldsymbol{q}'_i-2\boldsymbol{q}'^{\mathrm{T}}_i\boldsymbol{R}\boldsymbol{q}_i+\boldsymbol{q}^{\mathrm{T}}_i\boldsymbol{R}^{\mathrm{T}}\boldsymbol{R}\boldsymbol{q}_i)\\
&\Leftrightarrow\underset{\boldsymbol{R}}{\operatorname{argmin}}\sum_{i=1}^{n}-\boldsymbol{q}'^{\mathrm{T}}_i\boldsymbol{R}\boldsymbol{q}_i\\
&=\underset{\boldsymbol{R}}{\operatorname{argmin}}\left(-\operatorname{tr}\left(\boldsymbol{R}\sum_{i=1}^{n}\boldsymbol{q}'^{\mathrm{T}}_i\boldsymbol{q}_i\right)\right)
\end{aligned} \tag{5-85}$$

$\boldsymbol{T}$，$\boldsymbol{p}=\underset{\boldsymbol{T},\boldsymbol{p}}{\operatorname{argmin}}\sum_i\|\boldsymbol{p}'_i-\boldsymbol{T}\boldsymbol{p}_i\|^2$，那么令 $\boldsymbol{M}=\sum_{i=1}^{n}\boldsymbol{q}'^{\mathrm{T}}_i\boldsymbol{q}_i$，利用 SVD 进行分解得到 $SVD(\boldsymbol{M})=\boldsymbol{U}\boldsymbol{S}\boldsymbol{V}^{\mathrm{T}}$，从而求得 $\boldsymbol{R}=\boldsymbol{U}\boldsymbol{V}^{\mathrm{T}}$，然后将求出的 $\boldsymbol{R}$ 代入第二个加法项 $\underset{\boldsymbol{t}}{\operatorname{argmin}}\sum_{i=1}^{n}\|\bar{\boldsymbol{p}}'-\boldsymbol{R}\bar{\boldsymbol{p}}-\boldsymbol{t}\|^2$，很容易得到 $\boldsymbol{t}=\bar{\boldsymbol{p}}'-\boldsymbol{R}\bar{\boldsymbol{p}}$。

当所给定两组点云个数不同、有误匹配或者没有匹配信息时，就要讨论未知数据关联 ICP 算法的迭代法过程。首先需要用某种策略找到点云间的一种数据关联假设，然后按已知

数据关联的解法求出变换量($\boldsymbol{R},\boldsymbol{t}$)，不断重复这一过程直到结果满意为止。对未知数据关联 ICP 算法具体实现过程感兴趣的读者，可以阅读 PCI 点云库中的相应代码。

2) BA 优化。另一种求解方法，就是对式 (5-83) 所示的问题直接进行 BA 优化求解。BA 优化中优化变量一般写成变换矩阵 $\boldsymbol{T}$ 的形式，优化过程既可以对位姿 $\boldsymbol{T}$ 进行优化，也可以同时对位姿 $\boldsymbol{T}$ 和点云 $\boldsymbol{p}$ 进行优化，即

$$\boldsymbol{T}=\underset{\boldsymbol{T}}{\operatorname{argmin}}\sum_i \|\boldsymbol{p}_i'-\boldsymbol{T}\boldsymbol{p}_i\|^2 \tag{5-86}$$

$$\boldsymbol{T},\boldsymbol{p}=\underset{\boldsymbol{T},\boldsymbol{p}}{\operatorname{argmin}}\sum_i \|\boldsymbol{p}_i'-\boldsymbol{T}\boldsymbol{p}_i\|^2 \tag{5-87}$$

在 3D-3D 模型中，BA 优化过程对位姿 $\boldsymbol{T}$ 的初值不敏感，鲁棒性较强。但由于其强依赖于点云 3D 坐标，因此计算出来的位姿 $\boldsymbol{T}$ 精度会比 3D-2D 模型中的低。同时，不难发现在 2D-2D、3D-2D、3D-3D 模型中都能看到 BA 优化的身影。

5.3.2　RGBD-SLAM 方法

近些年随着机器人感知空间环境的能力不断增强，结合 RGB-D 信息实现对空间环境的感知和认知成了机器人发展的重要趋势。即时定位与地图构建(SLAM)技术是智能移动机器人的关键技术之一，而 RGBD-SLAM 因其获取信息全面一直是研究的热点。一般智能移动机器人被认为可以感知环境、认知物体和移动，其中主要的技术难点包括物体的识别定位、三维环境点云数据构建、基于三维数据的路径规划等。

1. RGBD 信息获取

Kinect 传感器是微软公司提供的一款获取环境 RGB-D 信息的传感器组件，由于其价格低廉且获取的信息精度较高，逐渐得到人们的认可。很多研究人员成功地将其应用于机器人领域。微软目前发行了两代 Kinect。Kinectxbox 通过识别投射到空间的红外线斑点图的变形情况获取深度信息，该方法有效范围为 0.8～4m，一旦距离超出范围精度将迅速下降。Kinect v2 利用红外线飞行时间的方法替换了利用红外线斑点图确定深度信息的方法，首先通过激光发射模块发射出激光阵列，通过面阵式感光芯片获取反射回来的信息，然后根据光在飞行过程中的时间差，实时计算出环境的空间深度信息的二维阵列，进而获取整个场景的表面几何结构。图 5-19 所示为 Kinect v2 的深度获取原理。

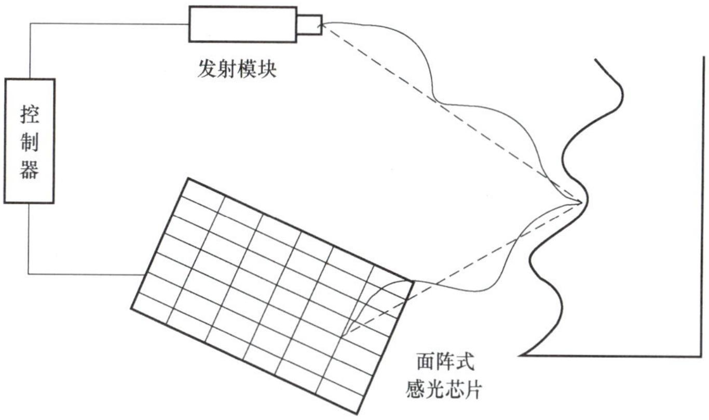

图 5-19　Kinect v2 的深度获取原理

Kinect v2 测量深度信息的方法基于光传播前后的相位差，对应的测量距离 d 为

$$d=\frac{1}{2}\Delta tc=\frac{1}{2}\Delta\varphi\frac{1}{2\pi f}c \tag{5-88}$$

式中，c 为光速；f 为激光频率；$\Delta\varphi$ 为接收和发射激光正弦波之间的相位差。

Kinect v2 收集的数据包括两部分：RGB 图像和深度图像。深度图像误差主要来源包括温度漂移和深度漂移，由于环境中温度是不可控的变量，则这两项无法避免，并且深度信息整体误差引进较小，所以只考虑用于标定彩色图像的形状标定。

RGB 视觉传感器的形状标定类似于单目相机的标定方法，RGB 摄像头常见的误差主要来自镜头的径向和切向畸变。图 5-20 所示为相机的成像原理，图 5-20a 所示为薄凸透镜成像的截面图。

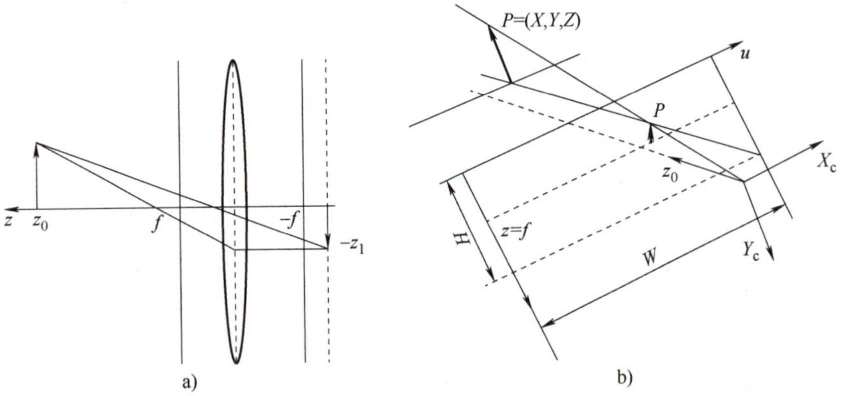

图 5-20　相机的成像原理

进而得到透镜形成图像的基本原理为

$$\frac{1}{z_0}+\frac{1}{z_i}=\frac{1}{f} \tag{5-89}$$

式中，f 为薄凸透镜的焦距；z_0 为物体与镜片中心之间的距离；z_i 为像与镜片中心之间的距离。随着距离 z_0 的增加，z_i 与 f 近乎相等。图 5-20b 为常用的相机投影模型。在 $z=f$ 平面上近似投影物体，根据针孔成像模型获取空间中一点 $P(X,Y,Z)$ 对应点 $p(x,y)$，进而获得物体的正像为

$$x=f\frac{X}{Z}$$
$$y=f\frac{Y}{Z} \tag{5-90}$$

相机获取的图像平面可以被描述为一个 $W\times H$ 的单元网络，与图像的像素对应。一般默认左上角的像素坐标为(1,1)，则对应的像素坐标 P 为

$$u=u_0+\frac{x}{\rho_w}=u_0+\frac{fX}{\rho_w Z}$$
$$v=v_0+\frac{y}{\rho_h}=v_0+\frac{fY}{\rho_h Z} \tag{5-91}$$

式中，ρ_w、ρ_h 为每个像素的长和高；(u_0,v_0) 为图像光轴与图像平面交点。则相机的成像模型可以表示为

$$\begin{bmatrix} u \\ v \\ 1 \end{bmatrix} = \frac{1}{Z}\begin{bmatrix} \dfrac{f}{\rho_w} & 0 & c_x \\ 0 & \dfrac{f}{\rho_h} & c_y \\ 0 & 0 & 1 \end{bmatrix}\begin{bmatrix} X \\ Y \\ Z \end{bmatrix} = \frac{1}{Z}\boldsymbol{KP} \tag{5-92}$$

式中，$\boldsymbol{P}$ 为相机坐标系中的坐标；$\boldsymbol{K}$ 为内参数矩阵。然而，实际中的透镜形状并不是理想化的，形状上的缺陷会使得到的图像变形，研究人员把遇到的最主要图像变形分为两种：径向畸变和切向畸变。

径向畸变造成图像点从主点开始沿径向线发生位移，常见的径向畸变有桶型和枕型两种表现形式，桶型畸变是指整体图像边缘直线向外弯曲。枕型畸变图像边缘直线向内弯曲。两种畸变效果与距离中心的距离有关系，因此这类畸变可以用距离的奇次多项式进行表示。

径向误差可以通过多项式近似表达为

$$\Delta r = k_1 r^3 + k_2 r^5 + k_3 r^7 + \cdots \tag{5-93}$$

式中，r 为图像点与主点之间的距离。

在式(5-93)描述的纠正模型中，由于中心区域受到畸变的影响较小，该区域通过参数 k_1 进行畸变纠正，而边缘区域则通过参数 k_2 进行纠正。对畸变很大的相机，可以额外加入参数 k_3 进行校正。通过以上三个参数可以有效地缓解相机采集数据失真的问题。

切向畸变发生在与半径垂直的方向上，可以通过 p_1、p_2 两个参数进行纠正：

$$\begin{aligned} \Delta u &= 2p_1 uv + p_2(r^2+2u^2) \\ \Delta v &= 2p_2 uv + p_1(r^2+2v^2) \end{aligned} \tag{5-94}$$

综上，得到纠正后的结果为

$$\begin{cases} \Delta u = u(k_1 r^2 + k_2 r^4 + k_3 r^6 + \cdots) + 2p_1 uv + p_2(r^2+2u^2) \\ \Delta v = v(k_1 r^2 + k_2 r^4 + k_3 r^6 + \cdots) + 2p_2 uv + p_1(r^2+2v^2) \end{cases} \tag{5-95}$$

2. RGBD-SLAM 框架

RGBD-SLAM 是指利用 RGB-D 视觉传感器的视觉 SLAM，视觉 SLAM 框架包括五部分，分别为获取传感器数据、视觉里程计位姿估计、后端非线性优化、回环检测和构图。五部分之间的关系如图 5-21 所示。

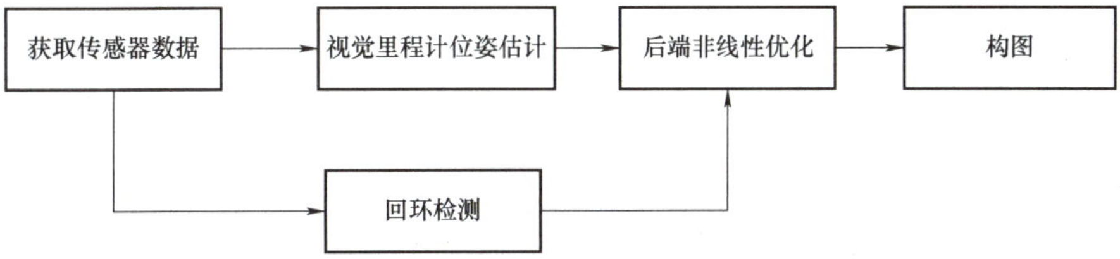

图 5-21　视觉 SLAM 框架

RGBD-SLAM 算法是利用 Kinect 相机实现的深度视觉 SLAM。该算法的结构主要由前端数据处理和后端优化处理两部分组成。前端的主要任务是对 Kinect 视觉传感器采集的彩色图

像与深度图像进行特征检测与描述符提取，进行特征点匹配，保留优匹配、剔除误匹配。再获取与彩色图像匹配点对应的深度图像中的深度信息，利用运动位姿变换的估计方法推算当前时刻相机的运动状况，并对运动变换结果进行优化，得到优化后的运动位姿变换关系。后端的主要任务是将前端生成的数据结果优化处理。将前端得到的运动变换关系进行位姿图初始化，添加回环检测环节，使用各种滤波方法与非线性优化方法，消除累积误差带来的干扰。最终生成运动轨迹和三维空间环境地图。

（1）前端数据处理　视觉里程计位姿估计指的是根据得到的传感器数据，对当前机器人所处位姿进行估计的过程。为了降低噪声点的影响，获取数据后，根据特征点数量、噪声、匹配效果等影响因素筛选出较好的关键帧。关键帧之间的位姿估计过程可以通过光流法、特征点法、稠密法等实现。光流法是计算图像之间对应像素随时间运动的一种算法，通过迭代对应的像素关系计算视觉传感器移动向量，该方法对图像要求较高，光照的变化会直接影响整体的匹配效果。特征点法是指根据图像中特征点的移动和变化来计算出视觉传感器的位置姿态。在实现过程中主要包括特征点获取、特征点匹配和视觉传感器位姿估计三步。

常见的特征点获取包括 SURF、SIFT、ORB 等。SIFT 方法考虑的影响因素最为全面，匹配效果最好，但是计算量大，对硬件要求高。目前常用的方法为 ORB 算法。特征点主要是指关键点和描述子两个部分。关键点是指特征点的分布坐标，描述子是指关键点附近的特征信息。ORB 算法提取关键点时采用的是改进后的 FAST 算法，该算法弥补了 FAST 算法无方向性的不足，ORB 算法利用二进制算法 BRIEF 获取描述子。ORB 相对于 SIFT 算法，虽然在精度上有些下降，但提升了整体计算速度。常见特征点匹配的方法是暴力匹配，此方法是用每一个特征点与其他每一个点计算描述子之间的相似程度，然后把相似程度较大的点作为该特征点的相似点。随着特征点数量的增加，暴力匹配的运算量过大，不能满足实时性的要求。常用的加速特征匹配方法是 FLANN 匹配算法。视觉传感器位姿估计主要是指 PnP 算法，算法通过至少三组特征点空间坐标以及该点在深度图像上的像素位置，便可以求解视觉传感器的位置姿态，在前面 ORB-SLAM 中已经介绍，此处不再说明。

（2）后端优化处理　在 RGBD-SLAM 后端优化算法中对前端数据处理的优化方式有两种，一种是基于扩展卡尔曼滤波器的优化方式，其将 SLAM 看作状态估计问题，在一定程度上假设马尔可夫性，考虑相邻时刻的状态关系和观测结果，对观测方程和运动方程采用一阶泰勒展开，保留线性部分。但是其使用一阶马尔可夫模型假设过于简单，并且存储的状态量的均值和方差值呈二次方趋势的增长。由于 EKF 的优化方式有较为明显的不足，因此其逐渐被另外一种非线性优化方法——图优化代替。

在图优化方法中，图是由顶点（Vertex）和边（Edge）组成的模型结构，其示意图如图 5-22 所示。在该图中，$x_i(i=1,2,3,\cdots,n)$ 表示机器人的位姿状态，即图的顶点；$\boldsymbol{T}_{i,j}(i,j=1,2,3,\cdots,n)$ 表示利用帧间匹配得到的不同时刻的机器人位姿约束关系，即图的边。该示意图由不断积累的顶点和边组成，图优化的目的是通过对顶点位姿的调整尽可能最大化的满足边之间的约束。

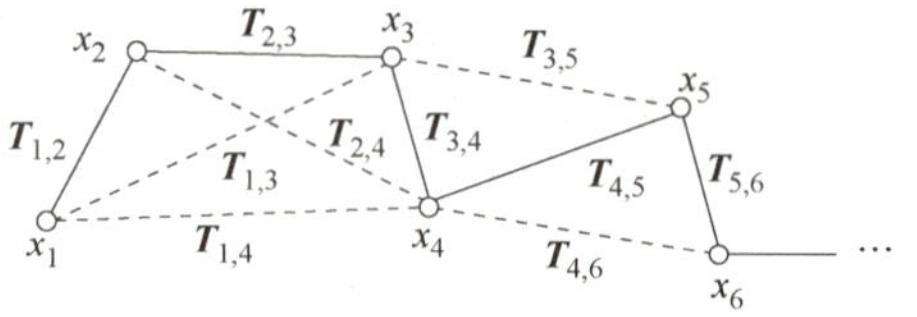

图 5-22　图优化方法中的机器人位姿示意图

其中，机器人的位姿状态 x_i 和机器人位姿约束关系 $\boldsymbol{T}_{i,j}$ 可以用 6 自由度下的矩阵 4×4 表示，即

$$x_i, \boldsymbol{T}_{i,j} = \begin{bmatrix} \boldsymbol{R}_{3\times3} & \boldsymbol{t}_{3\times1} \\ \boldsymbol{0} & 1 \end{bmatrix} \tag{5-96}$$

式中，$\boldsymbol{R}$ 为 3×3 的正交旋转矩阵；$\boldsymbol{t}$ 为帧间运动产生的平移向量值。

图优化的表现形式有两类：一类是在视觉重建 3D 模型中，利用特征点反射光线对相机姿态和特征点空间做最优调整，即 BA 优化；另一类是在优化的过程中不再对空间点的信息进行优化，只考虑机器人位姿的优化，与前一类方法相比减少了计算量，此方法称为位姿图(Pose Graph)优化法。

假设移动机器人在某一时刻的观测方程为

$$g = h(x, y) \tag{5-97}$$

式中，x 为相机的位姿，它对应的李代数是 $\boldsymbol{\xi}$，y 为机器人在移动过程中携带的相机观测到的路标，即三维点 q。根据最小二乘法则，由于在观测的过程中会产生噪声，因此式(5-97)对应的观测误差为

$$e = z - h(\boldsymbol{\xi}, q) \tag{5-98}$$

对式(5-98)进行最小二乘求解，得到

$$\frac{1}{2}\sum_{i=1}^{m}\sum_{j=1}^{n}\|e_{ij}\|^2 = \frac{1}{2}\sum_{i=1}^{m}\sum_{j=1}^{n}\|z_{ij} - h(\boldsymbol{\xi}_i, q_j)\|^2 \tag{5-99}$$

式中，z_{ij} 为机器人在位姿 $\boldsymbol{\xi}_i$ 处观测到的路标点 q_j。使用 LM 方法对上述待优化模型进行非线性优化，使得误差最小，获得最优解。

利用位姿图的优化方式，假设相机位姿的节点是 ς_1，ς_2，…，ς_n，ς_i、ς_j 之间的运动变换关系是 $\Delta\varsigma_{ij}$，按照李群的表达方式，该运动变换关系可以写成

$$\Delta \boldsymbol{T}_{ij} = \boldsymbol{T}_i^{-1}\boldsymbol{T}_j \tag{5-100}$$

由于有噪声的存在，因此需要对式(5-100)构建误差函数：

$$e_{ij} = \ln\{\exp[(-\varsigma_{ij})^{\wedge}]\exp[(-\varsigma_i)^{\wedge}]\exp(\varsigma_j^{\wedge})\}^{\vee} \tag{5-101}$$

考虑其位姿的变换关系，可以将该图优化看成是构建最小二乘问题。设 ε 是所有边的集合，则代价函数为

$$\min_{\varsigma}\frac{1}{2}\sum_{i,j\in\varepsilon} e_{ij}^{\mathrm{T}}\boldsymbol{\Sigma}_{ij}^{-1}e_{ij} \tag{5-102}$$

(3) 回环检测　由于存在噪声干扰，相邻两帧之间的运动误差是不可避免的，该误差会随着时间逐渐累积起来，最终导致无法得到闭合的点云信息。单纯依据相邻帧数据无法对该累积误差进行补偿，需要将当前帧数据与之前的数据建立联系。回环检测的目的就是检测出与当前帧相似度较高的已经保存的数据，进而使当前数据与之前的数据产生联系，通过计算二者之间的位姿转化矩阵为后端优化提供数据支持。

回环检测是指移动机器人在运动过程中，判断其自身是否路过之前已到达的场景。如果移动机器人在 RGBD-SLAM 的过程中出现两个场景重合度较高的情况，即发生回环现象。通过回环检测环节，添加不相邻帧之间的约束，可以将优化后得到的位姿图误差降低至最小。

目前，RGBD-SLAM 算法中应用在回环检测的方法有：基于词袋模型(Bag of Words)和基于图像帧配准对两种。基于词袋模型方法是通过建立场景的视觉词袋模型，对图像的外部特征使用离线或者在线的处理方式，将处理后的结果聚类，形成视觉字典。每当有新加入的图像帧时，利用 K 均值算法找出该图像帧对应的视觉词向量，计算出此图像帧与图像集的

相似度，从而判断是否进行回环检测。基于图像帧配准对的回环检测方法主要是计算移动机器人位姿间的约束关系。通过将当前时刻的图像帧与已存在的图像集进行特征匹配，利用匹配的相似度确定回环约束。

基于图像帧配准对的直接回环检测算法，其在 RGBD-SLAM 算法中的回环检测步骤如下：

1）对关键帧序列 G 进行初始化，同时将第一帧图像 g_0 插入关键帧序列 G 中。

2）当前时刻 t_i 的图像帧为 g_i，计算关键帧序列 G 中上一时刻 t_{i-1} 的图像帧 g_{i-1} 与 g_i 的运动关系 d。

① 假如 $d>D_{max}$，说明当前时刻的图像帧 g_i 与上一时刻的图像帧 g_{i-1} 之间的距离较远，容易出现计算错误，为提高实验结果的准确性，则舍弃当前图像帧 g_i。

② 假如当前时刻的图像帧 g_i 与上一时刻的图像帧 g_{i-1} 没有匹配上或者图像匹配的结果太少，说明此图像检测到的匹配点对太少，则舍弃当前图像帧 g_i。

③ 假如 $d<D_{max}$，说明当前时刻的图像帧 g_i 与上一时刻的图像帧 g_{i-1} 之间的距离较近，同样舍弃当前图像帧 g_i。

④ 其余出现的情况，如特征点匹配成功、图像帧间的运动估计正确、与上一时刻的图像帧 g_{i-1} 的距离恰好满足距离设定的要求，则把当前时刻的图像帧 g_i 视为新的关键帧，加入回环检测的图像序列中。

3）近距离回环检测。当前时刻 t_i 的图像帧 g_i 与关键帧序列 G 末尾的 m 个关键帧进行匹配，若匹配成功，则在位姿图中增加一条约束边。

4）随机回环检测。在关键帧序列 G 中任意取出 n 帧图像，将其与当前时刻 t_i 的图像帧 g_i 比较，若匹配成功，则在位姿图中增加一条约束边。

5）将当前时刻 t_i 的图像帧 g_i 放入关键帧序列 G 的末尾中，进行图优化，实现三维环境重建。若有新图像帧的加入，则执行 2），并依次按照步骤顺序执行；否则，程序停止。

（4）运动轨迹和点云地图的生成　位姿图进行优化后，可以得到优化后的相机轨迹，移动机器人的运动轨迹可以用相机轨迹进行表示。通过回环检测可以确定机器人在环境中的位置信息。根据 Kinect 视觉传感器估算的相机位姿，将彩色数据与深度数据全部转换为点云数据，再对这些点云数据进行拼接，最终生成与环境一致的三维点云地图。

根据图优化方法，可以得到更加精确的位姿图节点 $\boldsymbol{x}'_i$ 和约束边 $\boldsymbol{T}'_i$，以及相对应的机器人的相机位姿变换 $\boldsymbol{P}'_i$ 和运动变换 $\boldsymbol{S}'_i$。由约束边 $\boldsymbol{T}'^{i}_{i-1}$ 到对应的相机运动变换 $\boldsymbol{S}'^{i}_{i-1}$ 的关系为

$$\boldsymbol{P}'_{i-1}=\boldsymbol{S}'^{i-1}_{i-1}\boldsymbol{P}'_i \tag{5-103}$$

对于 Kinect 视觉传感器采集到的图像帧序列集{frame_0;frame_N}，第 i 帧图像 frame_i 对应的相机优化位姿 $\boldsymbol{P}'_i$，生成与其相对应的点云是 $\mathrm{pocloud}_i$。设相机的初始优化位姿是 $\boldsymbol{P}'_0$，生成的初始点云是 $\mathrm{pocloud}_{0i}$，初始点云 $\mathrm{pocloud}_{0i}$ 与 $\mathrm{pocloud}_i$ 的转换关系为

$$\mathrm{pocloud}_{0i}=\boldsymbol{P}'_i\,\mathrm{pocloud}_i \tag{5-104}$$

将所有点云集{$\mathrm{pocloud}_0$;$\mathrm{pocloud}_n$}通过式(5-104)可以得到该点云数据集在相机的初始优化位姿 $\boldsymbol{P}'_0$ 为{$\mathrm{pocloud}_{00}$;$\mathrm{pocloud}_{0n}$}，并将该点云集通过式(5-105)进行拼接，最终生成三维环境点云地图 $\mathrm{pocloud}_m$ 为

$$\mathrm{pocloud}_m=\sum_{i=0}^{n}\mathrm{pocloud}_{0i} \tag{5-105}$$

（5）构图　经过上述过程，得到了所有关键帧之间的位姿关系，通过整理可得到每帧数据与当前视觉传感器所在位置之间的关系。每帧数据根据 RGB 图像和深度图像可以合成彩色点云数据，将所有关键帧下的点云数据通过坐标转换转化到世界坐标系下进行拼接，进而得到三维空间的点云数据。

5.4 本章小结

本章讨论了自主导航定位技术中常用的 SLAM 技术，重点介绍了 SLAM 技术的基本原理和框架，以及小型机器人常采用的激光 SLAM 和视觉 SLAM 方法，对上述两种方法的原理及过程进行了详细的说明，为小型机器人完成自主导航定位提供了理论基础。

【课程思政】

国家现代化建设为年轻人提供了广阔舞台，大家正当其时，要把握历史机遇，大显身手，勇攀科技高峰，将来你们一定会为自己对民族复兴所作的贡献而自豪。

习近平总书记 2023 年 7 月 5 日至 7 日在江苏考察时的讲话

第 6 章 路径规划与避障

机器人完成任务需要在环境地图中规划出一条路径，并无阻碍地到达目标地点，这涉及机器人的路径规划与避障能力，本章在前面章节建立环境地图和定位技术的基础上，介绍常用于机器人路径规划的方法以及避障的策略，使机器人能够最终到达指定位置。

6.1 路径规划概述

路径规划是根据所给定的地图和目标位置，规划一条使机器人从起始点到达目标位置的无碰撞路径，只考虑工作空间的几何约束，不考虑机器人的运动学模型和约束，需要通过轨迹规划来融合机器人的运动学模型和约束，形成机器人可执行的指令。

路径规划包含位形空间(Configuration Space，C-Space)和完备性(Completeness)。位形空间是对工作空间的简化。工作空间是指物理空间内机器人上的参考点能到达的空间集合。移动机器人参考点在工作空间中采用位姿描述，包括位置和姿态。在工作空间中进行路径规划需要结合机器人的体积和形状进行碰撞检测，这是一个耗时的工作。为此，路径规划一般采用位形空间。在位形空间中，移动机器人被简化为一个可移动点，仅用位置描述，不考虑姿态和体积，从而避免在规划过程中反复进行碰撞检测验证。通过将环境中的障碍物按机器人半径进行膨胀，就可以将工作空间转换为位形空间，机器人则压缩成为空间中的一个点。路径规划方法需要具备完备性。

对于机器人运动规划来讲，完备性是指对于问题的所有可能情况，当解存在时能够确保在有限时间内找到一个解，反之，当解不存在时能够确保在有限时间内返回失败。完备性可以确保算法能够适应各种情况，对于路径规划来讲，就是对于任意环境、任意起始点和终止点，确保算法可靠应用于系统中。由于位形空间是连续的，在连续空间中求解路径只能采用实代数几何法，而现有的代数计算软件性能和算法的计算复杂性使得这些算法无法满足实际应用中机器人路径规划的实时性要求，难以达到真正的完备性。为了确保完备性，一般对连续的位形空间做离散化，达到近似完备性。

移动机器人进行路径规划的过程中，首先利用传感器获取周围环境中的障碍物信息与地图信息，其次利用传感器获取的信息进行地图构建，然后根据路径规划的限制条件选择符合要求的路径规划算法并对算法进行改进和调整，最后根据路径规划算法搜索出起点到终点的无碰撞路径，使移动机器人按照路径行驶到目标位置。

6.2 路径规划的常用方法

按机器人所遇问题是处在已知环境还是未知环境中的路径规划分类：第一类是全局路径规划，该类是在已知地图环境信息下为移动机器人寻求一条满足任务要求的路径；第二类是局部路径规划，该类是不需要知道完整的地图信息，因此需要可靠的传感器收集局部信息，该类方法是将对地图的构建和路径的导航融合在一起。常见的全局路径规划方法有可视图法、Dijkstra 算法、栅格法、A* 算法、遗传算法、蚁群算法等。对于局部路径规划，成熟的算法有概率路线图、快速扩展随机树、人工势场法、滚动窗口规划等。

6.2.1　全局路径规划算法

1. 可视图法

可视图法是将机器人看作一个质点，障碍物看作规则的多边形，分别把初始点、各多边形的各个顶点和目标点之间用直线相连。直线不能穿过障碍物，再经过优化，把一些不必要的连线去掉，由出发点沿着所连的直线就可以到达目标点，该路径就是一条无碰撞的可行路径，这就是可视图法，如图 6-1 所示。

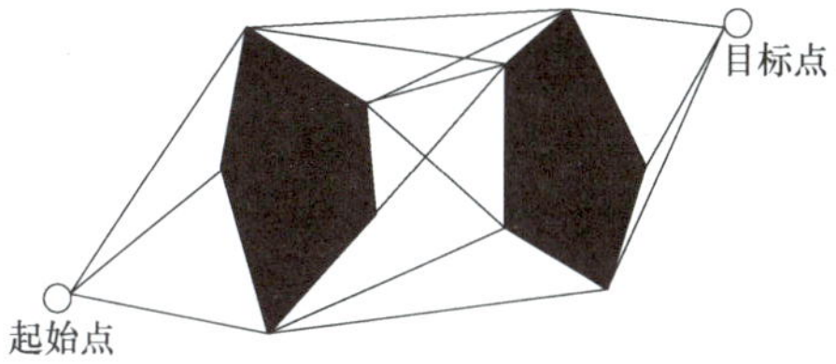

图 6-1　可视图法

2. Dijkstra 算法

Dijkstra 算法是 Edsger Wybe Dijkstra 在 1956 年提出的一种用来寻找图形中节点之间最短路径的算法。Dijkstra 算法的基本思想是贪心思想，算法以起始点为中心向外层层扩展，直到扩展到目标点为止。Dijkstra 算法在扩展的过程中，都是取出未访问节点中距离该点距离最小的节点，然后利用该节点更新其他节点的距离值。下面是 Dijkstra 算法的步骤：

步骤一：创建两个集合——已知最短路径的节点集合和未知最短路径的节点集合。

步骤二：将起点加入已知最短路径的节点集合，并初始化起点的最短路径为 0，其他节点的最短路径为无穷大。

步骤三：从未知最短路径的节点集合中选择一个节点，记为当前节点。

步骤四：更新与当前节点相邻节点的最短路径。如果通过当前节点到达相邻节点的路径比已知的最短路径更短，则更新最短路径。

步骤五：重复步骤三、步骤四，直到所有节点都被加入已知最短路径的节点集合。

步骤六：当所有节点都被加入已知最短路径的节点集合后，Dijkstra 算法结束。

3. 栅格法

W. E. Howden 在 1968 年提出新的路径规划方法——栅格法，他在进行路径规划时使用栅格表示地图。设置环境中的最大长度为 L，最大宽度为 W，栅格尺寸为 b，环境为 Map，栅格 Map 构成：$\mathrm{Map}=\{\mathrm{map}_i,\mathrm{map}_i=0 \text{ 或 } 1, i \text{ 为整数}\}$，其中 $\mathrm{map}_i=1$ 表示障碍区域，$\mathrm{map}_i=0$ 表示自由区域。

栅格法又称栅格图法，它是把移动机器人所在环境划分成均匀且规则的矩形栅格，场景的复杂度由网格表示，按照网格内是否有障碍物，标记为自由区和障碍区。合理的栅格地图环境在路径规划方法和搜索算法的选择上更具优势，栅格法使用大小相等的栅格建立地图，并用数组来对环境信息进行表示。栅格地图中的每个栅格都存在可通行和不可通行两种状态。当栅格信息为可通行时，移动机器人可以在此区域自由行驶。当栅格信息为不可通行时，移动机器人在行驶过程中需要避开此区域。对于两种状态并存的栅格，根据两种状态的比例来进行判定。

栅格法以单个栅格为基本单元，每两个相邻的栅格能否安全通过用数值表示。当完全可通行时取值为 1，完全不可通行时取值为 0，即判断公式为

$$\mathrm{map}_i(u,v)=\begin{cases}0 & \text{栅格 } u\text{、}v \text{ 之间不可通行}\\1 & \text{栅格 } u\text{、}v \text{ 之间可通行}\end{cases} \tag{6-1}$$

栅格法的优势在于简单和易于实现，可以扩展到三维环境。但是它对工作环境有一定要求，如果区域太大，将使栅格数量剧增，消耗内存增大，同时只能表示规则障碍物较为简单的图形。

4. A*算法

A*算法发表于 1968 年，将 Dijkstra 算法与广度优先搜索算法(BFS)二者结合，通过借助启发式函数的作用，能够更快地找到最优路径。A*算法是静态路网中求解最短路径最有效的直接搜索方法。A*算法的启发式函数为

$$f(n)=g(n)+h(n) \tag{6-2}$$

式中，$f(n)$为节点的综合优先级，在选择节点时考虑该节点的综合优先级；$g(n)$为起始点到当前节点的路径代价；$h(n)$为当前节点到目标点的路径代价。当 $h(n)$趋近于 0 时，此时算法退化为 Dijkstra 算法，路径一定能找到，但速度比较慢；当 $g(n)$趋近于 0 时，算法退化为 BFS 算法，不能保证一定找到路径，但速度特别快。可以通过调节 $h(n)$的大小来调整算法的精度与速度。

A*算法在实现时维护两个列表，即 Open 和 Closed。Open 列表即为待选节点集合，初始时只有起始节点。Closed 列表包含已经被选择过的节点，在此记录该节点之前被评估的路径代价，如果后续因为其他节点再次被访问到，根据新评估代价和 Closed 列表里记录的代价相比较，如果新代价更低，则从 Closed 列表中删除该节点，重新放入 Open 列表。图 6-2 所示为 A*算法流程图。

A*算法的优点在于利用启发式函数，搜索范围小，提高了搜索效率；如果最优路径存在，那么一定能找到最优路径；但 A*算法不适用于动态环境和高维空间，若计算量大，目标点不可达时会造成大量性能消耗。

5. 遗传算法

美国密歇根大学的 J. Holland 教授于 1975 年率先提出遗传算法(Genets Algorithm，GA)，模拟生物进化基本过程。用染色体表示解的编码串即为个体，编码串中的每一位被称为基因，个体更新机制主要是模拟达尔文生物进化论的自然选择和遗传学机理自然选择的原则，淘汰适应值、函数值小的个体，遗传学机理则是对个体做交叉和变异操作。

该算法可以对每一个节点用二进制编码，一组节点序列就是一条路径，对应为一组二进制编码序列。当编码序列用起始点编码开始、用目标点编码结束时，该个体描述了从起始点到目标点的一条路径。由于序列初始是随机生成的，更新又是通过交叉和变异机制来实现的，因此编码序列所描述的路径可能是可行的，也可能是不可行的，对于可行路径来讲也存

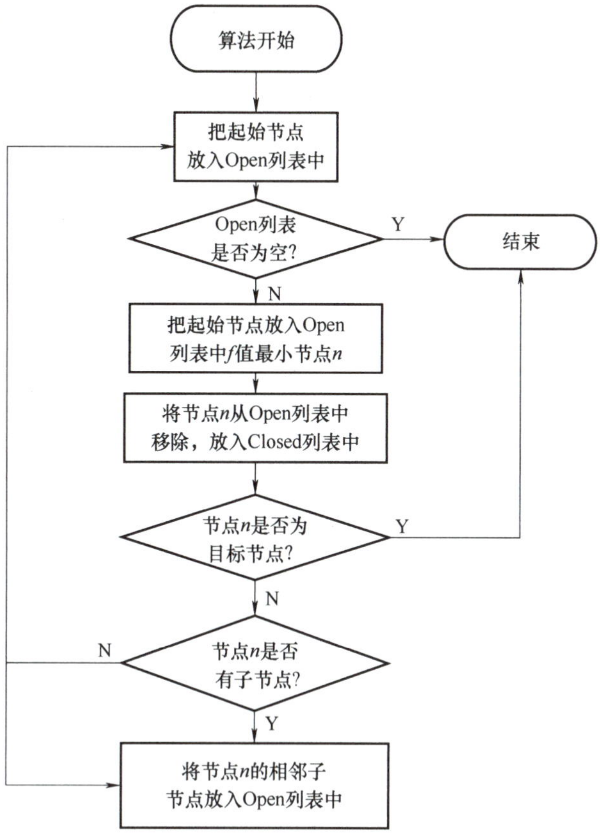

图 6-2　A* 算法流程图

在路径代价的不同。为了进行评估选择，可以定义适应值函数为

$$F=\begin{cases}\dfrac{1}{\sum\limits_{i=1}^{m+1}D(p_i,p_{i+1})} & \text{可行路径}\\ 0 & \text{不可行路径}\end{cases} \tag{6-3}$$

式中，$D(p_i,p_{i+1})$为两个节点之间的欧氏距离。当路径中存在两个节点不能直接连通时，该个体的适应值就是0，否则当路径可行时，根据路径长度计算其适应值。适应值函数可以定义得非常复杂，来满足优化目标，也可以对变量的变化范围加以限制，但如果选择不当可能使算法收敛于局部最优。

采用遗传算法进行最优搜索，可以同时对多个可行解进行搜索寻优，但存在早熟收敛的问题。所谓早熟收敛是指在算法早期时种群中出现超级个体，超级个体的适应值大大超过当前种群的平均个体适应值，导致超级个体在进化过程中很快在种群中占有绝对比例，而接近最优解的个体被淘汰，导致算法收敛于局部最优。早熟收敛具有随机性，很难预见是否会出现。通过扩大种群规模可以防止早熟收敛的发生，但是会增加计算量。此外，由于遗传算法计算效率较低，因此不适用于实时动态路径规划。

6. 蚁群算法

蚁群算法是进化算法中的一种启发式全局优化算法，由意大利科学家 M. Dorigo 于 1992

年提出。其基本思想是用蚂蚁的行走路径表示待优化问题的可行解，用整个蚂蚁群体的所有路径作为待优化问题的解空间，用蚂蚁群体收敛选择的路径作为问题的优化解。

传统的蚁群算法思想来源于模拟蚂蚁觅食过程中寻找路径的行为。虽然单个蚂蚁的感知能力有限、行为简单，但是蚂蚁群体却可以在不同的环境中快速找到到达食物源的最短路径，并能在环境发生变化（如原有路径上有障碍物）的情况下，自适应搜索新的最佳路径，体现出较好的群体智能。这种智能行为来源于蚂蚁在它经过的路径上会释放一种特殊的分泌物，称为信息素，使得一定范围内的其他蚂蚁能够感知到并由此影响它们的行为，以信息素浓度为概率进行路径的选择。一开始不同的蚂蚁会选择不同的路径，经历路程长的蚂蚁在路径上留下的信息素少，路程短的信息素多，每个蚂蚁根据感知到的信息素进行路径选择，这样路程短的信息素会不断增强，最后所有蚂蚁都会选择该路径。

利用传统蚁群算法进行路径规划时具有收敛性差、局部最优和求解质量差等缺点，因此提出了一种改进算法。该算法引入一个障碍物排斥权重和新的启发因子到路径选择概率中，提高了路径避障能力，增加了路径选择的多样性；调整局部和全局信息素的更新方式，提高了路径搜索的效率、算法的收敛性和解的质量；为防止算法停滞，采用交叉操作获得新路径，使得算法的全局搜索效率更高。

（1）路径选择概率的改进　蚂蚁在移动期间仅依赖路径上的信息素浓度和启发信息，即依赖一种概率性的状态转移规则，然而这种转移规则仅考虑了自由栅格与目标栅格间的启发信息，没考虑栅格与障碍栅格间的启发信息。为了保证蚂蚁在搜索路径过程中，获取有效的无避障路径，现引入障碍物排斥权重到路径选择概率中；同时，为增加路径选择的多样性，新增一个启发式因子改变启发式信息。改进后的路径选择概率公式为

$$P_{ij}^{k}(t)=\begin{cases}\dfrac{[\tau_{ij}(t)]^{\alpha}[\eta_{ij}(t)]^{\beta}[\gamma_{ib}(t)]^{-k}}{\sum\limits_{s\in \text{allowed}_k}[\tau_{ir}(t)]^{\alpha}[\eta_{ir}(t)]^{\beta}[\gamma_{ib}(t)]^{-k}} & s\in \text{allowed}_k\\ 0 & \text{其他}\end{cases}\tag{6-4}$$

式中，s 为蚂蚁 k 在当前栅格 i 可选后续栅格的集合，$s\in \text{allowed}_k$；α 为信息素增强系数，其值越大，对初始随机的信息素影响越深，从而会导致算法的全局搜索能力较差；β 为期望启发式信息系数，其值越大，对蚂蚁 k 距目标近的栅格的倾向性就越高；$\tau_{ij}(t)$ 为在 t 时刻当前栅格 i 到下一栅格 j 途中信息素的浓度；$\eta_{ij}(t)$ 为 t 时刻当前栅格 i 到下一栅格 j 路径上的启发信息；$[\gamma_{ib}(t)]^{-k}$ 为蚂蚁 k 在自由栅格 i 到障碍栅格 b 移动位置的权重倒数，该参数与路径选择概率 $P_{ij}^{k}(t)$ 成反比。用 $d(i,b)$ 表示自由栅格 i 到障碍栅格 b 的排斥距离，则有

$$[\gamma_{ib}(t)]^{-k}=\min d(i,b)\tag{6-5}$$

$$\eta_{ij}(t)=\frac{1}{d(i,G)}T_j^{k-1}\tag{6-6}$$

$$d(i,G)=\sqrt{(x_i-x_G)^2+(y_i-y_G)^2}\tag{6-7}$$

式中，T_j^{k-1} 为蚂蚁 k 在 $k-1$ 时刻经历栅格 j 的次数，它随蚂蚁 k 每次遍历该栅格而递增；$d(i,G)$ 为栅格 i 到目标栅格 G 的欧氏距离。

如果 $\alpha=0$，则距离最近节点的节点被选择概率大，属于传统的概率贪婪算法；如果 $\beta=0$，则只有信息素在起作用，会导致收敛到某个解上。因此，需要在启发式和信息素两者之间做权衡。

（2）改进的信息素更新　针对局部信息素更新会降低算法的收敛性及全局信息素更新不能及时指引蚁群寻找最优解的问题，分别对这两种信息素的更新做出改进。

1）局部信息素更新。初期时，蚂蚁每次从当前栅格移动到下一栅格后，该路径含有的信息素将会减少，从而降低其他蚂蚁走这条路径的可能。尽管这会增加未走路径的可能性，但随着时间的推移，会降低算法的收敛性。当蚂蚁找到一条路径后，对局部信息素更新进行改进。改进操作：设置信息素的阈值和限定范围；搜索 t 时间后，调节可能存在次优路径上信息素的阈值。局部信息素阈值调节公式和限定公式为

$$\lambda(t)=\begin{cases}0.95\lambda(t) & 0.95\lambda(t)\geqslant\lambda_{\min}\\ \lambda_{\min} & \text{其他}\end{cases}\tag{6-8}$$

$$\tau_{ij}=\begin{cases}\tau_{ij} & \tau_{\min}<\tau_{ij}<\tau_{\max}\\ \tau_{\min} & \tau_{ij}\leqslant\tau_{\min}\\ \tau_{\max} & \tau_{ij}>\tau_{\max}\end{cases}\tag{6-9}$$

式(6-8)和式(6-9)中，$0.95\lambda(t)$表示取95%的信息素大小值为上限；信息素浓度 $\tau_{ij}\in[\tau_{\min},\tau_{\max}]$，通过设置和调节阈值能防止信息素浓度过高或过低，使蚂蚁更有方向性地朝目标点移动，提高局部搜索的效率和算法的收敛性。

2）全局信息素更新。由于全局更新信息可能导致信息素调整的推迟，故不能使蚂蚁立刻找到最优解。但当蚂蚁遍历整个栅格图完成一次迭代后，会有最优解 L_{best} 和最差解 L_{worst}，用当前的两个解选择离最优解靠近的蚂蚁，更新满足当前最优解的蚂蚁经过的路径上的全局信息素。全局信息素浓度公式为

$$\Delta\tau_{ij}(t)=\begin{cases}\dfrac{Q}{L^k}\dfrac{L_{\text{B}}-L_{\text{G}}}{L_{\text{G}}}\dfrac{L_{\text{best}}+L_{\text{worst}}}{2} & ij\in L^k\\ 0 & \text{其他}\end{cases}\tag{6-10}$$

式中，$\Delta\tau_{ij}(t)$ 为全局信息素浓度；Q 为常量且大于0；L^k 为蚂蚁 k 建立的最短路径；L_{B} 表示目前循环最优路径的长度；L_{G} 表示至今最优路径的长度。在蚁群对栅格图完成一次遍历后，迭代最优路径和至今最优路径的长度差值会变大，即经过至今最优路径的蚂蚁在蚁群中占比较小。根据式(6-10)，可以提高至今最优路径上信息素的值，吸引其他蚂蚁选择至今最优路径。引入最优解 L_{best} 和最差解 L_{worst}，来更新寻找接近当前最优解的蚂蚁所经过路径上的信息素，增强了蚂蚁间信息素的正反馈性，提高了解的多样性。

3）路径交叉。一般地，如果蚁群在完成多次迭代后无法获得更优解，则认为蚁群算法可能处于停滞状态，陷入局部最优。针对此缺点，通过对来自不同节点的路径进行交叉操作获得新路径，使算法的全局搜索效率得以提高。

蚁群算法的优点主要包括它具有正反馈的特性，依靠这种特性，蚂蚁在寻找路径时彼此之间可以交互路径上的信息，避免了较长路径的选择；通过局部探测加记忆机制来搜索可行解，由于问题的图表示随着最优化过程同步变化，因此可以适应问题的动态性，并且具有天然的稀疏分布计算架构，可实现并行计算。

蚁群算法的缺点主要是计算量大，求解需要时间长，而且参数需要依靠经验反复调试，不同环境需要适配不同参数，如果参数设置不当，会导致求解速度很慢且解的质量特别差。

6.2.2 局部路径规划算法

1. PRM 算法

概率路线图(Probabilistic Road Map, PRM)算法首先使用随机采样的方式在环境中建立路径网络图，将连续的空间转换为离散的空间，然后在路径网络图上进行路径规划，解决在高维空间中搜索效率低的问题。PRM 算法的大致流程如下：

1) 采样：在地图中随机撒点，剔除落在障碍物上的点。

2) 生成概率路图：根据点与点间的距离和是否存在直线通路，将上步中得到的采样点进行连接。

3) 搜索路径：使用图搜索算法(如 Dijkstra 算法)在上一步得到的路图中搜索出一条从起点到终点的最短路径。

其中采样点的数量和采样点间存在通路的最大距离是路径规划成功与否的关键。采样点太少，可能会导致路径规划失败，采样点数量增加，搜索到的路径会逐渐接近最短路径，但同时搜索效率会降低。采样点间存在通路的最大距离对规划结果的影响和以上类似：距离太近，会导致规划失败；距离太远，会降低搜索效率，生成的路图中存在很多冗余通路。

PRM 算法参数少、结构简单，能够提高高维空间搜索效率，也能在生成概率路图时添加机器人的运动学约束，使最终生成的路径符合机器人的运动学模型。同时，随机采样得到的概率路图只需要建立一次就可以一直使用，复用性强。但由于采样过程是完全随机的，得到的节点大多数偏离最终路径，会增加额外的计算量。

2. RRT 算法

快速扩展随机树(Rapidly Exploring Random Tree, RRT)算法是一种单查询算法，目标是尽可能快地找到一条从起点到终点的可行路径。它的搜索过程类似于一棵树不断生长并向四周扩散的过程，它以起点作为根节点构建一棵搜索树 T。

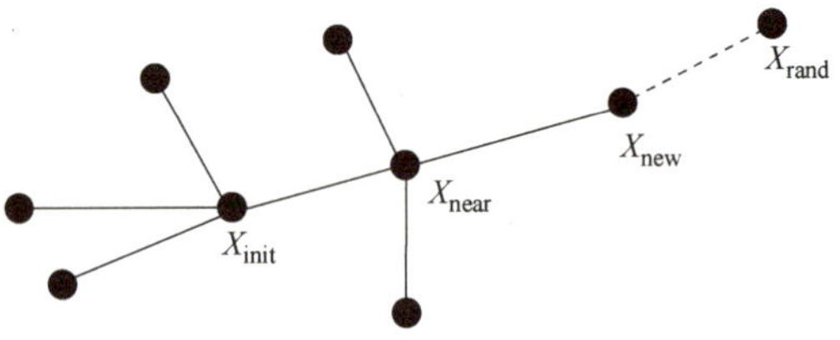

图 6-3　RRT 扩张示意图

如图 6-3 所示，RRT 算法以初始点 X_{init} 作为根节点，通过随机采样增加叶子节点的方式，生成一个随机扩展树，当目标点位于随机扩展树上时，能够找到一条初始点到目标点的路径。首先，需要从状态空间中随机选择一个采样点 X_{rand}，然后从随机树中选择一个距离 X_{rand} 最近的节点 X_{near}，从 X_{near} 向 X_{rand} 扩展一个步长的距离，得到一个新的节点 X_{new}。如果 X_{new} 与障碍物发生碰撞，则返回空；否则，将 X_{new} 加入随机树中，重复上述步骤直到 X_{near} 和 X_{goal} 距离小于一个阈值。

RRT-Connect 在 RRT 的基础上引入了双树扩展环节，分别以起点和目标点为根节点生成两棵树，进行双向扩展，当两棵树建立连接时可认为路径规划成功。通过一次采样得到一个采样点 X_{rand}，然后两棵搜索树同时向采样点 X_{rand} 方向进行扩展，加快两棵树建立连接的速度。相较于单树扩展的 RRT 算法，RRT-Connect 加入了启发式步骤，加快了搜索速度，对于狭窄通道也具有较好的效果。

RRT* 算法是一种渐近最优算法。其算法流程与 RRT 算法基本相同，不同之处在于最

后将 X_{new} 加入搜索树 T 时父节点的选择策略。RRT* 算法在选择父节点时会有一个重连过程，也就是在以 X_{new} 为圆心、半径为 r 的邻域内，找到与 X_{new} 连接后路径代价(从起点移动到 X_{new} 的路径长度)最小的节点，并重新选择 X_{min} 作为 X_{new} 的父节点，而不是 X_{near}。重连过程的示意图如图 6-4 所示。

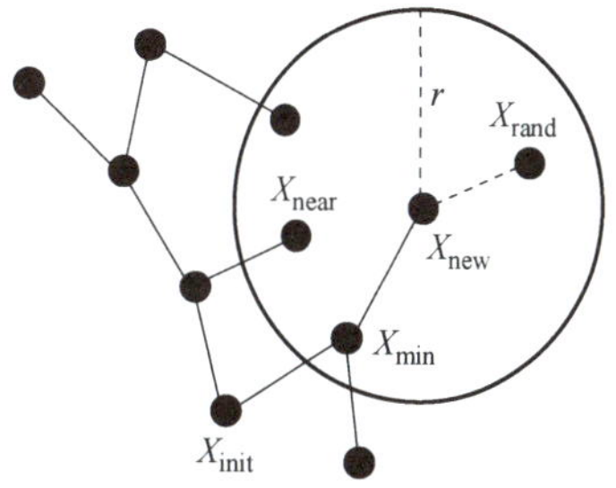

图 6-4　RRT* 算法重连过程的示意图

3. 人工势场法

机器人路径规划中采用的人工势场法最早由 OKhatib 提出，它是在运动空间中引入一个虚拟场，目标点对机器人表现出引力，引力大小随机器人距目标点距离单调递增，方向为机器人指向目标点；障碍物对机器人表现出斥力，斥力大小随机器人距障碍物距离单调递减，方向为障碍物指向机器人，机器人在斥力与引力的作用下保持运动状态。传统人工势场法的引力场势函数与斥力场势函数表示为

$$U_{att}(\boldsymbol{X}) = 0.5\alpha\rho^2(\boldsymbol{X},\boldsymbol{X}_g) \tag{6-11}$$

$$U_{rep}(\boldsymbol{X}) = \begin{cases} 0.5\beta\left(\dfrac{1}{\rho(\boldsymbol{X},\boldsymbol{X}_0)} - \dfrac{1}{\rho_0}\right) & \rho(\boldsymbol{X},\boldsymbol{X}_0) \leqslant \rho_0 \\ 0 & \rho(\boldsymbol{X},\boldsymbol{X}_0) > \rho_0 \end{cases} \tag{6-12}$$

式中，$\boldsymbol{X}$ 为移动机器人位置向量，$\boldsymbol{X}=(x,y)$；α 和 β 分别为移动机器人的引力场增益系数与斥力场增益系数；$\boldsymbol{X}_g$ 为目标点位置向量；$\boldsymbol{X}_0$ 为障碍物的位置向量；$\rho(\boldsymbol{X},\ \boldsymbol{X}_g)$ 与 $\rho(\boldsymbol{X},\ \boldsymbol{X}_0)$ 分别为移动机器人行驶过程中目标点与障碍物的空间距离；ρ_0 为障碍物对机器人产生斥力的影响半径。

通过对引力场势函数与斥力场势函数进行负梯度求解，能够得出引力函数与斥力函数为

$$F_{att}(\boldsymbol{X}) = -\nabla U_{att}(\boldsymbol{X}) = \alpha\rho(\boldsymbol{X},\boldsymbol{X}_g) \tag{6-13}$$

$$F_{rep}(\boldsymbol{X}) = -\nabla U_{rep}(\boldsymbol{X}) = \begin{cases} \beta\left(\dfrac{1}{\rho(\boldsymbol{X},\boldsymbol{X}_0)} - \dfrac{1}{\rho_0}\right)\dfrac{1}{\rho^2(\boldsymbol{X},\boldsymbol{X}_0)} & \rho(\boldsymbol{X},\boldsymbol{X}_0) \leqslant \rho_0 \\ 0 & \rho(\boldsymbol{X},\boldsymbol{X}_0) > \rho_0 \end{cases} \tag{6-14}$$

其中，移动机器人在地图中受到引力与斥力的合力 $F_{tatal} = F_{att} + F_{rep}$。人工势场法路径规划如图 6-5 所示。

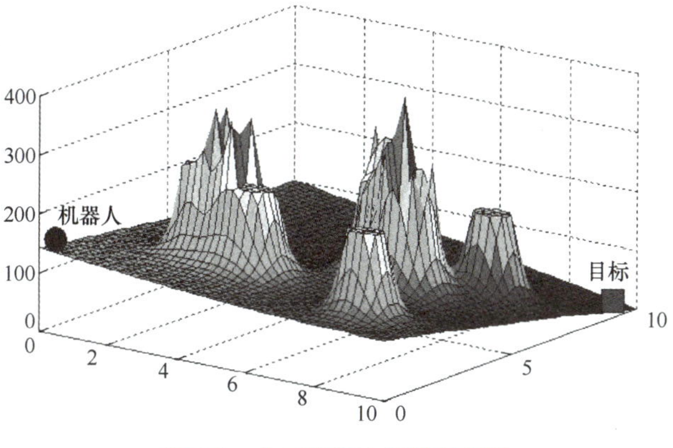

图 6-5　人工势场法路径规划图

将目标点设计为整个运动空间中合势场最小的点，理论上说，机器人在合势场的作用下，从高势场向低势场运动，能够到达目标点。运用人工势场法对机器人路径规划，没有达到目标点就停止运动的根本原因是：移动机器人在接近目标点的过程中，目标点对机器人的引力逐渐变小，障碍物对机器人的斥力逐渐变大，引力场和斥力场的平衡点不确定。

人工势场法的优点在于算法结构简单，容易计算和实现，生成路径平滑，便于实时控制，同时不需要对全局路径进行搜索；但它存在一些缺点，例如，在狭窄通道等特殊环境中容易出现振荡现象，在 U 字形障碍物中易陷入死区等。

4. 滚动窗口规划

滚动窗口规划是在滚动优化原理的基础上形成的一种规划方法，其理论思想主要来自于工业控制中的预测控制。通常，预测控制在处理未知复杂环境中难以精准构建的控制模型问题时，可以把整个控制优化过程分解成若干个时间段的滚动优化，以代替传统优化不适用的复杂时变的环境。

（1）滚动窗口规划的方法　滚动窗口规划是指移动机器人依靠自身的传感器检测环境信息，通过滚动窗口的不断更新，获取地图信息来引导移动机器人进行路径规划。移动机器人每移动一步，就会在窗口中生成子目标点，并给出到达子目标点的最优路径；随着窗口内信息的更新，移动机器人获取一条可行路径，实现信息优化与反馈的完美结合。滚动路径规划算法的基本原理包括以下三个内容：

1）环境预测。移动机器人每走一步，就会根据其窗口内的环境信息构建环境模型，并对环境中的动态障碍物运动方向做出预测，判断机器人是否与障碍物相碰。

2）滚动窗口优化。在环境预测的基础上，根据移动机器人预测的结果，选择适合的局部路径规划算法，确定朝子目标点移动的局部路径，机器人按照规划好的路径每走一步，窗口也要随之向前滚动。

3）反馈校正。滚动窗口内环境信息的不断更新，为滚动后下一步的局部路径规划提供最新的环境信息。

（2）滚动窗口的构造　移动机器人在二维空间中进行局部路径规划，不考虑机器人车轮容易滑动所导致的运动误差，同时对环境中的障碍物以机器人尺寸大小为标准，进行膨化处理且膨化边界是安全的。移动机器人事先不知道全局环境信息，定义 W 为当前机器人姿态空间，即所有机器人位置和状态的集合，令 $W_0=\{x\in W \mid \text{vehicle}(x)\cap \text{obstacle}\neq\varnothing\}$ 表示位姿空间的障碍物；$W_{\text{free}}=W/W_0$ 表示自由空间；$T(X_{\text{int}},X_{\text{goal}})$ 表示路径规划的约束条件；$\tau:[0,T]\rightarrow W_{\text{free}}$ 表示连续的路径轨迹。

然而在实际环境中，移动机器人往往会碰到未知或者已知的静态障碍物和动态障碍物，此时只能依靠观测的环境信息数据进行下一步操作。设移动机器人从初始节点到局部目标子节点所需的时间为一个周期，在移动的下一个节点，以机器人这一时刻所在的位置为中心，并以机器人的传感器探测的距离范围为半径所构成的区域作为优化窗口。$\text{Win}(p_R(t))=\{p \mid p\in W, d(p,p_R(t))\leqslant r\}$ 表示机器人在 $p_R(t)$ 能观测到的范围，也就是在该点处的滚动窗口，r 为探测的半径。移动机器人只需要考虑滚动窗口内是否存在障碍物，而不用计算障碍物边线的解析式。这样不但节省了内存空间，还提高了运算速度。

滚动窗口区域的环境空间模型，一方面反映了全局环境信息向窗口范围内一一映射的关系，另一方面补充了机器人传感系统没有检测到的原来未知的障碍物。以当前目标节点为起始位，根据先验的全局环境信息判断滚动窗口区域内是否有局部子目标点，并根据当前窗口提供的信息预测进行规划，找出一条合适的局部路径，移动机器人根据此路径行走，直到发现下一个子目标点。

（3）局部子目标点的选取　移动机器人进行局部路径规划时，可能会遇到静态和动态障碍物，在无法得知全部环境信息的情况下，只能利用传感器系统检测周围局部的环境，并通过滚动窗口重复地进行局部优化取代一次完成的全局优化；而且在每次局部优化规划的过程中，都要充分利用窗口内当前时刻的局部环境信息，直到发现最优的局部子目标点进行局部路径规划。同时，由于滚动窗口内不一定存在全局目标点，在知道全局目标点位置和窗口内有局部子目标点的前提下，就要求把每次规划的局部子目标点与全局目标点结合起来。移动机器人可以依靠全局先验信息知道全局目标点的位置和相对机器人移动的方向。在滚动窗口内把全局目标点对应到当前滚动窗口视野区内，可以得到相应的子目标点。子目标点选取方法如下：

在某一时刻，如果在移动机器人滚动窗口范围内，有 $D(V(x_i,y_i),G(x_g,x_g))\leqslant R$，则目标点在窗口内，新节点 x_n 和全局目标点 x_g 一样；否则，在当前滚动窗口边界线上的子目标点为 $g_s(x_g,y_g)$，两者之间的距离为 $D(V(x_i,y_i),g_s(x_g,x_g))$，然后根据启发式公式确定窗口边界上的子目标点，就需要满足 $l(x_n)=\min l(D(V(x_i,y_i),g_s(x_g,x_g)))$，此时子目标点一定在移动机器人与终点全局目标点的连线与窗口可视区的交点上。然而，这种方式的子目标点会使移动机器人在进行局部路径规划中产生局部极小点。针对这种缺点，可做以下改进：

1）在满足子目标点不在障碍物上及移动机器人与局部目标点的连线上没有障碍物的条件下，则把该子目标点认为是当前窗口内的子目标点。

2）若不满足上述条件，则有两种解决办法：

① 若移动机器人能检测到障碍物边界上的点，则引入一个临时的子目标点。具体内容是：若窗口可视范围内只有一部分障碍物，则添加一个子目标到能看见的障碍物的那一端；若窗口可视区内包含完整的障碍物，则把局部路径最短的一端设为子目标点。

② 若移动机器人无法检测到窗口内障碍物边界上的点，则让移动机器人转动一定的角度，通过绕行子目标的方式避免机器人陷入局部极小点。

（4）障碍物预测模型　移动机器人每行走一步，都需要用传感器检测局部环境信息，判断是否有动态障碍物。为了能够使移动机器人事先知道动态障碍物下一时刻的精准状态，本书采用线性预测模型。设移动机器人检测到了当前动态障碍物的位置，且能够在某一时刻预测到动态障碍物的运动轨迹，定义(x,y)为时间 t 的线性函数，表示为

$$\begin{cases}x=at+b\\y=ct+d\end{cases}\tag{6-15}$$

式中，a、b、c、d 为需要估计的未知参数，这四个参数是由 n 个不同时刻的预测数据 x_l 进行估计的，$l=1$，2，…，n。由 n 个预测数据可得 n 个线性方程，即

$$\begin{cases}x_t=at_l+b\\y_t=ct_l+d\end{cases}\tag{6-16}$$

式(6-16)的矩阵形式为

$$\begin{cases}\boldsymbol{X}_n=\boldsymbol{T}_n\boldsymbol{A}_n\\\boldsymbol{Y}_n=\boldsymbol{T}_n\boldsymbol{B}_n\end{cases}\tag{6-17}$$

式中，$\boldsymbol{X}_n=[x_1,x_2,\cdots,x_n]$；$\boldsymbol{Y}_n=[y_1,y_2,\cdots y_n]^{\mathrm{T}}$；$\boldsymbol{T}_n=\begin{bmatrix} t_1 & t_2 & \cdots & t_n \\ 1 & 1 & \cdots & 1 \end{bmatrix}^{\mathrm{T}}$；$\boldsymbol{A}_n=[a,b]^{\mathrm{T}}$；$\boldsymbol{B}_n=[c,d]^{\mathrm{T}}$。

误差向量可定义为

$$\boldsymbol{E}_n=[e_1,e_2,\cdots,e_n]^{\mathrm{T}} \tag{6-18}$$

对任意一个待估计的矩阵，都有

$$\boldsymbol{E}_n=\boldsymbol{X}_n-\boldsymbol{T}_n\boldsymbol{A}_n \tag{6-19}$$

此时，误差解析式为

$$J_n=\sum_{l=1}^{n}\lambda^{n-l}e^{l2} \tag{6-20}$$

式中，$0<\lambda<1$。误差二次方随时间变化呈指数规律变化，这种变化对靠近当前时刻的误差影响较大，反之影响较小。因此，这种误差值更加符合局部避障模型的特性。

设动态障碍物在 n 个不同时刻已给出 n 个观测数据，可得

$$\begin{cases} x_t=at_l+b \\ y_t=ct_l+d \end{cases} \quad l=1,2,\cdots,n \tag{6-21}$$

a、b、c、d 四个参数可以用式(6-21)得出，然后利用机器人以周期方式每移动一步所探测得到的障碍物信息，并且更新预测估计参数，就能预测到障碍物在下一时刻所在位置。

6.3 深度强化学习路径规划方法

深度强化学习算法充分利用了深度学习的感知能力与强化学习的决策能力，通过机器人与环境的交互过程不断试错，通过环境评价性的反馈，实现系统更加智能的决策控制，帮助移动机器人在某些复杂未知的环境中实现一定程度的自主化与智能化。

强化学习的基本原理是通过试错的方式，与环境不断交互，不断修正智能体的策略，从而学习到最优策略，使智能体的累积奖励最大，最终实现奖励最大化或达到指定目标。强化学习方法包含状态、动作、策略、奖励四个要素，其基础模型框架为马尔可夫决策过程(Markov Decision Process，MDP)。马尔可夫决策过程由一组状态 S(具有初始状态 S_0)组成，每个状态变换到下一个状态，由动作 A、转换模型 $P(s'|s,a)$、奖励函数 $R(s)$ 和折扣因子 γ 完成状态更新。强化学习的基本过程如图 6-6 所示，智能体在状态 S_t 下，根据策略 π 选择动作 A_t，并从状态 S_t 转移到新的状态 S_{t+1}，同时获得环境反馈的奖励 R_t，根据奖励 R_t 得到最优策略 π^*。

1. 马尔可夫决策过程

马尔可夫决策过程是指下一时刻的状态仅与当前的状态有关，而与历史状态无关。具有马尔可夫性质的一组随机变量的序列 s_0，s_1，…，$s_t\in S$，其下一个时刻的状态 s_{t+1} 只取决于当前状态 s_t。如果在马尔可夫过程中再加入一个变量，动作 a，且 a_0，a_1，a_2…，$a_t\in A$，则下一个状态 s_{t+1} 就与当前状态 s_t 以及动作 a_t 有关，如图 6-7 所示。

$$p(s_{t+1}|s_t,a_t,\cdots,s_0,a_0)=p(s_{t+1}|s_t,a_t) \tag{6-22}$$

式中，$p(s_{t+1}|s_t,a_t)$ 为状态转移概率，它是智能体根据状态 s_t 做出一个动作 a_t 后，环境在

下一刻转变为状态 s_{t+1} 的概率。由式(6-22)可以看出下一时刻的状态只与当时状态有关，而与历史状态无关。如果给定策略为 $\pi(a|s)$，则马尔可夫决策过程中形成一条轨迹：

$$\tau=s_0,a_0,s_1,r_1,a_1,\cdots,s_{T-1},a_{T-1},s_T,r_T \tag{6-23}$$

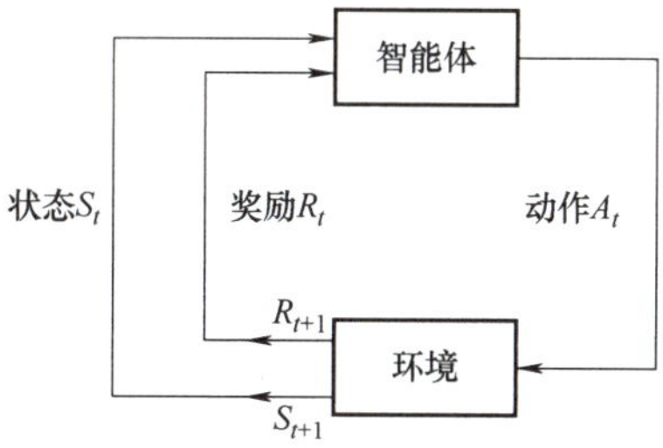

图 6-6　强化学习基本过程

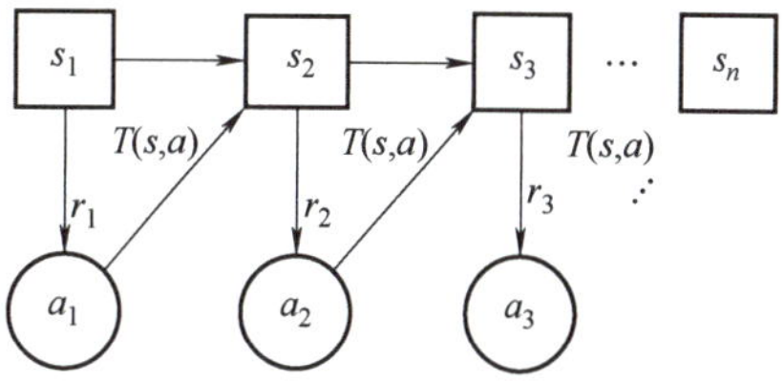

图 6-7　马尔可夫决策过程

该轨迹的概率为

$$p(\tau)=p(s_0)\prod_{t=0}^{T-1}\pi(a_t|t_t)p(s_{t+1}|a_t) \tag{6-24}$$

奖励函数对轨迹 τ 收到的动作评价是在当前的状态下产生的，仅用单步的回报来定义决策的优劣是并不准确的，因此为了对未来回报进行预测引入了值函数，它可以根据当前状态采取的策略预测未来累积回报的期望值。值函数更加关注的是未来长期的累积奖励值，累积奖励值越大表示算法越有效，值函数可以分为平均奖励模型、无限折扣奖励模型和有限折扣累积奖励模型，累积奖励即所收到的折扣回报分别为

$$G^{\pi}(\tau)=\lim_{h\to\infty}\left(\frac{1}{h}\sum_{t=0}^{T-1}\gamma^t r_{t+1}\right) \tag{6-25}$$

$$G^{\pi}(\tau)=\sum_{t=0}^{\infty}\gamma^t r_{t+1} \tag{6-26}$$

$$G^{\pi}(\tau)=\sum_{t=0}^{T-1}\gamma^t r_{t+1} \tag{6-27}$$

式中，γ 为折扣因子，$\gamma\in[0,1]$。当 $\gamma=0$ 时表示只考虑当前的短期奖励，当 $\gamma=1$ 时表示更关注未来长期奖励。通常情况下，γ 用来减少后面状态的回报对当前状态衡量的影响。

在奖励函数中奖励值是一个标量值，值的正负标志着当前动作是可取还是不可取，值越大表示奖励值越高，动作被采取的概率越大。奖励值反映了某种状态下执行某种动作带来的收益情况，因此智能体根据奖励值调整策略，式(6-28)表示的是当环境状态为 s 时，在 t 时刻执行动作 a 后获得的期望回报值。

$$R_s^a=E[R_{t+1}|S_t=s,A_t=a] \tag{6-28}$$

2. Q-Learning 算法

Q-Learning 算法是典型的基于值的强化学习算法，具有所需参数少，无须环境模型，可采用离线的实现方式等优点，是目前应用于移动机器人路径规划最有效的算法之一，也是较早的移植到车辆路径规划中的强化学习算法。通过构造 Q 值表(Q-table，Q 代表行动的质量(Quality))进行决策，Q 值表中的每个元素衡量了在给定状态 s 下采取给定行动 a 时将会获得的最大期望累积回报，因此智能体可以根据 Q 值表选择每个状态下的最优行动。

3. DQN 算法

DQN 算法将 Q-Learning 算法与卷积神经网络（Convolutional Neural Network，CNN）二者进行结合。DQN 算法的核心思想由三个要素构成：目标函数、目标 Q 值和经验回放机制。

1）目标函数：在 DQN 算法中，目标函数是利用神经网络来逼近智能体的动作值函数，由 Q-learning 算法构建，Q 值的计算公式可表示为

$$Q^*(s,a)=Q(s,a)+\alpha[r+\gamma\max Q_{a'}(s',a')-Q(s,a)] \tag{6-29}$$

式中，a 为学习率，当 $a=0$ 时表示学不到新知识，当 $a=1$ 时表示将不会储存新学习到的知识。

2）目标 Q 值：DQN 算法引入了目标 Q 网络来计算时间差分误差，使用一个参数为 θ 的卷积神经网络来逼近 Q 值函数。DQN 构造的目标函数和第 i 次迭代后的损失函数为

$$Q_{\text{target}}(s,a)=r+\gamma\max Q(s',a';\theta^-) \tag{6-30}$$

$$L_i(\theta_i)=E_{s,a,r,s'}\{[Q_{\text{target}}(s,a)-Q(s,a;\theta_i)]^2\} \tag{6-31}$$

式中，θ^-为第 i 次迭代的目标网络参数；θ_i 为 Q 网络参数；$\gamma\in[0,1]$为折扣因子。最终，神经网络参数可以使用神经网络中常用的梯度下降方法来根据损失函数进行更新。

3）经验回放机制：DQN 算法所使用的深度神经网络有监督学习模型，但智能体在环境中收集的数据是连续的，因此相邻数据之间存在关联。由于数据不独立同分布，如果使用一组连续数据进行训练，在同样的训练步长下进行计算，那么梯度下降的方向就会变得一致，从而导致结果不收敛。为了解决这个问题，DQN 算法构建了一个经验回放池，将与环境交互所得到的经验以元组(s_t,a_t,r_t,s_{t+1})的形式存入其中，并以随机抽样的方式选择一定数量的经验元组用于训练。这样做有助于减少样本之间的相关性，从而更加高效地进行训练。

通过强化学习使机器人与环境进行交互得到样本，将所有的样本集放入经验回放池中。神经网络进行训练时，随机地从经验回放池中抽取一定数量的样本，将样本输入进神经网络，利用神经网络的非线性拟合能力，拟合出非线性函数来表达 Q 值，利用 ε-greedy 策略来进行选择智能体的动作。智能体执行完相应的动作之后，环境会反馈一个状态和奖励值，最后经过神经网络模型的训练和优化得到网络的训练参数，得到相对准确的动作输出。

6.4 避障策略

避障规划是机器人导航的经典问题，避障规划是根据机器人当前传感器的感知信息规划机器人靠近目标点的无碰路径，所得路径仅在当前感知范围内。也有一些避障规划方法得到的不是路径，而是机器人当下的移动控制指令。同路径规划一样，避障规划也是将机器人缩小为一个点。下面介绍常用的 Bug 算法、向量势直方图法和动态窗口算法。

1. Bug 算法

Bug 算法是一种完全应激的机器人避障算法，在未遇到障碍物时，沿直线向目标运动；在遇到障碍物后，沿着障碍物边界绕行，并利用一定的判断准则离开障碍物继续直行。

（1）Bug1 算法　该算法的基本思想是在没有障碍物时，沿着直线向目标运动，可以得到最短的路线。当传感器检测到障碍物时，机器人绕行障碍物直到能够继续沿直线向目标运动。即 Bug1 算法在不断执行两个行为：向目标直行和绕障碍物边界走，直到到达目标点或发现无可行路径。Bug1 算法实现了最基本的向目标直行和绕行障碍物的思想。

算法的基本流程是机器人从起点出发，沿着从起点到目标点的直线运动，直至遇到障碍

物停止直行行为，开始绕行行为，机器人会沿着障碍物的边界绕行一圈，直至回到开始绕行的位置，然后找到绕行当前障碍物一圈中距离目标点最近的点，并将机器人移动到该点，绕行行为结束，判断从该点到目标点的直线是否与当前障碍物相交，若相交则认为不存在目标点的路径，结束规划，若不相交，则继续从该点开始继续朝目标点执行直行行为，如此循环直至到达目标点或发现无可行路径而退出规划。

上述过程中遇到障碍物开始绕行的点称为撞击点，结束绕行继续朝目标点直行移动的点称为离开点。以图 6-8 为例，机器人从①处出发，沿着直线①→⑥的方向移动，直至到达撞击点②处，从②处开始执行绕行行为，绕着当前障碍物运动一圈回到②处，并判断出绕行过程中距离目标点⑥处最近的点是③，机器人从②处移动到离开点③处，判断直线③→⑥是否与当前障碍物相交，本例中不相交，机器人开始沿着直线③→⑥运动，此时机器人已成功绕过了第一个障碍物 wo_1，以此类推绕过 wo_2，到达目标点。

（2）Bug2 算法　Bug1 算法每次遇到障碍物就要绕着障碍物行走一圈，这样大大降低了效率，于是在 Bug1 算法上加以改进，形成了 Bug2 算法。Bug2 算法也有两种运动：朝向目标的直行和沿边界绕行。与 Bug1 算法不同的是，Bug2 算法中的直线是连接初始点和目标点的直线，在计算过程中保持不变。当机器人在遇到障碍物时，机器人开始绕行障碍物，如果机器人在绕行过程中在距离目标更近的点再次遇到直线，那么就停止绕行，继续沿着直线，向目标直行，如图 6-9 所示。如此循环，直到机器人到达目标点，如果机器人在绕行过程中未遇到直线上与目标更近的点，那么得出结论，机器人不能到达目标。

以图 6-9 为例，机器人从①处出发沿着①→⑥的方向执行直线运动，直至在②处遇到障碍物，开始执行绕行运动，绕行到③处后重新与直线①→⑥相交，并且③处比开始绕行的②处距离目标点更近，则在③处停止绕行，并继续从③处沿着直线①→⑥的方向执行直线运动，以此类推，最终达到目标点⑥处。

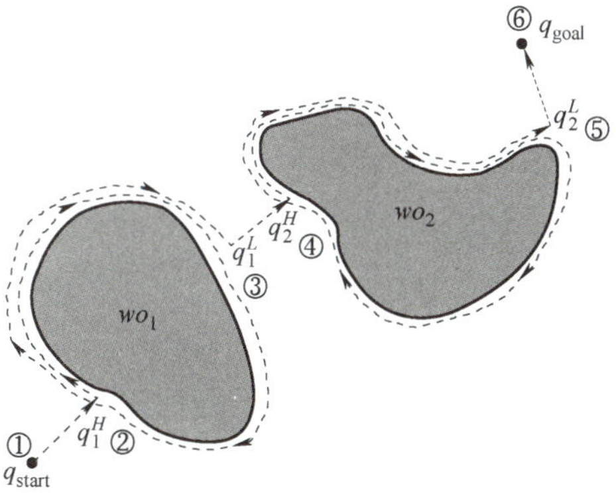

图 6-8　Bug1 算法示意图

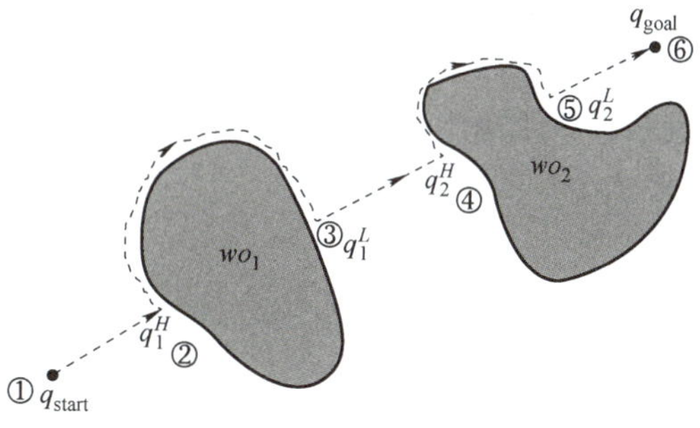

图 6-9　Bug2 算法示意图

这种应激式的算法计算简便，不需要获知全局地图和障碍物形状，具备完备性。但是其生成的路径平滑性不够好，对机器人的各种微分约束适应性比较差。

2. 向量势直方图法

针对势场法容易陷入局部最优导致存在振荡、难以通过窄通道等问题，美国密歇根大学的 Johann Borenstein 和 Yoram Koren 于 1991 年提出了向量势直方图（Vector Field Histo-gram，

VFH）法。

（1）基本算法　考虑到势场法仅用推斥势来表示障碍物，从而丢失了局部障碍物分布的详细信息，VFH 法采用了三层数据表示方法：①最高层包含了对环境的详细描述，采用二维笛卡儿坐标系直方栅格地图表示，每个栅格中的数值表示在该位置存在障碍物的可信度，该地图根据车载距离传感器采集得到的障碍物距离数据进行实时更新；②中间层围绕机器人的瞬时位置建立一维极坐标系直方图，横坐标为0°~360°，表示相对于机器人当前方向的偏移角度，纵坐标为该方向上障碍物密度，可以理解为在该角度下行进的代价，直方图的值越高，表示这个方向上行进的代价越高；③最底层是 VFH 算法的输出，为机器人速度和转向控制参考值。

下面介绍每一层数据的地图构建方法。

1）最高层直方栅格地图构建。为了简化计算，VFH 法在构建最高层栅格地图表示时，并不采用概率地图构建方法，而是直接根据距离传感器检测数据将相关栅格被占值加 1。

2）中间层极坐标系直方图构建。基于直方栅格地图表示构建一维极坐标系直方图的方法：在直方栅格地图中以机器人当前位置为中心取一定区域，该区域称为活跃区域，其中的单元称为活跃单元。为每一个活跃单元构建障碍物向量，向量方向为单元到机器人位置的方向：

$$\beta_{i,j}=\arctan\frac{y_i-y_0}{x_i-x_0} \tag{6-32}$$

式中，(x_0,y_0)为机器人当前坐标；(x_i,y_i)为活跃单元(i,j)的坐标。单元(i,j)的障碍物向量大小为

$$\boldsymbol{m}=(c_{i,j}^*)^2(a-bd_{i,j}) \tag{6-33}$$

式中，a 和 b 为正常数；$c_{i,j}^*$为活跃单元(i,j)的栅格值；$d_{i,j}$为单元(i,j)与机器人之间距离。这里 $c_{i,j}^*$取二次方是为了强调障碍物的可信度，因为该值越大表示重复距离读数越多，即为障碍物可信度越高，二次方运算可以进一步强化。此外，$m_{i,j}$与 $d_{i,j}$成反比例，这样靠近机器人的障碍物将会形成大的向量值，a 和 b 的取值可以根据 $a-bd_{\max}=0$ 来确定，$d_{\max}$是最远活跃单元与机器人之间的距离。这样，对于最远的活跃单元来讲，$m_{i,j}=0$，随着距离靠近该值线性增加。然后按角度方向构建直方图 H，按分辨率 α 将 0°~360°分为 n 个扇区，$n=360°/\alpha$。单元(i,j)所属扇区为

$$k=\mathrm{int}\left(\frac{\beta_{i,j}}{\alpha}\right) \tag{6-34}$$

扇区 k 所对应的离散角度为$\rho=k\alpha$，其极障碍密度为

$$h_k=\sum_{i,j}m_{i,j} \tag{6-35}$$

由于直方栅格地图的离散特性，所得一维极坐标系直方图可能参差不齐，导致后续转向方向选择错误，为此有必要对 H 做如下的平滑操作：

$$h_k'=\frac{h_{k-l}+2h_{k-l+1}+\cdots+lh_k+\cdots+2h_{k+l-1}+h_{k+l}}{2l+1} \tag{6-36}$$

式中，h_k' 为平滑的极障碍密度；l 为平滑窗口尺寸。

3）最底层运动方向计算。从上面的示例中可以看到，极坐标系直方图存在波峰和波谷，波峰对应于极障碍密度值高的扇区，波谷对应于极障碍密度值低的扇区。当扇区的极障碍密

度值低于一定阈值时就构成一个候选通道。当存在多个候选通道时，选择最靠近目标方向的通道。然后基于所选择的通道计算确定机器人行驶方向。

对于机器人行驶方向的确定，可以根据通道所包含的扇区数确定通道的宽窄，把通道分为宽通道和窄通道两种。定义区分阈值为 $s_{\max}$，通道扇区数小于该值时为窄通道，否则为宽通道。对于窄通道，可以按照以下方式计算，找到通道内的第一个空闲扇区 k_n 和最后一个空闲扇区 k_f，取两者的中间值

$$\theta_{\text{steer}}=\frac{k_n+k_f}{2} \tag{6-37}$$

对于宽通道，通道内最靠近目标方向的第一个空闲扇区为 k_n，然后取 $k_f=k_n+s_{\max}$，机器人行驶方向同样为 $\theta_{\text{steer}}=\frac{k_n+k_f}{2}$。该方向控制方法可以确保当机器人沿着障碍物走时获得一条稳定路径。当机器人过于靠近障碍物时，θ_{steer}会让机器人离开障碍物；而当机器人离障碍物较远时，θ_{steer}会让机器人靠近障碍物；当机器人与障碍物距离适当时，θ_{steer}平行于障碍物。这个适当距离主要由 $s_{\max}$决定，$s_{\max}$越大，机器人在稳定状态条件下会距离障碍物越远。

（2）算法优化　VFH 法中并没有考虑机器人的运动学约束，为此 VFH+提出根据机器人执行轨迹来生成扇区，进而计算扇区内的障碍物密度。它假设机器人执行轨迹由直线和圆弧组成。如图 6-10 所示，图 6-10a 是直接根据角度分辨率来构建扇区，而图 6-10b 则是根据机器人执行轨迹生成的扇区分解图。机器人轨迹的圆弧曲率和机器人执行速度相关，速度越大，曲率越小。对于差分驱动机器人来讲，其最小转弯半径可以是零，此时线速度为零。但对于阿克曼或者三轮车移动底盘来讲，最小转弯半径不为零，但可以近似为常数。根据机器人当前的速度，可以构建可能的轨迹，根据轨迹与障碍物之间的关系，可以获得可行轨迹通道，进而进行通道选择和运行方向计算。

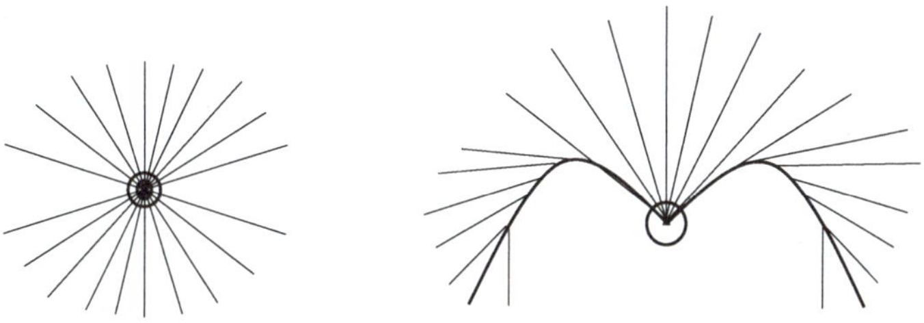

a)　　b)

图 6-10　轨迹近似

VFH+算法还存在局部规划算法存在的问题，因为只拥有地图的部分信息，可能会陷入局部死区，因此提出了 VFH*算法。首先，对每个基本候选方向计算运行一定距离后到达的新位置和新方向；其次，基于该新位置和新方向，结合地图信息，进一步按照 VFH 法构建新的极坐标直方图，利用该直方图分析候选方向；再次，按 A*算法评估节点的成本，选择成本最小的节点跳转其上，进一步按上述方法扩展搜索，直到重复迭代多次，或者到达目标点。这一优化实际是把局部避障变成了全局路径规划。

3. 动态窗口算法

动态窗口算法（Dynamic Window Algorithm，DWA）由德国波恩大学的 Dieter Fox、Wolfram

Burgard 和美国卡内基梅隆大学的 Sebastian Thrun 于 1997 年提出。与 Bug 算法和 VFH 法在几何空间中规划避障路径或避障方向不同，DWA 是在速度空间中进行机器人运动控制的规划，生成满足机器人运动约束并确保安全无碰的参考点运动速度。算法主要分为两个步骤：第一步是确定速度搜索空间；第二步是在速度搜索空间中搜索最优控制速度。速度搜索空间由(v,w)定义，为确保机器人运动安全无碰，需要由可行的几何空间生成可行的速度搜索空间。

首先来看安全无碰约束。为了降低计算复杂度，DWA 假设机器人轨迹可以分解为很多个小时间片 Δt，在每个小时间片内，机器人轨迹近似为由平移速度 v_i 和旋转速度 w_i 所确定的圆弧，圆弧半径为 $r_i=v_i/w_i$，此时机器人的运动模型为

$$\begin{bmatrix} x(t+\Delta t) \\ y(t+\Delta t) \\ \theta(t+\Delta t) \end{bmatrix} = \begin{bmatrix} x(t)-\dfrac{v}{w}\sin\theta+\dfrac{v}{w}\sin(\theta+w\Delta t) \\ y(t)+\dfrac{v}{w}\cos\theta-\dfrac{v}{w}\cos(\theta+w\Delta t) \\ \theta+w\Delta t \end{bmatrix} \tag{6-38}$$

根据该运动模型，对于某个速度控制指令，可以计算得到运行该指令后机器人所在位置。如图 6-11 所示，不同的速度控制指令可使机器人形成不同轨迹，到达不同位置，有些轨迹是安全的，有些轨迹会导致与环境障碍物碰撞，因此可以根据速度控制指令是否会导致机器人与障碍物碰撞来判断该速度是否为可行速度。

定义 $\text{dist}(v,w)$表示速度控制指令(v,w)所对应圆弧上距离最近障碍物的距离，记 r 为机器人运动圆弧半径，碰撞点与圆弧圆心连线到机器人位置与圆弧圆心连线夹角为 γ，有 $\text{dist}(v,w)=\gamma r$。对于速度控制指令$(v,w)$，如果机器人可以在碰到这个障碍物前停下来，那么这个速度控制指令是可行的。由此，可行速度空间可以定义为

$$V_{\text{a}}=\{(v,w)\mid v\leqslant\sqrt{2\text{dist}(v,w)\dot{v}_{\text{b}}}\wedge w\leqslant\sqrt{2\text{dist}(v,w)\dot{w}_{\text{b}}}\tag{6-39}$$

式中，$\dot{v}_{\text{b}}$、$\dot{w}_{\text{b}}$ 为制动加速度。

其次，考虑机器人的运动学约束，包括其最大加/减速度和最大速度限制。根据最大加/减速度约束，可以定义一个动态移动可行速度窗口，该窗口以当前速度为中心，以最大加/减速度乘以时间为窗口半径，图 6-12 中的黑框，其数学描述为

$$V_{\text{d}}=\{(v,w)\mid v\in[v_{\text{a}}-\dot{v}t,v_{\text{a}}+\dot{v}t]\wedge w\in[w_{\text{a}}-\dot{w}t,w_{\text{a}}+\dot{w}t]\}\tag{6-40}$$

式中，$(v_{\text{a}},w_{\text{a}})$为当前速度；$(\dot{v},\dot{w})$为最大加/减速度。根据最大速度限制，可以得到$(v,w)$的取值空间，定义为 V_{s}。

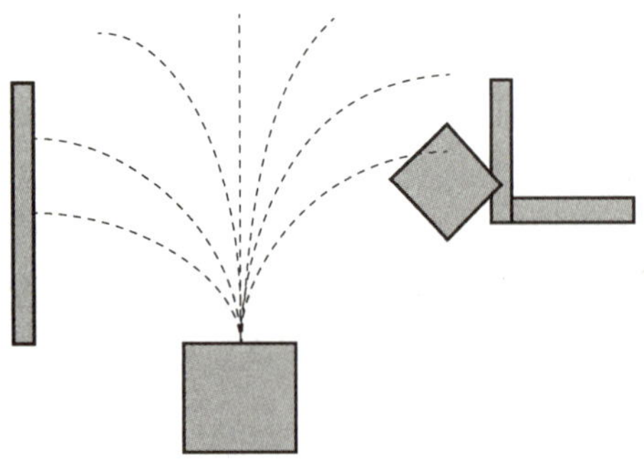

图 6-11　不同的速度控制指令形成不同的轨迹

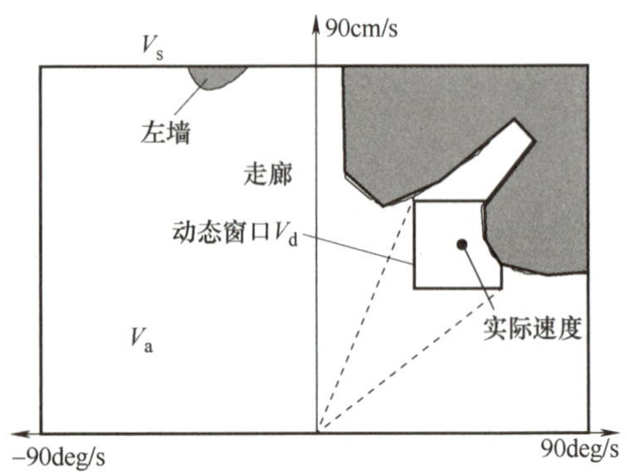

图 6-12　动态移动可行速度窗口

由此得到速度搜索空间为

$$V_r = V_s \cap V_a \cap V_d \tag{6-41}$$

在获得速度搜索空间后，需要在该空间内搜索最优控制速度，即定义最优速度评估公式，然后对速度搜索空间 V_r 进行离散化，对每个离散化点进行评估计算，选择具有最优评估值的速度控制(v,w)。可以考虑采取如下速度评估公式：

$$G(v,w)=\sigma(\alpha \text{heading}(v,w)+\beta \text{dist}(v,w)+\gamma \text{velocity}(v,w)) \tag{6-42}$$

其中，heading(v,w)衡量机器人与目标方向的一致性。如图 6-13 所示，θ 表示机器人与目标点连线方向与机器人方向之间的夹角，heading$(v,w)=180°-\theta$。该方向随着速度方向的改变而变化，因此根据机器人的预测位置来计算。dist(v,w)表示机器人到与运动圆弧相交的最近障碍物的距离。距离越大表示机器人越安全。如果在运动圆弧上没有障碍物，设置该值为一个很大的常数。velocity(v,w)用于评估机器人的运动性能，速度越高意味着时间越短。

以上三项具有不同量纲，因此均需要归一化到[0，1]之间。α、β、γ 为调节权重。通过三者融合，机器人在快速移向目标和避障之间进行折中。DWA 在实际系统中有较多应用，卡内基梅隆大学的 James Robert Bruce 将 DWA 应用于多机器人动态运动下的安全规划，形成了 Dynamics Safety Search(DSS)方法，在小型足球机器人系统中得到应用。但是 DWA 在评估选择速度时不考虑速度和路径平滑，容易导致机器人运动存在振动以及轨迹扭曲的情况，而且应用中权重参数不易调节，难以适应各种情况。

4. 滚动窗口规划避碰预测及策略

在动态不确定环境下，移动机器人不仅要避开静止的障碍物，也要避开动态障碍物，这就要求机器人要能够及时避障。移动机器人可以根据传感器对窗口内的动态障碍物的方向、速度和位置进行探测。首先分析移动机器人与动态障碍物的运动方向，如图 6-14 所示。

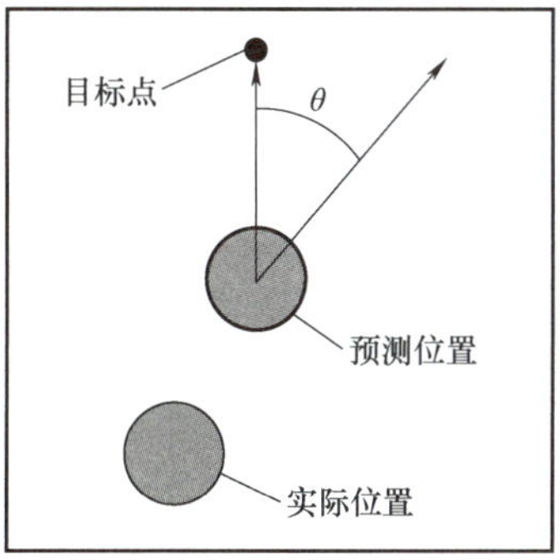

图 6-13　DWA 中方向一致性评估

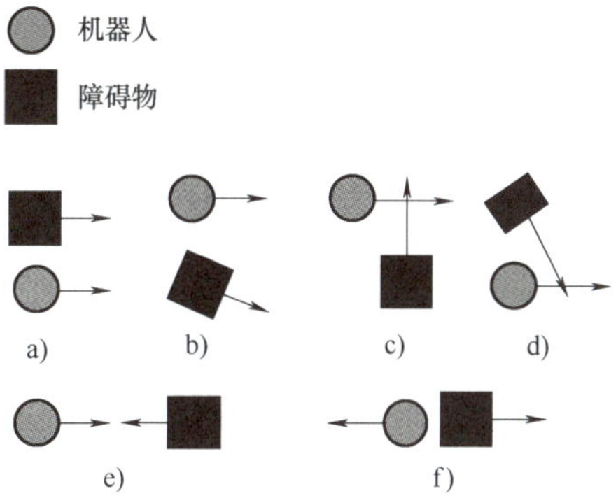

图 6-14　移动机器人与动态障碍物的运动方向

移动机器人与动态障碍物是否相碰，可根据二者运动轨迹是否相交来判断。在一定预测时间内，如果二者运动轨迹没有相交，如图 6-14a、b、f 所示，则机器人继续以事先规划的路径移动；如果二者运动轨迹相交，且运动方向正面相对，则发生碰撞，如图 6-14e 所示，机器人需要重新规划路径；如果二者运动轨迹相交，且都是侧向运动，也会碰撞，如图 6-14c、d 所示，则此时机器人在原地停留一会儿，等障碍物离开，再继续按照原来的路径移动。

针对所述的碰撞预测，可采取以下相应的局部动态障碍物碰撞策略。

1）如果移动机器人预测到要与动态障碍物正面相碰，则机器人需要放弃原来规划好的路径，然后利用局部路径规划算法进行避障，规划一条新的路径。

2）如果移动机器人预测到要与动态障碍物侧面相碰，则机器人需要在原地停留一定时间，然后根据事先规划的全局路径继续移动。

3）如果移动机器人预测到与动态障碍物不会相碰，那么直接按照事先规划的路径移动。

6.5 本章小结

本章以全局路径与局部路径规划方法为重点，着重介绍目前主要的路径规划方法的原理和工作过程，同时对避障的策略进行了介绍，它是机器人路径规划的基础。

【课程思政】

当今时代，人才是第一资源，科技是第一生产力，创新是第一动力，建设教育强国、科技强国、人才强国具有内在一致性和相互支撑性，要把三者有机结合起来、一体统筹推进，形成推动高质量发展的倍增效应。要进一步加强科学教育、工程教育，加强拔尖创新人才自主培养，为解决我国关键核心技术“卡脖子”问题提供人才支撑。

习近平总书记2023年5月29日在二十届中共中央政治局第五次集体学习时的讲话

第 7 章 自主导航系统应用案例

本章基于前面章节对自主导航技术的理论，在机器人操作系统(ROS)上，结合激光雷达与视觉导航方式，以机器人平台、无人机平台为例，重点说明机器人自主导航和无人机自主导航的实现流程，为自主导航的学习提供参考。

7.1 ROS 及使用

7.1.1 什么是 ROS

ROS 是一个灵活且强大的开源机器人操作系统，旨在为机器人软件开发提供一个通用的平台。ROS 是构建机器人应用程序的一系列库、工具和程序包的集合(见图 7-1)，它通过提供硬件抽象、设备驱动、库函数、可视化工具、消息传递和软件包管理等功能，可以极大简化繁杂多样的机器人平台下的复杂任务创建与稳定行为控制。

在机器人的开发过程中，目标任务常常需要被分解成许多任务需求模块，因为单一的开发者、实验室或者研究机构无法独立完成对于整个任务的处理。ROS 的出现使得更多的开发者、实验室或者研究机构能共同协作来开发机器人。例如，需要实现一个能够在未知环境中自主导航的机器人，就可以利用 ROS 将一个拥有室内地图建模领域专家的实验室发布的先进的地图构建模块，和一个拥有导航方面专家的机构发布的导航算法模块联合起来，完成开发需求。因此，ROS 相当于为这些实验室或机构提供了一种相互合作的高效方式，可以在已有成果的基础上继续自己工作的构建，使得专家学者可以主攻自己擅长的方向，更加高效地推动机器人领域的发展。ROS 的组成如图 7-1 所示。

图 7-1 ROS 的组成

ROS 使用了基于 TCP/IP 的通信方式，实现了模块间点对点的松耦合连接，可以执行若干种类型的通信，包括基于话题(Topic)的异步数据流通信、基于服务(Service)的同步数据流通信，还有参数服务器上的数据存储等。总体来讲，ROS 主要有以下几个特点和优势：

1) 分布式：ROS 支持多个计算节点之间的通信和协同工作，允许开发者将复杂任务划分为独立的模块，并通过消息传递进行数据交换。

2）硬件无关性：ROS 提供了对各种硬件设备的驱动和接口支持，使得开发者能够方便地与不同类型的传感器、执行器等设备进行交互。

3）开放性和共享性：ROS 是一个开源项目，拥有庞大的用户社区和丰富的资源库，开发者可以共享自己的软件包或从社区中获取现有的软件包，加快开发进程。

4）可视化工具：ROS 提供了可视化工具，如 Rviz(Robot Visualizer)和 RQt(Ros Qt)，方便开发者实时查看和调试机器人的状态、传感器数据和运动轨迹。

5）强大的生态系统：ROS 生态系统中存在众多的第三方软件包和库，支持各种功能，如机器人感知、导航、运动控制等，能够满足不同应用需求。

7.1.2 ROS 架构

ROS 一般分成操作系统(Operation System，OS)层、中间层和应用层。虽然目前 ROS 分成 ROS1 和 ROS2 两种，并且 ROS2 相较于 ROS1 有很多优点，如可以托管启动、节省 CPU 资源等，但是在版本稳定性和社区支持程度(尤其是相关程序包)上，ROS2 不如 ROS1，对于独立开发者或者科研人员来讲，建议从 ROS1 基础原型进行开发，熟练之后再考虑代码或平台的移植。本章采用的演示环境是 Ubuntu18.04+ROS(Melodic Morenia)，是基于 ROS1 来操作的，为避免混淆，下文 ROS 均表示 ROS1。ROS 架构如图 7-2 所示。

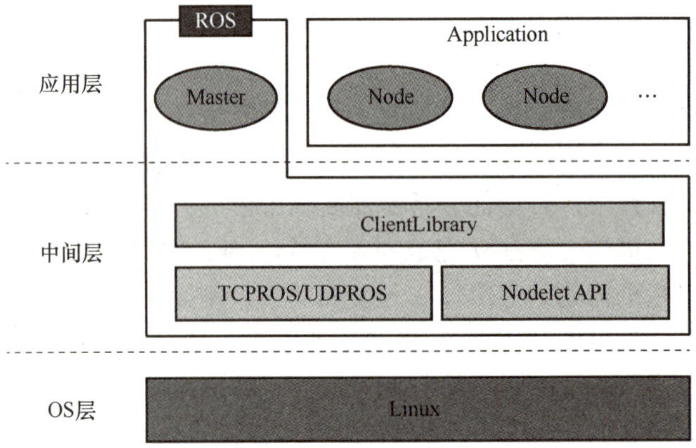

图 7-2　ROS 架构

首先，由于 ROS 并不是一个传统意义上的操作系统，无法像 Windows、Linux 一样直接运行在计算机硬件之上，而是需要依托于 Linux 系统。所以在 OS 层，可以直接使用 ROS 官方支持度最好的 Ubuntu 操作系统，也可以使用 macOS、Arch、Debian 等操作系统。

其次，Linux 并没有针对机器人开发提供特殊的中间件，因此 ROS 在中间层做了大量工作，其中最重要的就是基于 TCPROS/UDPROS 的通信系统。ROS 的通信系统基于 TCP/UDP 网络，在此之上进行了再次封装，即 TCPROS/UDPROS。通信系统使用发布/订阅(Publish/Subscribe)、客户端/服务器等模型，实现多种通信机制的数据传输。在通信机制之上，ROS 提供了大量与机器人开发相关的库，如数据类型定义、坐标变换、运动控制等，可以提供给应用层使用。

最后，在应用层 ROS 需要运行一个管理者——Master，负责管理整个系统的正常运行。

ROS 社区内共享了大量的机器人应用功能包，这些功能包内的模块以节点为单位运行，以 ROS 标准的输入、输出作为接口，开发者不需要关注模块的内部实现机制，只需要了解接口规则即可实现复用，极大地提高了开发效率。

7.1.3　相关名词解释

在使用 ROS 开发机器人时，总是不可避免地要接触一些在 ROS 中特定的重要名词概念。

1. 节点

节点(Node)就是一些执行运算任务的进程，一个系统一般由多个节点组成，也可以称为“软件模块”。节点概念的引入使得基于 ROS 的系统在运行时更加形象。如图 7-3 所示，进程就是图中的节点，而端对端的连接关系就是节点之间的连线。

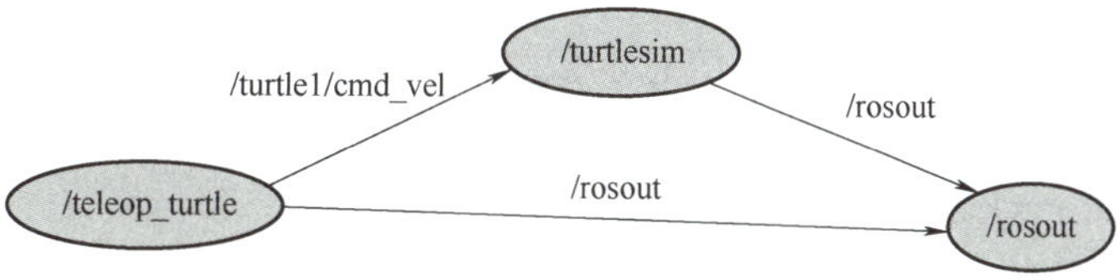

图 7-3　ROS 中的节点关系图

2. 消息

节点之间最重要的通信机制就是基于发布/订阅模型的消息(Message)通信。每一个消息都是一种严格的数据结构，支持标准数据类型(整型、浮点型、布尔型等)，也支持嵌套结构和数组(类似于 C 语言的结构体 struct)，还可以根据需求由开发者自主定义。

3. 话题

消息以一种发布/订阅的方式传递(见图 7-4)。一个节点可以针对一个给定的话题发布消息(称为发布者)，也可以关注某个话题并订阅特定类型的数据(称为订阅者)。发布者和订阅者并不了解彼此的存在，系统中可能同时有多个节点发布或者订阅同一个话题的消息。

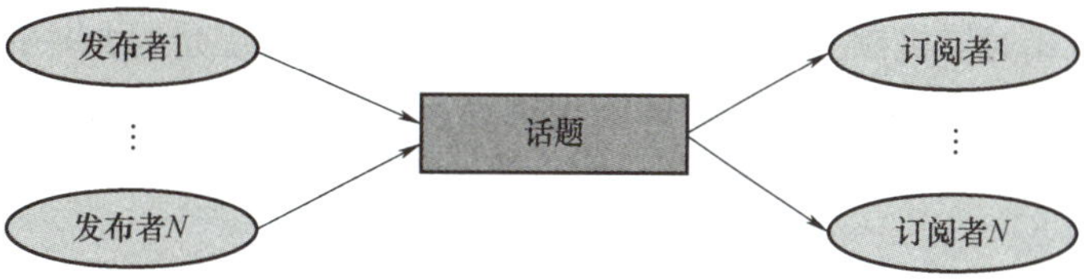

图 7-4　ROS 中基于发布/订阅模型的话题通信

4. 服务

虽然基于话题的发布/订阅模型是一种很灵活的通信模式，但是对于双向的同步传输模式并不适合。在 ROS 中，称这种同步传输模式为服务(Service)，其基于客户端/服务器(Client/Server)模型，包含两个部分的通信数据类型：一个用于请求，另一个用于应答，类似于 Web 服务器。与话题不同的是，ROS 中只允许有一个节点提供指定命名的服务。

5. 节点管理器

为了统筹管理以上概念，系统中需要有一个控制器使得所有节点有条不紊地执行，这就是 ROS 节点管理器(ROS Master)。ROS Master 通过远程过程调用(Remote Procedure Call,

RPC)提供登记列表和对其他计算图表的查找功能，帮助ROS节点之间相互查找、建立连接，同时还为系统提供参数服务器、管理全局参数。ROS Master就是一个管理者，没有它节点将无法找到彼此，也无法交换消息或调用服务，整个系统将会瘫痪，由此可见其在ROS中的重要性。

6. 文件系统

文件系统类似于操作系统，ROS将所有文件按照一定的规则进行组织，不同功能的文件被放置在不同的文件夹下，如图7-5所示。

功能包(Package)：功能包是ROS软件中的基本单元，包含ROS节点、库、配置文件等。

功能包清单(Package Manifest)：每个功能包都包含一个名为package.xml的功能包清单，用于记录功能包的基本信息，包含作者信息、许可信息、依赖选项、编译标志等。

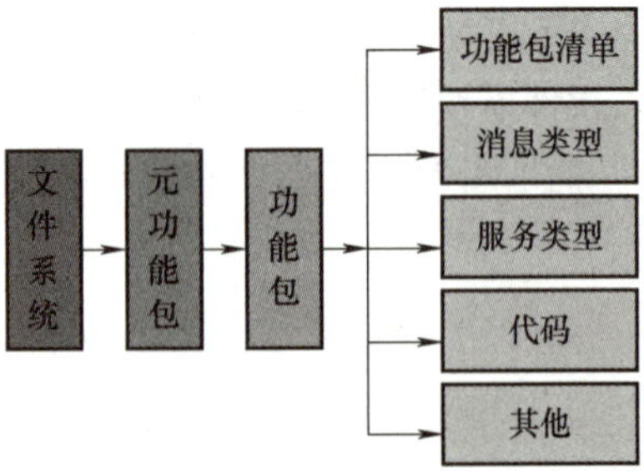

图7-5 ROS中的文件系统结构

元功能包(Meta Package)：在新版本的ROS中，将原有功能包集(Stack)的概念升级为"元功能包"，主要作用是组织多个用于同一目的的功能包。例如，一个ROS导航的元功能包包含建模、定位、导航等多个功能包。

消息类型：消息是ROS节点之间发布/订阅的通信信息，可以使用ROS提供的消息类型，也可以使用.msg文件在功能包的msg文件夹下自定义所需要的消息类型。

服务类型：服务类型定义了ROS客户端/服务器通信模型下的请求与应答数据类型，可以使用ROS提供的服务类型，也可以使用.srv文件在功能包的srv文件夹中进行定义。

代码(Code)：用来放置功能包节点源代码的文件夹。

7.1.4 ROS通信机制

ROS的分布式框架，为用户提供多节点(进程)之间的通信服务，所有软件功能和工具都建立在这种分布式通信机制上，所以ROS的通信机制是底层也是核心的技术。在大多数应用场景下，尽管不需要关注底层通信的实现机制，但是了解其相关原理一定会帮助人们在开发过程中更好地使用ROS。以下对ROS核心的三种通信机制进行介绍。

1. 话题通信机制

话题在ROS中使用最频繁，其通信模型也较复杂。如图7-6所示，话题通信实现模型是比较复杂的，该模型中涉及三个角色：ROS Master、Talker(发布者)和Listener(订阅者)。ROS Master负责保管Talker和Listener注册的信息，并匹配话题相同的Talker与Listener，帮助Talker与Listener建立连接，连接建立后，Talker可以发布消息，且发布的消息会被Listener订阅。

整个流程由以下步骤实现：

(1) Talker注册　Talker启动，通过1234端口使用RPC向ROS Master注册发布者的信息，包含所发布消息的话题名；ROS Master会将节点的注册信息加入注册列表中。

(2) Listener注册　Listener启动后，也会通过RPC在ROS Master中注册自身信息，包含需要订阅消息的话题名。ROS Master会将节点的注册信息加入注册列表中。

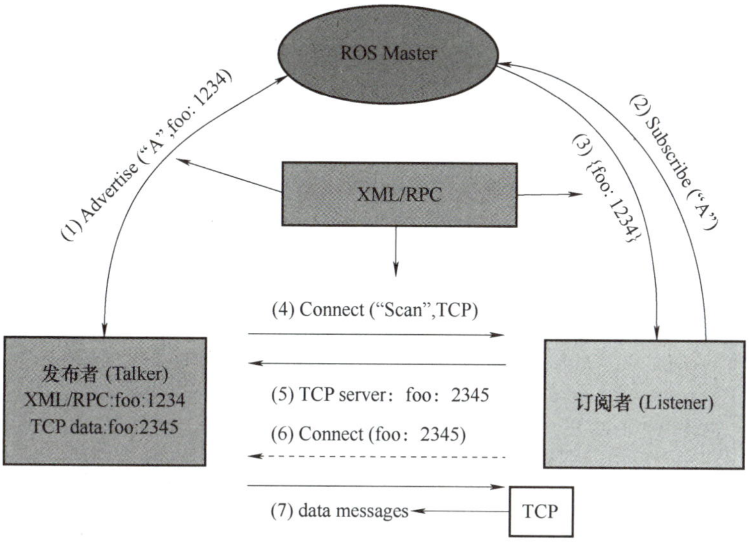

图 7-6 基于发布/订阅模型的话题通信机制

(3) ROS Master 实现信息匹配　ROS Master 会根据注册列表中的信息匹配 Talker 和 Listener，并通过 RPC 向 Listener 发送 Talker 的 RPC 地址信息。

(4) Listener 向 Talker 发送请求　Listener 根据从 Master 发回的 Talker 地址信息，通过 RPC 向 Talker 发送连接请求，传输订阅的话题名称、消息类型以及通信协议(TCP/UDP)。

(5) Talker 确认请求　Talker 接收到 Listener 的请求后，也通过 RPC 向 Listener 确认连接信息，并发送自身的 TCP 地址信息。

(6) Listener 与 Talker 建立连接　Listener 根据(4)返回的消息使用 TCP 与 Talker 建立网络连接。

(7) Talker 向 Listener 发送消息　连接建立后，Talker 开始向 Listener 发布消息。

值得注意的是，从上面的通信过程中可以发现，图 7-6 中的前五个步骤使用的通信协议都是 RPC，最后发布数据的过程才使用 TCP。ROS Master 在节点建立连接的过程中起到了重要作用，但是并不参与节点之间最终的数据传输。节点建立连接后，可以关掉 ROS Master，节点之间的数据传输并不会受到影响，但是其他节点也无法加入这两个节点之间的网络。

2. 服务通信机制

服务是一种带有应答的通信机制，通信原理如图 7-7 所示，与话题的通信相比，其减少了 Listener 与 Talker 之间的 RPC 通信。具体步骤如下：

(1) Talker 注册　Talker 启动，通过 1234 端口使用 RPC 向 ROS Master 注册发布者的信息，包含所提供的服务名；ROS Master 会将节点的注册信息加入注册列表中。

(2) Listener 注册　Listener 启动，同样通过 RPC 向 ROS Master 注册订阅者的信息，包含需要查找的服务名。

(3) ROS Master 进行信息匹配　Master 根据 Listener 的订阅信息从注册列表中进行查找，如果没有找到匹配的服务提供者，则等待该服务的提供者加入；如果找到匹配的服务提供者信息，则通过 RPC 向 Listener 发送 Talker 的 TCP 地址信息。

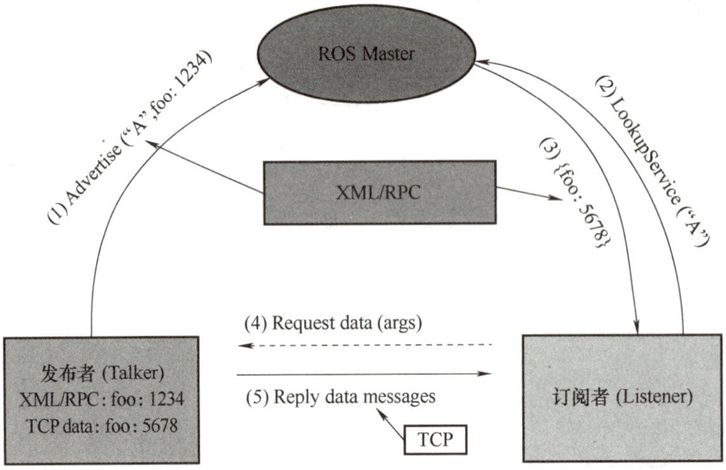

图 7-7　基于服务器/客户端的服务通信机制

（4）Listener 与 Talker 建立网络连接　Listener 接收到确认信息后，使用 TCP 尝试与 Talker 建立网络连接，并且发送服务的请求数据。

（5）Talker 向 Listener 发布服务应答数据　Talker 接收到服务请求和参数后，开始执行服务功能，执行完成后，向 Listener 发送应答数据。

3. 参数管理机制

参数类似于 ROS 中的全局变量，由 ROS Master 进行管理，其通信机制较为简单，不涉及 TCP/UDP 的通信，如图 7-8 所示。

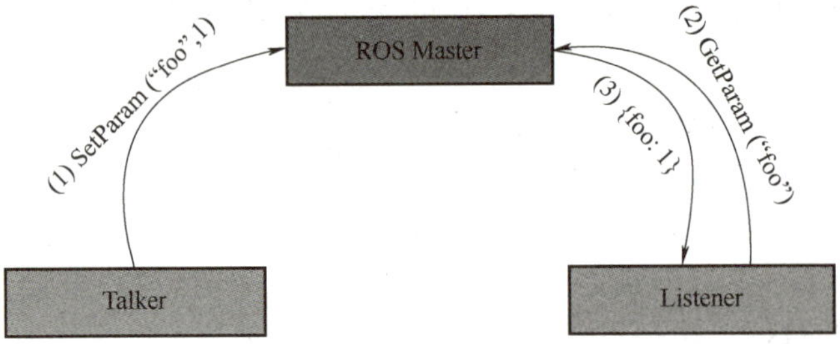

图 7-8　基于 RPC 的参数管理机制

（1）Talker 设置变量　Talker 使用 RPC 向 ROS Master 发送参数设置数据，包含参数名和参数值；ROS Master 会将参数名和参数值保存到参数列表中。

（2）Listener 查询参数值　Listener 通过 RPC 向 ROS Master 发送参数查找请求，包含所要查找的参数名。

（3）ROS Master 向 Listener 发送参数值　Master 根据 Listener 的查找请求从参数列表中进行查找，查找到参数后，使用 RPC 将参数值发送给 Listener。

这里需要注意的是，如果 Talker 向 ROS Master 更新参数值，Listener 在不重新查询参数值的情况下是无法知晓参数值已经被更新的。所以在很多应用场景中，需要一种动态参数更新的机制。

7.1.5 ROS 使用简例

在深入研究怎么利用 ROS 开发机器人之前，简单尝试 ROS 的使用。首先启动 ROS 自带的小海龟测试程序，依次在三个终端中输入以下三条指令：

```
$ roscore
$ rosrun turtlesim turtlesim_node
$ rosrun turtlesim turtle_teleop_key
```

如图 7-9 所示，小海龟可以通过键盘上下左右移动，表明 ROS 基本的环境安装成功。

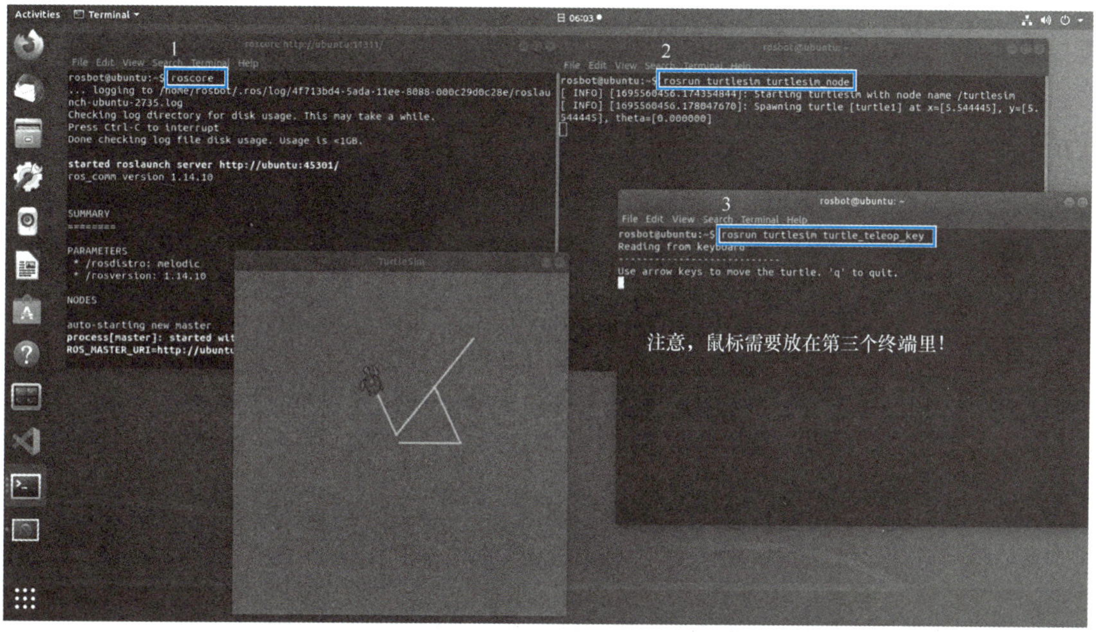

图 7-9　ROS 自带的小海龟测试程序

接下来，尝试通过发布命令来使得小海龟做圆周运动。具体步骤如下：

1. 通过 rqt 查看发布者和订阅者

```
$ rqt_graph                //查看节点关系图
```

结果如图 7-10 所示，发布者是/teleop_turtle 即键盘部分，订阅者是/turtlesim 即小海龟的 GUI，话题是/turtle1/cmd_vel。

2. 确定发布的消息类型

清楚了以上关系，可以通过以下代码查看发布的消息类型。

```
$ rostopic list                          //查看现在有哪些话题
$ rostopic info /turtle1/cmd_vel         //查看所需要的话题详细信息
$ rosmsg info geometry_msgs/Twist        //查看 msg 包下的详细信息
```

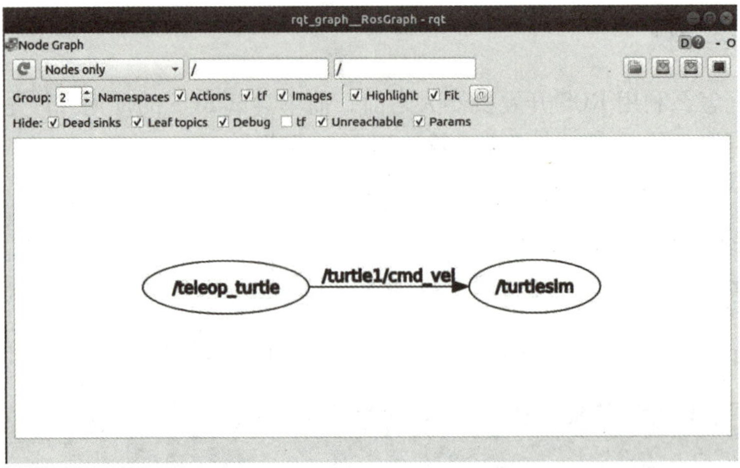

图 7-10　通过 rqt 查看发布者和订阅者

结果如图 7-11 所示。

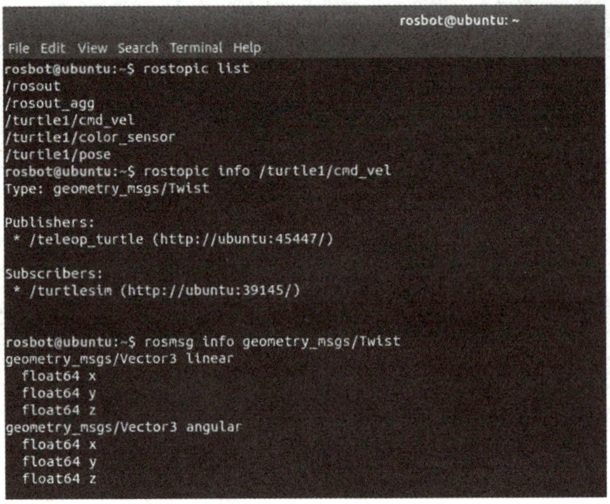

```
rosbot@ubuntu:~$ rostopic list
/rosout
/rosout_agg
/turtle1/cmd_vel
/turtle1/color_sensor
/turtle1/pose
rosbot@ubuntu:~$ rostopic info /turtle1/cmd_vel
Type: geometry_msgs/Twist

Publishers:
 * /teleop_turtle (http://ubuntu:45447/)

Subscribers:
 * /turtlesim (http://ubuntu:39145/)

rosbot@ubuntu:~$ rosmsg info geometry_msgs/Twist
geometry_msgs/Vector3 linear
  float64 x
  float64 y
  float64 z
geometry_msgs/Vector3 angular
  float64 x
  float64 y
  float64 z
```

图 7-11　确定发布的消息类型

直接在终端尝试每秒发布五次给 /turtle1/cmd_vel 主题的消息，控制小海龟以线速度为 1.0m/s、角速度为 0.5rad/s 的方式移动。

```
$ rostopic pub -r 5 /turtle1/cmd_vel geometry_msgs/Twist "linear:
 x:1.0
 y:0.0
 z:0.0
angular:
 x:0.0
 y:0.0
 z:1.8"
```

结果如图 7-12 所示。

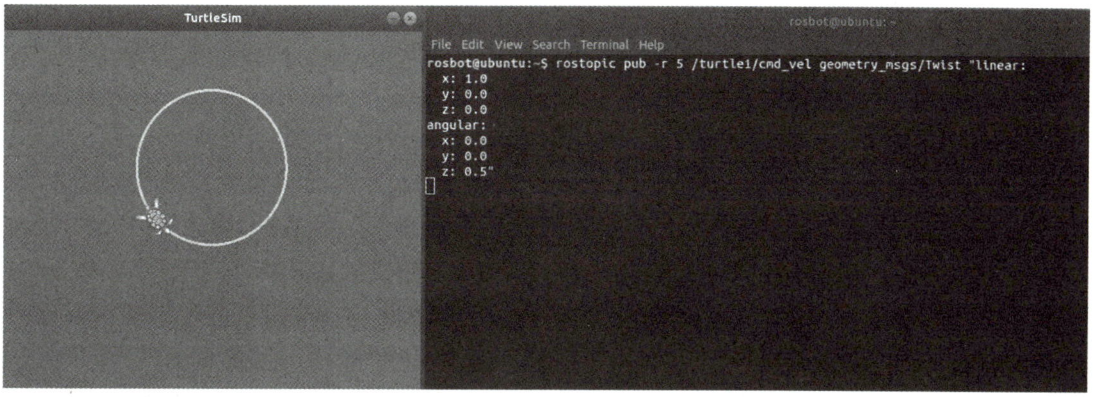

图 7-12　小海龟圆周运动示意图

3. 小海龟圆周运动详细过程

为了进一步了解实现流程，从创建工作空间开始，编写代码实现小海龟圆周运动。详细步骤如下：

（1）创建工作空间并初始化

```
$ mkdir -p workspace(自定义空间名称)/src
$ cd workspace
$ catkin_make
```

上述指令，首先会创建一个工作空间以及一个 src 子目录，然后进入工作空间调用 catkin_make 指令编译。

（2）进入 src 目录创建 ros 包并添加依赖

```
$ cd src
$ catkin_create_pkg turtle(自定义的包名) roscpp rospy std_msgs
```

（3）在定义的 ros 包 turtle/src 目录下编写源文件

```
$ cd turtle/src
$ touch turtle1.cpp
$ vi turtle1.cpp
```

如果 vi 编辑器使用不习惯，也可以在别的平台编写好，复制到当前目录或者通过 gedit 打开文件编写。编写如下程序：

```
#include "ros/ros.h"
#include "geometry_msgs/Twist.h"
int main(int argc,char *argv[])
{
```

```
  setlocale(LC_ALL,"");                    //方便打印中文
  if(argc!=3)
  {
  ROS_INFO("输入的参数不对");
  return 1;
  }
  ros::init(argc,argv,"test0_turtle"); //初始化 ros 节点
  ros::NodeHandle nh;                      //初始化 ros 句柄
  ros::Publisher message=nh.advertise<geometry_msgs::Twist>("/tur-
tle1/cmd_vel",10);                         //创建发布者(注意数据类型)
  geometry_msgs::Twist turtle;             //创建消息载体(注意数据类型)
  turtle.linear.x=atof(argv[1]);           //终端输入的线速度参数
  turtle.linear.y=0.0;
  turtle.linear.z=0.0;
  turtle.angular.x=0.0;
  turtle.angular.y=0.0;
  turtle.angular.z=atof(argv[2]);          //终端输入的角速度参数
  ros::Rate rate(1);                       //发布速率
  ros::Duration(1).sleep();                //等待上述初始化完成再发布
  while(ros::ok)
  {
  message.publish(turtle);                 //发布数据
  ROS_INFO("发布的线速度数据是:\n x=%.1f\n,y=%.1f\n,z=%.1f\n",
turtle.linear.x,turtle.linear.y,turtle.linear.z);
  ROS_INFO("发布的角速度数据是:\n x=%.1f\n,y=%.1f\n,z=%.1f\n",
turtle.angular.x,turtle.angular.y,turtle.angular.z);
  rate.sleep();
  //处理回调函数
  ros::spinOnce();
  }
  return 0;
}
```

（4）修改当前目录 src/ turtle 下的 CMakeLists. txt 文件

```
$ cd ..//返回到上一级目录 src/turtle
```

添加如下代码：

```
add_executable(turtle1 src/ turtle1.cpp)
target_link_libraries(turtle1 ${catkin_LIBRARIES})
```

（5）进入工作空间进行编译

```
$ cd
$ cd workspace/
$ catkin_make
```

（6）测试运行

如图 7-13 所示，开辟三个终端，第一个终端打开 ROS Master，第二个终端打开小海龟的 GUI 节点，第三个终端进入工作空间中，分别执行：

终端 1：

```
$ roscore
```

终端 2：

```
$ rosrun turtlesim turtlesim_node
```

终端 3：

```
$ cd workspace
$ source ./devel/setup.bash
$ rosrun turtle1(包名) turtle1(C++文件名)
```

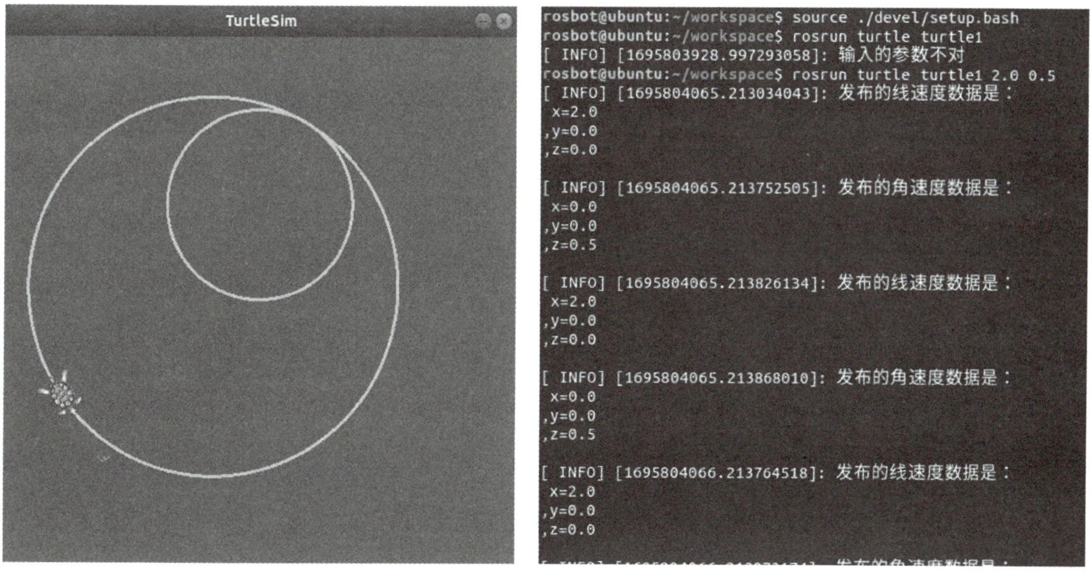

a) 小海龟示例　　　　b) 终端输出结果

图 7-13　小海龟示例和终端输出结果

最后，尝试重复上述过程，基于 ROS 编程实现在终端输出“hello world!”。详细步骤如下：

（1）创建工作空间并初始化

```
$ mkdir -p workspace(自定义空间名称)/src
$ cd workspace
$ catkin_make
```

上述指令会创建一个工作空间以及一个 src 子目录，然后进入工作空间调用 catkin_make 指令编译。

（2）进入 src 目录创建 ros 包并添加依赖

```
$ cd src
$ catkin_create_pkg hello(自定义的包名) roscpp rospy std_msgs
```

（3）在定义的 ros 包 hello/src 目录下编写源文件

```
$ cd hello/src
$ touch helloTest.cpp
$ vi helloTest.cpp
```

如果 vi 编辑器使用不习惯，也可以在别的平台编写好，复制到当前目录或者通过 gedit 打开文件编写。编写如下程序：

```
#include "ros/ros.h"
int main(int argc,char * argv[])
{
  //执行 ros 节点初始化
  ros::init(argc,argv,"hello");
  //创建 ros 节点句柄(非必须)
  ros::NodeHandle n;
  //控制台输出 hello world
  ROS_INFO("hello world!");
  return 0;
}
```

（4）修改当前目录 src/hello 下的 CMakeLists.txt 文件

```
$ cd ..//返回到上一级目录 src/hello
```

添加如下代码：

```
add_executable(helloTest src/helloTest.cpp)
target_link_libraries(helloTest ${catkin_LIBRARIES})
```

（5）进入工作空间进行编译

```
$ cd
$ cd workspace/
$ catkin_make
```

（6）测试运行　如图 7-14 所示，开辟两个终端，并进入工作空间中，分别执行：

```
$ roscore
$ source ./devel/setup.bash
$ rosrun hello(包名) helloTest(C++文件名)
```

图 7-14　hello world 测试结果

7.2　激光雷达导航系统实例

7.2.1　ROS 中的导航功能简介

机器人依赖导航技术实现自主的移动。ROS 系统具有导航(Navigation)功能包，包括建图、定位、规划三大功能。它是一个二维导航堆栈，接收来自里程计、传感器流和目标姿态的信息，并输出发送到移动底盘的指令。ROS 官方提供了一张导航功能包集的图示，如图 7-15 所示，该图中囊括了 ROS 导航的一些关键技术。

图 7-15 概述了导航包中的配置。白色的部分是必须且已实现的组件，浅灰色的部分是可选且已实现的组件，深灰色的部分是必须为每一个机器人平台创建的组件。其包括全局地图、自身定位、路径规划、运动控制、环境感知五个主要过程。

值得注意的是，机器人在定位过程中，对于参考坐标系的使用，在 ROS 里有两种常用的方式：

1）通过里程计定位：实时收集机器人的速度信息，计算并发布机器人坐标系与父级参考系的相对关系。

2）通过传感器定位：传感器收集外界环境信息，通过匹配计算并发布机器人坐标系与父级参考系的相对关系。

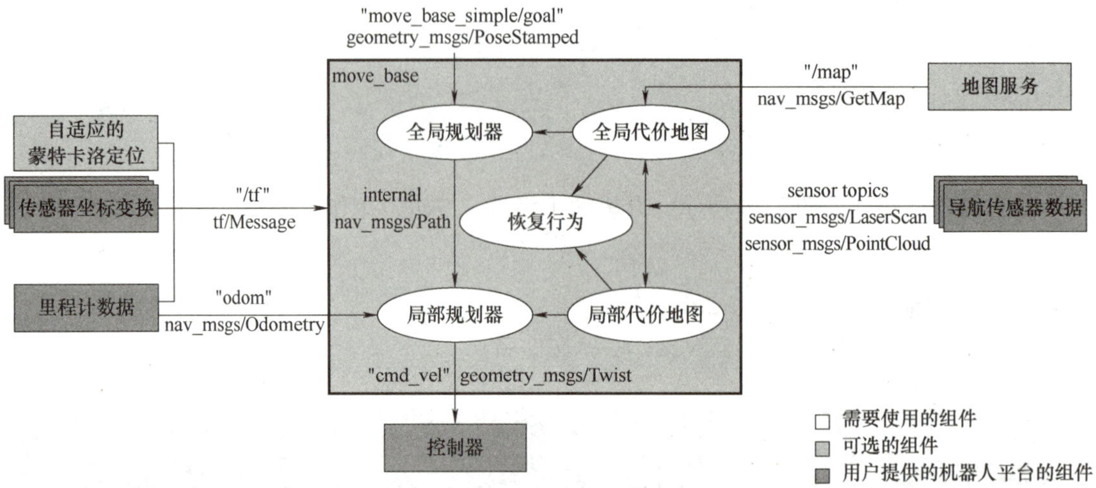

图 7-15 ROS 导航的关键技术模块

上述两种定位实现中，机器人坐标系一般使用机器人模型中的根坐标系(base_link 或 base_footprint)，里程计定位时，父级坐标系一般称为 odom，传感器定位时，父级参考系一般称为 map。当二者结合使用时，map 和 odom 都是机器人模型根坐标系的父级，这不符合坐标变换中“单继承”的原则，所以一般会将转换关系设置为：map->doom->base_link 或 base_footprint。

7.2.2 导航机器人模型搭建

1. 基本仿真环境搭建

首先介绍如何编写对应的模型文件，实现 Gazebo 和 Riz 的联合仿真模型与环境搭建。具体步骤如下所示：

(1) 创建工作空间、新建功能包以及导入依赖

```
$ mkdir -p catkin_ws/src
$ cd catkin_ws
$ catkin_make
$ code                          //采用 VScode 软件进行代码书写和编译
```

进入 VScode 后，鼠标右键单击 src 目录，创建功能包，命名为 urdf_gazebo，按<Enter>键后输入依赖包：urdf、xacro、gazebo_ros、gazebo_ros_control、gazebo_plugins，同理，再次新建一个功能包 urdf_rviz，并导入功能包 urdf、xacro，这就搭建好了基本环境的总体框架。

(2) 编写 xacro 模型文件　由于 xacro 模型文件可以声明变量，可以通过数学运算求解，使用流程控制执行顺序，还可以通过类似函数的实现，封装固定的逻辑，将逻辑中需要的可变数据以参数的方式暴露出来，从而提高代码复用率以及程序的安全性。相对于纯粹的 urdf 实现，可以编写更安全、精简、易读性更强的机器人模型文件，且可以提高编写效率。xacro 文件相当于“加强版”的 urdf，提供了可编程接口，类似于计算机语言，包括变量声明调用、函数声明与调用等语法实现，以下是一些注意事项以及基础编程语法。

如果采用 xacro 模型文件生成 urdf，需要在根标签 robot 中包含

命名空间声明：xmlns:xacro=http://wiki.ros.org/xacro;

属性定义：<xacro:property name="xxxx" value="yyyy" />;

属性调用：${属性名称};

算数运算：${数学表达式};

宏定义：

```
<xacro:macro name="宏名称" params="参数列表(多参数之间使用空格分隔)">
  .....
  参数调用格式:${参数名}
</xacro:macro>
```

宏调用：

```
<xacro:宏名称 参数1=xxx 参数2=xxx/>
```

将不同的文件集成，组合为完整机器人，可以使用文件包含实现：

```
<robot name="xxx" xmlns:xacro="http://wiki.ros.org/xacro">
  <xacro:include filename="my_base.xacro" />
  <xacro:include filename="my_camera.xacro" />
  <xacro:include filename="my_laser.xacro" />
  ....
</robot>
```

采用 xacro 表示机器人的模型，为了实现基本的导航功能，一个基本的机器人模型一般由机器人底盘(包含基本底盘、驱动轮以及支撑轮)、深度相机、激光雷达和放激光雷达的支架等模块组成，接下来，先写 Rviz 中的可视化模型文件。

(3) 机器人底盘文件

文件名：base.urdf.xacro。

```
<robot name="mycar" xmlns:xacro="http://www.ros.org/wiki/xacro">
  <xacro:property name="footprint_radius" value="0.001" />
  <link name="footprint">
    <visual>
      <geometry>
        <sphere radius="${footprint_radius}" />
      </geometry>
      <origin xyz="0 0 0" rpy="0 0 0" />
      <material name="foot_color">
        <color rgba="0 0 1 1" />
      </material>
```

```xml
      </visual>
    </link>
<!-- 1. 基本底盘 -->
    <xacro:property name="base_radius" value="0.15" />
    <xacro:property name="base_length" value="0.1" />
    <xacro:property name="lidi" value="0.02" />
    <xacro:property name="baselink_z" value="${base_length/2+lidi}" />
    <link name="base_link">
      <visual>
        <geometry>
          <cylinder radius="${base_radius}" length="${base_length}" />
        </geometry>
        <origin xyz="0 0 0" rpy="0 0 0" />
        <material name="base_color">
          <color rgba="0.5 0.5 0 0.5" />
        </material>
      </visual>
    </link>
    <joint name="foot2base" type="fixed">
      <parent link="footprint" />
      <child link="base_link" />
      <origin xyz="0 0 ${baselink_z}" rpy="0 0 0" />
    </joint>
<!--2. 驱动轮 -->
    <xacro:property name="wheel_radius" value="0.04" />
    <xacro:property name="wheel_length" value="0.015" />
    <xacro:property name="wheel_joint_y" value="${base_radius+wheel_length/2}" />
    <xacro:property name="wheel_joint_z" value="${(base_length/2+lidi-wheel_radius)*(-1)}" />

    <xacro:macro name="wheel_func" params="wheel_name flag">
      <link name="${wheel_name}_wheel">
        <visual>
          <geometry>
            <cylinder radius="${wheel_radius}" length="${wheel_length}" />
          </geometry>
          <origin xyz="0 0 0" rpy="1.5708 0 0" />
```

```
      <material name="wheel_color">
        <color rgba="0 0 0 0.5" />
      </material>
    </visual>
  </link>
  <joint name="${wheel_name}2base" type="continuous">
    <parent link="base_link" />
    <child link="${wheel_name}_wheel" />
    <origin xyz="0 ${flag * wheel_joint_y} ${wheel_joint_z}" />
    <axis xyz="0 1 0" />
  </joint>
</xacro:macro>
<xacro:wheel_func wheel_name="left" flag="1" />
<xacro:wheel_func wheel_name="right" flag="-1" />
<!-- 3. 支撑轮 -->
<xacro:property name="small_wheel_radius" value="0.01" />
<xacro:property name="small_wheel_joint_x" value="${base_radius *
0.9}" />
<xacro:property name="small_wheel_joint_z" value="${(base_length/
2+lidi - small_wheel_radius) * (-1)}" />
<xacro:macro name="small_wheel_func" params="small_wheel_name
flag" >
  <link name="${small_wheel_name}_wheel">
    <visual>
      <geometry>
        <sphere radius="${small_wheel_radius}"  />
      </geometry>
      <origin xyz="0 0 0" rpy="0 0 0" />
      <material name="wheel_color">
        <color rgba="0 0 0 0.5" />
      </material>
    </visual>
  </link>
  <joint name="${small_wheel_name}2base" type="continuous">
    <parent link="base_link" />
    <child link="${small_wheel_name}_wheel" />
    <origin xyz="${flag * small_wheel_joint_x } 0 ${small_wheel_joint_z}" />
    <axis xyz="1 1 1" />
```

```
    </joint>
  </xacro:macro>
  <xacro:small_wheel_func small_wheel_name="front" flag="1" />
  <xacro:small_wheel_func small_wheel_name="back" flag="-1" />
</robot>
```

（4）深度相机文件

文件名：camera. urdf. xacro。

```
<robot name="mycar" xmlns:xacro="http://www.ros.org/wiki/xacro">
<!-- 由于后边会联合 gazebo 仿真,这里的相机只需要定义可视化即可 -->
  <xacro:property name="camera_length" value="0.05" />
  <xacro:property name="camera_width" value="0.03" />
  <xacro:property name="camera_height" value="0.05" />

  <xacro:property name="camera_joint_x" value="${base_radius - camera_
length/2 }" />
  <xacro:property name="camera_joint_y" value="0" />
  <xacro:property name="camera_joint_z" value="${base_length/2 +
camera_height/2 }" />

  <link name="camera">
    <visual>
      <geometry>
        <box size="${camera_length} ${camera_width} ${camera_height}" />
      </geometry>
      <material name="camera_color">
        <color rgba="0.8 0.5 0.5 0.8" />
      </material>
    </visual>
  </link>
  <joint name="base2camera" type="fixed">
    <parent link="base_link" />
    <child link="camera" />
    <origin xyz="${camera_joint_x} ${camera_joint_y} ${camera_joint_
z}" />
  </joint>
</robot>
```

（5）激光雷达文件

文件名：laser. urdf. xacro。

```
<robot name="mycar" xmlns:xacro="http://www.ros.org/wiki/xacro">
<!-- 由于后边会联合 gazebo 仿真,这里的激光雷达只需要定义可视化即可 -->
  <xacro:property name="support_radius" value="0.035" />
  <xacro:property name="support_length" value="0.3" />
  <xacro:property name="laser_raius" value="0.08" />
  <xacro:property name="laser_length" value="0.08" />

  <xacro:property name="support_joint_z" value="${base_length/2+support_length/2}" />
  <xacro:property name="laser_joint_z" value="${support_length/2+laser_length/2 }" />
<!-- 支架 -->
  <link name="support">
    <visual>
      <geometry>
        <cylinder radius="${support_radius}" length="${support_length}" />
      </geometry>
      <material name="support_color">
        <color rgba="0 0 0 0.8" />
      </material>
    </visual>
  </link>
  <joint name="base2support" type="fixed">
    <parent link="base_link" />
    <child link="support" />
    <origin xyz="0 0 ${support_joint_z}" />
  </joint>
<!-- 激光雷达 -->
  <link name="laser">
    <visual>
      <geometry>
        <cylinder radius="${laser_raius}" length="${laser_length}" />
      </geometry>
      <material name="laser_color">
        <color rgba="0 0 1 0.8" />
```

```
      </material>
    </visual>
  </link>
  <joint name="base2laser" type="fixed">
    <parent link="support" />
    <child link="laser" />
    <origin xyz="0 0 ${laser_joint_z}" />
  </joint>
</robot>
```

为了后面 launch 文件调用方便，一般会将三个模型模块集成在一个文件中，则新建一个集成模型文件(Car. urdf. xacro)：

```
<robot name="mycar" xmlns:xacro="http://www.ros.org/wiki/xacro">
  <!-- 文件集成 -->
  <xacro:include filename="base.urdf.xacro" />
  <xacro:include filename="camera.urdf.xacro" />
  <xacro:include filename="laser.urdf.xacro" />
</robot>
```

2. Arbotix 安装及添加配置

上述建立的只是一个静态模型，为了让机器小车运动起来，采用 Arbotix 程序包，这是一款控制电机、舵机的控制板，并提供相应的 ros 功能包，这个功能包的功能不仅可以驱动真实的 Arbotix 控制板，它还提供一个差速控制器，通过接收速度控制指令更新机器人的 joint 状态，从而实现机器小车在 Rviz 中的运动。

文件名：control. yaml。

```
# 终端先执行以下安装命令
$ sudo apt-get install ros-ros 版本-arbotix
# 添加配置文件
controllers:{
    # 单控制器设置
    base_controller:{
    # 类型:差速控制器
    type:diff_controller,
    # 参考坐标
    base_frame_id:footprint,
    # 两个轮子的间距
    base_width:0.3,
    # 控制频率
```

```
    ticks_meter:2000,
    # PID 控制参数,使机器小车车轮快速达到预期速度
    Kp:12,
    Kd:12,
    Ki:0,
    Ko:50,
    # 加速限制
    accel_limit:1.0
    }
}
```

集成一个 launch 文件来启动 Rviz 和添加相关的节点以可视化机器小车模型(Car. launch):

```
<launch>
<!--1. 在参数服务器中载入 URDF-->
<param name="robot_description" command="$(find xacro)/xacro $(find urdf_rviz)/urdf/xacro/Car.urdf.xacro"/>
<!--2. 启动 Rviz-->
<node pkg="rviz" type="rviz" name="rviz" args="-d $(find urdf_rviz)/config/urdf01_mycar.rviz" />
<!--3. 添加关节状态发布节点-->
<node pkg="joint_state_publisher" type="joint_state_publisher" name="joint_state_publisher" />
<!--4. 添加机器人状态发布节点-->
<node pkg="robot_state_publisher" type="robot_state_publisher" name="robot_state_publisher" />
<!--5. 关节运动控制节点,这个模型不涉及,下边注释了-->
<!--<node pkg="joint_state_publisher_gui" type="joint_state_publisher_gui" name="joint_state_publisher_gui" /> -->
<!--6. 添加 Arbotix 配置文件-->
<node pkg="arbotix_python" type="arbotix_driver" name="driver" output="screen">
    <rosparam command="load" file="$(find urdf_rviz)/config/control.yaml" />
  <param name="sim" value="true" />
</node>
</launch>
```

最后，直接在 VScode 的终端中，进入 catkin_ws 目录运行以下指令：

```
$ source ./devel/setup.bash
$ roslaunch urdf_rviz Car.launch
```

看到如图 7-16 所示的机器小车模型，后边导航就采用这个模型。

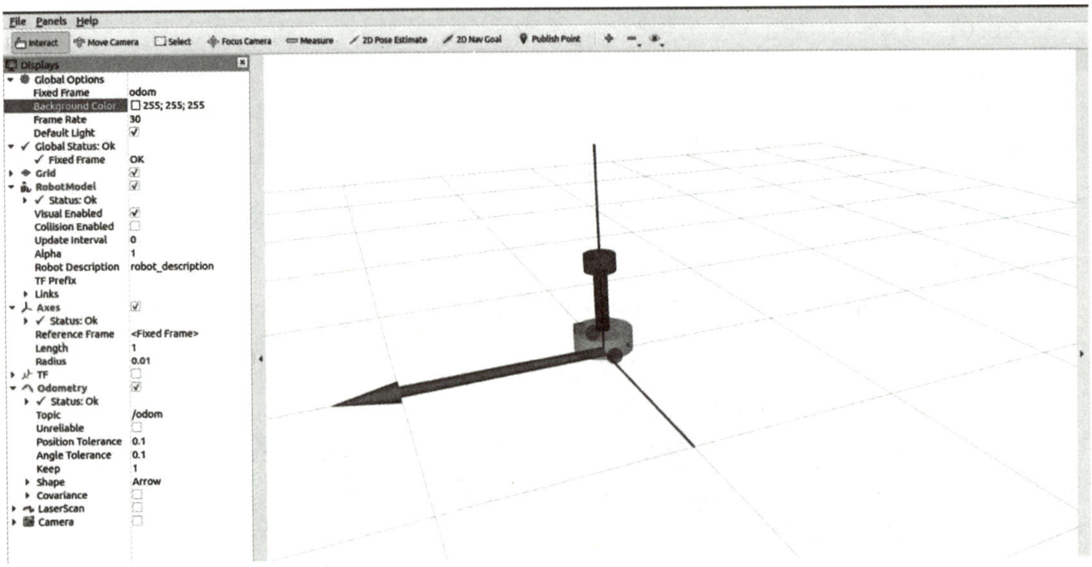

图 7-16　机器小车模型

为了测试是否能运动，可尝试运行：

```
//给定角速度和线速度,下边这个指令会让机器小车做圆周运动(只有 z 轴的角速度)
$ rostopic pub -r 10 /cmd_vel geometry_msgs/Twist '{linear:{x:0.5,y:0,z:0},
angular:{x:0,y:0,z:0.5}}'
```

为了更直观，提高/odom 的话题个数到 100，结果如图 7-17 所示。

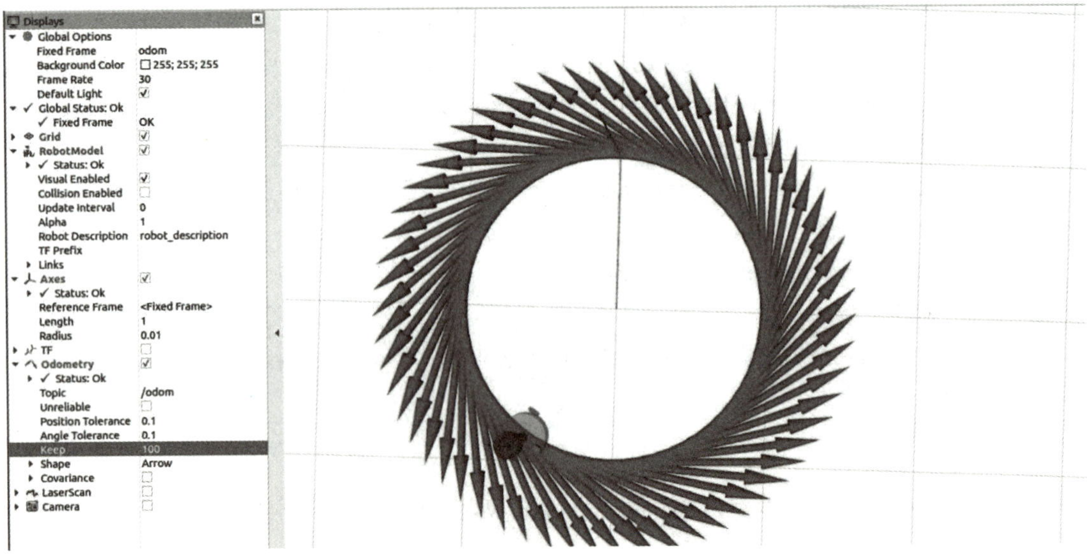

图 7-17　机器小车运行情况

3. gazebo 中的可视化

前面已经可以在 Rviz 中显示以及控制机器小车运动了，接下来写在 gazebo 中的可视化模型文件以及测试环境，可以实现在 gazebo 中的可视化。

首先，在功能包 urdf_gazebo 下创建 urdf、launch 以及 worlds 目录。在 urdf 目录下与上面的 Rviz 类似，创建机器人底盘(包含基本底盘、驱动轮以及支撑轮)、激光雷达、深度相机和放激光雷达的支架模型以及它们的集成模型。相对于 Rviz，gazebo 在集成 URDF 时，需要做些修改，例如，必须添加 collision 碰撞属性相关参数；必须添加 inertial 惯性矩阵相关参数；另外，如果直接移植 Rviz 中机器人的颜色设置是没有显示的，颜色设置也必须做相应的变更。

(1) 惯性矩阵、小车底盘、深度相机和激光雷达的 xacro 文件

```
<!-- 1. 惯性矩阵 src/urdf_gazebo/urdf/head.xacro-->
<robot name="base" xmlns:xacro="http://wiki.ros.org/xacro">
  <!-- Macro for inertia matrix -->
  <xacro:macro name="sphere_inertial_matrix" params="m r">
    <inertial>
      <mass value="${m}" />
      <inertia ixx="${2*m*r*r/5}" ixy="0" ixz="0"
        iyy="${2*m*r*r/5}" iyz="0"
        izz="${2*m*r*r/5}" />
    </inertial>
  </xacro:macro>
  <xacro:macro name="cylinder_inertial_matrix" params="m r h">
    <inertial>
      <mass value="${m}" />
      <inertia ixx="${m*(3*r*r+h*h)/12}" ixy="0" ixz="0"
        iyy="${m*(3*r*r+h*h)/12}" iyz="0"
        izz="${m*r*r/2}" />
    </inertial>
  </xacro:macro>
  <xacro:macro name="Box_inertial_matrix" params="m l w h">
    <inertial>
        <mass value="${m}" />
        <inertia ixx="${m*(h*h+l*l)/12}" ixy="0" ixz="0"
          iyy="${m*(w*w+l*l)/12}" iyz="0"
          izz="${m*(w*w+h*h)/12}" />
    </inertial>
  </xacro:macro>
</robot>
```

```
<!-- 2. 底盘相关 src/urdf_gazebo/urdf/base.urdf.xacro-->
<robot name="mycar" xmlns:xacro="http://www.ros.org/wiki/xacro">
  <xacro:property name="footprint_radius" value="0.001" />
  <link name="footprint">
    <visual>
      <geometry>
        <sphere radius="${footprint_radius}" />
      </geometry>
      <origin xyz="0 0 0" rpy="0 0 0" />
      <material name="foot_color">
        <color rgba="0 0 1 1" />
      </material>
    </visual>
  </link>
  <!-- 底盘 -->
  <xacro:property name="base_radius" value="0.15" />
  <xacro:property name="base_length" value="0.1" />
  <xacro:property name="base_mass" value="2" />
  <xacro:property name="lidi" value="0.02" />
  <xacro:property name="baselink_z" value="${base_length/2+lidi}" />
  <link name="base_link">
    <visual>
      <geometry>
        <cylinder radius="${base_radius}" length="${base_length}" />
      </geometry>
      <origin xyz="0 0 0" rpy="0 0 0" />
      <material name="base_color">
        <color rgba="0.5 0.5 0 0.5" />
      </material>
    </visual>
    <!-- gazebo 需要添加 collision -->
    <collision>
      <geometry>
        <cylinder radius="${base_radius}" length="${base_length}" />
      </geometry>
      <origin xyz="0 0 0" rpy="0 0 0" />
    </collision>
    <!-- gazebo 需要添加 inertial,即调用惯性矩阵 -->
```

```xml
    <xacro:cylinder_inertial_matrix m="${base_mass}" r="${base_radius}" h="${base_length}" />
  </link>
  <!-- 添加颜色 -->
  <!--
    <gazebo reference="base_link">
      <material>Gazebo/Yellow</material>
    </gazebo>
  -->
  <gazebo reference="base_link">
    <material><Gazebo/>
    <Yellow></Yellow></material>
  </gazebo>
  <joint name="foot2base" type="fixed">
    <parent link="footprint" />
    <child link="base_link" />
    <origin xyz="0 0 ${baselink_z}" rpy="0 0 0" />
  </joint>

  <!-- 驱动轮 -->
  <xacro:property name="wheel_radius" value="0.04" />
  <xacro:property name="wheel_length" value="0.015" />
  <xacro:property name="wheel_mass" value="0.65" />
  <xacro:property name="wheel_joint_y" value="${base_radius+wheel_length/2}" />
  <xacro:property name="wheel_joint_z" value="${(base_length/2+lidi-wheel_radius)*(-1)}" />
  <xacro:macro name="wheel_func" params="wheel_name flag">
    <link name="${wheel_name}_wheel">
      <visual>
        <geometry>
          <cylinder radius="${wheel_radius}" length="${wheel_length}" />
        </geometry>
        <origin xyz="0 0 0" rpy="1.5708 0 0" />
        <material name="wheel_color">
          <color rgba="0 0 0 0.5" />
        </material>
      </visual>
```

```
  <!-- gazebo 需要添加 collision -->
  <collision>
    <geometry>
      <cylinder radius="${wheel_radius}" length="${wheel_length}" />
    </geometry>
    <origin xyz="0 0 0" rpy="1.5708 0 0" />
  </collision>
  <!-- gazebo 需要添加 inertial,即调用惯性矩阵 -->
  <xacro:cylinder_inertial_matrix m="${wheel_mass}" r="${wheel_ra-
dius}" h="${wheel_length}" />
 </link>
 <!-- 添加颜色 -->
 <!--
  <gazebo reference="base_link">
  <material>Gazebo/Yellow</material>
 </gazebo>
 -->
 <gazebo reference="${wheel_name}_wheel">
  <material><Gazebo/>
  <Red></Red></material>
 </gazebo>
  <joint name="${wheel_name}2base" type="continuous">
   <parent link="base_link" />
   <child link="${wheel_name}_wheel" />
   <origin xyz="0 ${flag * wheel_joint_y} ${wheel_joint_z}" />
   <axis xyz="0 1 0" />
  </joint>
 </xacro:macro>
 <xacro:wheel_func wheel_name="left" flag="1" />
 <xacro:wheel_func wheel_name="right" flag="-1" />
 <!-- 支撑轮 -->
 <xacro:property name="small_wheel_radius" value="0.01" />
 <xacro:property name="small_wheel_mass" value="0.01" />
 <xacro:property name="small_wheel_joint_x" value="${base_radius *
0.9}" />
 <xacro:property name="small_wheel_joint_z" value="${(base_length/
2+lidi - small_wheel_radius) * (-1)}" />
 <xacro:macro name="small_wheel_func" params="small_wheel_name flag" >
```

```
  <link name="${small_wheel_name}_wheel">
    <visual>
      <geometry>
        <sphere radius="${small_wheel_radius}"  />
      </geometry>
      <origin xyz="0 0 0" rpy="0 0 0" />
      <material name="wheel_color">
        <color rgba="0 0 0 0.5" />
      </material>
    </visual>
  <!-- gazebo 需要添加 collision -->
  <collision>
    <geometry>
      <sphere radius="${small_wheel_radius}" />
    </geometry>
    <origin xyz="0 0 0" rpy="0 0 0" />
  </collision>
 <!-- gazebo 需要添加 inertial,即调用惯性矩阵 -->
 <xacro:sphere_inertial_matrix m="${small_wheel_mass}" r="${small_
wheel_radius}"/>
</link>
<!-- 添加颜色 -->
<!--
 <gazebo reference="base_link">
 <material>Gazebo/Yellow</material>
</gazebo>
-->
<gazebo reference="${small_wheel_name}_wheel">
 <material><Gazebo/>
 <Red></Red></material>
</gazebo>
 <joint name="${small_wheel_name}2base" type="continuous">
   <parent link="base_link" />
   <child link="${small_wheel_name}_wheel" />
   <origin xyz="${flag * small_wheel_joint_x } 0 ${small_wheel_joint_
z}" />
   <axis xyz="1 1 1" />
 </joint>
```

```
  </xacro:macro>
  <xacro:small_wheel_func small_wheel_name="front" flag="1" />
  <xacro:small_wheel_func small_wheel_name="back" flag="-1" />
</robot>
<!-- 3. 深度相机 src/urdf_gazebo/urdf/camera.urdf.xacro-->
<robot name="mycar" xmlns:xacro="http://www.ros.org/wiki/xacro">
  <xacro:property name="camera_length" value="0.05" />
  <xacro:property name="camera_width" value="0.03" />
  <xacro:property name="camera_height" value="0.05" />
  <xacro:property name="camera_mass" value="0.01" />
  <xacro:property name="camera_joint_x" value="${base_radius - camera_
length/2 }" />
  <xacro:property name="camera_joint_y" value="0" />
  <xacro:property name="camera_joint_z" value="${base_length/2 +
camera_height/2 }" />
  <link name="camera">
    <visual>
      <geometry>
        <box size="${camera_length} ${camera_width} ${camera_height}" />
      </geometry>
      <material name="camera_color">
        <color rgba="0.8 0.5 0.5 0.8" />
      </material>
    </visual>
     <!-- gazebo 需要添加 collision -->
    <collision>
      <geometry>
        <box size="${camera_length} ${camera_width} ${camera_height}" />
      </geometry>
   </collision>
   <!-- gazebo 需要添加 inertial,即调用惯性矩阵 -->
   <xacro:Box_inertial_matrix m="${camera_mass}" l="${camera_
length}" w="${camera_width} " h="${camera_height}" />
  </link>
  <!-- 添加颜色 -->
  <!--
    <gazebo reference="base_link">
    <material>Gazebo/Yellow</material>
```

```
  </gazebo>
  -->
  <gazebo reference="camera">
    <material>Gazebo/Blue</material>
  </gazebo>
  <joint name="base2camera" type="fixed">
    <parent link="base_link" />
    <child link="camera" />
    <origin xyz="${camera_joint_x} ${camera_joint_y} ${camera_joint_z}" />
  </joint>
</robot>
<!-- 4. 激光雷达 src/urdf_gazebo/urdf/laser.urdf.xacro-->
<robot name="mycar" xmlns:xacro="http://www.ros.org/wiki/xacro">
  <xacro:property name="support_radius" value="0.035" />
  <xacro:property name="support_length" value="0.3" />
  <xacro:property name="support_mass" value="0.1" />
  <xacro:property name="laser_raius" value="0.08" />
  <xacro:property name="laser_length" value="0.08" />
  <xacro:property name="laser_mass" value="0.01" />
  <xacro:property name="support_joint_z" value="${base_length/2+sup-
port_length/2}" />
  <xacro:property name="laser_joint_z" value="${support_length/2+
laser_length/2 }" />
  <!-- 支架 -->
  <link name="support">
    <visual>
      <geometry>
        <cylinder radius="${support_radius}" length="${support_length}" />
      </geometry>
      <material name="support_color">
        <color rgba="0 0 0 0.8" />
      </material>
    </visual>
    <!-- gazebo 需要添加 collision -->
    <collision>
      <geometry>
        <cylinder radius="${support_radius}" length="${support_length}" />
      </geometry>
```

```
    </collision>
    <!-- gazebo 需要添加 inertial,即调用惯性矩阵 -->
    <xacro:cylinder_inertial_matrix m="${support_mass}" r="${support_
radius}" h="${support_length}" />
  </link>
  <!-- 添加颜色 -->
  <!--
    <gazebo reference="base_link">
    <material>Gazebo/Yellow</material>
  </gazebo>
  -->
  <gazebo reference="support">
    <material>Gazebo/Gray</material>
  </gazebo>
  <joint name="base2support" type="fixed">
    <parent link="base_link" />
    <child link="support" />
    <origin xyz="0 0 ${support_joint_z}" />
  </joint>
<!-- 雷达 -->
  <link name="laser">
    <visual>
      <geometry>
        <cylinder radius="${laser_raius}" length="${laser_length}" />
      </geometry>
      <material name="laser_color">
        <color rgba="0 0 1 0.8" />
      </material>
    </visual>
        <!-- gazebo 需要添加 collision -->
    <collision>
      <geometry>
        <cylinder radius="${laser_raius}" length="${laser_length}" />
      </geometry>
    </collision>
    <!-- gazebo 需要添加 inertial,即调用惯性矩阵 -->
    <xacro:cylinder_inertial_matrix m="${laser_mass}" r="${laser_
raius}" h="${laser_length}" />
```

```
  </link>
  <!-- 添加颜色 -->
  <!--
    <gazebo reference="base_link">
    <material>Gazebo/Yellow</material>
  </gazebo>
  -->
  <gazebo reference="laser">
    <material>Gazebo/Black</material>
  </gazebo>
  <joint name="base2laser" type="fixed">
    <parent link="support" />
    <child link="laser" />
    <origin xyz="0 0 ${laser_joint_z}" />
  </joint>
</robot>
```

（2）在 urdf_gazebo 目录下集成模型文件(Car. urdf. xacro)

```
<robot name="mycar" xmlns:xacro="http://www.ros.org/wiki/xacro">
  <!-- 惯性矩阵 -->
  <xacro:include filename="head.xacro" />
  <!-- 文件包含 -->
  <xacro:property name="PI" value="3.14159" />
  <xacro:include filename="base.urdf.xacro" />
  <xacro:include filename="camera.urdf.xacro" />
  <xacro:include filename="laser.urdf.xacro" />
  <!-- 运动控制 -->
  <xacro:include filename="gazebo/move.xacro" />
  <!—普通 RGB 相机,需要的话取消注释即可-->
  <!-- <xacro:include filename="gazebo/camera.xacro" /> -->
  <!-- 深度相机 -->
  <xacro:include filename="gazebo/depthCamera.xacro" />
  <!-- 激光雷达 -->
  <xacro:include filename="gazebo/laser.xacro" />
</robot>
```

（3）gazebo 仿真环境搭建　为了能看到传感器的效果，先构建一个 gazebo 里边的地图环境，然后保存环境到 src/urdf_gazebo/worlds 目录下即可，这里提供一个环境供参考，在/worlds 目录下新建一个 box_house. world，内容如下：

```
<sdf version='1.7'>
 <world name='default'>
 <light name='sun'type='directional'>
  <cast_shadows>1</cast_shadows>
  <pose>0 0 10 0 -0 0</pose>
  <diffuse>0.8 0.8 0.8 1</diffuse>
  <specular>0.2 0.2 0.2 1</specular>
  <attenuation>
   <range>1000</range>
   <constant>0.9</constant>
   <linear>0.01</linear>
   <quadratic>0.001</quadratic>
  </attenuation>
  <direction>-0.5 0.1 -0.9</direction>
  <spot>
   <inner_angle>0</inner_angle>
   <outer_angle>0</outer_angle>
   <falloff>0</falloff>
  </spot>
 </light>
 <model name='ground_plane'>
  <static>1</static>
  <link name='link'>
   <collision name='collision'>
    <geometry>
     <plane>
      <normal>0 0 1</normal>
      <size>100 100</size>
     </plane>
    </geometry>
    <surface>
     <contact>
      <collide_bitmask>65535</collide_bitmask>
      <ode/>
     </contact>
     <friction>
      <ode>
       <mu>100</mu>
```

```
      <mu2>50</mu2>
     </ode>
     <torsional>
      <ode/>
     </torsional>
    </friction>
    <bounce/>
   </surface>
   <max_contacts>10</max_contacts>
  </collision>
  <visual name='visual'>
   <cast_shadows>0</cast_shadows>
   <geometry>
    <plane>
     <normal>0 0 1</normal>
     <size>100 100</size>
    </plane>
   </geometry>
   <material>
    <script>
     <uri>file://media/materials/scripts/gazebo.material</uri>
     <name>Gazebo/Grey</name>
    </script>
   </material>
  </visual>
  <self_collide>0</self_collide>
  <enable_wind>0</enable_wind>
  <kinematic>0</kinematic>
 </link>
</model>
<gravity>0 0 -9.8</gravity>
<magnetic_field>6e-06 2.3e-05 -4.2e-05</magnetic_field>
<atmosphere type='adiabatic'/>
<physics type='ode'>
 <max_step_size>0.001</max_step_size>
 <real_time_factor>1</real_time_factor>
 <real_time_update_rate>1000</real_time_update_rate>
</physics>
```

```
<scene>
 <ambient>0.4 0.4 0.4 1</ambient>
 <background>0.7 0.7 0.7 1</background>
 <shadows>1</shadows>
</scene>
<wind/>
<spherical_coordinates>
  <surface_model>EARTH_WGS84</surface_model>
  <latitude_deg>0</latitude_deg>
  <longitude_deg>0</longitude_deg>
  <elevation>0</elevation>
  <heading_deg>0</heading_deg>
 </spherical_coordinates>
 <model name='box_house'>
  <pose>-1.97643 0.059964 0 0 -0 0</pose>
  <link name='Wall_1'>
   <collision name='Wall_1_Collision'>
    <geometry>
     <box>
      <size>13 0.15 2.5</size>
     </box>
    </geometry>
    <pose>0 0 1.25 0 -0 0</pose>
    <surface>
     <contact>
      <ode/>
     </contact>
     <bounce/>
     <friction>
      <torsional>
      <ode/>
     </torsional>
     <ode/>
    </friction>
   </surface>
   <max_contacts>10</max_contacts>
  </collision>
  <visual name='Wall_1_Visual'>
```

```
        <pose>0 0 1.25 0 -0 0</pose>
        <geometry>
         <box>
          <size>13 0.15 2.5</size>
         </box>
        </geometry>
        <material>
         <script>
          <uri>file://media/materials/scripts/gazebo.material</uri>
          <name>Gazebo/CeilingTiled</name>
         </script>
         <ambient>1 1 1 1</ambient>
        </material>
        <meta>
         <layer>0</layer>
        </meta>
       </visual>
       <pose>0 3.925 0 0 -0 0</pose>
       <self_collide>0</self_collide>
       <enable_wind>0</enable_wind>
       <kinematic>0</kinematic>
      </link>
      <link name='Wall_2'>
       <collision name='Wall_2_Collision'>
        <geometry>
         <box>
          <size>8 0.15 2.5</size>
         </box>
        </geometry>
        <pose>0 0 1.25 0 -0 0</pose>
        <surface>
         <contact>
          <ode/>
         </contact>
         <bounce/>
         <friction>
          <torsional>
           <ode/>
```

```
            </torsional>
            <ode/>
          </friction>
        </surface>
        <max_contacts>10</max_contacts>
      </collision>
      <visual name='Wall_2_Visual'>
        <pose>0 0 1.25 0 -0 0</pose>
        <geometry>
          <box>
            <size>8 0.15 2.5</size>
          </box>
        </geometry>
        <material>
          <script>
            <uri>file://media/materials/scripts/gazebo.material</uri>
            <name>Gazebo/Bricks</name>
          </script>
          <ambient>1 1 1 1</ambient>
        </material>
        <meta>
          <layer>0</layer>
        </meta>
      </visual>
      <pose>6.425 -0 0 0 -0 -1.5708</pose>
      <self_collide>0</self_collide>
      <enable_wind>0</enable_wind>
      <kinematic>0</kinematic>
    </link>
    <link name='Wall_3'>
      <collision name='Wall_3_Collision'>
        <geometry>
          <box>
            <size>13 0.15 2.5</size>
          </box>
        </geometry>
        <pose>0 0 1.25 0 -0 0</pose>
        <surface>
```

```
    <contact>
     <ode/>
    </contact>
    <bounce/>
    <friction>
     <torsional>
     <ode/>
    </torsional>
    <ode/>
   </friction>
  </surface>
  <max_contacts>10</max_contacts>
 </collision>
 <visual name='Wall_3_Visual'>
  <pose>0 0 1.25 0 -0 0</pose>
  <geometry>
   <box>
    <size>13 0.15 2.5</size>
   </box>
  </geometry>
  <material>
   <script>
    <uri>file://media/materials/scripts/gazebo.material</uri>
    <name>Gazebo/CeilingTiled</name>
   </script>
   <ambient>1 1 1 1</ambient>
  </material>
  <meta>
   <layer>0</layer>
  </meta>
 </visual>
 <pose>0 -3.925 0 0 -0 3.14159</pose>
 <self_collide>0</self_collide>
 <enable_wind>0</enable_wind>
 <kinematic>0</kinematic>
</link>
<link name='Wall_4'>
 <collision name='Wall_4_Collision'>
```

```
      <geometry>
        <box>
          <size>8 0.15 2.5</size>
        </box>
      </geometry>
      <pose>0 0 1.25 0 -0 0</pose>
      <surface>
        <contact>
          <ode/>
        </contact>
        <bounce/>
        <friction>
          <torsional>
            <ode/>
          </torsional>
          <ode/>
        </friction>
      </surface>
      <max_contacts>10</max_contacts>
    </collision>
    <visual name='Wall_4_Visual'>
      <pose>0 0 1.25 0 -0 0</pose>
      <geometry>
        <box>
          <size>8 0.15 2.5</size>
        </box>
      </geometry>
      <material>
        <script>
          <uri>file://media/materials/scripts/gazebo.material</uri>
          <name>Gazebo/Wood</name>
        </script>
        <ambient>1 1 1 1</ambient>
      </material>
      <meta>
        <layer>0</layer>
      </meta>
    </visual>
```

```
 <pose>-6.425 -0 0 0 -0 1.5708</pose>
 <self_collide>0</self_collide>
 <enable_wind>0</enable_wind>
 <kinematic>0</kinematic>
</link>
<static>1</static>
</model>
<model name='unit_box'>
 <pose>-7.27143 3.09748 0.5 0 -0 0</pose>
 <link name='link'>
  <inertial>
   <mass>1</mass>
   <inertia>
    <ixx>0.166667</ixx>
    <ixy>0</ixy>
    <ixz>0</ixz>
    <iyy>0.166667</iyy>
    <iyz>0</iyz>
    <izz>0.166667</izz>
   </inertia>
   <pose>0 0 0 -0 0</pose>
  </inertial>
  <collision name='collision'>
   <geometry>
    <box>
     <size>1 1 1</size>
    </box>
   </geometry>
   <surface>
    <contact>
     <ode/>
    </contact>
    <bounce/>
    <friction>
     <torsional>
      <ode/>
     </torsional>
     <ode/>
```

```
    </friction>
   </surface>
   <max_contacts>10</max_contacts>
  </collision>
  <visual name='visual'>
   <geometry>
    <box>
     <size>1 1 1</size>
    </box>
   </geometry>
   <material>
    <script>
     <name>Gazebo/Grey</name>
     <uri>file://media/materials/scripts/gazebo.material</uri>
    </script>
   </material>
  </visual>
  <self_collide>0</self_collide>
  <enable_wind>0</enable_wind>
  <kinematic>0</kinematic>
 </link>
</model>
<model name='unit_cylinder'>
 <pose>-4.57746 0.509886 0.5 0 -0 0</pose>
 <link name='link'>
  <inertial>
   <mass>1</mass>
   <inertia>
    <ixx>0.145833</ixx>
    <ixy>0</ixy>
    <ixz>0</ixz>
    <iyy>0.145833</iyy>
    <iyz>0</iyz>
    <izz>0.125</izz>
   </inertia>
   <pose>0 0 0 -0 0</pose>
  </inertial>
  <collision name='collision'>
```

```
      <geometry>
        <cylinder>
          <radius>0.5</radius>
          <length>1</length>
        </cylinder>
      </geometry>
      <surface>
        <contact>
          <ode/>
        </contact>
        <bounce/>
        <friction>
          <torsional>
            <ode/>
          </torsional>
          <ode/>
        </friction>
      </surface>
      <max_contacts>10</max_contacts>
    </collision>
    <visual name='visual'>
      <geometry>
        <cylinder>
          <radius>0.5</radius>
          <length>1</length>
        </cylinder>
      </geometry>
      <material>
        <script>
          <name>Gazebo/Grey</name>
          <uri>file://media/materials/scripts/gazebo.material</uri>
        </script>
      </material>
    </visual>
    <self_collide>0</self_collide>
    <enable_wind>0</enable_wind>
    <kinematic>0</kinematic>
  </link>
```

```
</model>
<state world_name='default'>
 <sim_time>257 459000000</sim_time>
 <real_time>196 129745222</real_time>
 <wall_time>1593764309 76438721</wall_time>
 <iterations>194518</iterations>
 <model name='box_house'>
  <pose>-1.97643 0.05996 0 0 -0 0</pose>
  <scale>1 1 1</scale>
  <link name='Wall_1'>
   <pose>-1.97643 3.98496 0 0 -0 0</pose>
   <velocity>0 0 0 0 -0 0</velocity>
   <acceleration>0 0 0 0 -0 0</acceleration>
   <wrench>0 0 0 0 -0 0</wrench>
  </link>
  <link name='Wall_2'>
   <pose>4.44857 0.059964 0 0 0 -1.5708</pose>
   <velocity>0 0 0 0 -0 0</velocity>
   <acceleration>0 0 0 0 -0 0</acceleration>
   <wrench>0 0 0 0 -0 0</wrench>
  </link>
  <link name='Wall_3'>
   <pose>-1.97643 -3.86504 0 0 -0 3.14159</pose>
   <velocity>0 0 0 0 -0 0</velocity>
   <acceleration>0 0 0 0 -0 0</acceleration>
   <wrench>0 0 0 0 -0 0</wrench>
  </link>
  <link name='Wall_4'>
   <pose>-8.40143 0.059964 0 0 -0 1.5708</pose>
   <velocity>0 0 0 0 -0 0</velocity>
   <acceleration>0 0 0 0 -0 0</acceleration>
   <wrench>0 0 0 0 -0 0</wrench>
  </link>
 </model>
 <model name='ground_plane'>
  <pose>0 0 0 0 -0 0</pose>
  <scale>1 1 1</scale>
  <link name='link'>
   <pose>0 0 0 0 -0 0</pose>
```

```
      <velocity>0 0 0 0 -0 0</velocity>
      <acceleration>0 0 0 0 -0 0</acceleration>
      <wrench>0 0 0 0 -0 0</wrench>
    </link>
  </model>
  <model name='unit_box'>
    <pose>-7.27142 3.09748 0.499995 0 1e-05 0</pose>
    <scale>1 1 1</scale>
    <link name='link'>
      <pose>-7.27142 3.09748 0.499995 0 1e-05 0</pose>
      <velocity>0 0 0 0 -0 0</velocity>
      <acceleration>0.010615 -0.006191 -9.78231 0.012424 0.021225 1.8e-05</acceleration>
      <wrench>0.010615 -0.006191 -9.78231 0 -0 0</wrench>
    </link>
  </model>
  <model name='unit_box_0'>
    <pose>-4.96407 -2.00353 0.499995 -1e-05 -0 -0</pose>
    <scale>1 1 1</scale>
    <link name='link'>
      <pose>-4.96407 -2.00353 0.499995 -1e-05 -0 -0</pose>
      <velocity>0 0 0 0 -0 0</velocity>
      <acceleration>0.004709 0.011055 -9.78158 -0.022108 0.009414 1e-06</acceleration>
      <wrench>0.004709 0.011055 -9.78158 0 -0 0</wrench>
    </link>
  </model>
  <model name='unit_box_1'>
    <pose>3.83312 3.3034 0.499995 0 1e-05 0</pose>
    <scale>1 1 1</scale>
    <link name='link'>
      <pose>3.83312 3.3034 0.499995 0 1e-05 0</pose>
      <velocity>0 0 0 0 -0 0</velocity>
      <acceleration>0.010615 -0.006191 -9.78231 0.012424 0.021225 1.8e-05</acceleration>
      <wrench>0.010615 -0.006191 -9.78231 0 -0 0</wrench>
    </link>
  </model>
```

```
<model name='unit_cylinder'>
 <pose>-4.57746 0.509884 0.499998 3e-06 4e-06 -0</pose>
 <scale>1 1 1</scale>
 <link name='link'>
  <pose>-4.57746 0.509884 0.499998 3e-06 4e-06 -0</pose>
  <velocity>0 0 0 0 -0 0</velocity>
  <acceleration>0 0 -9.8 0 -0 0</acceleration>
  <wrench>0 0 -9.8 0 -0 0</wrench>
 </link>
</model>
<model name='unit_cylinder_0'>
 <pose>-0.988146 2.12658 0.499993 -3e-06 -4e-06 -0</pose>
 <scale>1 1 1</scale>
 <link name='link'>
  <pose>-0.988146 2.12658 0.499993 -3e-06 -4e-06 -0</pose>
  <velocity>0 0 0 0 -0 0</velocity>
  <acceleration>0 0 -9.8 0 -0 0</acceleration>
  <wrench>0 0 -9.8 0 -0 0</wrench>
 </link>
</model>
<model name='unit_cylinder_1'>
 <pose>-0.890576 -1.90634 0.499997 3e-06 4e-06 -0</pose>
 <scale>1 1 1</scale>
 <link name='link'>
  <pose>-0.890576 -1.90634 0.499997 3e-06 4e-06 -0</pose>
  <velocity>0 0 0 0 -0 0</velocity>
  <acceleration>0 0 -9.8 0 -0 0</acceleration>
  <wrench>0 0 -9.8 0 -0 0</wrench>
 </link>
</model>
<light name='sun'>
 <pose>0 0 10 0 -0 0</pose>
</light>
</state>
<gui fullscreen='0'>
 <camera name='user_camera'>
  <pose>-2.68744 -4.4037 20.9537 -0 1.31164 1.40819</pose>
  <view_controller>orbit</view_controller>
```

```
   <projection_type>perspective</projection_type>
  </camera>
</gui>
<model name='unit_box_0'>
  <pose>-4.96407 -2.00354 0.5 0 -0 0</pose>
  <link name='link'>
    <inertial>
      <mass>1</mass>
      <inertia>
        <ixx>0.166667</ixx>
        <ixy>0</ixy>
        <ixz>0</ixz>
        <iyy>0.166667</iyy>
        <iyz>0</iyz>
        <izz>0.166667</izz>
      </inertia>
      <pose>0 0 0 0 -0 0</pose>
    </inertial>
    <collision name='collision'>
      <geometry>
        <box>
          <size>1 1 1</size>
        </box>
      </geometry>
      <surface>
        <contact>
          <ode/>
        </contact>
        <bounce/>
        <friction>
          <torsional>
            <ode/>
          </torsional>
          <ode/>
        </friction>
      </surface>
      <max_contacts>10</max_contacts>
    </collision>
```

```
<visual name='visual'>
 <geometry>
  <box>
   <size>1 1 1</size>
  </box>
 </geometry>
 <material>
  <script>
   <name>Gazebo/Grey</name>
   <uri>file://media/materials/scripts/gazebo.material</uri>
  </script>
 </material>
</visual>
<self_collide>0</self_collide>
<enable_wind>0</enable_wind>
<kinematic>0</kinematic>
</link>
</model>
<model name='unit_box_1'>
 <pose>3.83312 3.3034 0.5 0 -0 0</pose>
 <link name='link'>
  <inertial>
   <mass>1</mass>
   <inertia>
    <ixx>0.166667</ixx>
    <ixy>0</ixy>
    <ixz>0</ixz>
    <iyy>0.166667</iyy>
    <iyz>0</iyz>
    <izz>0.166667</izz>
   </inertia>
   <pose>0 0 0 -0 0</pose>
  </inertial>
  <collision name='collision'>
   <geometry>
    <box>
     <size>1 1 1</size>
    </box>
   </geometry>
```

```
    <surface>
     <contact>
      <ode/>
     </contact>
     <bounce/>
     <friction>
      <torsional>
       <ode/>
      </torsional>
      <ode/>
     </friction>
    </surface>
    <max_contacts>10</max_contacts>
   </collision>
   <visual name='visual'>
    <geometry>
     <box>
      <size>1 1 1</size>
     </box>
    </geometry>
    <material>
     <script>
      <name>Gazebo/Grey</name>
      <uri>file://media/materials/scripts/gazebo.material</uri>
     </script>
    </material>
   </visual>
   <self_collide>0</self_collide>
   <enable_wind>0</enable_wind>
   <kinematic>0</kinematic>
  </link>
 </model>
 <model name='unit_cylinder_0'>
  <pose>-0.988144 2.12658 0.5 0 -0 0</pose>
  <link name='link'>
   <inertial>
    <mass>1</mass>
    <inertia>
     <ixx>0.145833</ixx>
```

```
      <ixy>0</ixy>
      <ixz>0</ixz>
      <iyy>0.145833</iyy>
      <iyz>0</iyz>
      <izz>0.125</izz>
     </inertia>
     <pose>0 0 0 0 -0 0</pose>
    </inertial>
    <collision name='collision'>
     <geometry>
      <cylinder>
       <radius>0.5</radius>
       <length>1</length>
      </cylinder>
     </geometry>
     <surface>
      <contact>
       <ode/>
      </contact>
      <bounce/>
      <friction>
       <torsional>
        <ode/>
       </torsional>
       <ode/>
      </friction>
     </surface>
     <max_contacts>10</max_contacts>
    </collision>
    <visual name='visual'>
     <geometry>
      <cylinder>
       <radius>0.5</radius>
       <length>1</length>
      </cylinder>
     </geometry>
     <material>
      <script>
       <name>Gazebo/Grey</name>
```

```
      <uri>file://media/materials/scripts/gazebo.material</uri>
     </script>
    </material>
   </visual>
   <self_collide>0</self_collide>
   <enable_wind>0</enable_wind>
   <kinematic>0</kinematic>
  </link>
 </model>
 <model name='unit_cylinder_1'>
  <pose>-0.890578 -1.90634 0.5 0 -0 0</pose>
  <link name='link'>
   <inertial>
    <mass>1</mass>
    <inertia>
     <ixx>0.145833</ixx>
     <ixy>0</ixy>
     <ixz>0</ixz>
     <iyy>0.145833</iyy>
     <iyz>0</iyz>
     <izz>0.125</izz>
    </inertia>
    <pose>0 0 0 -0 0</pose>
   </inertial>
   <collision name='collision'>
    <geometry>
     <cylinder>
      <radius>0.5</radius>
      <length>1</length>
     </cylinder>
    </geometry>
    <surface>
     <contact>
      <ode/>
     </contact>
     <bounce/>
     <friction>
      <torsional>
       <ode/>
```

```
            </torsional>
            <ode/>
          </friction>
        </surface>
        <max_contacts>10</max_contacts>
      </collision>
      <visual name='visual'>
        <geometry>
          <cylinder>
            <radius>0.5</radius>
            <length>1</length>
          </cylinder>
        </geometry>
        <material>
          <script>
            <name>Gazebo/Grey</name>
            <uri>file://media/materials/scripts/gazebo.material</uri>
          </script>
        </material>
      </visual>
      <self_collide>0</self_collide>
      <enable_wind>0</enable_wind>
      <kinematic>0</kinematic>
    </link>
  </model>
 </world>
</sdf>
```

最后，书写 launch 文件(src/urdf_gazebo/launch/test.launch)，打开 gazebo 测试，内容如下：

```
<launch>
  <!-- 1. 将 urdf 文件的内容加载到参数服务器 -->
  <param name="robot_description" command="$(find xacro)/xacro $(find urdf_gazebo)/urdf/Car.urdf.xacro" />
  <!-- 2. 启动 gazebo -->
  <include file="$(find gazebo_ros)/launch/empty_world.launch" >
    <!-- world_name 这里不能自己起名字,固定的 -->
    <arg name="world_name" value="$(find urdf_gazebo)/worlds/box_house.world" />
```

```
</include>
<!-- 3. 在 gazebo 中显示机器人模型 -->
<node pkg="gazebo_ros" type="spawn_model" name="model" args="-urdf -model mycar -param robot_description" />
</launch>
```

终端运行：

```
$ source ./devel/setup.bash
$ roslaunch urdf_gazebo test.launch
```

运行结果如图 7-18 所示。

图 7-18　gazebo 环境下的机器小车

4. gazebo 和 Rviz 联合仿真

采用 Rviz 和 gazebo 联合仿真，需要再启动一个终端，打开前面写的 Rviz 的启动 launch 文件。终端运行情况如下所示：

```
# 终端 1
$ source ./devel/setup.bash
$ roslaunch urdf_gazebo test.launch

# 终端 2
$ source ./devel/setup.bash
$ roslaunch urdf_rviz Car.launch
```

结果如图 7-19 所示。

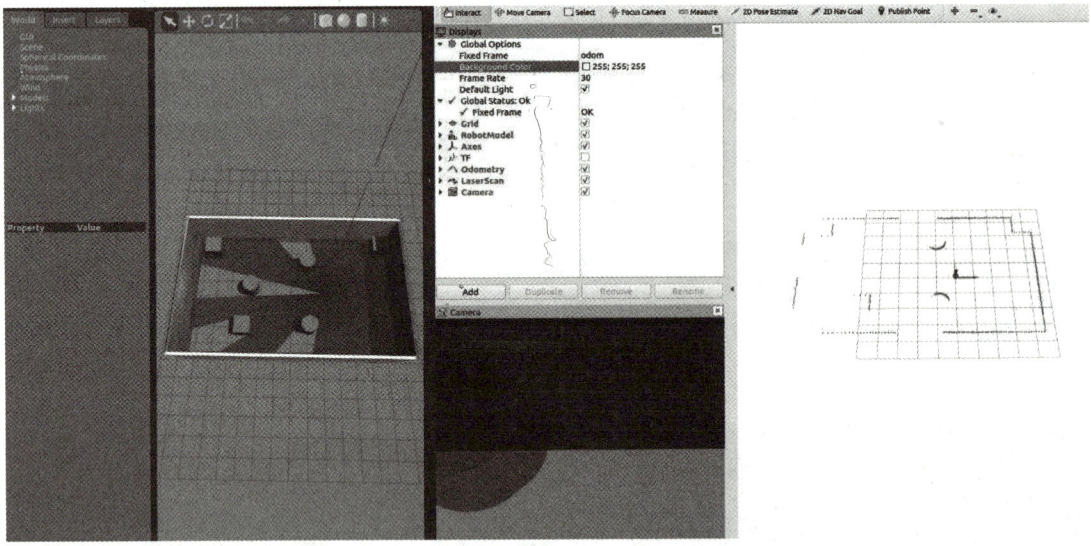

图 7-19　gazebo 和 Rviz 联合仿真示意图

7.2.3　激光雷达导航实现

1. 建图过程

前面说过导航到建图、定位、路径规划的关键技术。首先看建图部分，基于激光雷达的 SLAM 算法有 Hector SLAM、Gmapping、Cartographer、Karto SLAM 以及 Horn SLAM 等。Hector SLAM 是一种快速、实时的 2D SLAM 算法；Gmapping 是一种基于概率的 2D 和 3D SLAM 算法；Cartographer 是一种在 2D 和 3D 环境中构建高质量地图的 SLAM 算法；Karto SLAM 是一种 2D 和 3D SLAM 算法；Horn SLAM 是一种 2D SLAM 算法。本章选用 Gmapping，执行以下命令安装：

```
$ sudo apt- install ros-<ROS 版本>-gmapping
```

（1）Gmapping 节点相关 launch 文件（src/urdf_navigation/launch/slam. launch）

```
<launch>
<param name="use_sim_time" value="true"/>
  <node pkg="gmapping" type="slam_gmapping" name="slam_gmapping" out-
put="screen">
    <remap from="scan" to="scan"/>
    <param name="base_frame" value="footprint"/><!--底盘坐标系-->
    <param name="odom_frame" value="odom"/> <!--里程计坐标系-->
    <param name="map_update_interval" value="5.0"/>
    <param name="maxUrange" value="16.0"/>
    <param name="sigma" value="0.05"/>
    <param name="kernelSize" value="1"/>
```

```
    <param name="lstep" value="0.05"/>
    <param name="astep" value="0.05"/>
    <param name="iterations" value="5"/>
    <param name="lsigma" value="0.075"/>
    <param name="ogain" value="3.0"/>
    <param name="lskip" value="0"/>
    <param name="srr" value="0.1"/>
    <param name="srt" value="0.2"/>
    <param name="str" value="0.1"/>
    <param name="stt" value="0.2"/>
    <param name="linearUpdate" value="1.0"/>
    <param name="angularUpdate" value="0.5"/>
    <param name="temporalUpdate" value="3.0"/>
    <param name="resampleThreshold" value="0.5"/>
    <param name="particles" value="30"/>
    <param name="xmin" value="-50.0"/>
    <param name="ymin" value="-50.0"/>
    <param name="xmax" value="50.0"/>
    <param name="ymax" value="50.0"/>
    <param name="delta" value="0.05"/>
    <param name="llsamplerange" value="0.01"/>
    <param name="llsamplestep" value="0.01"/>
    <param name="lasamplerange" value="0.005"/>
    <param name="lasamplestep" value="0.005"/>
  </node>
  <node pkg="joint_state_publisher" name="joint_state_publisher"
type="joint_state_publisher" />
  <node pkg="robot_state_publisher" name="robot_state_publisher"
type="robot_state_publisher" />
  <node pkg="rviz" type="rviz" name="rviz" args="-d $(find urdf_navi-
gation)/config/nav.rviz" />
</launch>
```

（2）保存或读取地图的相关文件　保存地图，并读取与地图相关的文件（src/urdf_navigation/launch/map_read.launch 以及 src/urdf_navigation/launch/map_save.launch）。

```
<!-- 保存地图-->
<launch>
  <arg name="filename" value="$(find urdf_navigation)/map/nav_map" />
```

```
  <node name = "map_save" pkg = "map_server" type = "map_saver" args =
"-f $(arg filename)" />
</launch>
<!-- 读取地图-->
<launch>
  <!-- 设置地图的配置文件 -->
  <arg name = "map" default = "nav_map.yaml" />
  <!-- 运行地图服务器,并且加载设置的地图-->
  <node name = "map_server" pkg = "map_server" type = "map_server" args =
"$(find urdf_navigation)/map/$(arg map)"/>
  <!-- <node pkg = "rviz" type = "rviz" name = "rviz" args = "-d $(find urdf_
navigation)/config/nav.rviz" /> -->
</launch>
```

（3）终端执行命令

```
# 终端 1
$ source ./devel/setup.bash
$ roslaunch urdf_gazebo test.launch
# 终端 2
$ source ./devel/setup.bash
$ roslaunch urdf_rviz Car.launch
# 终端 3
$ source ./devel/setup.bash
$ roslaunch urdf_rviz slam.launch
# 终端 4
# 先安装键盘控制节点包,用来控制机器小车运动建图
$ sudo apt-get install ros-melodic-teleop-twist-keyboard
$ rosrun teleop_twist_keyboard teleop_twist_keyboard.py
# 终端 5  在控制机器小车建好地图后执行即可
$ source ./devel/setup.bash
$ roslaunch urdf_rviz map_save.launch
```

实现效果如图 7-20 所示。

（4）查看保存的地图

```
# 终端 6
$ source ./devel/setup.bash
$ roslaunch urdf_rviz map_read.launch
# 终端 7
$ rviz
```

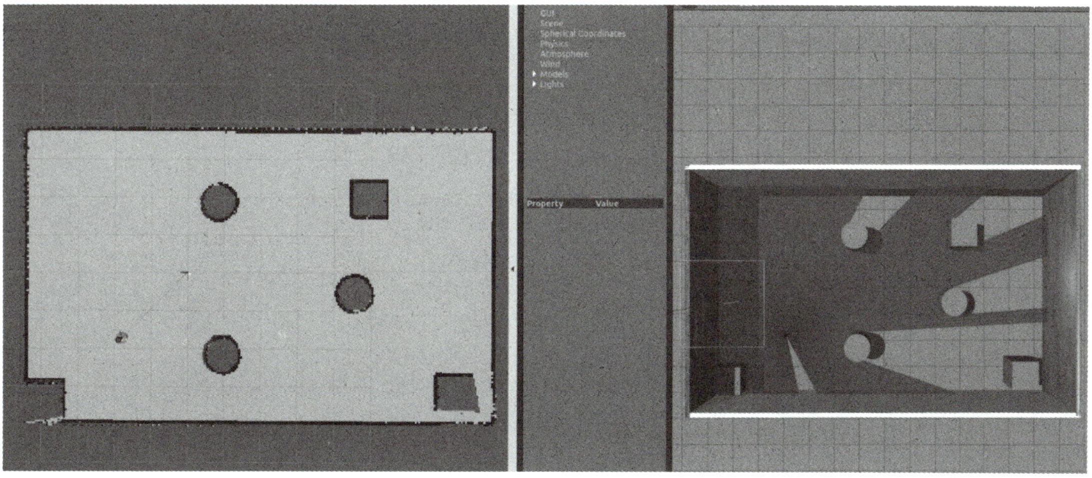

图 7-20　机器小车建图示例

2. 定位过程

在 ROS 的导航功能包集 navigation 中提供了 AMCL 功能包，用于实现导航中的机器人定位。自适应蒙特卡罗定位(Adaptive Monte Carlo Localization，AMCL)是用于 2D 移动机器人的概率定位系统，它实现了自适应(或 KLD 采样)蒙特卡罗定位方法，可以根据已有地图使用粒子滤波器推算机器人位置。

(1) 编写 amcl 相关 launch 文件(src/urdf_navigation/launch/amcl. launch)

```
<launch>
<node pkg="amcl" type="amcl" name="amcl" output="screen">
    <!-- Publish scans from best pose at a max of 10 Hz -->
    <param name="odom_model_type" value="diff"/><!-- 里程计模式为差分 -->
    <param name="odom_alpha5" value="0.1"/>
    <param name="transform_tolerance" value="0.2" />
    <param name="gui_publish_rate" value="10.0"/>
    <param name="laser_max_beams" value="30"/>
    <param name="min_particles" value="500"/>
    <param name="max_particles" value="5000"/>
    <param name="kld_err" value="0.05"/>
    <param name="kld_z" value="0.99"/>
    <param name="odom_alpha1" value="0.2"/>
    <param name="odom_alpha2" value="0.2"/>
    <!-- translation std dev,m -->
    <param name="odom_alpha3" value="0.8"/>
    <param name="odom_alpha4" value="0.2"/>
    <param name="laser_z_hit" value="0.5"/>
    <param name="laser_z_short" value="0.05"/>
```

```
    <param name="laser_z_max" value="0.05"/>
    <param name="laser_z_rand" value="0.5"/>
    <param name="laser_sigma_hit" value="0.2"/>
    <param name="laser_lambda_short" value="0.1"/>
    <param name="laser_lambda_short" value="0.1"/>
    <param name="laser_model_type" value="likelihood_field"/>
    <!-- <param name="laser_model_type" value="beam"/> -->
    <param name="laser_likelihood_max_dist" value="2.0"/>
    <param name="update_min_d" value="0.2"/>
    <param name="update_min_a" value="0.5"/>
    <param name="odom_frame_id" value="odom"/><!-- 里程计坐标系 -->
    <param name="base_frame_id" value="footprint"/><!-- 添加机器人基坐标
系 -->
    <param name="global_frame_id" value="map"/><!-- 添加地图坐标系 -->
    <param name="resample_interval" value="1"/>
    <param name="transform_tolerance" value="0.1"/>
    <param name="recovery_alpha_slow" value="0.0"/>
    <param name="recovery_alpha_fast" value="0.0"/>
  </node>
</launch>
```

（2）编写集成测试文件（src/urdf_navigation/launch/nav_test.launch）

```
<launch>
  <!-- 设置地图的配置文件 -->
  <arg name="map" default="nav_map.yaml" />
  <!-- 运行地图服务器,并且加载设置的地图-->
  <node name="map_server" pkg="map_server" type="map_server" args=
"$(find urdf_navigation)/map/$(arg map)"/>
  <!-- 启动 AMCL 节点 -->
  <include file="$(find urdf_navigation)/launch/amcl.launch" />
  <!-- 运行 Rviz -->
  <!-- <node pkg="rviz" type="rviz" name="rviz"/> -->
  <node pkg="joint_state_publisher" name="joint_state_publisher"
type="joint_state_publisher" />
  <node pkg="robot_state_publisher" name="robot_state_publisher"
type="robot_state_publisher" />
  <node pkg="rviz" type="rviz" name="rviz" args="-d $(find urdf_navi-
gation)/config/nav.rviz" />
</launch>
```

(3) 终端执行

```
# 终端 1
$ source ./devel/setup.bash
$ roslaunch urdf_gazebo test.launch
# 终端 2 在控制机器小车建好地图后执行即可
$ source ./devel/setup.bash
$ roslaunch urdf_navigation nav_test.launch
# 终端 3 先安装键盘控制节点包,再用来控制机器小车运动建图
$ sudo apt-get install ros-melodic-teleop-twist-keyboard
$ rosrun teleop_twist_keyboard teleop_twist_keyboard.py
```

实现效果如图 7-21 所示。

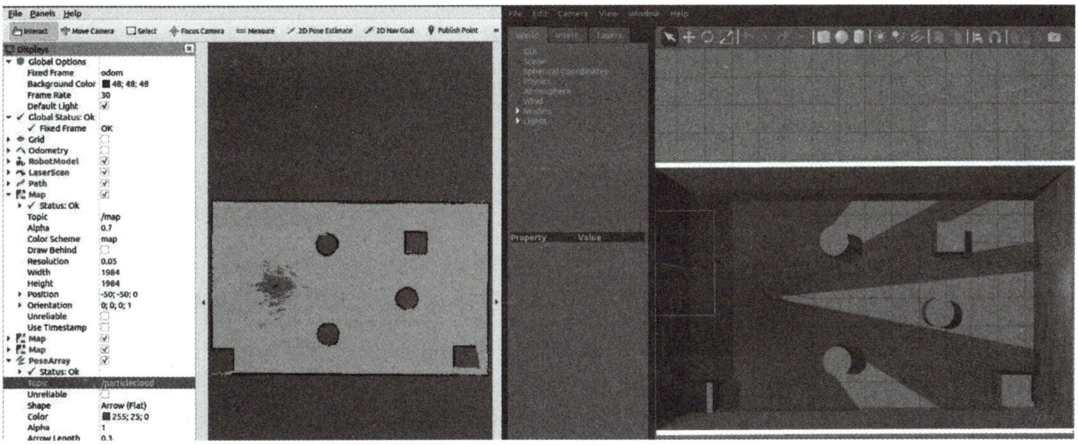

图 7-21 AMCL 功能包实现效果

3. 路径规划过程

ROS 的导航功能包集 navigation 中提供了 move_base 功能包，用于实现此功能。路径规划算法在 move_base 功能包的 move_base 节点中已经封装，但是还不可以直接调用，因为算法虽然已经封装，但是该功能包面向的是各种类型支持 ROS 的机器人，不同类型机器人可能尺寸不同、传感器不同、速度不同、应用场景不同，最后可能会导致不同的路径规划结果，因此在调用路径规划节点之前，还需要配置机器人参数。

(1) 导航相关的 move_base(launch/move_base.launch)

```
<launch>
  <node pkg="move_base" type="move_base" respawn="false" name="move_base" output="screen" clear_params="true">
    <rosparam file="$(find urdf_navigation)/param/costmap_common_params.yaml" command="load" ns="global_costmap" />
    <rosparam file="$(find urdf_navigation)/param/costmap_common_params.yaml" command="load" ns="local_costmap" />
```

```
    <rosparam file="$(find urdf_navigation)/param/local_costmap_params.yaml" command="load" />
    <rosparam file="$(find urdf_navigation)/param/global_costmap_params.yaml" command="load" />
    <rosparam file="$(find urdf_navigation)/param/base_local_planner_params.yaml" command="load" />
  </node>
</launch>
```

（2）添加相关的参数配置文件

1）costmap_common_params. yaml 文件：

```
# 机器人几何参数,如果机器人是圆形设置 robot_radius,如果机器人是其他形状设置 footprint
robot_radius:0.17 # 圆形
# footprint:[[-0.12,-0.12],[-0.12,0.12],[0.12,0.12],[0.12,-0.12]] # 其他形状

obstacle_range:3.0 # 用于障碍物探测,例如,值为 3.0,意味着检测到距离小于 3m 的障碍物时,就会引入代价地图
raytrace_range:3.5 # 用于清除障碍物,例如,值为 3.5,意味着清除代价地图中 3.5m 以外的障碍物

# 膨胀半径,扩展在碰撞区域以外的代价区域,使得机器人规划路径避开障碍物
inflation_radius:0.2
# 代价比例系数,越大则代价值越小
cost_scaling_factor:3.0

# 地图类型
map_type:costmap
# 导航包所需要的传感器
observation_sources:scan
# 对传感器的坐标系和数据进行配置。这个也会用于代价地图添加和清除障碍物。例如,可以用激光雷达传感器在代价地图中添加障碍物,再添加 kinect 用于导航和清除障碍物
scan:{sensor_frame:laser,data_type:LaserScan,topic:scan,marking:true,clearing:true}
```

2）local_costmap_params. yaml 文件：

```
local_costmap:
 global_frame:odom                    # 里程计坐标系
```

```
  robot_base_frame:footprint      # 机器人坐标系
  update_frequency:10.0           # 代价地图更新频率
  publish_frequency:10.0          # 代价地图发布频率
  transform_tolerance:0.5         # 等待坐标变换发布信息的超时时间
  static_map:false                # 不需要静态地图,可以提升导航效果
  rolling_window:true             # 是否使用动态窗口,默认为 false,在静态的全
                                    局地图中,地图不会变化
  width:3                         # 局部地图宽度 单位是 m
  height:3                        # 局部地图高度 单位是 m
  resolution:0.05                 # 局部地图分辨率 单位是 m,一般与静态地图分辨
                                    率保持一致
```

3）global_costmap.yaml 文件：

```
global_costmap:
  global_frame:map                # 地图坐标系
  robot_base_frame:footprint      # 机器人坐标系
  # 以此实现坐标变换
  update_frequency:1.0            # 代价地图更新频率
  publish_frequency:1.0           # 代价地图发布频率
  transform_tolerance:0.5         # 等待坐标变换发布信息的超时时间
  static_map:true                 # 是否使用一个地图或者地图服务器来初始化全局代
                                    价地图,如果不使用静态地图,这个参数为 false
```

4）base_local_planner_params.yaml 文件：

```
TrajectoryPlannerROS:
# Robot Configuration Parameters
  max_vel_x:0.5                   # X 方向最大速度
  min_vel_x:0.1                   # X 方向最小速度
  max_vel_theta:1.0
  min_vel_theta:-1.0
  min_in_place_vel_theta:1.0
  acc_lim_x:1.0                   # X 加速限制
  acc_lim_y:0.0                   # Y 加速限制
  acc_lim_theta:0.6               # 角速度加速限制
# Goal Tolerance Parameters,目标公差
  xy_goal_tolerance:0.10
  yaw_goal_tolerance:0.05
# Differential-drive robot configuration
```

```
# 是否是全向移动机器人
 holonomic_robot:false
# Forward Simulation Parameters,前进模拟参数
 sim_time:0.8
 vx_samples:18
 vtheta_samples:20
 sim_granularity:0.05
```

（3）集成 launch 文件（src/urdf_navigation/launch/navigation.launch）

```
<launch>
  <!-- 设置地图的配置文件 -->
  <arg name="map" default="nav_map.yaml" />
  <!-- 运行地图服务器,并且加载设置的地图-->
  <node name="map_server" pkg="map_server" type="map_server" args=
"$(find mycar_nav)/map/$(arg map)"/>
  <!-- 启动 AMCL 节点 -->
  <include file="$(find urdf_navigation)/launch/amcl.launch" />

  <!-- 运行 move_base 节点 -->
  <include file="$(find urdf_navigation)/launch/move_base.launch" />
  <!-- 运行 Rviz -->
  <node pkg="rviz" type="rviz" name="rviz" args="-d $(find urdf_navi-
gation)/rviz/nav.rviz" />

</launch>
```

效果如图 7-22 所示。

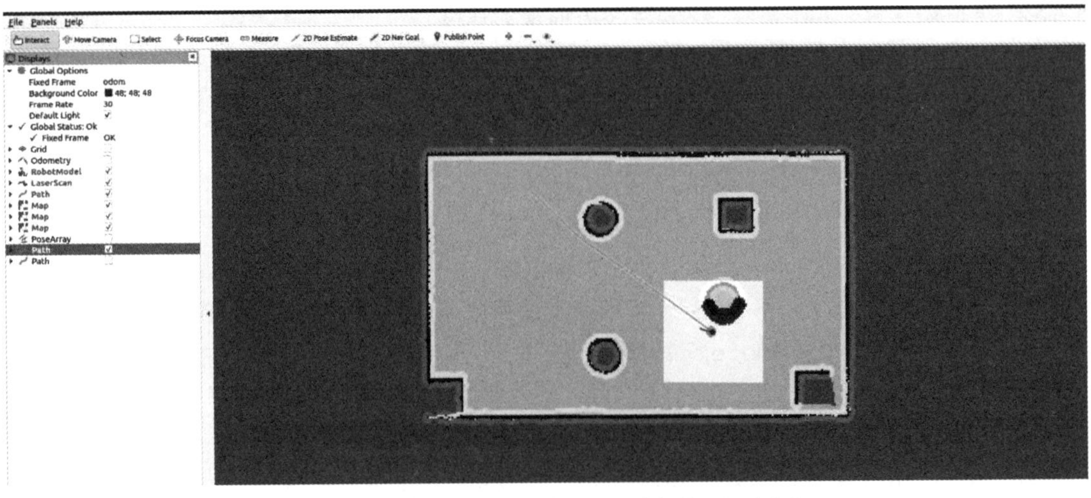

图 7-22　激光雷达导航示意图（地图之前已经建好）

在实际的导航过程中，导航时需要地图信息，通过 map_server 包的 map_server 节点来发布地图信息。然而，SLAM 建图过程中本身就会实时发布地图信息，所以无须再使用 map_server，SLAM 已经发布了话题为/map 的地图消息，且导航需要定位模块，SLAM 本身也是可以实现定位的。因此，接下来可以直接集成前面写好的 slam.launch 文件和 move_base.launch 文件来直接实时建图、定位、规划(navigation_laser.launch)，传感器采用激光雷达，与之前(navigation.launch)不同的是，这里直接实现即时建图与规划，完成导航任务。

集成文件(navigation_laser.launch)内容如下：

```
<launch>
  <!-- 启动 SLAM 节点 -->
  <include file="$(find urdf_navigation)/launch/slam.launch" />
  <!-- 运行 move_base 节点 -->
  <include file="$(find urdf_navigation)/launch/move_base.launch" />
  <!-- 运行 Rviz,slam.launch 文件里已经写了,这里就没有必要再写-->
  <!-- <node pkg="rviz" type="rviz" name="rviz" args="-d $(find urdf_
navigation)/config/nav.rviz" /> -->
</launch>
```

终端输入：

```
# 终端 1
$ source ./devel/setup.bash
$ roslaunch urdf_gazebo test.launch

# 终端 2
$ source ./devel/setup.bash
$ roslaunch urdf_navigation navigation_laser.launch
```

结果如图 7-23 所示。

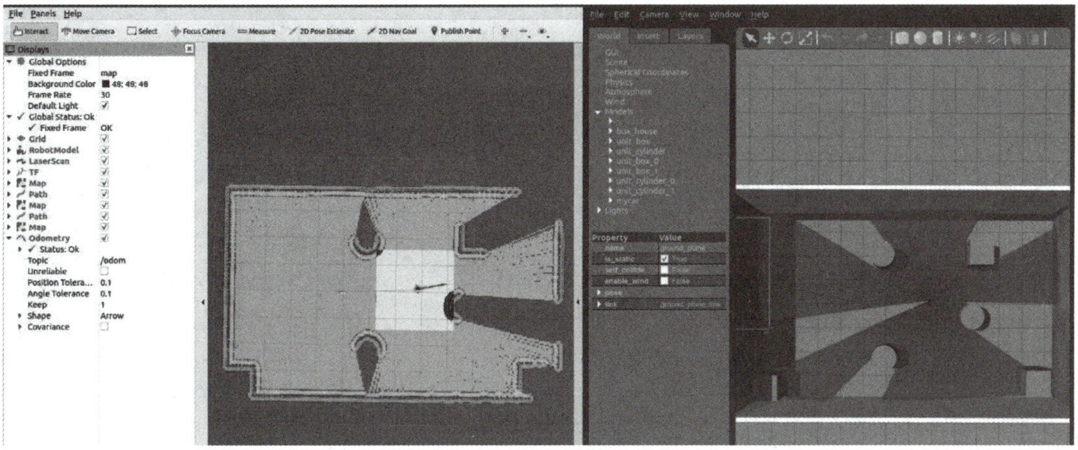

图 7-23　激光雷达导航示意图(地图导航之前未知)

经过上述过程，通过激光雷达获取环境信息并生成地图，并能在地图中进行定位与路径规划，从而使基于激光雷达的机器人完成环境感知、自主导航、障碍识别等任务。

7.3 视觉导航系统实例

7.3.1 深度相机模型实现

在诸多 SLAM 算法中，一般需要订阅激光雷达数据用于构建地图，因为激光雷达可以感知周围环境的深度信息，而深度相机也具备感知深度信息的功能，但是激光雷达价格比较昂贵，可以选用深度相机(Kinect)代替激光雷达，不过二者发布的消息类型是完全不同的，如果想要实现传感器的置换，那么就需要将深度相机发布的三维图形信息转换成二维激光雷达信息，这一功能就是通过 ROS 中的一个功能包 depthimage_to_laserscan 来实现的。

在转换之前，先测试写好的相机模型，终端执行以下命令：

```
# 终端 1
$ source ./devel/setup.bash
$ roslaunch urdf_gazebo test.launch

# 终端 2
$ source ./devel/setup.bash
$ roslaunch urdf_rviz Car.launch
```

选择深度相机的话题，可以得到如图 7-24 所示的结果。

图 7-24　深度相机测试实践

7.3.2　深度相机建图导航实现

在 Kinect 中也可以以点云的方式显示感知周围环境，但是需要先进行坐标变换，首先在 src/urdf_gazebo/urdf/gazebo/depthCamera.xacro 文件中修改：

```
<frameName>support_depth</frameName>
```

然后在 src/urdf_gazebo/launch/test.launch 中添加坐标变换关系：

```
<node pkg="tf2_ros" type="static_transform_publisher" name="static_transform_publisher" args="0 0 0 -1.57 0 -1.57 /support /support_depth" />
```

最后在终端执行以下命令：

```
# 终端 1
$ source ./devel/setup.bash
$ roslaunch urdf_gazebo test.launch

# 终端 2
$ source ./devel/setup.bash
$ roslaunch urdf_rviz Car.launch
```

添加 PointCloud2 话题，可以得到如图 7-25 所示的结果，中间就是点云图。

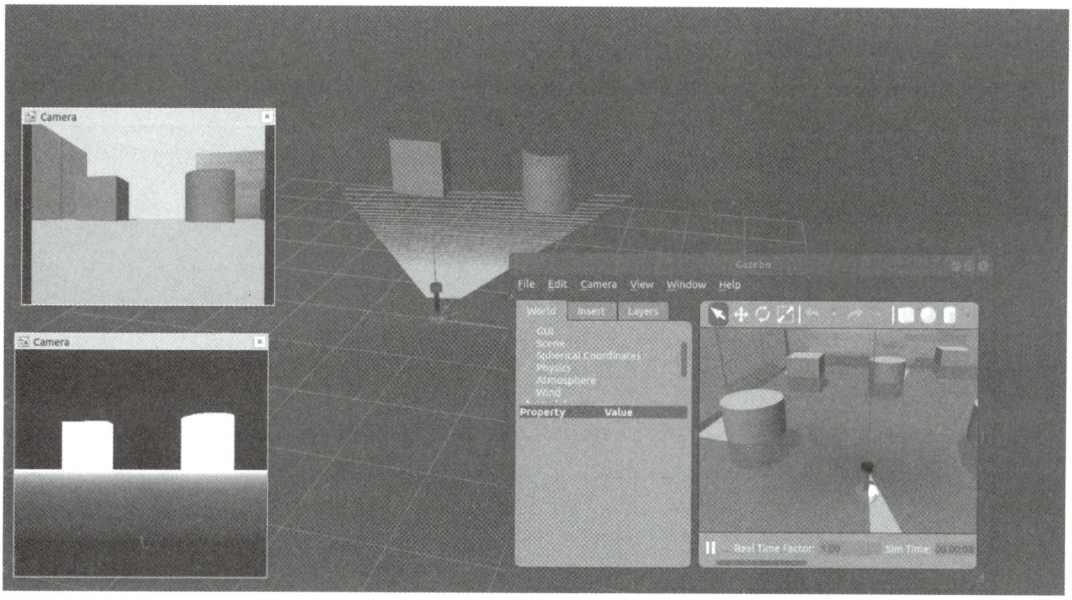

图 7-25　以点云的方式显示感知周围环境示例

depthimage_to_laserscan 将实现深度图像与雷达数据转换，雷达数据是二维的、平面的，深度图像是三维的，是若干二维（水平）数据的纵向叠加，如果将三维的数据转换成二维数据，只需要取深度图的某一层即可。当然，虽然深度相机相较于激光雷达无论是检测范围还是精度都有不小的差距，SLAM 效果可能不如激光雷达理想，但是，深度相机的成本一般低于激光雷达，可以降低硬件成本，这就需要根据不同的场景选择不同的硬件。将深度相机数据转换为二维激光雷达格式的数据的过程如下：

1）安装 depthimage-to-laserscan 功能包。

```
$ sudo apt-get install ros-<ros 版本>-depthimage-to-laserscan
```

2）编写转换的 launch 文件。

```
<launch>
  <node pkg="depthimage_to_laserscan" type="depthimage_to_laserscan" name="depthimage_to_laserscan">
    <!-- 输入图像信息 -->
    <remap from="image" to="/camera/depth/image_raw" />
    <!--  value=深度相机的坐标系,即 src/urdf_gazebo/urdf/gazebo/depthCamera.xacro 文件的<gazebo reference="camera">  -->
    <param name="output_frame_id" value="camera"  />
  </node>
    </launch>
```

3）终端执行。

```
# 终端 1
$ source ./devel/setup.bash
$ roslaunch urdf_gazebo test.launch

# 终端 2
$ source ./devel/setup.bash
# 也可以集成到 test.launch 中
$ roslaunch urdf_gazebo camer_laser.launch

# 终端 3
$ source ./devel/setup.bash
$ roslaunch urdf_navigation slam.launch

# 终端 4
$ source ./devel/setup.bash
# 控制小车运动建图
    $ rosrun tel_wseop_twist_keyboard teleop_twist_keyboard.py
```

结果如图 7-26 所示。

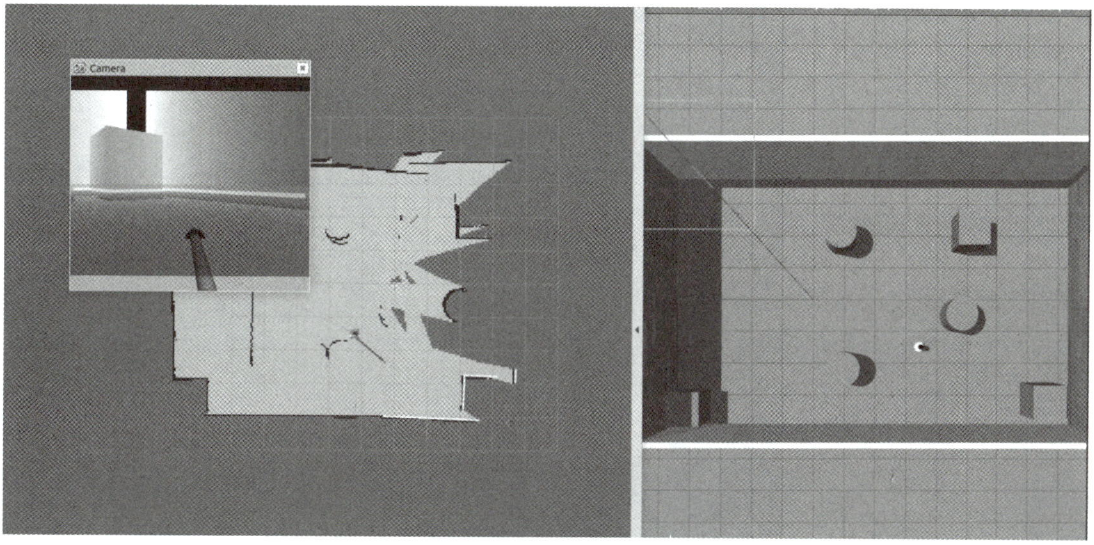

图 7-26　通过机载相机建图演示

实际应用中，有时将深度相机与激光雷达一起使用，应用时可将前面提到的激光雷达的文件一起使用或注释。注释激光雷达文件，可以得到如图 7-27 所示的效果，取消注释激光雷达文件，可以得到如图 7-28 所示的效果。

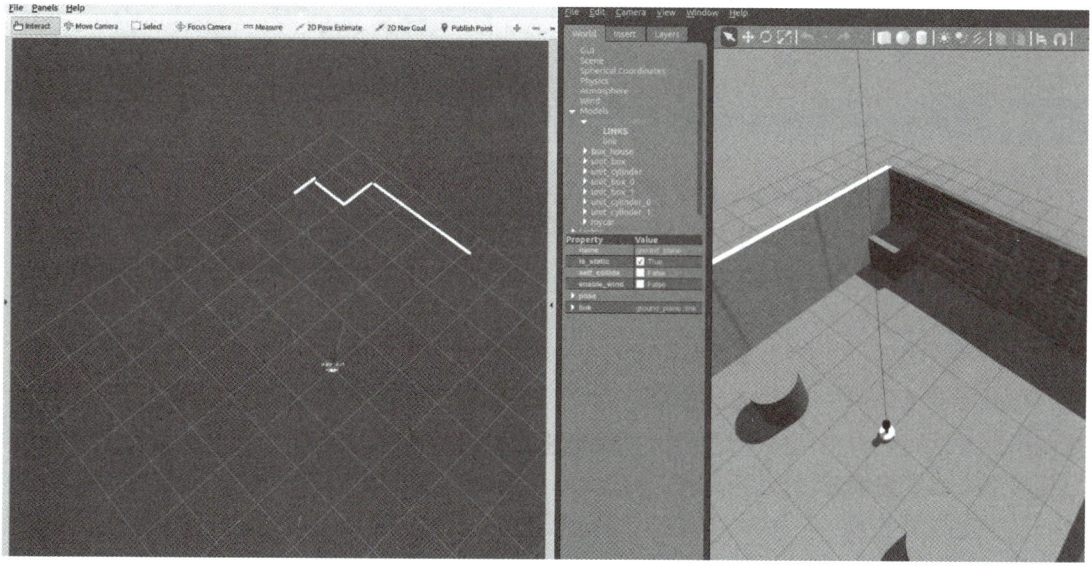

图 7-27　仅深度相机效果示意图

建图完成后，即可完成在此图上的定位与路径规划，此外不再重复演示。

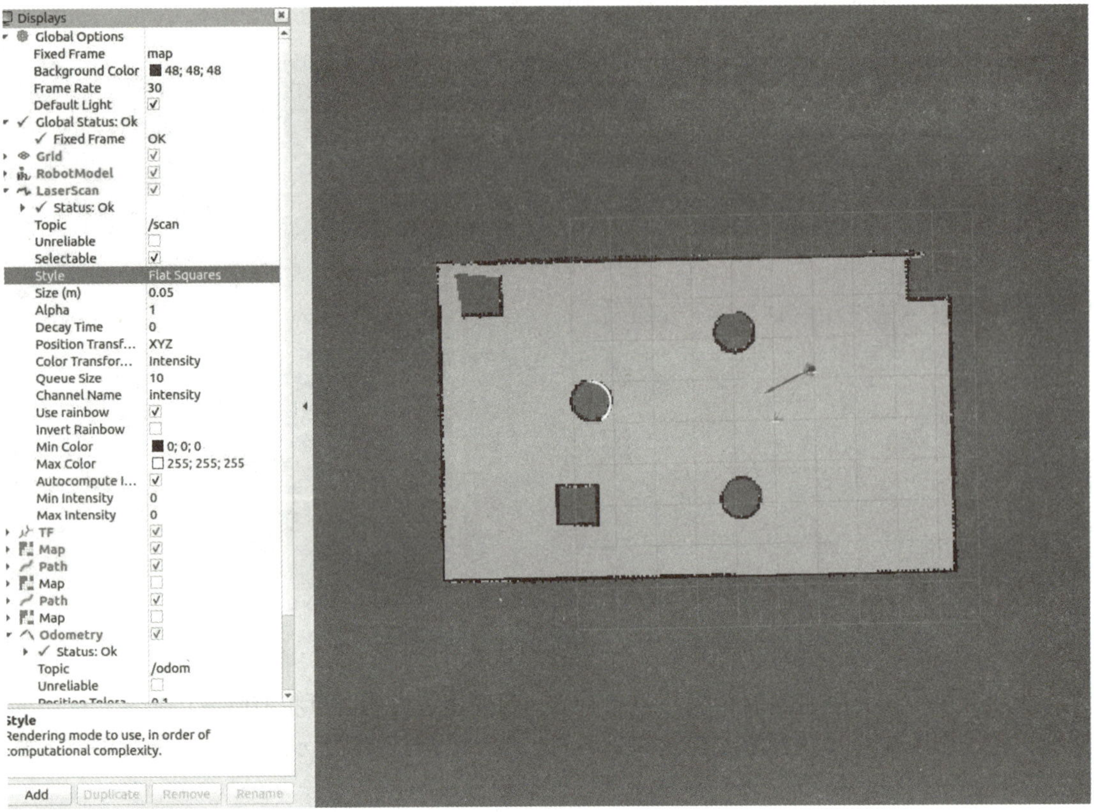

图 7-28　激光雷达和深度相机混合示意图

7.4 机器人平台自主导航实例

本节导航实例采用 TurtleBot3 机器人，TurtleBot3 的目标是大幅降低平台的尺寸和价格，而不会牺牲性能、功能和质量。由于提供了不同可选项如底盘、计算机和传感器，TurtleBot3 可以通过各种方式进行定制。

7.4.1 环境搭建

TurtleBot3 的功能包将建图、定位、路径规划等典型功能都封装成一个一个功能包，直接调用即可，如果需要具体使用或者了解详细的代码流程，基本框架和前边描述的并无差异，接下来先来配置环境。

1. 创建工作空间

```
$ mkdir -p catkin_ws/src
$ cd catkin_ws/src
```

2. 下载 TurtleBot3 源码并编译

```
$ git clone https://github.com/ROBOTIS-GIT/turtlebot3_msgs.git
```

```
$ git clone https://github.com/ROBOTIS-GIT/turtlebot3.git
$ git clone https://github.com/ROBOTIS-GIT/turtlebot3_simulations.git
$ cd ..
$ catkin_make
```

3. 设置环境变量

```
$ echo "export TURTLEBOT3_MODEL=burger" >>~/.bashrc
$ source~/.bashrc
```

4. 安装依赖包

```
$ sudo apt-get install ros-melodic-joy ros-melodic-teleop-twist-joy ros-melodic-teleop-twist-keyboard ros-melodic-laser-proc ros-melodic-rgbd-launch ros-melodic- depthimage-to-laserscan ros-melodic-rosserial-arduino ros-melodic-rosserial-python ros-melodic-rosserial-server ros-melodic-rosserial-client ros-melodic-rosserial-msgs ros-melodic-amcl ros-melodic-map-server ros-melodic-move-base ros-melodic-urdf ros-melodic-xacro ros-melodic-compressed-image-transport ros-melodic-rqt-image-view ros-melodic-gmapping ros-melodic-navigation ros-melodic-interactive-markers
```

5. 安装 Gmapping SLAM 算法

```
$ sudo apt install ros-melodic-gmapping
```

在终端执行以下命令，可以在 gazebo 和 Rviz 中显示机器小车模型以及默认环境，如图 7-29 所示。

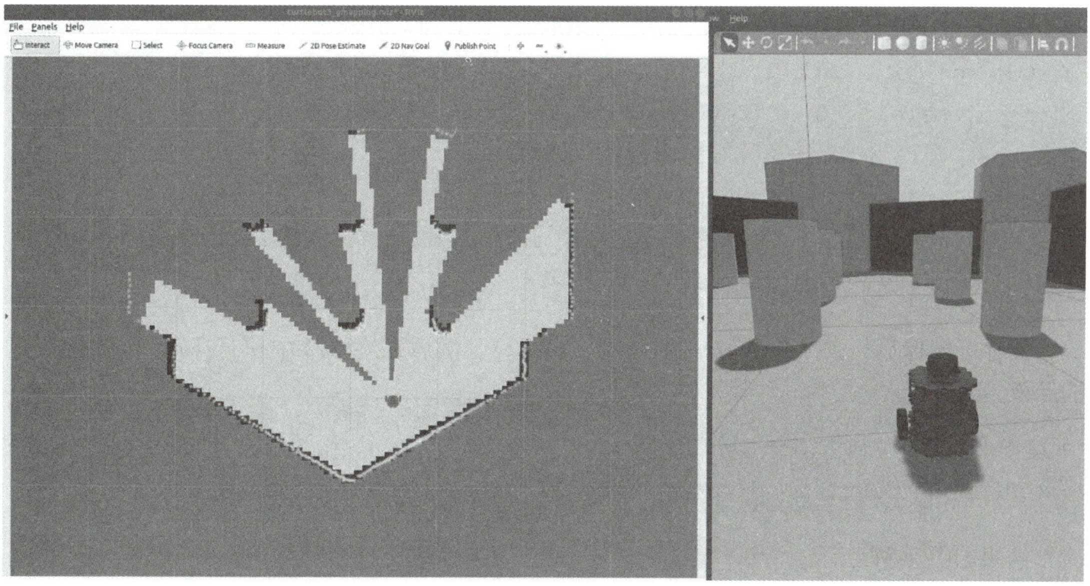

图 7-29　测试 TurtleBot3 示意图

```
# 终端 1 打开 gazebo
$ cd~/catkin_ws/
$ source devel/setup.bash
$ roslaunch turtlebot3_gazebo turtlebot3_world.launch
# 终端 2 打开 Rviz
$ cd~/catkin_ws/
$ source devel/setup.bash
$ roslaunch turtlebot3_slam turtlebot3_slam.launch slam_methods:=gmapping
```

7.4.2 仿真测试

结合之前的内容，首先建图，保存地图，然后在已知地图环境下进行路径规划，可同时启用局部规划策略，通过激光雷达 SLAM 辅助局部建图，进行局部避障。

首先，打开 gazebo 以及 Rviz：

```
# 终端 1 打开 gazebo
$ cd~/catkin_ws/
$ source devel/setup.bash
$ roslaunch turtlebot3_gazebo turtlebot3_world.launch
# 终端 2 打开 Rviz
$ cd~/catkin_ws/
$ source devel/setup.bash
$ roslaunch turtlebot3_slam turtlebot3_slam.launch slam_methods:=gmapping
```

再开一个终端，打开键盘控制节点，用于控制机器小车运动建图，如图 7-30 所示。

```
# 终端 3 先安装键盘控制节点包,用来控制机器小车运动建图
$ sudo apt-get install ros-melodic-teleop-twist-keyboard
$ rosrun teleop_twist_keyboard teleop_twist_keyboard.py
# 终端 4  在控制机器小车建好地图后执行即可
$ source ./devel/setup.bash
# 下边这个需要改包名以及文件名,参考之前的写法添加到 Rviz 启动的 launch 文件中即可
$ roslaunch 包名 map_save.launch
```

保存好图像后，关闭打开 Rviz 的终端(终端 2)，然后在终端 2 中执行 TurtleBot3 源码里的导航包文件。

```
# 这里面封装了 AMCL、SLAM 等功能包
$ roslaunch turtlebot3_navigation turtlebot3_navigation.launch
```

结果如图 7-31 所示。

综上，以 TurtleBot3 轮式机器人为例，从导航环境的搭建、环境地图的建立、轮式机器

人的定位及路径规划过程，为机器人自主导航技术的学习和应用提供了参考，基于此，可以开发多功能的轮式智能机器人，从而实现无人配送、智能巡检、仓储物流等任务。

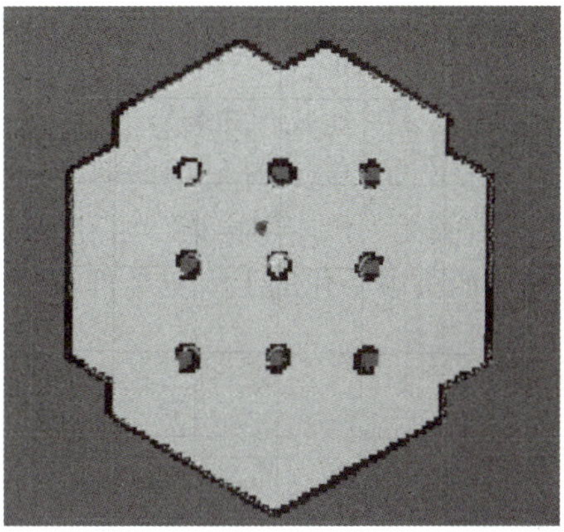

图 7-30 控制机器小车建图示意图

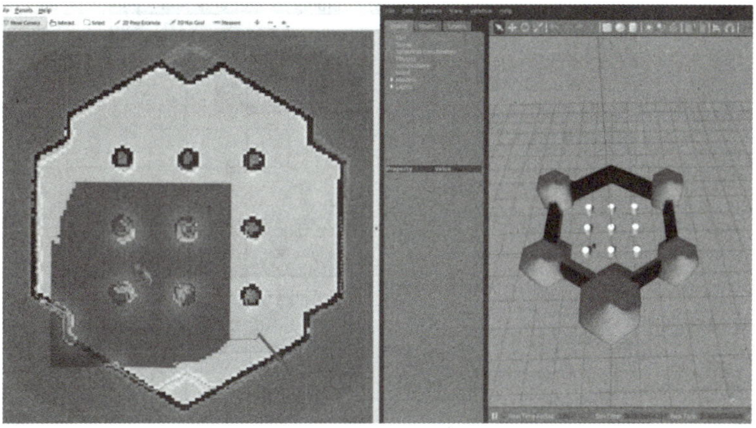

图 7-31 TurtleBot3 导航结果示意图

7.5 无人机平台自主导航实例

7.4 节的导航实例仿真基于激光雷达的轮式机器人，本节将在无人机平台上实现自主导航，由于目前激光雷达的体积一般较大，不适用于小型的四旋翼无人机用于机载建图，因此，本节使用深度相机完成四旋翼无人机导航。

7.5.1 实现框架

前面章节中，提到过基于相机的地图构建过程，本节采用鲁棒性更优的实时视觉 SLAM 算法框架[㊀]，分为前端和后端，前端提取视觉信息(单目或者双目视觉特征点)并进行跟踪，

㊀ 开源的实时视觉 SLAM 算法框架代码：https://github.com/HKUST-Aerial-Robotics/VINS-Fusion，参考文献：QIN T，PAN J，CAO S，et al. A general optimization-based framework for local odometry estimation with multiple sensors [EB/OL]. [2019-01-11]. https://doi.org/10.48550/arXiv.1901.03642

后端处理前端得到的特征点跟踪信息，可融合 IMU、GPS 等外部信息，利用优化算法实时得出当前的状态。本节的开源代码 EGO-Planner(Fast-Drone-250)⊖旋翼无人机轨迹规划算法目前有以下几个优点：

1）理论技术较为前沿：不依赖于 ESDF、基于 B 样条的规划算法，规划成功率、算法消耗时间、代价数值等性能方面都要高于其他几种知名算法。

2）鲁棒性高，拓展性强：在复杂度较高的环境中能够规划出安全可靠的轨迹，而且算法耗时较少，可扩展于其他的多旋翼无人机应用场景，如目标跟踪、集群、无人机竞赛等。

3）拓展的集群算法：有拓展的去中心化的无人机集群算法 EGO-Swarm，能够为飞行汽车集群的规划提供学习材料和开源算法。

算法的框架如图 7-32 所示。

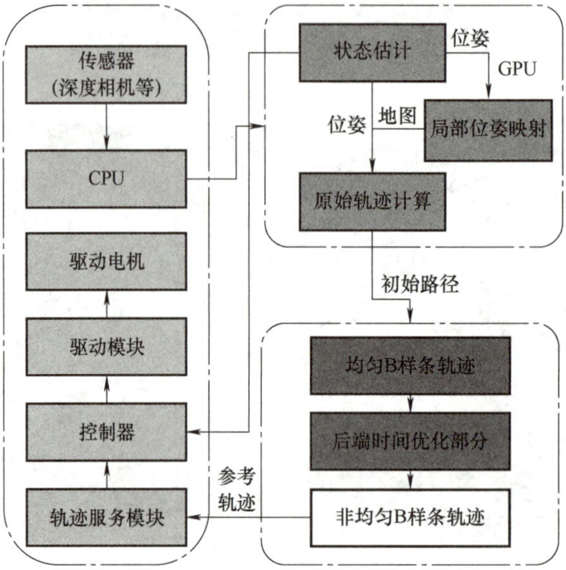

图 7-32　算法的框架

整个框架主要分为三个部分：硬件、建图定位以及运动规划。

硬件：深度相机、机载计算机以及飞控是主要的部分，深度相机用于建图，机载计算机用于图像处理以及计算，飞控负责接收参考轨迹后发布控制信号进行轨迹跟踪，实现导航目的。

建图定位：建图采用深度相机，当然图像的处理是在机载计算机中进行的，这里面就调用了前面提及的开源 SLAM 算法框架(VINS-Fusion)。

运动规划：目前，基于梯度的规划器广泛用于四旋翼的局部路径规划，其中欧几里得符号距离场(Euclidean Signed Distance Field，ESDF)对于评估梯度大小和方向至关重要。然而，计算这样一个字段有很多冗余，因为轨迹优化过程只覆盖了 ESDF 更新范围的非常有限的子

⊖ 演示的开源代码：https://github.com/ZJU-FAST-Lab/Fast-Drone-250，参考文献：ZHOU X，WANG Z，YE H，et al. EGO-Planner：an ESDF-free gradient-basedlocal planner for quadrotors[J]. IEEE robotics and automation letters，2021，6(2)：478-485.

空间。在本节介绍的这种算法框架提出了一种基于无 ESDF 梯度的规划框架，显著减少了计算时间。主要改进惩罚函数中的碰撞项，是通过将碰撞轨迹与无碰撞引导路径进行比较来制定的。只有当轨迹碰到新的障碍物时，才会存储生成的障碍物信息，使规划器只提取必要的障碍物信息。然后，如果违反动态可行性，就会延长时间分配，引入各向异性曲线拟合算法，在保持原始形状的同时调整轨迹的高阶导数。

7.5.2 环境搭建及仿真实现

1. 安装 armadillo 库

armadillo 库是目前使用比较广的 C++矩阵运算库之一，相当于 MATLAB 的 C++替代库。许多 MATLAB 的矩阵操作函数都可以找到对应，这对习惯了 MATLAB 的人来说非常方便，另外如果要将 MATLAB 下做研究的代码改写成 C++，使用 armadillo 也会很方便，这也是一种用于 C++语言的高质量线性代数库(矩阵数学)，旨在在速度和易用性之间取得良好的平衡。

```
# 安装依赖库
$ sudo apt-get update
$ sudo apt-get install liblapack-dev
$ sudo apt-get install libblas-dev
$ sudo apt-get install libboost-dev
# 安装 armadillo
$ sudo apt-get install libarmadillo-dev
```

2. 下载及编译源代码

```
# 终端 1
$ git clone https://github.com/ZJU-FAST-Lab/Fast-Drone-250.git
$ cd ego-planner
$ catkin_make
```

3. 仿真测试

```
$ source devel/setup.bash
$ roslaunch ego_planner run_in_sim.launch
```

由于在这个 launch 文件中调用了打开 Rviz 的命令，因此可以得到如图 7-33 所示的结果。

接下来，在 launch 文件中更换地图，再次进行基于视觉的无人机平台导航演示。修改 run_in_sim. launch 文件中的地图部分：

```
<node pkg="mockamap" type="mockamap_node" name="mockamap_node" output="
screen">
  <remap from="/mock_map" to="/map_generator/global_cloud"/>
  <param name="seed" type="int" value="127"/>
```

```
  <param name="update_freq" type="double" value="0.5"/>
  <!--  box edge length,unit meter-->
  <param name="resolution" type="double" value="0.1"/>
  <!-- map size unit meter-->
  <param name="x_length" value="$(arg map_size_x_)"/>
  <param name="y_length" value="$(arg map_size_y_)"/>
  <param name="z_length" value="$(arg map_size_z_)"/>
  <param name="type" type="int" value="1"/>
  <!-- 1 perlin noise parameters -->
  <!-- complexity:    base noise frequency,
          large value will be complex
          typical 0.0~0.5 -->
  <!-- fill:       infill persentage
                  typical:0.4~0.0 -->
  <!-- fractal:       large value will have more detail-->
  <!-- attenuation:   for fractal attenuation
                      typical:0.0~0.5 -->
  <param name="complexity"    type="double" value="0.05"/>
  <param name="fill"          type="double" value="0.12"/>
  <param name="fractal"        type="int"    value="1"/>
  <param name="attenuation"   type="double" value="0.1"/>
</node>
```

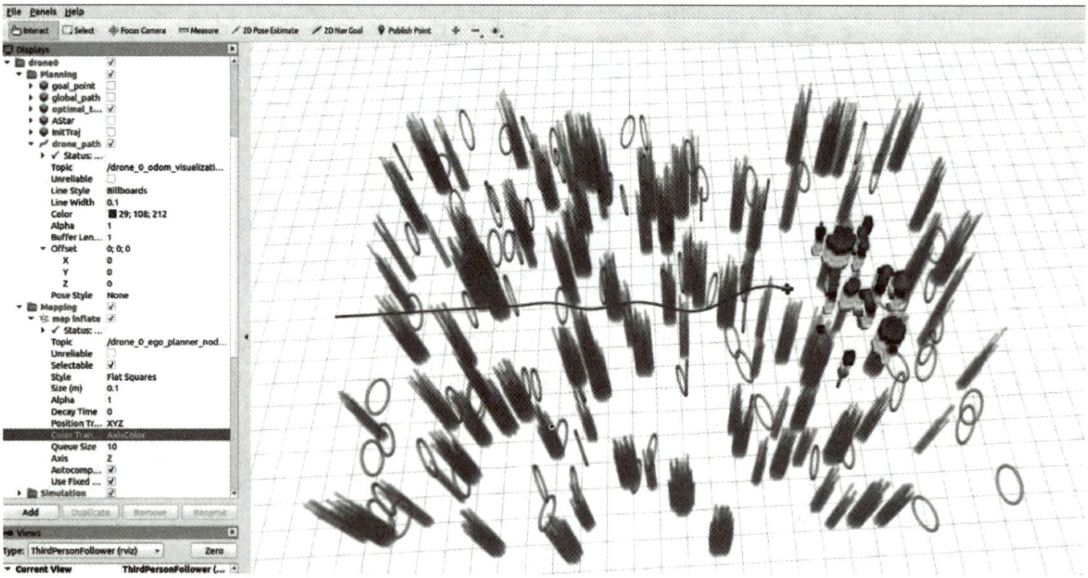

图 7-33 基于视觉导航的实例结果

接下来，同上运行上边的 launch 文件：

```
$ source devel/setup.bash
$ roslaunch ego_planner run_in_sim.launch
```

运行结果如图 7-34 所示。

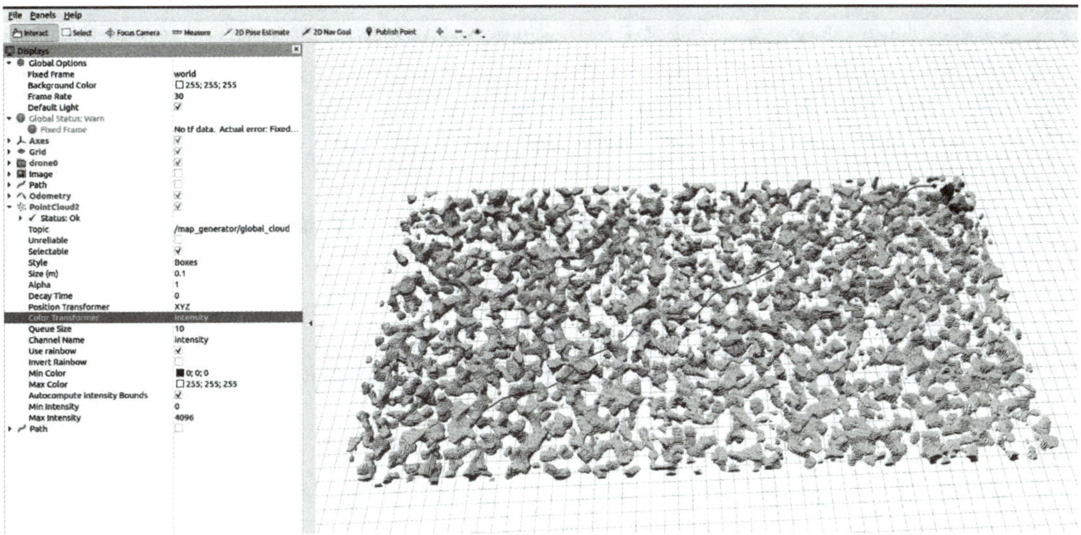

图 7-34　更换 mockamap 地图导航结果

7.6　本章小结

本章以激光雷达、深度相机为传感器，通过对轮式机器人和四轴飞行器的仿真，将基于 ROS 下的仿真环境配置、参数设置、地图建立、定位与路径规划的过程进行了示意。可以在此基础上通过修改算法文件，实现对这两种常见载体的自主导航设计与任务布置，为后续智能机器的系统开发与设计提供参考。

【课程思政】

加快建设科技强国是全面建设社会主义现代化国家、全面推进中华民族伟大复兴的战略支撑，必须瞄准国家战略需求，系统布局关键创新资源，发挥产学研深度融合优势，不断在关键核心技术上取得新突破。

习近平总书记 2023 年 5 月 11 日至 12 日在河北考察并主持召开深入推进京津冀协同发展座谈会时的讲话

参考文献

[1] 王巍，邢朝洋，冯文帅. 自主导航技术发展现状与趋势[J]. 航空学报，2021，42(11)：11-29.

[2] 薛连莉，王常虹，杨孟兴，等. 自主导航控制及惯性技术发展趋势[J]. 导航与控制，2017，16(6)：83-90.

[3] 翁嘉鑫，何坚强，陆群. 基于ROS平台的移动机器人自主导航技术研究[J]. 自动化技术与应用，2023，42(4)：5-8.

[4] 强祺昌，林宝军，刘迎春，等. 深空探测自主导航技术综述[J]. 导航与控制，2023，22(1)：19-32.

[5] 方文轩，丛佃伟. 卫星/惯性/视觉组合导航多源融合技术现状及发展[J]. 无线电工程，2022，52(10)：1813-1820.

[6] 郭晓耿，莫冬炎，朱立学，等. 面向室内养殖场的机器人自主导航技术研究进展[J]. 农业工程，2022，12(7)：40-46..

[7] 李志平，顾朋，孙帅，等. 未来行星表面漫游车自主导航技术研究[J]. 空间控制技术与应用，2021，47(5)：58-67.

[8] 莫冬炎，杨尘宇，黄沛琛，等. 基于环境感知的果园机器人自主导航技术研究进展[J]. 机电工程技术，2021，50(9)：145-150.

[9] 王小阳，李骏，赵琛. 军用飞机惯性导航技术的发展[J]. 中国军转民，2021(17)：31-33.

[10] 赖际舟，袁诚，吕品，等. 不依赖于卫星的无人系统视觉/激光雷达感知与自主导航技术[J]. 导航定位与授时，2021，8(3)：1-14.

[11] 袁利，李骥. 航天器惯性及其组合导航技术发展现状[J]. 导航与控制，2020，19(4)：53-63.

[12] 郭银景，孔芳，张曼琳，等. 自主水下航行器的组合导航系统综述[J]. 导航定位与授时，2020，7(5)：107-119.

[13] 张伟，许俊，黄庆龙，等. 深空天文自主导航技术发展综述[J]. 飞控与探测，2020，3(4)：8-16.

[14] 张礼廉，屈豪，毛军，等. 视觉/惯性组合导航技术发展综述[J]. 导航定位与授时，2020，7(4)：50-63.

[15] 王洪先. 陆用惯性导航系统技术发展综述[J]. 光学与光电技术，2019，17(6)：77-85.

[16] 温泉. 浅析惯性导航技术的应用和发展[J]. 中国设备工程，2019(20)：153-154.

[17] 谭祖锋. 惯性导航技术的新进展及其发展趋势[J]. 电子技术与软件工程，2019(5)：76.

[18] 胡常青，朱玮，何远清，等. 无人水面艇自主导航技术[J]. 导航与控制，2019，18(1)：19-26；90.

[19] 潘献飞，穆华，胡小平. 单兵自主导航技术发展综述[J]. 导航定位与授时，2018，5(1)：1-11.

[20] 薛喜平，张洪波，孔德庆. 深空探测天文自主导航技术综述[J]. 天文研究与技术，2017，14(3)：382-391.

[21] 王新龙. 惯性导航基础［M］. 2版. 西安：西北工业大学出版社，2019.

[22] 付兴建，候明. 惯性导航技术［M］. 北京：清华大学出版社，2021.

[23] 苏中，李擎，李旷振，等. 惯性技术［M］. 北京：国防工业出版社，2010.

[24] 高钟毓. 惯性导航系统技术［M］. 北京：清华大学出版社，2012.

[25] 吴俊伟. 惯性技术基础［M］. 哈尔滨：哈尔滨工程大学出版社，2002.

[26] 秦永元. 惯性导航［M］. 2版. 北京：科学出版社，2014.

[27] 陈永冰，钟斌. 惯性导航原理［M］. 北京：国防工业出版社，2007.

[28] 许江宁，边少锋，殷立吴. 陀螺原理［M］. 北京：国防工业出版社，2005.

[29] 邓志红，付梦印，张继伟，等. 惯性器件与惯性导航系统［M］. 北京：科学出版社，2012.

[30] 戴邵武，徐胜红，史贤俊，等. 惯性技术与组合导航[M]. 北京：兵器工业出版社，2009.

[31] 邓正隆. 惯性技术[M]. 哈尔滨：哈尔滨工业大学出版社，2006.

[32] 张国良，曾静. 组合导航原理与技术[M]. 西安：西安交通大学出版社，2008.

[33] 干国强，邱致和. 导航与定位[M]. 北京：国防工业出版社，2000.

[34] 吴德伟. 导航原理 [M]. 北京：电子工业出版社，2015.

[35] 杨小强. 四旋翼无人机吊挂抗摆飞行控制方法研究[D]. 绵阳：西南科技大学，2023.

[36] 熊蓉，王越，张宇，等. 自主移动机器人 [M]. 北京：机械工业出版社，2021.

[37] 朱德海. 点云库 PCL 学习教程[M]. 北京：北京航空航天大学出版社，2012.

[38] HONG S，KO H，KIM J. VICP：velocity updating iterative closest point algorithm[C]//IEEE Robotics and Automation Society. International Conference on Robotics and Automation. New York：IEEE，2010，1893-1898.

[39] DURRANT-WHYTE H，BAILEY T. Simultaneous localization and mapping：part Ⅰ[J]. IEEE Robotics & automation magazine，2006，13(2)：99-110.

[40] 高翔，张涛. 视觉 SLAM 十四讲：从理论到实践[M]. 北京：电子工业出版社，2017.

[41] MILLER R，AMIDI O. 3D site mapping with the CMU autonomous helicopter [C]//Proceedings of 5th International Conference on Intelligent Autonomous Systems. [S. l.]：[s. n.]，1998：765-774.

[42] THRUN S，DIEL M，HÄHNEL D. Scan alignment and 3-D surface modeling with a helicopter platform [C]//International Foundation of Robotics Research. Proceedings of 4th International Conference on Field and Service Robotics. Berlin：Springe，2003：287-297.

[43] KAGAMI S，HANAI R，HATAO N，et al. Outdoor 3D map generation based on planar feature for autonomous vehicle navigation in urban environment [C]//RAS and RSJ. Proceedings of IEEE International Conference on Intelligent Robots and Systems. New York：IEEE，2010：1526-1531.

[44] HÄHNEL D，BURGARD W，THRUN S. Learning compact 3D models of indoor and outdoor environments with a mobile robot [J]. Robotics and autonomous systems，2003，44(1)：15-27.

[45] SAKENAS V，KOSUCHINAS O，PFINGSTHORN M，et al. Extraction of semantic floor plans from 3D point cloud maps[C]//Proceedings of IEEE International Workshop on Safety，Security and Rescue Robotic. New York：IEEE，2007：1-6.

[46] 廖丽琼，白俊松，罗德安. 基于八叉树及 KD 树的混合型点云数据存储结构[J]. 计算机系统应用，2012，21(3)：87-90.

[47] MEAGHER D. Geometric modeling using octree encoding [J]. Computer graphics & image processing，1982，19(2)：129-147.

[48] 高艺，罗健欣，裘杭萍，等. 高度场八叉树的体特征表达算法[J]. 计算机工程与应用，2018，54(6)：1-6.

[49] SU Y T，BETHEL J，HU S. Octree-based segmentation for terrestrial LiDAR point cloud data in industrial applications [J]. ISPRS Journal of photogrammetry & remote sensing，2016，113：59-74.

[50] SICILIANO B，KHATIB O. Springer handbook of robotics[M]. 2nd. Berlin：Springer，2007.

[51] KARAMAN S，FRAZZOLI E . Sampling-based algorithms for optimal motion planning[J]. The international journal of robotics research，2011，30(7)：846-894.

[52] 马天，席润韬，吕佳豪，等. 基于深度强化学习的移动机器人三维路径规划方法[EB/OL]. (2023-09-05)[2024-07-01]. https://kns.cnki.net/kcms/detail/51.1307.TP.20230904.1321.008.html

[53] 许宏鑫，吴志周，梁韵逸. 基于强化学习的自动驾驶汽车路径规划方法研究综述[J]. 计算机应用研

究，2023(11)：3211-3217.
[54] 曹诗瑶. 基于深度强化学习的智能仓库机器人路径规划方法研究[D]. 成都：电子科技大学，2023.
[55] 陈孟元. 移动机器人 SLAM 目标跟踪及路径规划[M]. 北京：北京航空航天大学出版社，2017.
[56] 肖宏图. 基于改进 A* 算法的室内移动机器人路径规划方法研究[D]. 天津：天津工业大学，2020.
[57] 孟祺. 室内环境下基于深度强化学习的路径规划方法研究[D]. 天津：天津工业大学，2021.